Handbuch für Pilzfreunde

Band VI

Michael · Hennig · Kreisel

Handbuch für Pilzfreunde

in sechs Bänden
mit Abbildungen von etwa 1300 Pilzarten

Begründet von Edmund Michael,
neu bearbeitet von Bruno Hennig,
weitergeführt und herausgegeben von Hanns Kreisel

Band I:	*Die wichtigsten und häufigsten Pilze*
Band II:	*Nichtblätterpilze (Basidiomyzeten ohne Blätter, Askomyzeten)*
Band III:	*Blätterpilze – Hellblättler*
Band IV:	*Blätterpilze – Dunkelblättler*
Band V:	*Blätterpilze – Milchlinge und Täublinge*
Band VI:	*Die Gattungen der Großpilze Europas. Bestimmungsschlüssel und Gesamtregister der Bände I bis V*

SEMPER BONIS ARTIBUS

VEB Gustav Fischer Verlag Jena

Michael · Hennig · Kreisel

Handbuch für Pilzfreunde

Sechster Band
Die Gattungen der Großpilze Europas.
Bestimmungsschlüssel und Gesamtregister der Bände I bis V

Zweite, überarbeitete und erweiterte Auflage

Herausgegeben und bearbeitet von Hanns Kreisel
Mit Beiträgen von Dieter Benkert, Karl Berger und Georg Ritter

Mit einer Farbtafel, Abbildungen von 33 Pilzarten und 5 Zeichnungen

SEMPER BONIS ARTIBUS

VEB Gustav Fischer Verlag Jena · 1988

1. Auflage 1975

Verfasserangaben

Dr. rer. nat. Dieter Benkert
Museum für Naturkunde der Humboldt-Universität Berlin

Dr. phil. Karl Berger
Stolpen

Prof. Dr. rer. nat. habil. Hanns Kreisel
Sektion Biologie der Ernst-Moritz-Arndt-Universität Greifswald

Dr. rer. nat. Georg Ritter
Institut für Forstwissenschaften Eberswalde, Eberswalde-Finow

Handbuch für Pilzfreunde : in 6 Bdn. ; mit Abb. von etwa 1300 Pilzarten / begr. von Edmund Michael. Neu bearb. von Bruno Hennig. Weitergef. u. hrsg. von Hanns Kreisel. – Jena : Gustav Fischer Verl.
Bd. 6. Die Gattungen der Großpilze Europas. Bestimmungsschlüssel und Gesamtregister der Bände I bis V / hrsg. u. bearb. von Hanns Kreisel. Mit Beitr. von Dieter Benkert ... – 2., überarb. u. erw. Aufl. – 1988. –
310 S. : Ill. (z. T. farb.)

ISBN 3-334-00172-5 (für alle Bände)
ISBN 3-334-00221-7

2., überarbeitete und erweiterte Auflage

Lizenznummer 261 700/150/88
LSV 1354
Lektoren Johanna Schlüter und Hilde Naundorf
Hersteller Erika Winkler
Lichtsatz Karl-Marx-Werk, Graphischer Großbetrieb Pößneck, V 15/30
Druck und Binden Graphische Werke Zwickau
Bestellnummer 534 605 6
02650

Vorwort zur zweiten Auflage

Die Beschäftigung mit Pilzen hat in den letzten Jahrzehnten eine bemerkenswerte Entwicklung erfahren. Ehedem als „Brot des kleinen Mannes" oder „Fleisch des Waldes" Existenzhilfe der sozial Unterdrückten, dann dringend begehrte Zusatznahrung in den Hungerjahren der Nachkriegszeit, ist das Sammeln von Pilzen heute mehr und mehr zur anspruchsvollen Freizeitbeschäftigung geworden, welcher Arbeiter und Wissenschaftler, Handwerker und Ärzte, Lehrer und Künstler gleichermaßen nachgehen. Das vermehrte Freizeitvolumen, die zunehmende Motorisierung, die anwachsende In- und Auslandstouristik haben dem Pilzfreund vielfältige neue Möglichkeiten seiner Lieblingsbeschäftigung erschlossen. Kalorienbedarf ist längst nicht mehr das Leitmotiv des Pilzsammlers; eher geht es um den sportlichen Reiz des Suchens nach dem Prachtexemplar, um gesunde Bewegung in einer naturhaften Umwelt, um den Wohlgeschmack der immer wieder anders zusammengestellten Pilzgerichte, aber auch um geistige Betätigung, um das Knobeln an der Bestimmung seltener Arten, ja oft um ernsthafte Beiträge zur wissenschaftlichen Erforschung unserer Pilzflora. Immer größer wird daher die Zahl der Pilzfreunde, für welche der Umgang mit Mikroskop und Bestimmungsschlüssel, mit Fotoapparat und Zeichenstift ebenso selbstverständlich ist wie die Handhabung der botanischen Nomenklatur und Anwendung der Fachsprache. Damit ist die Pilzkunde zu einem wissenschaftlichen Hobby breiter Bevölkerungskreise geworden, vergleichbar mit Ornithologie, Philatelie oder Modellbahnbau.

Es war das Verdienst von Bruno Hennig, diese Entwicklung frühzeitig erkannt zu haben und mit der Herausgabe des „Führers für Pilzfreunde" und insbesondere mit dem „Handbuch für Pilzfreunde" ein Werk geschaffen zu haben, welches dem Informationsbedürfnis anspruchsvoller Pilzfreunde weit entgegenkommt, denn wie jedes ernsthafte Hobby, so erfordert auch die Pilzkunde entsprechende Sachliteratur. Das „Handbuch für Pilzfreunde" bietet die Möglichkeit, auch seltenere Pilze zu bestimmen und vieles über ihre Systematik, ihr Vorkommen, ihre Lebensweise und Verwendung, über ihre Abstammung und ihre Mißbildungen zu erfahren und wird selbst dem Fachmann noch manches Nützliche bieten. Aber noch immer handelt es sich bei den etwa 1300 abgebildeten Arten nur um eine Auswahl aus der Vielzahl der Großpilze.

Der abschließende Band VI soll die Möglichkeit geben, a l l e europäischen Großpilze mindestens bis zur Gattung, vielfach sogar bis zur Art, zu bestimmen. Unter **Großpilzen** (Makromyzeten) werden hier – ungeachtet ihrer systematischen Stellung – alle Pilze verstanden, deren Fruktifikation 4 mm Durchmesser überschreitet. Auch die nur in Randgebieten Europas vorkommenden Pilze wurden berücksichtigt, so daß dieses Buch tatsächlich einen Versuch darstellt, sämtliche von Irland und Portugal bis zum Ural, vom Mittelmeer bis zur Arktis nachgewiesenen Großpilzgattungen zu erfassen. Unter Zugrundelegung der heute vorherrschenden engen Gattungskonzeption waren etwa 7 2 5 G a t t u n g e n aufzuschlüsseln, ferner nicht wenige Arten, die aus bestimmungstechnischen Gründen gesondert aufzuführen waren.

Die Schlüssel werden durch ein alphabetisches Verzeichnis aller in ihnen berücksichtigten Gattungsnamen mit zusätzlichen Angaben ergänzt. Wichtige Synonyme, denen man in der Fachliteratur begegnen kann, sind mit eingearbeitet, ebenso die Namen der makro- und mikroskopischen Nebenfruchtformen (Anamorphen), so daß das Verzeichnis etwa 1195 Namen umfaßt.

Die Addition der im Gattungsverzeichnis angegebenen Artenzahlen erlaubt es, die Gesamtzahl der gegenwärtig in Europa bekannten Großpilze mit etwa 5700 Arten anzugeben.

Die im Gattungsverzeichnis genannten Familien können in dem nachfolgenden, die Großpilze betreffenden Auszug aus dem natürlichen System der Pilze aufgesucht, und somit kann die systematische Stellung jeder Gattung ermittelt werden. Dabei sollte man sich aber bewußt sein, daß das natürliche System der Pilze heute mehr denn je der Diskussion unterliegt, seine Darstellung ist also nur ein Fazit aus dem gegenwärtigen Stand der Debatte und kann schon in wenigen Jahren durch neuere Forschungen überholt sein. Eine weitere Ergänzung zum Gattungsverzeichnis ist die Aufstellung gebräuchlicher Abkürzungen von Autornamen.

In den Bildern kommen Vertreter von 32 Pilzgattungen zur Darstellung, die zumeist in den Bänden I–V des Handbuchs für Pilzfreunde nicht abgebildet sind. Die Originalfotos stellten Kurt HERSCHEL †, Holzhausen bei Leipzig, und Dr. Hermann JAHN †, Detmold-Heiligenkirchen, in hilfreicher Weise zur Verfügung, wofür ihnen an dieser Stelle gedankt sei. Dank gebührt auch den Herren Dr. Dieter BENKERT, Berlin, und Dr. Georg RITTER, Eberswalde, für die Neubearbeitung der stark angewachsenen Schlüssel 3, 6, 8 und 10 (hierin spiegelt sich augenfällig die intensive mykotaxonomische Forschungsarbeit der letzten 12 Jahre wider) sowie Dr. sc. Heinrich DÖRFELT, Halle, Prof. Dr. Walter GAMS, Baarn, Dipl.-Biol. Gerald HIRSCH, Jena, und Dr. Stephan RAUSCHERT †, Halle, für Beratung in Nomenklatur- und anderen Detailfragen.

Dem Bestimmungsteil vorangestellt ist ein kurzer Abriß der Geschichte der Mykologie. Er soll die früher in mehreren Bänden des Handbuchs verstreuten biographischen Beiträge über einzelne Forscher ersetzen.

Abschließend folgen ein Stichwortregister sowie die Gesamtregister der deutschen und wissenschaftlichen Namen in den seit 1983 erschienenen Auflagen von Bd. I–V des Handbuchs. Diese Register, dem Umfang des Gesamtwerkes entsprechend im Vergleich zur 1. Auflage deutlich angewachsen, wurden von Herrn Dr. Karl BERGER, Stolpen, mit größter Gewissenhaftigkeit erarbeitet.

Immer vernehmlicher äußern sich Pilzfreunde zur Problematik des Schutzes der Pilzflora, da etliche Pilzgruppen durch Umweltschäden, Überdüngung der Landwirtschaft und andere land- und forstwirtschaftliche Maßnahmen, Grundwassersenkung, allzu intensives Absammeln und weitere Faktoren bedroht erscheinen und gebietsweise schon nachweislich stark abgenommen haben. Die Beantwortung derartiger Fragen wird von Land zu Land unterschiedlich sein, da neben den natürlichen Gegebenheiten auch wirtschaftsgeographische und soziale Faktoren berücksichtigt werden: Klima und Boden, Waldverteilung, Besiedlungsdichte, Eigentumsverhältnisse, Industriestandorte, Gewohnheiten der Bevölkerung u. a. m. bedingen verschiedenartige Notwendigkeiten und Möglichkeiten des Pilzschutzes, doch kann jeder Pilzfreund durch pfleglichen Umgang mit den Schönheiten der Natur und maßvolle Entnahme von Fruchtkörpern zur Erhaltung des Bestandes beitragen. Das gegenwärtig einsetzende Umdenken des Menschen in seinem Verhältnis zur Natur läßt uns hoffen, daß die so eigenartige und anziehende Welt der Pilze auch kommenden Generationen in ihrer morphologischen und genetischen Vielfalt bewahrt bleibt, als Nahrung ebenso wie als Gegenstand der Forschung.

Schon gibt es in vielen europäischen Ländern Überlegungen und in einigen Ländern auch schon praktische Maßnahmen zur Einbeziehung der Pilze in den Natur- und Umweltschutz (vgl. S. 25). Das 1987 in Prag abgehaltene internationale Symposium „Pilze vom Standpunkt des Naturschutzes und der menschlichen Gesundheit" hat Möglichkeiten aufgezeigt, wie die Belange der Pilzaufklärung und des Naturschutzes miteinander im Einklang gebracht werden können.

Herausgeber und Mitautoren widmen diesen Band dem Andenken an Dr. Stephan Rauschert (1931–1986), welcher viele Jahre hindurch als Berater und Autor am „Handbuch für Pilzfreunde" mitgewirkt hat.

Greifswald, im Februar 1988

Hanns Kreisel

Inhaltsübersicht

I. Aus der Geschichte der Mykologie

Altertum

Schon in ihrer Frühgeschichte war die Menschheit zweifellos mit Pilzen konfrontiert: als Erreger von Pflanzenkrankheiten, als Gärungsorganismen, aber auch als Nahrungsmittel dürften sie schon in den frühen Ackerbaukulturen eine wirtschaftliche, vielleicht auch eine kultische Rolle gespielt haben. Funde ausgeschälter Fruchtkörper des Echten Zunderschwammes in Siedlungen der Jungsteinzeit (z. B. in Mecklenburg, KREISEL 1957, und in der Schweiz, GÖPPERT 1982, vgl. „Fossile Pilze" in Bd. V) sprechen für die Nutzung dieser Art vor 5000 bis 3600 Jahren. Doch erst die Griechen haben schriftliche Zeugnisse hinterlassen, welche bis in die Mykologie der Gegenwart hineinreichen.

Der griechische Philosoph Theophrastos von Eresos (THEOPHRAST, 371–287 v. u. Z.), Schüler und Nachfolger des ARISTOTELES, hinterließ ein neunbändiges Werk „Pflanzengeschichte", in welchem das Wort *mykes* (Pilz), die Bezeichnung *hydnon* für die Trüffel und *pezis* für eine andere Pilzart erscheinen. Von dem griechisch-hellenischen Lyriker NIKANDROS von Kolophon (geb. um 200 v. u. Z.) ist ein Lehrgedicht über den Landbau erhalten, worin er eßbare und giftige Pilze erwähnt und nach ihrem Standort zu unterscheiden versucht; hierin erscheint der Name *amanitai* (für Egerlinge).

Das Wort *fungus* für Pilz ist erstmalig bei dem römischen Dichter Titus Marcius PLAUTUS (250–184 v. u. Z.) belegt. Es findet sich wieder bei dem römischen Schriftsteller Gajus PLINIUS SECUNDUS (PLINIUS d. Ä., 23–79 u. Z.), in dessen 37 Bücher umfassender Naturgeschichte („Naturalis historia") die Botanik breiten Raum einnimmt. PLINIUS verwendet Namen wie *agaricum* (für den Lärchenschwamm), *boletus* (für den Kaiserling; so auch bei Lucius Annaeus SENECA d. J., 4 v. u. Z.–65 u. Z.), *pezica* (Bovist), *suillus* (Steinpilz), *tuber* und *ceraunium* (Trüffel). In den Ruinen der Stadt Pompeji, wo PLINIUS beim Ausbruch des Vesuv ums Leben kam, wurden Fresken mit sehr lebendigen Darstellungen von Pilzfruchtkörpern geborgen; sie können heute im Museo Nazional von Neapel besichtigt werden.

Die hohe Wertschätzung der Speisepilze zu Zeiten PLINIUS' beweist unter anderen ein Epigramm des römischen Dichters MARTIAL (Marcus Valerius MARTIALIS, um 40–102 u. Z.): „Leicht ist es, Silber und Gold zu entbehren und die Freuden der Liebe, aber es ist schwer, auf Pilze zu verzichten". Römische Dichter wie PLUTARCH (46–120 u. Z.) und JUVENAL (60–140 u. Z.) preisen ausführlich den Wert der Trüffel und geben die Beobachtung PLINIUS' wieder, daß diese geschätzten Pilze sich während der herbstlchen Gewitter entwickeln, wobei PLUTARCH den Blitzstrahl, JUVENAL den Donner für das die Pilze hervorbringende Agens hält.

Daß Pilze giftig sein können, war PLINIUS bekannt. Zu seiner Zeit ereignete sich 54 u. Z. in Rom der Giftpilzmord an Kaiser CLAUDIUS (Näheres hierzu in Bd. I).

Ein Zeitgenosse des Plinius war der griechische Naturforscher Dioskurides (um 70 u. Z.). Als Arzt beschäftigte auch ihn die Frage der giftigen Pilze: Ähnlich wie Theophrast sieht er die Ursache ihrer Giftigkeit in Standorteinflüssen. Dioskurides verwendet die Bezeichnungen *mykes* (Schwamm) und *agarikon* (Lärchenschwamm).

Der griechische Arzt Galenos (Galen, Galenus 129–ca. 200 u. Z.) hat sich ebenfalls mit Pilzvergiftungen beschäftigt und empfiehlt als Gegenmittel Hühnermist. Er verwendet das Wort *bolites* für den Kaiserling. Schließlich finden sich in der Schrift „Dipnosophistae“ (Gastmahl der Gelehrten) des Griechen Athenaios von Naukratis (um 200 u. Z.) Bemerkungen über das Trocknen der Pilze und sogar über den Anbau von Pilzen.

Mittelalter

Die mykologischen Erkenntnisse und Vorstellungen des sinnenfreudigen Altertums wirkten bis in die Zeit der Renaissance nach: Autoren wie Theophrastos, Plinius d. Ä. und Dioskurides werden bis ins 16. Jh. immer wieder als Autoritäten der Botanik zitiert. Die wenigen aus dem klassischen Griechisch und Latein überlieferten Pilznamen sind sogar in der wissenschaftlichen Sprache der Gegenwart erhalten: als Gattungsnamen wie *Agaricus, Amanita, Boletus, Hydnum, Peziza, Tuber* (aber meist mit völlig verändertem Inhalt!), in Zusammensetzungen wie *Hydnobolites, Hypomyces*, in Begriffen wie Mykologie, Fungi, Mycota, ja sogar in dem deutschen Wort „Pilz“ (aus *boletus*, s. Bd. III).

Demgegenüber hat das Mittelalter in einem Zeitraum von rund tausend Jahren kaum zusätzliche Erkenntnis gebracht. Zwar gibt es Berichte über Giftpilze und schwere Pilzvergiftungen (Thietmar von Merseburg 975–1018, Hl. Elisabeth 1098–1179, Albertus Magnus 1195–1280, Konrad von Megenberg 1309–1374), doch die Ursache der Giftwirkkung sah man nach wie vor in Zufällen, z. B. darin, daß die Pilze von Schlangen angehaucht wurden oder mit rostigen Nägeln in Berührung gekommen waren.

Andereseits erfreuten sich gewisse Pilzarten nach wie vor großer Wertschätzung, und der Genuß der „Herrenpilze“ war ein Privileg von Fürsten und Adligen. Wie Lenz berichtet, war noch bis 1848 im Herzogtum Gotha und anderen thüringischen Staaten die Trüffelsuche eine Gerechtsame der Fürsten und wurde von privilegierten Trüffeljägern ausgeübt.

Renaissance

Erst mit Beginn der Renaissance tragen Botaniker mit eigenen Beobachtungen zur Kenntnis der Pilze bei. Die ersten Ansätze hierzu finden sich in den sog. Kräuterbüchern. War im „Ortus sanitatis“ (Mainz 1491) noch ein einziger, nicht bestimmbarer Pilz abgebildet, so finden sich bei Pietro Andrea Mattioli (Venedig 1560) 3 und bei Mathias de L'Obel (Lobelius; Antwerpen 1581) mehrere Pilzarten in groben Holzschnitten dargestellt, darunter Judasohr, Morchel. Stinkmorchel und Pfifferling. Andrea Caesalpini beschreibt in seinem Pflanzenbuch (Florenz 1583) zahlreiche Pilze und klassifiziert sie in 15 Familien.

Der in Arras (damals zu Österreich gehörig) geborene Flame Charles d'ECLUSE (CLUSIUS; 1526–1609) bildet in seiner „Rariorum plantarum historia" (Antwerpen 1601) 33 Arten ab, und Jean BAUHIN bringt im 3. Band seiner „Historia plantarum universalis" (Yverdon 1651) 34 Holzschnitte von Pilzen, welche allerdings aus den Werken von LOBELIUS und CLUSIUS kopiert sind. CLUSIUS hat auch recht lebensechte farbige Aquarelle hinterlassen (sie werden heute in der Universitätsbibliothek Leiden aufbewahrt), von welchen wiederum viele der 135 Abbildungen in dem „Theatrum fungorum" des Frans von STERBEECK (Antwerpen 1675) kopiert sind.

CLUSIUS ist auch als Florist hervorgetreten. Aus seiner Feder stammt der älteste speziell den Pilzen gewidmete Buch „Fungorum in Pannoniis observatorum brevis historia" (Antwerpen 1606). Mit Recht gilt CLUSIUS als Begründer der Pilzfloristik: Von seinem zeitweiligen Wohnort Wien aus hat er Pannonien erforscht, d. h. das heutige Ungarn und angrenzende Gebiete, und dabei 105 Pilzarten registriert.

Wesentliche Erkenntnisse wurden über die Fortpflanzung der Pilze gewonnen. Die Entdeckung des Italieners Giambattista DELLA PORTA (1588), daß Blätterpilze wie auch Trüffeln sich durch einen dunklen Staub, „Samen" genannt, vermehren, wurde zunächst stark angezweifelt (G. BAUHIN 1623, 1665; R. HOOKE 1665; J. RAY 1704). Erst die mikroskopischen Beobachtungen seines Landsmannes, des Autodidakten Pier' Anton MICHELI (1679–1737), publiziert in seinem Buch „Nova Plantarum Genera" (Florenz 1729), haben die Existenz der Pilzsporen unwiderlegbar bestätigt, zumal MICHELI auch Keimungsversuche mit Pilzsporen vieler Arten durchführte und daraus Myzelien, ja Fruchtkörper, gewann.

Aus dem letzten Jahrzehnt des 16. Jh. stammen die ältesten Herbarien, von denen die in Kassel und Gotha erhaltenen mehrbändigen Herbarien von RATZENBERGER (1592 bzw. 1596) auch einige Pilze enthalten: Lärchenschwamm, Stinkmorchel, Hirschtrüffel, Judasohr, mehrere Blätterpilze, ein Korallenpilz. Derartige Herbarien dienten seinerzeit der Demonstration und enthielten noch nicht, wie später allgemein üblich, Angaben über Fundort, Datum, Habitat usw.

Die Anfänge der Pilzsystematik

Das 18. Jh. umspannt die Frühzeit der Pilzsystematik. Während G. BAUHIN 1651 nur zwei Gattungen von Pilzen unterschied (*Fungus* und *Tuber*), sind es bei J. P. DE TOURNEFORT (1700) schon 6, nämlich *Fungus* (Blätterpilz und Röhrlinge), *Boletus* (Morcheln und Pilzblumen), *Agaricus* (Porlinge), *Lycoperdon* (Stäublinge), *Coralloides* (Korallenpilze) und *Tubera* (Trüffeln). Bei J. J. DILLENIUS (1719) finden sich erstmalig die Gattungsnamen *Amanita, Bovista, Elvela, Erinaceus, Hydnum* und *Peziza*, bei S. VAILLANT (1727) *Clavaria*, bei P. A. MICHELI (1729) *Clathrus, Geaster, Phallus, Polyporus, Suillus* sowie einige Gattungsnamen für mikroskopische Pilze: *Aspergillus, Botrytis, Byssus, Mucor, Puccinia* (und einige weitere, später nicht mehr gebräuchliche Namen). Im ganzen unterschied MICHELI 33 Gattungen von Pilzen.

1751 fügte J. HILL die Gattungen *Isaria, Leotia, Poria* und *Xylaria*, 1753 J. G. GLEDITSCH *Stemonitis*, 1763 M. ADANSON *Cantharellus* und *Terana* sowie 1768 A. v. HALLER *Cyathus* und *Sphaeria* hinzu. Alle genannten Autoren, wie auch J. A. BATTARRA (1755), G. A. SCOPOLI (1760) und J. Ph. NONNE (1763), verwendeten noch nicht die binäre Nomenklatur, so daß sich aus ihren Werken nur Gattungsnamen (soweit sie später validiert wurden), nicht aber die oft vielgliedrigen Artnamen („Phrasen") in der modernen Literatur wiederfinden. Die ausgezeichneten Bildtafeln von MICHELI wurden jedoch viel von späteren Autoren (z. B. BATSCH, PERSOON) zitiert und können als Typen von Artnamen dienen.

Im Vergleich zu MICHELI hat der um 28 Jahre jüngere Schwede Carl LINNAEUS (1707–1778; ab 1762 Carl von LINNÉ) als führender Botaniker seiner Zeit der Pilzsystematik wenig Aufmerksamkeit gewidmet. LINNAEUS war der große Ordner der Organismen in einer Zeit, als durch Entdeckungsreisen, gezielte Heimatforschung, Anlage von Sammlungen und botanischen Gärten Pflanzen- und Tierarten in rasch zunehmendem Maße bekannt wurden. 1735 hatte er in der 1. Auflage seines (damals noch bescheidenen) Werkes „Systema Naturae" die Natur in drei Reiche eingeteilt („Minerale wachsen, Pflanzen wachsen und leben, Tiere wachsen, leben und fühlen"), die Pflanzen in einem „künstlichen System" nach Anzahl und Stellung ihrer Sexualorgane in 24 Klassen geteilt, von denen die 24. Klasse *„Cryptogamia"* neben anderen Ordnungen auch die Ordnung *Fungi* = Pilze enthält. Er unterschied erst 9, später (1753) 10 Gattungen von Pilzen, wobei er die Namen *Agaricus, Boletus, Hydnum, Elvela* und *Peziza* von DILLENIUS, *Lycoperdon* von TOURNEFORT, *Clavaria* von VAILLANT, *Clathrus, Mucor* und *Phallus* von MICHELI übernahm. Insgesamt beschrieb LINNAEUS (1753) nur 90 Arten von Pilzen; er selbst bezeichnete die Pilzsystematik in seinem Werk „Philosophia botanica" (1751) als „Skandal für die Wissenschaft".

Eine Leistung LINNAEUS', welche erheblichen Einfluß auf die Entwicklung der Botanik und Mykologie ausübte, ist seine geniale Reform der Nomenklatur. Schon 1737 stellte er in der „Critica botanica" wichtige Grundsätze für die Nomenklatur auf. Erstmals 1745 im Index zu „Ölandska och Gotlandska Resa" und dann konsequent 1753 in den „Species plantarum" führte er die binäre Nomenklatur der Pflanzen ein, d. h. eine klare Trennung zwischen „Trivialnamen" der Arten (= Epitheta) und deren Kurzbeschreibungen (Phrasen). Dieses Verfahren setzte sich sehr schnell in der gesamten Botanik und Zoologie durch. Den Begriff „Biologie" kannte LINNAEUS übrigens noch nicht; er erscheint erst ganz am Ende des 18. Jh. und bekam vor allem durch LAMARCK seinen heutigen Inhalt.

Aus der zunehmenden Kenntnis von Pilzarten ergab sich die Suche nach taxonomischen Kriterien. So erkannte VAILLANT 1727 den hohlen oder vollen, den beringten oder unberingten Stiel als brauchbare Merkmale, 1768 teilte v. HALLER erstmalig die Blätterpilze nach der Farbe der Lamellen ein. Mikroskopische Merkmale spielten zu der Zeit noch keine Rolle. Zwar hatte MICHELI schon 1729 Schläuche mit darin befindlichen Askosporen bei *Tuber* und der Flechte *Pertusaria* abgebildet, ebenso Zystiden von Blätterpilzen (die er jedoch für Blüten hielt), und auch die Tetraden-Anordnung der Basidiosporen auf den Lamellenflächen von *Coprinus* gesehen, doch hatten diese Beobachtungen noch für mehr als ein Jahrhundert keinen Einfluß auf die Systematik.

Vielmehr hat die geringschätzige Bewertung der Pilze durch LINNAEUS über einen langen Zeitraum hemmend auf die Entwicklung der Mykologie gewirkt. Die Einordnung der Pilze als Teil der „Kryptogamen" bzw. als „niedere Pflanzen" – besonders im deutschen Sprachgebiet noch in der Gegenwart häufig praktiziert – machte die Mykologie zu einem bescheidenen Anhängsel der Botanik, von welchem wenig erwartet wurde und dem daher nur wenig Aufmerksamkeit gewidmet wurde – ungeachtet der enormen Mannigfaltigkeit von Formen, Strukturen, Metaboliten, Entwicklungszyklen, genetischen und ökologischen Phänomenen, welche dieser Organismengruppen zu eigen sind.

Aufklärung

Erst das letzte Drittel des 18. Jh. leitete einen deutlichen Aufschwung in der Mykologie ein. In rascher Folge entstanden jene großen Tafelwerke, in denen (z.T. neben höheren Pflanzen) zahlreiche Arten von Basidiomyzeten und auch auffällige Askomyzeten mit handkolorierten Kupferstichen (z. T. existierten auch unkolorierte Teilauflagen) abgebildet und mehr oder weniger ausführlich beschrieben wurden. Bedeutende Werke sind:

Giovanni Antonio SCOPOLI: Flora Carniolica. Wien 1760 (2. Aufl., mit binärer Nomenklatur, Wien 1772).

Jakob Christian SCHAEFFER: Fungorum qui in Bavaria circa Ratisbonam nascuntur icones nativis coloribus expressae. 4 Bände. Regensburg 1762–1774 (binäre Namen erst 1774).

Flora Danica. Kopenhagen. Herausgegeben von G. Ch. von OEDER 1763–1770, O F. MÜLLER 1771–1782, M. VAHL 1787–1789, J. W. HORNEMANN (mit umfangreichen Beiträgen von H. Ch. F. SCHUMACHER) 1804–1840.

James BOLTON: A history of fungusses growing about Halifax. 3 Bände. Heddersfield 1768–1791.

William CURTIS: Flora Londinensis. 3 Bände. London 1777–1798.

Jean Baptiste Francois BULLIARD: Herbier de la France. Paris 1780–1789.

Nikolaus Joseph VON JACQUIN: Icones plantarum rariorum. 3 Bände. Wien 1781–1793 (mit Beiträgen von F. X. VON WULFEN).

August Johann Georg Karl BATSCH: Elenchus fungorum. 3 Bände. Halle 1783–1789.

Theodor HOLMSKJOLD: Beata ruris otia fungis Danicis impensa. 2 Bände. Kopenhagen 1790–1789.

James SOWERBY: Coloured figures of English fungi or mushrooms. 3 Bände. London 1795–1815.

In diesen zumeist lateinisch geschriebenen Prachtwerken sind viele häufigere Großpilze und auch manche Raritäten erstmalig dokumentiert, und ihre Bildtafeln haben als Typen bekannter Namen hervorragende taxonomische Bedeutung bis in die heutige Zeit, denn von jenen Autoren sind zumeist keine Herbarien mit als Holotypen anzusehenden Exsikkaten (vgl. Bd. III) erhalten. Das letzte Tafelwerk dieser Art, schon mit Lithographie gedruckt, aber noch immer handkoloriert, war

Julius Vinzenz VON KROMBHOLZ; Naturgetreue Abbildungen der eßbaren, schädlichen und verdächtigen Schwämme. 10 Hefte. Prag 1831–1847.

Während die genannten Bildwerke eine Fülle schöner Einzeldarstellungen bieten, aber überhaupt nicht systematisch geordnet sind, haben andere Autoren sich um die Klassifizierung der Pilze bemüht. Den als Systema bezeichneten, auf einem vorgefaßten Prinzip beruhenden „künstlichen“ Einteilungen wie dem Sexualsystem des LINNAEUS, wurden als Methodus bezeichnete, nach bestem Wissen den natürlichen Gegebenheiten angepaßte „natürliche“ Systeme gegenübergestellt, insbesondere die „Synopsis methodica fungorum“ (Göttingen 1801) des in Südafrika geborenen, hauptsächlich in Göttingen und (seit 1803) in Paris tätigen Niederländers Christiaan Hendrik PERSOON (1761–1836). In diesem lateinisch geschriebenen Buch werden die Arten der vorgenannten Autoren zusammengefaßt und, zusammen mit vielen neuen, in 71 Gattungen geordnet. Es handelt sich um das erste wissenschaftliche System der Pilze. Die von PERSOON benutzten Namen der Klassen, Ordnungen usw. sind uns allerdings heute nicht mehr geläufig und die damit bezeichneten Gruppierungen aus heutiger Sicht meist recht heterogen.

Die Entwicklung der Pilzsystematik bedingte auch eine Entwicklung der Merkmalskunde und einer entsprechenden Fachsprache (Terminologie). 1788 hatte J. HEDWIG die Schläuche (damals „Thecae“ genannt – der Ausdruck „Askus“ stammt von NEES VON ESENBECK 1816) wiederentdeckt. Die „um die Thecae herum“ befindlichen Scheingewebe bezeichnete PERSOOON 1794 als „Perithecium“, und derselbe nannte die von Theken gebildeten Schichten „Hymenium“ (noch für Jahrzehnte wurde angenomen, daß auch die Sporen der Hymenomyzeten endogen in Theken entstehen; erst 1837 wies LÉVEILLÉ eindeutig die exogone Entstehung von Basidiosporen auf Basidien nach und führte die Begriffe „Basidie“ und „Zystide“ ein).

1801 prägte Johannes HEDWIG die Begriffe „Spore“ (für die bis dahin als Samen bezeichneten Vermehrungszellen der Pilze) und „Sporangium“; diesen folgte 1807 der Begriff „Conidium“ von J. H.F. LINK, 1816 „Askus“ von C. G. NEES von ESENBECK, 1803 oder 1810 von ACHARIUS „Apothecium“ und „Thallus“ (beide Begriffe zunächst bei Flechten verwendet). 1805 erkannten die Herrnhuter Theologen J. B. VON ALBERTINI und L. D. VON SCHWEINIZ die Sporenstaubfarbe als wichtiges taxonomisches Merkmal von Blätterpilzen.

1807 beobachtete B. PRÉVOST die Entwicklung der Zoosporen des Pflanzenparasiten *Albugo*, und 1821 bildete GRUITHUISEN Zoosporen von *Saprolegnia* ab und beobachtete deren Ausschwärmen. Die Sporenkeimung der Zygomyzeten wurde 1820 von Christian Gottfried EHRENBERG (1795–1875) beobachtete; dieser entdeckte zugleich den ersten Fall von Sexualität bei Pilzen, nämlich bei dem Zygomyzeten *Syzygites (Sporodinia).*

Einen wesentlichen Denkanstoß gab der in Lille geborene, später in Mannheim tätige Noël Joseph DE NECKER (1729–1793). Seiner Zeit vorauseilend, erkannte er frühzeitig die taxonomische Sonderstellung der Pilze und schloß sie (1783, 1790) aus dem Sexualsystem LINNAEUS’ aus, indem er sie einem eigenen Naturreich („Regnum mesymale“ d. h. Zwischenreich) zuwies. Darin konnten ihm PERSOON und spätere Mykologen nicht folgen. PERSOON stellte 1793 die Pilze als Ergebnis stufenweiser Vereinfachung der Pflanzen dar und ließ ebenso wie vordem BATSCH keinen Zweifel an ihrer Pflanzennatur. In einem jedoch stimmten NECKER und PERSOON überein; Sie erkennen die Pilzkunde („Schwammlehre“) als eine eigenständige Disziplin der Naturwissenschaften, die von NECKER 1783 als „Mycitologie“ und von PERSOON 1794 als „Mycologie“ bezeichnet wird. Der Ausdruck Mykologie wurde rasch wissenschaftliches Allgemeingut (LINK 1809 ff., FRIES 1815 ff. u. v. a.).

Das Zeitalter der Aufklärung brachte also eine deutliche Emanzipation der Mykologie aus ihrer von LINNAEUS über Jahrzehnte hinweg fixierten Abseitsstellung; es war die Zeit der große Teile Europas erfassenden klassischen Ikonographien, der ersten Schritte zu einer eigenständigen mykologischen Terminologie und des ersten umfassenden Systems der Pilze. Es sei daran erinnert, daß in diesem Zeitraum die Hauptwerke (1801, 1809, 1815) von Jean Baptiste DE LAMARCK (1744–1829) erschienen und wesentlich dazu beitrugen, dem Entwicklungsgedanken und dem Begriff „Biologie“ in den Naturwissenschaften Raum zu geben. Es war auch LAMARCK, welcher 1778 erstmals einen dichotomen Bestimmungsschlüssel aufstellte.

Romantik

Nach 1815 machte sich der Einbruch romantischer Ideen, insbesondere der Naturphilosphen F. W. J. SCHELLING (1797, 1789) und Lorenz OKEN („Lehrbuch der Naturphilosophie“, 1809–1811, 1835), in der Pilzsystematik bemerkbar. Die theoretische Basis einer „natürlichen Anordnung“ von Organismen wurde im Wirken der Polarität entgegengesetzter Kräfte gesehen; daraus resultierten idealistisch konzipierte „Systeme“, welche den „Methoden“ der Botaniker des 18. Jh., des Mykologen PERSOON und des Lichenologen ACHARIUS, entgegengesetzt waren. Dieser Art sind die Pilzsysteme von Christian Gottfried NEES VON ESENBECK („Das System der Pilze und Schwämme“, Würzburg 1816 und 1817) und Elias Magnus FRIES („Systema mycologicum“, Lund und Greifswald 1821–1832).

Beide Autoren haben zahlreiche Arten und auch Gattungen von Pilzen beschreiben. Dem Schweden Elias Magnus FRIES (1794–1878) verdanken wir überdies die Namen wichtiger höherer Taxa wie die Klassen *Hyphomycetes, Hymenomycetes, Gasteromycetes,* der „Unterordnung“ *Pyrenomycetes* (alle 1821) sowie der „Familie“ *Discomycetes* (1836). FRIES war ein ausgezeichneter Kenner der zeitgenössischen und älteren mykologischen Literatur und kannte auch die von zeitgenössischen Autoren (z. B. BERKELEY) beschriebenen mikroskopischen Merkmale, wie aus den ersten Seiten seines Werkes „Epicrises systematis mycologici seu Synopsis Hymenomycetum“ (Uppsala 1836–1838) hervorgeht. Er selbst stützte sich aber bis in sein Spätwerk hinein („Hymenomycetes Europaei“, Uppsala 1874) fast allein auf makroskopische Merkmale. Nach 1832 widmete er sich ausschließlich den Hymenomyzeten. Seine Artbeschreibungen enthalten keinerlei Angaben über Sporen, Basidien, Zystiden u. dgl.

Angaben mikroskopischer Merkmale in Artdiagnosen, besonders der Sporenform und später auch der Sporengröße, finden sich z. B. in dem erwähnten Werk von KROMBHOLZ seit 1832, in Miles Joseph BERKELEYS „Notices of British fungi“ seit 1838.

Schimmel- und andere mikroskopische Pilze sind bereits durch LINK (1809) und NEES VON ESENBECK (1816/1817) in größerer Zahl beschrieben worden. In der Folgezeit wurden sie namentlich von Carl August Josef CORDA (1809–1849) in Prag, Carl PREUSS (gest. 1855) in Hoyerswerda, Joseph Henri LÉVEILLÉ (1796–1870) in Paris und Hermann Friedrich BONORDEN (1818–1884) in Köln studiert und beschrieben. Die Einführung des zusammengesetzten Mikroskops und verbesserter Objektive um 1830 hatten die Untersuchung mikroskopischer Pilze wie auch mikroskopischer Merkmale höherer Pilze bedeutend erleichtert. Erstmals 1836 haben BERKELEY und ASCHERSON die Entstehung von Sporen auf Sterigmen gesehen, 1837 wurde die Basidie von LÉVEILLÉ erstmalig abgebildet – unabhängig davon und fast gleichzeitig auch von BERKELEY, CORDA, PHOEBUS und KLOTZSCH bei Vertretern der Hymeno- und Gasteromyzeten.

Zu Beginn des 19. Jh. wird auch der Wert mykologischer Herbarien, der Verteilung und des Austausches von Exsikkaten erkannt; neben publizierten oder archivierten Aquarellen gewinnen sie zunehmend an Bedeutung für die Taxonomie der Pilze. Während von FRIES nur wenige Exsikkate erhalten sind (hauptsächlich Material aus seiner frühen Schaffensperiode in Femsjö, also vor 1815), sind die Pilzherbarien von PERSOON in Leiden, JUNGHUHN in Halle und Leiden, LÉVEILLÉ und

MONTAGNE in Paris, BERKELEY in Kew, CORDA in Prag, KALCHBRENNER in Uppsala und HENNINGS in Berlin (letzteres größtenteils 1944 vernichtet) von eminenter Bedeutung (vgl. Bd. III). Zu jener Zeit begannen Forschungsreisende, aus tropischen und subtropischen Ländern Pilzmaterial in großer Menge an die führenden botanischen Museen zu übermitteln, wo sie von den Kustoden oder anderen namhaften Mykologen bearbeitet wurden, die damit zu „Klassikern" der Pilzfloren von Indien, Australien, Nord- und Südafrika, Südostasien, Indonesien, Südamerika u. a. wurden: Johann Friedrich KLOTZSCH (1805–1860) und Paul Christian HENNINGS (1841–1908) in Berlin, Jean Pierre MONTAGNE (1784–1866) und Joseph Henri LÉVEILLÉ (1796–1870) in Paris, Miles Joseph BERKELEY (1803–1889), Mordechai Cubitt COOKE (1825–1914) und George Edward MASSEE (1850–1917) in London bzw. Kew. Von St. Petersburg aus bereiste Peter Simon PALLAS (1741–1811) Sibirien und Mittelasien, und von Leiden aus erforschte Franz Wilhelm JUNGHUHN (1812–1864) Indonesien. Nach einer Sammelreise in Texas kam August Carl Josef CORDA (1809–1849) bei einem bis heute rätselhaften Schiffsunglück ums Leben.

Nur zögernd begann die Entwicklung einer eigenständigen Mykologie in außereuropäischen Ländern: So übersiedelte SCHWEINIZ 1812 nach North Carolina, später Pennsylvania, und wurde als Lewis David v. SCHWEINITZ zum Begründer der nordamerikanischen Mykologie. Der Italiener Carlos Luis SPEGAZZINI kam 1870 nach La Plata und bearbeitete höhere und niedere Pilze Argentiniens. Daniel MCALPINE (1848–1932) widmete sich in Melbourne der Pilzflora Australiens. Im wesentlichen bedingte jedoch das Kolonialsystem, daß die Erforschung der Pilzflora der Erde noch bis in die Neuzeit in Europa konzentriert blieb.

Anfang des 19. Jh. wird auch die Verteilung von Belegen in Form von Exsikkaten – oft in Serien zu 100 Stück als „Centurien" – üblich. Manche Privatgelehrte haben vom Verkauf solcher Exsikkatenwerke gelebt. Zu den ältesten Exsikkatenwerken, noch bescheidenen Umfanges, gehören C. F. HOLL & J. C. SCHMIDT „Deutschlands Schwämme in getrockneten Exemplaren" (1815–1819) und J.F. KLOTZSCH „Herbarium vivum mycologicum" (1832). Zu den bedeutendsten mykologischen Exsikkatenwerken des 19. Jh. zählen die 3 von Gottlob Ludwig RABENHORST von 1842 bis 1903 herausgegebenen Serien „Klotzschii herbarium vivum" und „Fungi Europaei", insgesamt 7000 Nummern, die „Ascomycetes exsiccatae" von Ludwig REHM (1868 bis 1917, 2175 Nummern), die „Fungi Rhenani exsiccati" von K. W. G. L. FUCKEL (1863–1874, 2700 Nummern), die „Fungi Saxonici exsiccati" von Karl Wilhelm KRIEGER (1885–1919, 2500 Nummern), die „Mycotheca universalis" von Felix THÜMEN (1875–1884, 2300 Nummern) und im 20. Jh. die „Mycotheca Germanica" von Hans und Paul SYDOW (1903–1940, 3400 Nummern). Eine bedeutende nordamerikanische Sammlung sind die „North American Fungi" von J. B. ELLIS & B. M. EVERHART (1878–1898, 3600 Nummern).

Auch in der Gegenwart werden von einigen namhaften Museen und Instituten Exsikkatenwerke herausgegeben, z. B. sind die „Fungi Suecici prasertim Upsalienses exsiccati" von S. LUNDELL & J. A. NANNFELDT (1934–1978, 3000 Nummern) äußerst wertvoll für das Verständnis der auf FRIES zurückgehenden schwedischen Tradition in der Pilzsystematik.

Hinsichtlich des Entwicklungsganges der Pilze bestanden während der romantischen Epoche große Unklarheiten. Viele Autoren (darunter PERSOON, LAMARCK, FRIES, NEES v. ESENBECK und sogar noch C. W. VON NAEGELI 1842) glaubten an eine

„Urzeugung" (generatio aequivoca), wogegen sich z. B. BOLTON (1788), SCHILLING (1827) und EHRENBERG (1837) mit experimentellen Befunden wandten.

Besonders umstritten war die Natur der Pflanzenkrankheiten. Noch 1833 hielten Th. HARTIG die Holzfäule erregenden Pilze und Franz J. A. N. UNGER in seinem Buch „Die Exantheme der Pflanzen" die phytopathogenen Pilze für Produkte der kranken Pflanzenzelle, für eine Folge der Pflanzenkrankheiten, nicht für deren Ursache, wiewohl B. PRÉVOST schon 1807 den Pilz *Tilletia* experimentell als Ursache des Steinbrandes nachgewiesen hatte. Erst um 1850 erlischt diese Diskussion.

Strittig war auch die Natur der Hefepilze, die zwar schon 1680 von Antonie VAN LEEUWENHOEK gesehen und beschrieben, aber lange Zeit für Algen gehalten worden waren. Erst Theodor SCHWANN erkannte 1837 die Bierhefe als Pilz, und Franz MEYEN beschrieb sie 1838 als Taxon *Saccharomyces cerevisiae.* 1839 entdeckte SCHWANN die Askosporenbildung bei Hefen.

Schließlich spielte seit der Entdeckung frei beweglicher Zoosporen bei Algen und niederen Pilzen das Problem der „Pflanze im Moment der Tierwerdung" für Jahrzehnte eine Rolle, bis N. PRINGSHEIM 1851 die Geißeln der Zoosporen des Pilzes *Achlya prolifera* abbilden konnte.

Experimentelle Mykologie nach 1850

Der Fortschritt der Mykologie in der zweiten Hälfte des 19. Jh. ist weitgehend bestimmt durch die Namen TULASNE und DE BARY.

Die Brüder Louis René TULASNE (1815–1885) und Charles TULASNE (1816–1884) in Paris waren nicht nur hervorragende Systematiker und Illustratoren der Askomyzeten (ihr dreibändiges Prachtwerk „Selecta fungorum carpologia" erschien 1861–1865), sondern untersuchten auch systematisch deren Entwicklungsgeschichte. Schon 1851 hatten die Brüder TULASNE auf Zusammenhänge zwischen Haupt- und Nebenfruchtform bei Pilzen aufmerksam gemacht und Begriffe wie Spermogonium, Spermatium, Pycnide, Stylospore eingeführt. L. R. TULASNE klärte 1852 den komplizierten Lebenszyklus des Mutterkornpilzes (*Claviceps purpurea*) und trug überhaupt viel zur Kenntnis der Rost- und Brandpilze, der Askomyzeten einschl. der Hypogäen sowie der Flechten bei. Ch. TULASNE war der kongeniale Illustrator.

Heinrich Anton DE BARY (1831–1888), Professor in Freiburg i. B., Halle und Straßburg, gelang ebenfalls die Aufklärung der Lebenszyklen zahlreicher Pilze. Er bewies endgültig (1861 und 1863) die Rolle parasitischer Pilze als Ursache der Pflanzenkrankheiten, bewies 1865 den Wirtswechsel der Rostpilze (unabhängig davon gelangte OERSTED in Dänemark im gleichen Jahr zum selben Ergebnis) und 1869 (gemeinsam mit WORONIN) die sexuelle Natur der Konjugation bei *Mucorales,* nachdem er schon 1862 die Sexualprozesse einiger Askomyzeten (*Pyronema, Erysiphe*) demonstriert hatte. 1866 beschrieb DE BARY als erster Zellkerne bei Pilzen (*Aleurodiscus*). Er unterschied (1866) saprophytische und parasitische Pilze und später (1884) fakultative und obligate Parasiten. Zu den von DE BARY eingeführten morphologischen Begriffen gehören Teleutospore, Promycel und Sporidien (1853), Heterözie (1865), Saprophyt (1866) und Zygospore (1869). Sein erster Versuch eines phylogenetisch begründeten Systems der Pilze (1866: Klassen *Phycomycetes, Hypodermii* = Rost- und Brandpilze, *Basidiomycetes, Ascomycetes*) beeinflußte in einer 1884 überarbeiteten Form (wobei die *Basidiomycetes* die höchste Position erhielten) die großtaxonomischen Vorstellungen der Mykologen bis hin zu Gäumann (1964), ja teilweise noch bis in die Gegenwart (Esser 1986).

Als Hochschullehrer war De Bary außerordentlich erfolgreich. Seine dynamische Auffassung von Mykologie zog Studierende aus vielen Ländern an. Zu seinen bedeutendsten Schülern gehören in der Freiburger Zeit (1865–1867) A. Fischer von Waldheim, P. Magnus, P. M. A. Millardet und M. S. Woronin, in der hallischen Zeit (1867–1872) O. Brefeld, G. Briosi, M. Rees und J. T. von Rostafiński, in der Straßburger Zeit (ab 1872) A. Blytt, W. G. Farlow, V. Fayod, A. Fischer, E. Fischer, M. M. Hartog, F. von Höhnel, G. Klebs, F. von Tavel. Mehrere von diesen haben später in ihren Heimatländern selbst mykologische Schulen begründet. So führt eine direkte Linie von De Bary über Eduard Fischer (1861–1939) und Ernst Gäumann (1893–1963) zu Emil Müller (geb. 1920) und Josef Adolf von Arx (geb. 1922).

Während De Bary noch auf die direkte Beobachtung von Pilzen auf oder in natürlichen Substraten angewiesen war, entwickelten zeitgenössische Bakteriologen wie Louis Pasteur und Robert Koch um 1870 die Technik der Reinkulturen von Bakterien auf sterilisierten Medien, die bald auch auf die Pilze übertragen wurde. Bereits 1852 hatte Vittadini Gelatine zur Verfestigung von Kulturmedien für Pilze benutzt, eine zunächst auch von Oscar Brefeld (1839–1925) praktizierte Methode, bis etwa 1885 durch Frau Hess das seit langem in der Küche verwendete Geliermittel Agar-Agar, ein Produkt aus Rotalgen, in die Mikrobiologie eingeführt wurde und bis heute als ideale Grundlage für Nährböden unersetzbar geblieben ist. Weitere Verbesserungen der Kulturtechnik gelangen 1873 Ph. van Tieghem (Kultur im hängenden Tropfen) und 1887 R. J. Petri (Petrischale). Van Tieghem, Raulin und Duclaux gehören zu den bedeutendsten Schülern Pasteurs, welche die moderne Physiologie der Pilze begründeten. Emil Christian Hansen führte 1883 in Dänemark die Arbeit mit Einsporkulturen von Hefen ein, ebenso das Bierbrauen mit Reinkulturen von Hefen. Wehmer entdeckte 1893 die Citronensäurebildung durch Schimmelpilze, Ejkman 1894 die Milchsäurebildung durch *Mucor rouxii*; 1897 gewann Buchner die Zymase aus Hefe, und 1896 schrieb F. Lafar das erste Buch über „Technische Mycologie".

Stimuliert durch die verbesserte Kulturtechnik und durch die von Carl Zeiss und Ernst Abbé 1878–1886 eingeführten Verbesserungen der Lichtmikroskope (Ölimmersion, Kondensor, apochromatisches Objektiv), konnte sich auch die Zytologie der Pilze entwickeln. 1880 postulierte Schmitz die Anwesenheit von Zellkernen in allen pilzlichen Zellen, nachdem er Zellkerne in Askomyzeten demonstriert hatte. 1892 beobachtete Rosen Kernfusion in der Basidie, 1894 Dangeard im Askus; 1893 entdeckte Sapin-Trouffy die Paarkernphase bei Rostpilzen.

Wesentliche Beiträge zur Zytologie der Pilze kamen von H. Juel (er unterschied 1898 Sticho- und Chiastobasidie), R. Maire (er wies 1900 die Paarkernphase bei Hymeno- und Gasteromyzeten nach), während R. A. Harper 1905 den Kernphasenwechsel bei Askomyzeten aufzeigte. Die Begriffe haploid und diploid stammen übrigens von Strasburger, ebenfalls 1905. Sapin-Trouffy (1896) und V. H. Blackman (1904) war es gelungen, den Kernphasenwechsel der Rostpilze weitgehend aufzuklären. Diese Erfolge sind nicht zuletzt auch der Einführung neuer Färbetechniken zu verdanken, wie sie z. B. Maire aus der Zoologie übernommen hatte.

Gleichzeitig mit der Zytologie entwickelte sich auch die Genetik der Pilze. 1891 hatte E. Ch. Hansen bei *Saccharomycodes* und 1895 H. Schiønning bei *Schizosaccharomyces* Zellfusion und Askusbildung der Hefepilze beobachtet. Der Nordamerikaner A. F. Blakeslee unterschied 1904 erstmalig homothallische und heterothallische Pilze am Beispiel von Zygomyzeten. Das weitere Studium der Sexualität von Pilzen ist mit Namen wie E. Wakefield, H. Kniep, A. H. R. Buller, B. O. Dodge, J. E. Sass, R. Vandendries und H. Brunswik verbunden. Hans Kniep demonstrierte 1920 die tetrapolare Sexualität und multiple Allele bei Basidiomyzeten (*Schizophyllum commune*), während B. O. Dodge 1927 ff. die Genetik der Askomyzetengattung *Neurospora* begründete und fertile Hybriden *N. sitophila* × *N. tetrasperma* erzielen konnte.

Die Entwicklung der experimentellen Mykologie hatte die Gründung einiger bedeutender mykologisch orientierter Institutionen zur Folge. Von den bekanntesten seien erwähnt: das 1876 gegründete Carlsberg Laboratorium in Kopenhagen, die 1906 in Utrecht gegründete Centralstelle für Pilzkulturen (seit 1907 Centraalbureau voor Schimmelcultures, seit 1920 in Baarn und Delft), das 1920 gegründete Imperial Bureau of Mycology in Kew, England (seit 1948 Commonwealth Mycological Institute, seit 1986 International Mycological Institute), die 1925 gegründete American Type Culture Collection in Rockville, Maryland, USA, die 1955 gegründeten National Fugus Collections in Beltsville, Maryland, USA.

An den Nationalmuseen und Nationalherbarien erlangten mykologische Abteilungen allmählich einen mehr oder weniger selbständigen Status, so an den Royal Botanic Gardens in Kew, dem Rijksherbarium in Leiden, dem Museum National d'Histoire Naturelle in Paris, dem Komarow-Institut in Leningrad, den Nationalmuseen in Budapest und Prag (vgl. Bd. III). Nichtsdestoweniger wird mykologische Forschungsarbeit auch heute noch ganz überwiegend an botanischen, mikrobiologischen und phytopathologischen Instituten geleistet.

Pilzsystematik nach Fries

Schon im 19. Jh. hatten einige Mykologen bzw. Botaniker die von Fries aufgestellten Tribus, Sektionen usw. der Hymenomyzeten in den Rang von Gattungen erhoben, namentlich Friedrich Staude 1857, Paul Kummer 1871 und Friedrich Otto Wünsche 1877 in Deutschland. Neue Gattungen schufen insbesondere Lucien Quélet (1872 ff.) in Frankreich, Peter Adolf Karsten (1872 ff.) in Finnland, William Alphonso Murrill (1902 ff.) und Franklin S. Earle (1909) in den USA, doch konnten ihre Auffassungen sich vorerst nicht allgemein durchsetzen. Besonders im deutschen Sprachgebiet blieben die konservativen, eng an Fries bzw. Wünsche anschließenden Auffassungen von Adalbert Ricken (1851–1921) und Sebastian Killermann (1870–1956) für die Blätterpilz- und Röhrlingssystematik bis nach 1950 bestimmend, während die Porlinge und andere *„Aphyllophorales“* (ein Begriff von Patouillard, 1900 als „Aphyllophoracés“) durch das Werk von Bourdot & Galzin „Hyménomycètes de France“ (1927) und später durch Werke von A. Pilát (1930 ff.) eine stärker differenzierte Bearbeitung erfuhren, die von Frankreich bzw. der Tschechoslowakei allmählich in andere Länder ausstrahlte.

Erst allmählich gewannen Erkenntnisse der Zytologie wie auch morphologisch-anatomische Untersuchungen von Narcisse Patouillard (1854–1926), Vincent

FAYOD (1860–1900) und René MAIRE (1879–1949) an Blätterpilzen sowie die 1932 von Edred John Henry CORNER (geb. 1906) eingeführte Hyphenanalyse der Fruchtkörper von Porlingen, Korallenpilzen u. a. Einfluß auf die Systematik, bis die Systemvorschläge von Rolf SINGER für die Blätterpilze und Röhrlinge (1939, 1951), Apollinarij Semenovič BONDARCEV für die Porlinge (1941 mit R. SINGER; 1953), E. J. H. CORNER für die Korallenpilze (1950) und von John ERIKSSON (1958) für die Krustenpilze fast revolutionsartig das traditionelle System ablösten. Im deutschen Sprachgebiet hat zuerst Meinhard MOSER (1953) das moderne Pilzsystem bekanntgemacht.

Die Askomyzeten hat John Axel NANNFELDT (1904–1985), ein Schüler von JUEL, bereits 1932 mit einem auf die Entwicklung der Fruchtkörper gegründeten Systemvorschlag neu geordnet: die traditionelle Einteilung in Diskomyzeten und Pyrenomyzeten wurde durch Begriffe wie *Ascohymeniales* und *Ascoloculares* abgelöst. Die niederen Pilze erfuhren durch Frederik K. SPARROW in seinem monumentalen Werk „Aquatic Phycomycetes" (Neubearbeitung 1960) eine grundsätzliche Neugliederung, welche besonders den von Irene MANTON u. a. ermittelten Geißelstrukturen der Zoosporen hohe Bedeutung beimißt. An die Stelle der heterogenen *„Phycomycetes"* setzte SPARROW die Klassen *Chytridiomycetes, Oomycetes* und *Zygomycetes.*

Die erste Hälfte des 20. Jh. ist auch die Zeit einer neuen Serie umfangreicher Ikonographien, welche die Großpilze, vorwiegend die Hymenomyzeten, betreffen und nunmehr im Farbdruck ausgeführt sind. Hervorgehoben seien:

Adalbert RICKEN: Die Blätterpilze Deutschlands und der angrenzenden Länder. Leipzig 1912–1915.
Paul KONRAD & André MAUBLANC: Icones selectae fungorum. 6 Bände. Paris 1924–1936.
Giacomo BRESADOLA: Iconographia Mycologica. 26 Bände. Milano 1927–1933.
Jakob Emanuel LANGE: Flora Agaricina Danica. 5 Bände. Kopenhagen 1935–1940.

Fragmentarisch blieben Ikonographien tropischer Pilze, so die „Icones fungorum Malayensium" von C. VAN OVEREEM & J. WEESE, Leiden 1923ff., und die „Flore Iconographique des Champignons du Congo" von M. BEELI, P. HEINEMANN und anderen, Bruxelles 1935ff. Ein Torso blieb auch das groß angelegte Tafelwerk der Deutschen Gesellschaft für Pilzkunde „Die Pilze Mitteleuropas" von Franz KALLENBACH, Bernhard KNAUTH, Walther NEUHOFF, Julius SCHÄFFER (Leipzig 1926ff.).

Im gleichen Zeitraum erschienen auch in zunehmendem Maße Monographien einzelner Gattungen und Familien, oftmals durch Schwarzweißfotos, Zeichnungen oder auch Aquarelle reich illustriert. Genannt seien MURRILL: zahlreiche Arbeiten über Porlinge (1907–1921); LLOYD: Werke über Gasteromyzeten, Porlinge, größere Askomyzeten u. a. (1905–1919); COKER & COUCH: Gasteromyzeten von Nordamerika (1928); HEIM: *Inocybe* (1931); VESELÝ: *Amanita* (1933, 1934); SCHÄFFER: *Russula* (1933–1934, postum 1952); KÜHNER: *Galera* (1935) und *Mycena* (1938); PILÁT: *Pleurotus* (1935), *Polyporaceae* (1936–1942), *Agaricus* (1951); MØLLER: *Agaricus* (1950, 1952); CORNER: *Clavariaceae* (1950); OVERHOLTS: Porlinge Nordamerikas (1953); NEUHOFF: *Lactarius* (1956).

Nachdem bis gegen Ende des 19. Jh. die Mykologie ihre Beiträge in botanischen Zeitschriften oder (seit 1852) in der Kryptogamen-Zeitschrift „Hedwigia" publiziert hatte, stand ab 1879 mit der „Revue Mycologique" (Toulouse) erstmals eine rein mykologische Zeitschrift zur Verfügung. Ihr folgten 1885 das „Journal of Mycology" (Manhatten, USA), ebenfalls 1885 das noch heute existierende „Bulletin de la Société Mycologique de France" (Paris), 1892 die „Zeitschrift für Pilzfreunde" (Dresden und Bodenbach), 1903 die „Annales Mycologici" (Berlin), 1909 die „Mycologia" (Lancaster, USA), 1922 die „Transactions of the British Mycological Society" (Cambridge) und die „Zeitschrift für Pilzkunde" (Leipzig), 1923 die „Schweizerische Zeitschrift für Pilzkunde" (Bern), 1924 die „Mykologia" (Prag) und 1929 „Fungus" (Wageningen), um nur einige zu nennen.

Mykologie in der Gegenwart

Die gegenwärtige Enwicklungsphase der Mykologie umfaßt etwa den Zeitraum seit 1950 und ist gekennzeichnet durch die rasche Zunahme der Anzahl tätiger Mykologen, die wachsende Vielfalt der Arbeits- und Anwendungsgebiete, was z.B. in zahlreichen Neugründungen mykologischer Zeitschriften zum Ausdruck kommt. Heute erscheinen mehr als 50 mykologische Zeitschriften und Mitteilungsblätter (vgl. Bd. I), außerdem mindestens 12 Zeitschriften für Speisepilzanbau und einige für medizinische Mykologie – nicht nur in fast allen europäischen Ländern und den USA, sondern auch in Japan, Indien, China, Südkorea, Mexiko und Brasilien.

Die Bände I–V dieses Handbuchs weisen die Schwerpunkte der aktuellen Mykologie in vielen Einzelheiten aus; die Titel repräsentativer und epochemachender Werke sind dort genannt. Die folgenden Ausführungen können sich daher auf das Aufzeigen prinzipieller Tendenzen beschränken.

In der T a x o n o m i e wird die Inventarisierung verstärkt fortgesetzt; ein Ende ist noch nicht abzusehen, und die Schätzungen der real existierenden bzw. bekannten Pilzarten differieren erheblich (zwischen 50000 und 330000). Die Einbeziehung von morphologisch-ökologischen Sondergruppen in das Pilzsystem – deren Studium, arbeitstechnisch bedingt, besondere Wege genommen hat (Flechten, Hefepilze) – hat in den letzten 20 Jahren gute Fortschritte gemacht, bedarf aber weiterer Anstrengungen.

Die mykologische Durchforschung extremer oder jedenfalls bislang vernachlässigter Biotope hat eine Fülle neuer Formen und Taxa zur Kenntnis gebracht. Hervorgehoben seien die arktisch-alpinen Pilze (Kühner, Nannfeldt, Favre, Lamoure, Eckblad), die (limnisch-) aquatischen Pilze (Nilsson, Ingold, Webster, Dudka, Marvanová), die marinen Pilze (Baarghoorn & Linder, Jan & Erika Kohlmeyer, Doguet, Hughes, Fell), die thermophilen Pilze (Cooney & Emerson),die epiphyllen Pilze (Hansford, Chaves Batista, Ciferri, Hughes, Reynolds), der Pilzsporengehalt der Luft (Aeromykologie: Hirst, Pady, Kramer, Rogerson). Auch die Durchforschung tropisch-subtropischer Gebiete in Afrika (Heim, Dring, Pegler), Asien (Ahmad, Subramanian, Corner), Mittel- und Südamerika (Dennis, Singer, R. & O. Fidalgo, Furtado, Lindqvist, Pegler) sowie Ozeaniens und der Südkontinente (Cunningham, Horak) hat einen bedeutenden Aufschwung genommen, wobei sich in Ländern wie Indien, China, Kuba, Mexiko, Brasilien, Argentinien eine bodenständige Mykologie mit z.T. eigenen mykologischen Zeitschriften und Gesellschaften herausgebildet hat.

Die Anzahl der G a t t u n g s m o n o g r a p h i e n und der Handbücher morphologisch-ökologischer Gruppen (Hefen, mikroskopische Bodenpilze, phytopathogene Pilze) ist enorm angestiegen; ihre Erarbeitung konzentriert sich allerdings auf wenige Länder wie USA, Großbritannien, Frankreich, Niederlande sowie neuerdings Norwegen, Italien, Australien. Gleichrangige Beiträge der deutschsprachigen Länder sind im Vergleich zu früheren Jahrzehnten recht selten geworden.

Umfangreiche Ikonographien sind weiterhin aktuell und nunmehr durch Verwendung der Farbfotografie gekennzeichnet. Herausragende Werke dieser 3. Generation sind:

André MARCHAND: Champignons du nord et du midi. Perpignan seit 1971 (bisher 9 Bände).

Hermann JAHN: Pilze, die an Holz wachsen. Herford 1979.

J. BREITENBACH & F. KRÄNZLIN: Pilze der Schweiz. Luzern seit 1981 (bisher 2 Bände).

Svengunnar RYMAN & Ingmar HOLMÅSEN: Svampar. Stockholm 1984.

Auch Bruno CETTO: I funghi dal vero (deutsch: Der große Pilzführer), Trento bzw. München 1970–1987, 5 Bände, sei hier genannt. Die Grenze zur populärwissenschaftlichen Literatur ist bei derartigen Büchern mitunter schwer zu ziehen.

Die Bestimmungsliteratur für Großpilze hat durch die international geschätzten Pilzfloren von Albert PILÁT (1951), Rolf KÜHNER & Henri ROMAGNESI (1953), Meinhard MOSER (1953ff.), R. W. G. DENNIS (1960ff.) und Walter JÜLICH (1984) eine neue Qualität erreicht. Als Schlüssel für mikroskopische Pilze sei das Buch von Josef Adolf VON ARX (1970ff.), für obligate Pflanzenparasiten dasjenige von Georges VIENNOT-BOURGIN (1956) hervorgehoben.

Lebhaft diskutiert wird gegenwärtig die Frage nach der Phylogenie und systematischen Position der Pilze (vgl. Bd. V) und damit die Standortbestimmung der Mykologie. P. H. WHITTAKER hat 1969 die Pilze i. w. S. – wie seinerzeit NECKER – aus dem Pflanzenreich herausgelöst und als eigenes Naturreich („*Fungi*") dem Pflanzen- und Tierreich gleichrangig gegenübergestellt. Wiewohl die Kategorie des Naturreiches im Sinne LINNAEUS' aus heutiger Sicht höchst fragwürdig erscheint, kam der Systemvorschlag WHITTAKERS dem legitimen Bedürfnis der Mykologen nach Emanzipation aus der Botanik oder Mikrobiologie entgegen, wurde von vielen Autoren aufgegriffen und fand Eingang in manche Lehr- und Handbücher, z. B. in der Sowjetunion (ZEROV 1972, MIRČINK 1976) und in den USA (MARGULIS & SCHWARTZ 1982).

Eine Konsequenz dieser Position ist das Anheben der „klassischen" mykologischen Taxa in höhere Kategorien, wie wir sie heute in führenden mykologischen Lehr- und Handbüchern finden, z. B.

Geoffroy Clough AINSWORTH, Frederick K. SPARROW & ALFRED S. SUSSMANN: The Fungi. An advanced treatise. 4 Bände. New York 1965–1973;

John WEBSTER: Introduction to Fungi. 2nd ed. Cambridge 1980; deutsche Übers. Heidelberg 1983.

D. L. HAWKSWORTH & al.: AINSWORTH & BIBSY's Dictionary of the Fungi (including the lichens). 7th ed. Kew 1983).

Darin werden die traditionellen Klassen der Pilze zu Subphyla (*Phycomycetes* zu *Mastigomycotina, Zygomycetes* zu *Zygomycotina, Ascomycetes* zu *Ascomycotina, Basidiomycetes* i. w. S. zu *Basidiomycotina, Deuteromycetes* zu *Deuteromycotina*), frühere Unterklassen zu Klassen. Die weitere Konsequenz ist ein explosionsartiges Ansteigen der Anzahl unterschiedener Ordnungen und Familien, wie es z. B. in den Systemvorschlägen von Franz OBERWINKLER (1977) und Walter JÜLICH (1981) für die Basidiomyzeten und von Ove ERIKSSON (1982) für die Askomyzeten zum Ausdruck kommt. Auch das Gattungs- und Artkonzept ist zumindest für die Großpilze zunehmend eng geworden (internationale Symposien über das Artkonzept in der Mykologie: Wernigerode 1967, Lausanne 1976), zumal seit 1952 Rekombinationsversuche von M. LANGE, M. NOBLES, J. BOIDIN, D. LAMOURE, A. DAVID, K. KORHONEN und anderen das enge Artkonzept der heutigen Systematiker glänzend bestätigt haben, unlängst sogar für die noch immer schwer kultivierbaren Ektomykorrhizapilze (N. FRIES & G. M. MUELLER 1984: *Laccaria*).

Aus den Bereichen der Biochemie, Physiologie und Ökologie der Pilze liegt eine Fülle von Arbeiten vor, doch fehlt es derzeit an einer Gesamtschau, welche den Entwicklungsstand dieser Disziplinen zusammenfaßt und widerspiegelt. In der Ökologie spielen zahlreiche Probleme im Zusammenhang mit dem Infektionsgeschehen phyto- und humanpathogener Pilze eine Rolle, die Mykorrhizaforschung hat sich insbesondere hinsichtlich der VA-Mykorrhiza, welche einen hervorragenden Stress-Schutz zahlreicher Kulturpflanzen darstellt, zu einem ausgesprochenen Schwerpunkt entwickelt (internationale Mykorrhiza-Symposien in Weimar 1960, Leeds 1974, Edinburgh 1982, Hannover 1985, Dijon 1985). Naturschutzfragen im Zusammenhang mit dem durch Umweltverschmutzung, wachsenden Tourismus, Änderung der land- und forstwirtschaftlichen Strukturen bedingten Rückgang bestimmter Pilzgruppen werden in vielen Ländern Europas und in Nordamerika lebhaft diskutiert; gesetzliche Maßnahmen zum Schutze der Pilzflora sind nach 1970 in der UdSSR, Schweiz und BRD, 1985 in Polen in Kraft getreten. 1985 konstituierte sich ein Europäisches Komitee für den Schutz von Pilzen.

Die Zytologie der Pilze hat durch die Anwendung der Transmissions- und Rasterelektronenmikroskopie sowie der Gefrierbruchtechnik eine neue Dimension erhalten. Die unterschiedlichen Septenstrukturen (GIRBARDT 1958, 1967 und MOORE & MCALEAR 1962 erkannten die taxonomische Bedeutung des Doliporus und der Porenkappe für die Abgrenzung der Basidiomyzeten, KREGER-VAN RIJ & VEENHUIS 1969, 1971 die der Septenporen für die Hefetaxonomie) und die verschiedenen Formen des Spitzenkörpers in Pilzhyphen (GROVE & BRACKER 1970) sind für ein natürliches System der Pilze ebenso relevant wie die mannigfachen Typen der Konidiogenese. Hierüber löste Stanley John HUGHES 1953 eine weltweite Diskussion aus, welche in zwei Symposien in dem kleinen kanadischen Ort Kananaskis (1969 und 1977) gipfelte, deren Berichtbände jeweils von Bryce KENDRICK herausgegeben wurden (1971, 1979). Die Entdeckung verschiedener Typen der Sprossung von Hefezellen durch Eva STREIBLOVÁ (1963 mit V. BERAN, 1969) wirft ganz ähnliche Fragen auf.

Die Genetik der Pilze hat sich nach 1950 auch so schwierig analysierbarer Gruppen wie der imperfekten Pilze und der Hefen angenommen und führte zu bemerkenswerten Entdeckungen wie des parasexuellen Zyklus von *Aspergillus* durch PONTECORVO & ROPER (1952) und der heterobasidialen Hefen durch BANNO (1967). Eine wesentliche theoretische Untermauerung erfuhr die Pilzgenetik durch das Lehrbuch von ESSER & KUENEN (1965).

Früher oder später reflektieren sich alle diese Fortschritte in der Taxonomie, und so nimmt es nicht wunder, daß gerade die physiologisch und genetisch gut bearbeiteten Pilzgruppen eine Serie monumentaler monographischer Bearbeitungen erfahren haben, insbesondere *Penicillium* (RAPER & THOM 1949, PITT 1979, RAMÍREZ 1982), *Aspergillus* (THOM & RAPER 1945, RAPER & FENNELL 1965) und die Hefen (LODDER & KREGER-VAN RIJ 1952, LODDER 1970, BARNETT, PAYNE & YARROW 1979, 1983, KREGER-VAN RIJ 1984).

Wiewohl die Erarbeitung regionaler und nationaler Pilzfloren nach wie vor an vielen Orten der Erde mit Fleiß betrieben wird, nimmt die interkontinentale Verflechtung mykologischer Forschungen zu. Von Bruxelles (1956) bis Oslo (1985) haben 9 Europäische Mykologenkongresse stattgefunden, die aber an Bedeutung verloren haben, seit 1971 der I. Internationale Mykologenkongreß in Exeter abgehalten wurde, dem weitere in Tampa (1977) und Tokyo (1983) folgten. Als Träger dieser Aktivitäten wurde 1971 auch die erste internationale Organisation von Mykologen (International Mycological Association = IMA) gegründet, welcher zahlreiche nationale mykologische Gesellschaften bzw. Sektionen angehören.

„Die Pilze kommen endlich zu ihrem Recht ... Dies muß als eine Art Schock über viele Mykologen gekommen sein, die es gewohnt waren, in bezug auf die Hauptströme biologischen Denkens und – vielleicht noch wichtiger – seiner administrativen Untergliederung, als randlich behandelt zu werden. Die meisten von uns, die wir in biologischen Instituten lehren, wurden für Anhängsel der botanischen Bruderschaft gehalten. Und für gewöhnlich akzeptierten wir diese Rolle, wahrscheinlich wegen des Fehlens einer gangbaren Alternative" (Bryce KENDRICK, Einführung zu „The whole fungus", Ottawa 1979).

Populärwissenschaftliche Mykologie

Schon bald nach der wissenschaftlichen Inventarisierung der Pilzflora gab es Bestrebungen, Pilzkenntnis auch an breitere Kreise der Bevölkerung zu vermitteln. Sie gingen von Österreich (wo es schon 1783 und 1792 Verordnungen über den Verkauf von Schwämmen auf Pilzmärkten gab, und 1800 ein Regierungsdekret über Prüfungszeugnisse in Pilzkenntnis der Marktrichter) und von Deutschland aus.

Als erster gab der Wiener Arzt Karl VON KRAPF (1782) zwei Hefte mit 17 Farbtafeln „Ausführliche Beschreibung der erlaubten und unerlaubten Schwämme" heraus. Weitere wohlfeile Pilzbücher bescheidenen Umfanges stammen von J. S. KERNER (Stuttgart 1786), Th. C. ELLRODT (Bayreuth 1800), J. Ch. MAYER (Berlin 1801) und L. TRATTINICK (Wien und Triest 1806).

Wirklich erfolgreich wurde erst das Buch des Philanthropen und Gymnasiallehrers in Schnepfenthal Harald Othmar LENZ (1787–1870) „Die nützlichen und schädlichen Schwämme" (Gotha 1831), welches in der 1. Auflage 18 handkolorierte Tafeln mit 77 Abbildungen enthielt. Es fand weite Verbreitung (schon 1836 von E. M. FRIES zitiert!) und erreichte bis über den Tod des Verfassers hinaus 9 Auflagen, jeweils erheblich überarbeitet; die letzten (1879, 1890) wurden von Otto WÜNSCHE herausgegeben

Erst gegen Ende des 19. Jh. erschienen modernere Werke von ähnlicher Konzeption. „Der Pilzsammler" von Gotthold HAHN war reichhaltiger illustriert und erfuhr 3 Auflagen (Gera 1883, 1890, 1903).

Einen markanten Fortschritt erreichte der in Auerbach (Vogtl.) lebende landwirtschaftliche Fachlehrer Edmund MICHAEL (1849–1920), als er 1895 erstmalig den „Führer für Pilzfreunde" vorlegte, welchem 1901 ein zweiter und 1905 ein dritter Band und schon 1896 eine bescheidenere „Volksausgabe" folgten. Illustrator war der in Plauen als Musterzeichner ausgebildete, in Leipzig lebende Maler Albin

Schmalfuss, der bereits hervorragende Pilzbilder für Michaels Pilzausstellung angefertigt hatte. Diese dienten nun als Vorlagen für die Bemühungen des Zwickauer Druck- und Verlagshauses Förster und Borries, ein Buch in dem um 1890 erfundenen Dreifarben-Rasterdruck zu illustrieren, und der Erfolg war überzeugend, zumal das neue Druckverfahren erlaubte, jeweils Bild und Beschreibung nebeneinander zu setzen.

Der „Führer für Pilzfreunde" erschien weit über die Lebenszeit seines Verfassers hinaus in zahlreichen Auflagen, die von 1922 bis 1926 von dem Berliner Schulrektor Roman Schulz (1873–1926) und 1927–1949 von dem Berliner Lehrer Bruno Hennig (1893–1972, einem Schüler von Kniep), z. T. unter Mitwirkung des Potsdamer Lehrers und Mykologen Julius Schäffer (1882–1944), herausgegeben und dabei ständig aktualisiert und erweitert wurden. Bis 1939 erreichte der 1. Band eine Gesamtauflage von 39000 Stück; die Volksausgabe erreichte bis 1949 215000 Stück. Die dreibändige Ausgabe der Jahre 1922–1927 gehörte für drei Jahrzehnte zu den begehrtesten Pilzbestimmungsbüchern.

Der Erfolg Michaels regte zahlreiche Mykologen zu ähnlichen Publikationen an; Michael beklagte sich 1920 über die Vielzahl der Plagiate. Die meisten davon sind heute vergessen. Einfluß auf die Pilzaufklärung im deutschen Sprachgebiet gewannen nur Ludwig Hinterthür „Praktische Pilzkunde" (Braunschweig 1907, 1924), Jan Macků „Český Houbař" (Olomouc 1913, 1918, 1924; deutsch als „Praktischer Pilzsammler", Olmütz 1915, 1925), Eugen Gramberg „Pilze der Heimat" (Leipzig 1913, 1939) und John Jaccottet „Die Pilze in der Natur" bzw. „Les Champignons dans la nature" (zahlreiche Auflagen, Bern und Neuchâtel 1930ff.), in Frankreich André Maublanc „Les champignons comestibles et vénéneux" (Paris 1926).

Nach dem zweiten Weltkrieg nahm die Herausgabe populärwissenschaftlicher Pilzbücher noch erheblich zu, von zeitbedingt bescheidenen Anfängen (so die „Pilze Mitteleuropas" von Walther Neuhoff, Hamburg 1946, das „Pilzmerkbuch" von Eberhard Ulbrich, Berlin 1949, und die „Pilzwanderungen" von Franz Engel, Dresden 1949ff. in vielen Auflagen) bis zu den hervorragend illustrierten Werken von Hans Haas, Albert Pilát, Henri Romagnesi, Linus Zeitlmayr (mit den unübertroffenen Aquarellen von Claus Caspari) u. v. a. Auch der „Michael" trat wieder in Erscheinung, nunmehr im Umfange stark erweitert als Michael/Hennig „Handbuch für Pilzfreunde" (Bd. I, Jena 1958, 1968, Bd. II, 1960, 1971, Bd. III, 1964, Bd. IV, 1967, Bd. V, 1970 und Bd. VI, erarbeitet von H. Kreisel, 1975). Nach dem Tod Bruno Hennigs hatte H. Kreisel die Herausgabe und Aktualisierung des Handbuches übernommen. Auch die frühere „Volksausgabe" fand ihre Entsprechung im „Taschenbuch für Pilzfreunde" und erschien von 1964 bis 1987 in 10 Auflagen, ferner 1986 in einer polnischen Übersetzung.

Die jüngste Etappe in der Entwicklung populärwissenschaftlicher Pilzliteratur ist durch die Verwendung der Farbfotografie bedingt. Nachdem die ersten derartigen Titel z. B. H. Klejn, Paris 1961, S. Viola, Milano 1967, deutsch München 1972, A. Straus, Berlin 1964) wegen unzulänglicher Farbreproduktion oder allzu fehlerhafter Begleittexte nicht befriedigten, wurde nach 1970 mit Werken von H. Jahn, M. Enderle, R. M. Dähncke und E. Gerhardt in der BRD, R. Phillips in Großbritannien, F. D. Calonge in Spanien, A. Dermek in der ČSSR, Z. Kalmár & G. Makara in Ungarn sowie O. K. Miller in den USA ein beachtliches Niveau erreicht, wobei wirklicher Erfolg denjenigen Autoren beschieden war, die neben guten Farbfotos auch über solide mykologische Kenntnisse verfügten oder einen Mykologen zur Mitarbeit gewonnen hatten.

Damit verwischt sich die Grenze zu den weiter oben erwähnten wissenschaftlichen Ikonographien. Heute beschränkt sich ja die populärwissenschaftliche Mykologie oftmals nicht auf die Unterscheidung von eßbaren und giftigen Pilzen und die Propagierung von Kochrezepten, wie zu Zeiten MICHAELS. Viele Pilzfreunde sehen in der Beschäftigung mit Pilzen eine schöpferische Freizeitbetätigung, möchten möglichst „alles" über die Pilze wissen, floristisch und womöglich taxonomisch tätig sein und als Liebhaberforscher ein Wort in der Mykologie mitreden; nicht wenige engagieren sich für den Naturschutz. Sie organisieren sich in Fachgruppen, Arbeitsgemeinschaften, Gesellschaften und Vereinen, zum Teil mit eigenen Zeitschriften von lokaler Bedeutung. Die populärwissenschaftliche Mykologie – schon lange nicht mehr alleinige Domäne der Lehrer, sondern oft auch von Fachwissenschaftlern gestaltet – bemüht sich daher in wachsenden Maße, diese Ansprüche zu befriedigen und den Zugang zur wissenschaftlichen Literatur zu erleichtern.

Literatur

AINSWORTH, G. C.: Introduction to the history of mycology. – 359 S. Cambridge etc. 1976.

ALBERT, O.: Edmund Michael, der Begründer des „Führers für Pilzfreunde", eine Würdigung seiner Person und seines Werkes. Mykol. Mitt. 5 (1961): 29–32.

BLUMER, S., & MÜLLER, E.: Mykologen in der Schweiz. – Schweiz. Z. Pilzk. **49** (1971): 97–108.

BRESINSKY, A.: 200 Jahre Mykologie in Bayern. – Z. Pilzk. **39** (1973): 15–38.

DÖRFELT, H., & BERG, W.: Historische Erdstern-Abbildungen (*Geastrum, Astraeus*). – Leopoldina, R. 3, **27** (1983): 161–197.

EMERSON, R.: Mycological relevance in the nineteen seventies. – Trans. Brit. Mycol. Soc. **60** (1973): 363–387.

FITZPATRICK, H. M.: Historical background of the Mycological Society of America. – Mycologia **29** (1937): 1–25.

HAAS, H.: 50 Jahre Deutsche Gesellschaft für Pilzkunde. – Z. Pilzk. **39** (1973): 9–14.

HERRERA, T.: Las criptogamas en la obra de Linneo. – Rev. Soc. Mexicana Hist. Nat. **18** (1957): 121–137.

HESSELTINE, C. W.: A millenium of fungi, food and fermentation. – Mycologia **57** (1965): 149–197.

KEITT, G. W.: History of plant pathology. In: HORSFALL, G. J., & DIMOND, A. E. (Hrsg.): Plant pathology **1**, S. 61–97. New York 1959.

KILLERMANN, S.: Don Giacomo Bresadola. – Z. Pilzk. **5** (1926): 122–128.

– Aug. Joh. Carl Batsch. – Z. Pilzk. 5 (1926): 285–289.

KREISEL, H.: Wer prägte das Wort Mykologie? – Boletus **5** (1981): 49–53.

– Nachwort (16 S.) zu: MICHAEL, E.: Führer für Pilzfreunde, Bd. **3** (Reprint). – Leipzig 1986, München 1986.

LARGE, E. C.: The advance of the fungi. – 488 S. New York 1940.

LAZZARI, G.: Storia della micologia Italiana. – Trento 1973.

LENZ, H. O.: Botanik der alten Griechen und Römer. – 776 S. Gotha 1859.

LIND, J.: Danish mycologists previous to Rostrup. In: Danish fungi as represented in the herbarium of E. Rostrup (S. 9–40). – Copenhagen 1913.

LÜTJEHARMS, W. J.: Zur Geschichte der Mykologie des XVIII. Jahrhunderts. – Meded. Nederl. Mycol. Vereen. **23** (1936): 1–262.

MÖBIUS, M.: Geschichte der Botanik. Von den ersten Anfängen bis zur Gegenwart (1937). 2. Aufl. – 458 S. Stuttgart 1968.

NANNFELDT, J. A.: Elias Fries and mycology. – Symbolae Bot. Upsal. **22**, 4 (1978): 24–31.

PFAUCH, W.: Das erste volkstümliche deutsche Pilzbuch des Dr. Harald Othmar Lenz. – Mykol. Mitt. **17** (1973): 1–16.

PRITZEL, G. A.: Thesarus literaturae botanicae omnium gentium. Ed. nova. – 577 S. Leipzig 1872.

RITTER, G.: Elias Fries, der Vater der Mykologie – zu seinem 100. Todestag. – Mykol. Mitt. **21** (1977): 89–95.
– Christiaan Hendrik Persoon (1762–1830) der „Fürst der Mykologen". – Mykol. Mitt. **25** (1981): 2–8.
SCHIER, E., & GRÖGER, F.: Vierhundertjährige Pilzexsikkate. – Mykol. Mitt. **8** (1964): 37–41.
SCHLITZBERGER, S.: Standpunkt und Fortschritt der Wissenschaft in der Mykologie. – 80 S. Berlin 1881.
SCHMID, G.: Ene unbekannte mykologische Arbeit Persoons (1793), zugleich ein Beitrag zur Lebensgeschichte des Verfassers. – Z. Pilzk. **21** (1933): 54–60.
– Goethe und die Naturwissenschaften. Eine Bibliographie. – Halle 1940.
SINGER, M.: Mycologists and other taxa. – 120 S. Braunschweig 1984.
ŠPAČEK, J.: Historische Skizze der Mykologie in Mähren und Schlesien bis 1945. – Spisy Přírodov. Fak. Univ. J. E. Purkyně, Brno, Serie L 37, no **504** (1969): 171–197.
UBRIZSY, A.: Importance of Carolus Clusius' life-work in the history of mycology. – Acta Agronom. Acad. Sci. Hungaricae **25** (1976): 400–417.
– Erste unmittelbare Erkenntnisse bezüglich der Existenz der Sporen. – Schweiz. Z. Pilzk. **58** (1980): 54–59.
VASIL'KOV, B. P.: Izučenie šljapočnych gribov v SSSR. – 192 S. Moskva, Leningrad 1959.
WIEDMANN, H.: Pilze im ältesten Herbarium Deutschlands. – Z. Pilzk. **25** (1959): 61–63.

II. Die Gattungen der Großpilze Europas

Zum Gebrauch der Schlüssel

Die Schlüssel sind so gestaltet, daß sie auf möglichst schnellem, aber jedenfalls sicherem Wege zur Bestimmung der Gattung führen. Ausgehend von der Erfahrung, daß der geübte Pilzsammler schon im Gelände eine Vielzahl von Pilzgattungen und -arten ohne Prüfung mikroskopischer Merkmale erkennt, wurden so weit als möglich makroskopische Merkmale verwendet. Wo diese jedoch nicht sicher zum Ziel führen, müssen mehr oder weniger leicht feststellbare mikroskopische Merkmale benutzt werden. Die Bestimmung erfolgt also, je nach dem Schwierigkeitsgrad der betreffenden Gruppe, in 3 Stufen:

1. Makroskopische und makrochemische Merkmale, wie Form, Farbe, Konsistenz, Geruch, Geschmack.
2. Leicht feststellbare mikroskopische Merkmale, wie auffällige Zystiden, Sporenform, -ornamente, -größe.
3. Schwieriger feststellbare mikroskopische Merkmale, wie Hyphensystem, Vorkommen von Schnallen an den Septen, Hyphidien, Form der Basidien, Farbreaktion der Sporen-, Hyphen- und Askuswände, Struktur der Askusspitze.

Die Schlüssel folgen also rein praktischen Bedürfnissen und stellen kein Spiegelbild der Systematik dar, die ihre Gruppierungen oft auf Grund anderer, mitunter nur mit großen Schwierigkeiten überprüfbarer Merkmale trifft. Eine Übersicht des Systems steht auf S. 214–217, dagegen stellen die 23 Gruppenschlüssel nicht taxonomische, sondern morphologische Gruppierungen dar.

Man geht im Zweifelsfalle vom Hauptschlüssel aus und wird damit auf einen der 23 Gruppenschlüssel verwiesen. Der fortgeschrittene Pilzfreund kann die Bestimmung gleich bei einem der Gruppenschlüssel beginnen. Im Anschluß an einige Gruppenschlüssel sind Hilfsschlüssel gegeben, die auf besonders auffällige Merkmale einzelner Gattungen oder Arten hinweisen und somit eine abgekürzte Bestimmung dieser Arten ermöglichen.

Für jede Gattung ist gegebenenfalls angegeben, in welchem Band und unter welcher Tafel-Nr. ihre Vertreter abgebildet sind, z. B.

Clavaria II 119, 120, 126,

wobei, falls notwendig, die Nomenklatur in den Schlüsseln gegenüber den bisherigen Auflagen der Bände I–V aktualisiert wurde, d. h., die zitierte Abbildung des Pilzes kann dort unter einem anderen Namen stehen, z. B. *Lentínula edodes* IV 199 unter *Lentinus edodes.* – Ist die Gattung nur mit einer Art in Europa vertreten, so wird der Artname mit angegeben, z. B.

Pycnoporus cinnabarinus II 56.

Ist die Gattung mit mehreren Arten vertreten, jedoch an dieser Stelle im Schlüssel nur eine bestimmte Art gemeint, so ist diese Art in Klammern angegeben, z. B.

Amanita (echinocephala III 8),

die wegen des grünlichen Sporenstaubes gesondert aufgeschlüsselt werden mußte. In diesen Fällen führt also die Bestimmung bis zur Art. Läßt sich eine Art in keiner der anerkannten Gattungen natürlich unterbringen, so wird der z. Z. gebräuchliche Gattungsname in Anführungszeichen gesetzt, z. B.

„Inocybe" vatricosa.

Die Schlüssel sind nur für die Bestimmung gut entwickelter, vollständiger, typischer Fruchtkörper mit reifen Sporen geeignet. Die Fruchtkörper sollten in genügender Anzahl vorliegen, um die Variationsbreite der Art einschätzen zu können. Unreife, mißgebildete (vgl. Bd. V!) oder verwitterte Exemplare zeigen nicht alle erforderlichen Merkmale. Sie können nicht methodisch mit Schlüssel bestimmt, sondern nur in günstigen Fällen von Mykologen auf Grund jahrelanger Erfahrung identifiziert werden.

Folgende Hinweise sind bei der Bestimmung einiger Pilzgruppen zu beachten: **Diskomyzeten** (Schlüssel 3, 4): Die Größenordnung der berücksichtigten Gattungen liegt häufig an der unteren Grenze der im Vorwort definierten Makromyzeten. Zur Feststellung der makroskopischen Merkmale ist daher ein Stereomikroskop (oder eine Standlupe) oft unerläßlich. Zur Bestimmung werden meist reife Askosporen benötigt. Ihre Größe, ihr Ornament (warzig, netzig usw.), polare Anhängsel, Vorkommen und Anzahl der Öltropfen sind Merkmale, die an den unreifen, noch im Askus liegenden Sporen nicht abgelesen werden können. Die Amyloidität der Askusspitze ist mit Lugolscher Lösung zu prüfen. Zur Untersuchung der Aszi, Paraphysen und Exzipulumtextur wie auch der Haartypen genügt oft ein Quetschpräparat, besonders bei sehr kleinen Fruchtkörpern. Andernfalls wird ein Schnitt mit einer scharfen Rasierklinge gewonnen: Kleine Apothezien werden mittels Holundermark geschnitten, größere auch aus der freien Hand. Weitere Hinweise zur Präparation von Askomyzeten s. Bd. II, S. 62f.

Gallertpilze (Schlüssel 5): Die Fruchtkörper sind in gequollenem Zustand zu untersuchen. Herbarmaterial läßt sich auch nach vielen Jahren zur Untersuchung leicht aufquellen und danach wieder trocknen.

Krustenförmige (effuse) Pilze, oft unkorrekt „resupinat" genannt (Schlüssel 6, 10, 13): Zur Bestimmung ist Herbarmaterial geeignet, besonders solches, das unmittelbar nach dem Einsammeln rasch (in der Hitze) getrocknet wurde; Handschnitte oder Quetschpräparate werden in 2 bis 4% Kalilauge (KOH) aufgequollen, evtl. unter Zusatz von 1 Tropfen Baumwollblaulösung. Frischmaterial läßt sich schwieriger schneiden, eignet sich aber gut für Quetschpräparate. Die Präparate sind auf Vorkommen von amyloiden, dextrinoiden und zyanophilen Strukturen zu prüfen. Hyphidien sind meist schwer zu finden, da sie zartwandig sind (*Cerocorticium, Vuilleminia*) oder wegen ihrer Inkrustierung sehr spröde und zerbrechlch (Dendrohyphidien von *Peniophora*). In fast allen Fällen ist die Bestimmung schwierig und kann nur von erfahrenen Mykologen ausgeführt werden.

Cyphelloide Pilze (Schlüssel 8): Sie können vom Anfänger für becherförmige Askomyzeten (Diskomyzeten) gehalten werden, ihre Becher bzw. Röhren sind aber im Gegensatz zu den Becherlingen (Schlüssel 3) nach unten geöffnet. In den Schlüssel 8 wurden nur Gattungen aufgenommen, deren Fruchtkörper mindestens 4 mm Größe erreichen; kleinfrüchtige Gattungen sind nur im Gattungsverzeichnis berücksichtigt.

Porlinge (Schlüssel 12, 13, 14, 15): Ein gut führendes Merkmal ist die Tramafarbe frischer Exemplare; an Herbarmaterial oder monatelang im Freien gestandenen Fruchtkörpern kann weiße oder hellfarbige Trama jedoch ± braun werden. Neben der Tramafarbe sind die eventuelle Schichtung der Trama (Duplex-, Triplextextur), die Schichtung des Hymenophors (perennierende oder einjährige bzw. einjährig-überwinternde Fruchtkörper) und die Behaarung der Hutoberfläche zu beachten. Ein Längsschnitt durch einen Fruchtkörper, und sei er noch so hart, steht also am Beginn der Bestimmung. In schwierigeren Fällen ist eine Hyphenanalyse nach CORNER (s. Worterklärungen: Hyphensystem sowie Bd. II) nicht zu umgehen.

Als Zusatzmerkmal ist oft die vom Porling erzeugte Holzfäule angegeben. Braunfäule: das zersetzte Holz ist rotbraun und zerfällt in würfel- bis quaderförmige Stücke; Rotfäule: eine lebhaft braunrote, nicht würfelförmige Fäule, mitunter sehr naß werdend; Weißfäule: das zersetzte Holz ist weißlich und zerfällt faserig, manche Gattungen bewirken eine streifenförmige Bleichung des Holzes; Wabenfäule (Weißlochfäule): das zersetzte Holz enthält weiße, linsenförmige Nester, schließlich wird es durch Hohlräume wabenartig gegliedert. Weiteres hierzu s. Bd. IV.

Blätterpilze (Schlüssel 16, 17, 18, 19): Sie werden zunächst nach dem Lamellenansatz (am Stiel) und der Farbe des Sporenstaubes aufgeschlüsselt. Die Sporenstaubfarbe kann mit der Lupe auf den Lamellen reifer Fruchtkörper abgelesen werden (sie ist nicht immer mit der Lamellenfarbe identisch!), genauso ist sie zu ermitteln, indem der Pilzhut einige Stunden auf weißes Papier gelegt wird; der Sporenstaub fällt dann aus. Die Farbe der Sporen unter dem Mikroskop ist oft abweichend (sie erscheinen wesentlich heller als der Sporenstaub).

Weiterhin ist die Stielbasis oft sehr wichtig, da sie knollig oder wurzelnd ausgebildet sein, charakteristische Farbe oder Behaarung oder Velumreste (Volvareste) zeigen kann. Die Pilze sind daher stets mit kompletter Stielbasis zu sammeln, nicht abzuschneiden.

Sehr kleine und zarte Blätterpilze (*Coprinus, Psathyrella, Conocybe*) können oft nur bestimmt werden, wenn man sie samt ihrem Substrat (z. B. Dung) einsammelt, in eine feuchte Kammer bringt und nötigenfalls unter Glas eine erneute Fruktifikation abwartet. Dies gilt auch für koprophile Askomyzeten.

Gasteromyzeten (Bauchpilze, Schlüssel 1, 21): Zu berücksichtigen ist die oft lange Entwicklungs- und Zerfallsdauer der Fruchtkörper, wodurch diese Pilze in sehr unterschiedlichem Erhaltungszustand vorliegen können. Bei bovistartigen Pilzen ist eine gute Ausprägung der Merkmale kurz nach dem Öffnen der Peridie, also zu Beginn des Stäubens, gegeben; bald danach setzt die Verwitterung der Exoperidie ein. Nach Überwinterung sind Boviste oft kaum noch bestimmbar. Unreif gesammelte Gasteromyzeten werden bei langsamer Trocknung oft „notreif“: Sie gelangen scheinbar zur Reife (Boviste werden vorübegehend matschig und bilden dann Sporenstaub), jedoch können Sporengröße, -ornament und -staubfarbe in diesem Falle erheblich von der Norm abweichen.

Secotioide Pilze (Schlüssel 20) sind sehr selten. Sie können vom Anfänger leicht für vertrocknete oder mißgebildete Blätterpilze gehalten werden. Als Zwischenformen zwischen Hymeno- und Gasteromyzeten zeigen sie ± deutlich die Hut-Stielgliederung der Blätterpilze, z. T. auch ± deutliche Lamellen, verstäuben aber ihre Sporen nach Art der Gasteromyzeten. Das Hymenophor, soweit vorhanden, ist nicht geotropisch (senkrecht) orientiert, und die Hüte der meisten Arten schirmen nicht auf.

Nebenfruchtformen (Anamorphen, Schlüssel 23): Hier sind Fruktifikationen und sterile Gebilde aufgeschlüsselt, die der vegetativen Vermehrung oder der Überdauerung der Pilze dienen, also keine Aszi oder Basidien bilden. Sie haben häufig besondere Gattungsnamen, auch wenn die Hauptfruchtform bekannt und im Schlüssel mit angegeben ist. Diese Gattungsnamen können verwendet werden in Publikationen oder Angaben, die sich speziell auf die Nebenfruchtform beziehen. Bei manchen Pilzen ist die Nebenfruchtform viel häufiger anzutreffen als die zugehörige Hauptfruchtform.

Mikroskopische Anamorphen von Großpilzen – solche gibt es namentlich bei Askomyzeten – sind hier nicht aufgeschlüsselt, wohl aber im Verzeichnis der Gattungsnamen enthalten. Sie können mit der einschlägigen Literatur über imperfekte Pilze (Deuteromyzeten) bestimmt werden.

Die in den Schlüsseln verwendeten Fachausdrücke sind in dem anschließenden Glossar (Worterklärungen) lexikalisch aufgeführt. Eine systematische Darstellung der Merkmalskunde findet sich in Band II (3. Auflage 1986).

Abkürzungen

Anam.	Anamorphe (Nebenfruchtform, z. B. Konidienstadium)
Frk.	Fruchtkörper
Lam.	Lamellen
s.	siehe
Sp.	Sporen
Teleom.	Teleomorphe (Hauptfruchtform)
z. T.	zum Teil, pro parte

Hauptschlüssel

1	Frk. unterirdisch (hypogäisch) wachsend, höchstens mit dem Scheitel aus dem Boden ragend, kugel- oder knollenförmig **Hypogäen**, Schlüssel 1	
1′	Frk. oberirdisch (epigäisch) auf Erde, Holz, Pflanzenteilen, Kot u. a. Substraten wachsend	2
2	Sporenbildung in Schläuchen: Askomyzeten	3
2′	Sporenbildung auf Basidien: Basidiomyzeten	5
2″	Sporenbildung vegetativ auf Konidienträgern, durch Zerfall von Hyphen u. dgl., oder sterile Gebilde **Nebenfruchtformen** (Anamorphen), Schlüssel 23	
3	Frk. becher-, kelch-, schüssel-, scheibenförmig, gestielt oder ungestielt. Schläuche (Aszi) auf der Oberseite bzw. konkaven Seite des Frk. Hymenien bildend. (Hierher auch schneckförmig eingerollte oder ohrförmig ausgezogene Formen) **Becherlinge**, Schlüssel 3	
3′	Frk. anders geformt	4
4	Schläuche auf der Oberfläche des meist gestielten zungen- oder spatelförmigen, gefalteten oder wabenartigen Frk. **Morcheln, Lorcheln und Erdzungen**, Schlüssel 4	
4′	Schläuche im Innern von Perithezien (Hohlräumen, die in die Oberfläche eines Stromas eingesenkt sind). Stroma krusten-, kugel-, keulen-, geweihförmig **Pyrenomyzeten**, Schlüssel 2	
4″	Schläuche auf der Oberfläche eines etwa kugelförmigen Frk., subhypogäisch im Boden *Sphaerosoma* usw., s. Schlüssel 1, Frage 32	
4‴	Schläuche in pulverförmiger Masse in einem gestielt-kopfigen Frk. Auf Hornsubstanzen (Hufen, Hörnern, Federn, Gewöllen) *Onygena* VI Bild 4	
5 (2)	Frk. mit Hymenophor (Lamellen, Stacheln, Röhren, Falten usw.), hut-, konsolen- oder krustenförmig	6
5′	Frk. ohne Hymenophor	16
6	Hymenophor stachelig oder zahnförmig	7
6′	Hymenophor nicht stachel- oder zahnförmig	8
7	Konsistenz gallertartig, weich. Basidien längs geteilt (septiert) **Gallertpilze**, Schlüssel 5	
7′	Konsistenz fleischig, korkig, lederig. Basidien nicht septiert **Stachelpilze**, Schlüssel 10	
8 (6)	Hymenophor faltig (gewundene Wülste oder ± radiale Adern) **Faltenpilze**, Schlüssel 11	
8′	Hymenophor labyrinthisch (unregelmäßig gewundene Poren) **Wirrlinge**, Schlüssel 12	
8″	Hymenophor röhrenförmig (Röhrlinge und Porlinge)	9
8‴	Hymenophor lamellig (blätter- oder leistenförmig)	11

9 Frk. gänzlich krustenförmig (effus)

Effuse Porlinge, Schlüssel 13

9′ Frk. mindestens teilweise hutförmig 10

10 Frk. ungestielt, also konsolenförmig oder effus-reflex

Porlinge mit ungestielten Hüten, Schlüssel 14

10′ Frk. gestielt (Stiel seitlich, exzentrisch oder zentral)

Röhrlinge und gestielte Porlinge, Schlüssel 15

11 (8) Frk. ungestielt, konsolenförmig oder mit dem Scheitel aufgewachsen (resupinat)

Blätterpilze z. T., Schlüssel 16

11′ Frk. gestielt 12

12 Stiel seitlich oder stark exzentrisch. Meist holzbewohnende Pilze

Blätterpilze z. T., Schlüssel 16

12′ Stiel ± zentral. Holz- oder bodenbewohnende Pilze 13

13 Lamellen nicht geotropisch (vertikal) orientiert. Frk. bovistartig stäubend. Zwischenform von Blätterpilzen und Gasteromyzeten

Secotioide Pilze, Schlüssel 20

13′ Lamellen geotropisch orientiert, d.h. vom Hut senkrecht herabhängend 14

14 Lamellen am Stiel herablaufend

Blätterpilze mit herablaufenden Lam., Schlüssel 17

14′ Lamellen nicht herablaufend 15

15 Lamellen angewachsen, ausgebuchtet oder angeheftet

Blätterpilze mit angewachsenen Lam., Schlüssel 18

15′ Lamellen frei, weder den Stiel berührend, noch an einem Ring (Collar) angewachsen

Blätterpilze mit freien Lam., Schlüssel 19

15″ Lamellen an einem die Stielspitze umgebenden Ring (Collar) angewachsen

Marasmius sect. *Marasmius* III 136, 143 und *Mycena clavularis*

16 (5) Sporen in eine schleimige, aasartig stinkende Masse eingebettet. Frk. erst subhypogäisch, dann streckt sich ein zerbrechlicher Teil (das Rezeptakulum) empor, welches die Sporenmasse trägt

Pilzblumen, Schlüssel 22

16′ Frk. ohne Rezeptakulum, ohne schleimige Sporenmasse 17

17 Sporen im Inneren des Frk. gebildet 18

17′ Sporen auf einem Teil der Außenseite des Frk. (auf einem Hymenium) gebildet . . 19

18 Frk. mit bis zum Scheitel durchgehendem Stiel (Kolumella). Übergangsform zu Blätterpilzen

Secotioide Pilze, Schlüssel 20

18′ Frk. ohne durchgehende Kolumella (bei *Geastrum* ist eine bis zur Mitte der Gleba reichende Kolumella vorhanden)

Gasteromyzeten (Bauchpilze), Schlüssel 21

19 (17) Frk. von gallertartiger Konsistenz. Basidien septiert (durch Quer- oder Längswände geteilt) oder gabelig (in diesem Falle immer 2sporig)

Gallertpilze, Schlüssel 5

19′ Frk. nicht gallertartig 20

20 Frk. gänzlich krustenförmig (effus)

Corticioide Pilze, Schlüssel 6

20′ Frk. höchstens teilweise effus 21

21 Frk. becher- oder röhrenförmig (im Gegensatz zu Becherlingen nach unten gerichtet), Hymenium bedeckt die Innenseite. Konsistenz lederig-zäh

Bestimmungshilfen zum Hauptschlüssel

Analoge Fruchtkörperformen bei verschiedenen Pilzgruppen

Fruchtkörperform	Askomyzeten	Hymeno- und Gasteromyzeten
hypogäisch, subhypogäisch	Schlüssel 1, 3 Schlüssel 3, wenn becherförmig	Schlüssel 1 Schlüssel 22: Hexeneier Schlüssel 20, wenn secotioid
becherförmig	Schlüssel 3	Schlüssel 8 Schlüssel 21: *Crucibulum, Cyathus*
keulenförmig, pfriemenförmig	Schlüssel 2: *Cordyceps, Podostroma, Xylaria* Schlüssel 4	Schlüssel 9 Mißbildungen (Bd. V)
spatelförmig	Schlüssel 4	Schlüssel 7
gestielt-kopfig	Schlüssel 2: *Cordyceps, Claviceps* Schlüssel 4 Hauptschlüssel: *Onygena*	Schlüssel 9 Schlüssel 21: *Tulostoma, Battarrea*
korallenförmig, geweihförmig	Schlüssel 2: *Xylaria*	Schlüssel 9
hirnartig, gefaltet	Schlüssel 4 Schlüssel 1: *Geopora, Hydnotrya*	Schlüssel 1: *Gautieria* Mißbildungen (Bd. V)
krustenförmig (effus) ohne Hymenophor	Schlüssel 2: *Diatrype, Eutypa, Hypoxylon, Obolarina, Biscogniauxia* Schlüssel 3: *Karstenella, Ascocorticium*	Schlüssel 6

Gallertpilze und Verwandte	Nebenfruchtformen (Schlüssel 23)
	Cenococcum, Leucophleps, Lycoperdellon Sklerotien Pseudosklerotien von *Polyporus*
Schlüssel 5: *Ditiola, Femsjonia, Guepiniopsis, Hirneola*	
Schlüssel 5: *Calocera, Eocronartium, Gymnosporangium*	*Anthina, Crinula, Paecilomyces, Hymenostilbe*
Schlüssel 5: *Tremiscus*	
Schlüssel 5: *Dacryonaema* Schlüssel 21: *Phleogena*	*Heydenia*
Schlüssel 5: *Calocera*	*Hymenostilbe* Anam. von *Cordyceps, Xylaria*
Schlüssel 5: *Dacryomyces, Exidia, Tremella*	*Coryne*
Schlüssel 5, 6	*Aegerita, Aegeritina* *Hyphelia* Anam. von *Hypoxylon*

Cyphelloide Pilze, Schlüssel 8

21′ Frk. anders geformt 22
22 Frk. spatel-, fächer-, hutförmig oder effus-reflex (stereoid)

Hutförmige Pilze mit glattem Hymenium, Schlüssel 7

22′ Frk. korallen-, geweihförmig verzweigt oder unverzweigt (keulenförmig oder gestielt-kopfig)

Korallenpilze, Schlüssel 9

Schlüssel 1: Hypogäen

1 Frk. mit Kolumella (einer sterilen, von der Basis ausgehenden, unverzweigten Säule im Inneren). Sporenbildung auf Basidien 2
1′ Frk. ohne Kolumella 5
2 Kolumella nur bis zur Mitte der Gleba reichend. Gleba mit radiärer Struktur. Frk. mit mehrschichtiger Peridie. Sp. kugelig, warzig 3
2′ Kolumella bis zum Scheitel reichend. Frk. ± gestielt, Inneres mit hohlen Kammern, nicht zu Pulver zerfallend

Secotioide Pilze, s. Schlüssel 20, Frage 5

3 Gleba in spitz-eiförmige, schwärzliche Peridiolen gegliedert. Frk. weiß, an der Luft rosa. Unter Pinien, Mittelmeergebiet

Pyrenogaster pityophilus

3′ Gleba pulverig werdend, nicht in Peridiolen gegliedert 4
4 Exoperidie (Außenschicht des Frk.) öffnet sich später sternförmig

Primordien von **Geastrum** I 187, II 159–174

4′ Fruchtkörper geschlossen bleibend. Wälder, Nordeuropa

Radiigera atrogleba

5 (1) Reife Frk. innen staubig (bovistartig) zerfallend 6
5′ Reife Frk. fleischig bleibend oder verschleimend 11
6 Sporenstaub mit gut sichtbaren Kapillitiumfasern (dickwandigen Hyphen) gemischt. Reife Frk. vom Myzel gelöst und lose auf der Erde rollend 7
6′ Sporenstaub ohne Kapillitiumfasern, höchstens mit sehr dünnwandigen generativen Hyphen 9
7 Kapillitiumfasern dornig (besonders an den zugespitzten Enden), kurz und wenig verzweigt, S-förmig gebogen. Frk. 50–155 mm Durchmesser, sein Scheitel aus dem Boden ragend

Mycenastrum corium II 154

7′ Kapillitiumfasern glatt oder körnig inkrustiert. Frk. 5–30 mm Durchmesser 8
8 Kapillitiumfasern in kurze Stücke zerbrechend, schraubig gewunden, wenig dickwandig. Sporenstaub oliv- bis schmutzig rotbraun. Reife Frk. mit schüsselförmiger, zerbrechlicher Exoperidie

Disciseda II 156 a, b

8′ Kapillitiumfasern lang, elastisch, sehr dickwandig, oft ohne Lumen. Sporenstaub umberbraun. Reife Frk. mit sternförmig geöffneter, derb lederiger Exoperidie

Primordien von **Astraeus hygrometricus** I 184

9 (6) Frk. kreideweiß, mit weißen Myzelsträngen. Sporenstaub ocker bis zimtfarben. Sp. glatt. Peridie dünn, häutig. Trockene Standorte außerhalb von Wäldern

Gastrosporium simplex II 191

9′ Frk. scharlachrot, Peridie glatt. Sp. kugelig, glatt, in Schläuchen entstehend. Sporenstaub cremefarben

Paurostylis pila

9″ Frk. ocker, braun oder schwarz. Sp. warzig oder netzig-gratig. Sporenstaub schwärzlich. Peridie derb. In Wäldern 10

10 Sp. in Schläuchen entstehend. Peridie außen körnig, warzig

Elaphomyces II 282

10′ Sp. an Basidien entstehend, von hyalinen Zellen umgeben. Peridie glatt, dunkelbraun. Südeuropa bis Böhmen

Scleroderma (fuscum)

11 (5) Sp. auf Basidien oder an Hyphen gebildet. Ansatzstelle des Sterigmas als Stielchen oder abgestutzte Basis der Spore erkennbar 12

11′ Sp. in Schläuchen (mit je 1–8 Sp.) gebildet, daher ohne Ansatzstelle 31

11″ Sp. in (oft vielsporigen) Sporozysten gebildet, subglobos, glatt. Frk. bis 5 mm groß, weiß. Zwischen oder unter Moosen, auf Baumrinde oder hypogäisch. Mittelmeergebiet

Modicella maleola

11‴ Keine Sporenbildung. Sklerotien und Pseudosklerotien

s. Schlüssel 23, Frage 33

12 Sp. 30–300 µm lang, glatt, kugelig bis länglich ellipsoid 13

12′ Sp. wesentlich kleiner, glatt oder ornamentiert 14

13 Frk. enthalten gelbliche bis braune Chlamydosporen

Glomus

13′ Frk. enthalten goldgelbe bis orangerote Zygosporen; mit oder ohne Milchsaft (Latex)

Endogone

14 (12) Sp. eiförmig, ellipsoid oder zylindrisch 15

14′ Sp. rundlich oder 5eckig 21

15 Sp. längsgerippt (Rippen bei manchen Arten anastomosierend), braun. Frk. mit morchelartig-schwammiger Oberfläche

Gautieria II 186

15′ Sp. warzig, runzelig oder glatt 16

16 Oberfläche des Frk. von braunen Myzelsträngen überzogen. Sp. nicht warzig . . . 17

16′ Oberfläche des Frk. glatt, kahl oder schwach filzig 18

17 Sp. dunkelbraun, schwarzbraun. Gleba mit rundlichen, schleimerfüllten Kammern

Melanogaster II 192, 193

17′ Sp. hyalin bis gelblich. Gleba mit mehr labyrinthischen, hohlen Kammern

Rhizopogon II 181–183

18 (16) Gleba von gleichmäßigem Bau, fleischig 19

18′ Gleba von radialen oder strauchartig verzweigten Tramaplatten durchzogen 20

19 Glebakammern unter der Lupe deutlich erkennbar, hohl. Reife Sp. meist warzig oder längs gerunzelt

Hymenogaster II 190

19′ Glebakammern winzig, selbst mit Lupe kaum erkennbar, mit harzigem Schleim gefüllt. Reife Sp. glatt. Alpen und Vorländer, Norditalien

Alpova

20 (18) Trama knorpelig bis gallertartig. Sp. glatt

Hysterangium II 187–189

20′ Trama fleischig. Sp. längs gerunzelt. Gebiet um Moskau

Gymnoglossum connectens

21 (14) Sp. glatt 22

21′	Sp. warzig, stachelig, netzig oder grubig	23
22	Sp. stumpf 5eckig (ähnlich *Entoloma*), rötlich. Frankreich **Richoniella leptoniispora**	
22′	Sp. kugelig, farblos, vegetativ an Hyphen entstehend. Schweiz **Leucophleps magnata**	
23 (21)	Sp. kurzellipsoid, stachelig, an einem Ende mit ringförmigem Kragen. Frk. orange- bis ziegelrot. Westeuropa bis Schweiz, südliche BRD **Stephanospora caroticolor**	
23′	Sp. kugelig, ohne Kragen	24
24	Sporenornament amyloid, warzig	25
24′	Sporenornament nicht amyloid	26
25	Frk. mit weißem Milchsaft (Latex). Waldböden auf Kalk **Zelleromyces stephensii** (vgl. Bd. V)	
25′	Frk. ohne Milchsaft **Martellia** (vgl. Bd. V)	
26 (24)	Gleba von gelatinösen, strauchig verzweigten Tramaplatten durchzogen. Frk. ca. 10 mm groß. Sp. feinstachelig **Maccagnia carnica**	
26′	Glebekammern gleichmäßig verteilt. Keine Tramaplatten	27
27	Frk. sehr hart, knorpelig	28
27′	Frk. fleischig	29
28	Glebakammern winzig klein, voll. Sp. warzig, kleiner als 9µm **Sclerogaster**	
28′	Glebakammern größer, hohl. Sp. grubig, 13–18µm Durchmesser. Großbritannien **Wakefieldia macrospora**	
29 (27)	Glebakammern rundlich, mit Gallerte gefüllt. Sp. warzig oder netzig **Leucogaster**	
29′	Glebakammern mehr labyrinthisch, hohl. Sp. warzig oder stachelig	30
30	Hyphen mit Schnallen. Sp. feinstachelig **Hydnangium carneum** II 184	
30′	Hyphen ohne Schnallen. Sp. grobstachelig. Frk. an der Luft verfärbend, dann schwärzend **Octavianina** II 185	
31 (11)	Hymenium (Schläuche) auf der Außenseite des Frk. Sp. kugelig	32
31′	Hymenium (Schläuche) im Inneren des Frk.; dieser ist innen marmoriert oder gekammert	34
32	Schläuche nicht amyloid. Sp. farblos, Ornament netzig, dextrinoid, schwach zyanophil **Sphaerosoma fuscescens**	
32′	Schläuche in ganzer Länge schwach amyloid. Reife Sp. bräunlich bis braun	33
33	Sporenornament netzig, zyanophil. Schläuche bald zerfallend, Paraphysen mit Gallertscheide. Frk. hirnartig gefaltet, bis 3 cm breit **Ruhlandiella berolinensis**	
33′	Sporenornament grobwarzig, Reaktion unbekannt. Schläuche beständig, Parahpysen ohne Gallertscheide. Frk. nicht gefaltet, hohl **Sphaerozone ostiolatum**	
34 (31)	Frk. von Hohlräumen durchsetzt	35
34′	Frk. kompakt, im Querschnitt marmoriert. Schläuche niemals zylindrisch	50

35 Ein einziger Hohlraum. Öffnung scheitelständig oder basal 36
35′ Mehrere Hohlräume. Öffnungen seitlich, basal oder fehlend. Frk. mit starker innerer Faltung 41
36 Reife Sp. warzig, ellipsoid 37
36′ Reife Sp. glatt 38
37 Frk. stark behaart. Hymenium von pseudoparenchymatischem Scheingewebe überdeckt

Genea

37′ Frk. kahl. Hymenium im Hohlraum freiliegend

Gyrocratera ploettneriana

38 (36) Sp. kugelig bis subglobos. Frk. geschlossen bleibend 39
38′ Sp. länglich-ellipsoid. Frk. später am Scheitel sternförmig aufreißend 40
39 Frk. mit basaler Öffnung, außen behaart. Innenraum faltig und ± von losem Hyphengeflecht erfüllt. Geruch käseartig

Stephensia

39′ Frk. ohne Öffnung, außen höckerig-warzig, innen nicht gefaltet

Hydnocystis

40 (38) Hymenium purpurbräunlich bis tief violett

Sarcosphaera I 194

40′ Hymenium graubraun

Sepultaria II 245, 246

41 (35) Reife Sp. glatt, farblos 42
41′ Reife Sp. warzig, stachelig oder genetzt 44
42 Frk. außen behaart, lorchelartig gefaltet, rotbraun; innen mit hohlen Gängen, mit kleinen Öffnungen nach außen. Schläuche zylindrisch, in Palisaden

Geopora cooperi

42′ Frk. außen warzig, rundlich-höckerig 43
43 Frk. mit scheitelständiger Öffnung, in welche hohle Gänge münden. Schläuche keulenförmig-zylindrisch, in Palisaden. Sp. im Elektronenmikroskop feinst warzig! Hochgebirge

Barssia oregonensis

43′ Frk. geschlossen, mit vielen kleinen Kammern. Schläuche ellipsoid-keulenförmig, nur undeutlich in Palisaden

Balsamia II 283

44 (41) Schläuche zylindrisch. Sp. grobwarzig oder stachelig, nicht netzig 45
44′ Schläuche kugelig, ellipsoid oder keulenförmig 46
45 Frk. schwärzlich, außen höckerig-warzig, mit scheitelständiger Öffnung

Genea

45′ Frk. ocker bis braun, außen glatt, hirnartig gelappt, mit kleinen seitlichen Öffnungen

Hydnotrya (michaelis, suevica) II 284

46 (44) Sp. netzig und stachelig. Frk. hirnartig gefaltet, weiß bis gelblich, fein flaumig. Schläuche 8sporig. Unter Erle (*Alnus*)

Hydnobolites cerebriformis

46′ Sp. stachelig oder warzig 47
47 Frk. kompakt, knollenförmig. Sp. rotbraun, grobwarzig 48
47′ Frk. stark gelappt oder himbeerartig, außen höckerig-warzig 49
48 Frk. außen glatt, fleischfarben bis rotbraun. Sp. kugelig, 20–35 µm Durchmesser

Hydnotrya (carnea, tulasnei) II 281

48′ Frk. außen kleinwarzig. Sp. länglich-ellipsoid, 50–110 µm lang

Fischerula macrospora

49 (47) Frk. gelbbräunlich. Sp. braun, feinwarzig

Myrmecocystis cerebriformis

49′ Frk. umberbraun bis schwarz

Genabea

50 (34) Reife Sp. glatt 51

50′ Reife Sp. ornamentiert 52

51 Frk. isabellfarben bis rosa, schorfig, fast glatt. Sp. kugelig. In Champignonbeeten, England

Diehliomyces microsporus

51′ Frk. kastanienbraun, purpurbraun, schwarz, körnig oder warzig. Sp. ellipsoid bis spindelförmig. In Waldböden

Picoa

52 (50) Sp. warzig oder stachelig 53

52′ Sp. genetzt 57

53 Sp. ellipsoid. Frk. braun oder schwarz, im Querschnitt mit verzweigten hellen und dunklen Adern

Tuber I 200, II 285–289

53′ Sp. kugelig 54

54 Frk. kugelig oder niedergedrückt, bis 30 mm groß, mit einer Grube am Scheitel und basaler (z.T. stielförmiger) Myzelansatzstelle

Pachyphloeus

54′ Frk. unregelmäßig knollenförmig, meist über 30 mm groß, ohne Grube und Myzelansatzstelle 55

55 Sp. stachelig. Frk. im Querschnitt mit welligen, unverzweigten Adern

Choiromyces I 199

55′ Sp. mit groben stumpfen Warzen. Mittelmeergebiet 56

56 Frk. im Querschnitt netzartig gezeichnet. Schläuche rundlich. Besonders in Macchien

Terfezia

56′ Frk. im Querschnitt mit verzweigten Adern. Schläuche keulenförmig. Unter *Eucalyptus*

Labyrinthomyces donkii

57 (52) Frk. im Querschnit mit verzweigten hellen und dunklen Adern. Schläuche in Hymenien angeordnet 58

57′ Frk. im Querschnitt netzartig gezeichnet, innen rosa. Schläuche in Nestern angeordnet 59

58 Schläuche 1sporig, Sp. 50–60 µm groß, kugelig. Frk. glatt, kahl, dunkelbraun, erbsengroß. Unter Rotbuche (*Fagus*), Oberitalien

Paradoxa monospora

58′ Schläuche 1–4sporig im gleichen Frk. Sp. kugelig oder ellipsoid. Frk. größer

Tuber I 200, II 285–289

59 (57) Schläuche 8sporig. Sp. netzig. Südeuropa bis Ungarn. Giftig!

Mattirolomyces terfezioides

59′ Schläuche 2–4sporig. Sp. netzig und langstachelig. Südeuropa

Delastria rosea

Bestimmungshilfen zu Schlüssel 1

Frk. mit Milchsaft: *Endogone, Zelleromyces,* und s. Schlüssel 20
Frk. mit gallertartiger Schicht in der Hülle: Primordien („Hexeneier") der Pilzblumen, s. Schlüssel 22
Frk. mit gallertartiger Trama: *Hysterangium, Maccagnia*
Frk. mit hirnartig gefalteter Oberfläche: *Genabea, Geopora, Hydnobolites, Hydnotrya, Myrmecocystis, Ruhlandiella, Endogone* z. T.
Frk. mit auffallend gefärbter Oberfläche:
- rot, orange: *Paurostylis, Stephanospora*
- rosa, fleischfarben: *Delastria, Diehliomyces, Hydnotrya, Rhizopogon* (Anlauffarbe!), *Octavianina* (Anlauffarbe!)
- schwarz: *Elaphomyces, Genabea, Genea, Pachyphloeus, Picoa, Tuber*
- weiß: *Endogone, Gastrosporium, Glomus, Hydnobolites, Hymenogaster, Modicella*

Frk. mit auffallender Tramafarbe (Querschnitt):
- gelb, gelbgrün: *Melanogaster, Pachyphloeus, Hymenogaster*
- olivgrün: *Hysterangium, Rhizopogon*
- blau: *Elaphomyces, Pachyphloeus*
- rosa, purpurn, violett: zahlreiche Gattungen

Schlüssel 2: Pyrenomyzeten

1	Stroma weißlich, gelb, orange, rot, violett, grün oder zimtfarben	**2**
1'	Stroma schwarz, dunkelbraun oder grau	**9**
2	Stroma aufrecht wachsend, keulenförmig oder gestielt-kopfig	**3**
2'	Stroma anders geformt	**5**
3	Stroma aus einem länglichen Sklerotium herauswachsend, violett, gestielt-kopfig. Am Boden unter Getreide und Wildgräsern **Claviceps**	
3'	Stroma nicht aus einem Sklerotium hervorgehend, nicht violett	**4**
4	Askosporen fadenförmig. Stroma keulenförmig oder gestielt-kopfig. Auf Hirschtrüffeln (*Elaphomyces*, II 282), Insekten (z.B. Schmetterlingsgruppen) oder Spinnen wachsend **Cordyceps** II 271–274	
4'	Askosporen kurz zylindrisch, bald in 2 kugelige Hälften zerfallend. Stroma keulenförmig, bis 40 mm hoch. Auf Erde und modrigem Holz **Podostroma**	
5 (2)	Stroma krustenförmig, orange, Grashalme einhüllend. Askosporen fadenförmig **Epichloë typhina** VI Bild 3	
5'	Stroma nicht auf Gräsern. Askosporen nicht fadenförmig	**6**
6	Perithezien frei auf der Oberfläche eines warzenartigen, lachsroten Stromas stehend. An dürren Zweigen **Nectria** II 280	
6'	Perithezien in das Stroma eingesenkt	**7**
7	Stroma tief gelappt, Lappen bandförmig (ähnlich dem Lebermoos *Riccia*). Askosporen spindelförmig, 2zellig. An Holz **Hypocreopsis** VI Bild 2	
7'	Stroma krusten- oder polsterförmig	**8**
8	Stroma orangerot. Askosporen spindelig-ellipsoid, einzellig. Auf Mist **Selinia pulchra**	
8'	Stroma weiß, gelb, fleischfarben, rotbraun. Askosporen (Teilsporen) kugelig. An Holz, Rinde, alten Fruchtkörpern von Porlingen oder auf Waldboden **Hypocrea**	

9 (1) Auf Mist. Stroma gestielt-scheibenförmig. Oberfläche flach, weißlich; Stiel schwarz. Askosporen bohnenförmig, schwarzbraun mit gelatinöser Hülle
Poronia

9′ An Holz und Rinde wachsend 10
10 Stroma aufrecht, keulen-, pfriemen-, korallen- oder geweihförmig, schwarz, bei größeren Arten innen weiß. Askosporen schwarz
Xylaria II 278, 279

10′ Stroma kugel-, polster-, warzen- oder krustenförmig 11
11 Askosporen farblos bis bräunlich, allantoid. An toten Ästen 12
11′ Askosporen schwarzbraun bis schwarz, ellipsoid oder spindelförmig 15
12 Stroma grau, ausgedehnt krustenförmig
Eutypa

12′ Stroma schwarz 13
13 Stroma scheiben- ober krustenförmig, also mit ebener Oberfläche. Schläuche 8sporig
Diatrype VI Bild 1

13′ Stroma polster- oder warzenförmig, seine Oberfläche gewölbt oder höckerig 14
14 Schläuche 8sporig
Eutypella

14′ Schläuche mit 16 oder mehr Sporen
Diatrypella

15 (11) Stroma innen holzkohleartig gezont, stark wasserhaltig, knollenförmig, 20–50 mm breit, anfangs dunkelbraun oder violettbraun, dann schwarz
Daldinia II 277

15′ Stroma innen nicht gezont 16
16 Perithezien zylindrisch, schmal. Askosporen ohne Keimfurche. Stroma polsterförmig, schwarz
Camarops

16′ Perithezien kugelig, ei-, flaschenförmig. Askosporen mit 1 (selten 2) hellen Keimfurche 17
17 Stroma dünn polsterförmig unter der Rinde lebender Eichen (*Quercus*); abgestorbene Stromata unter Rinde toter Stämme und Äste. Schläuche keulenförmig, Spitze nicht amyloid
Obolarina dryophila

17′ Stroma nicht unter Rinde verborgen. Schläuche zylindrisch, Spitze amyloid . . . 18
18 Stroma auf Rinde, flach ausgebreitet, polsterförmig oder kugelig. Sp. mit hyalinem Exospor, mit 1 schwach gekrümmten Keinfurche
Hypoxylon II 278, 279

18′ Stroma aus Rinde hervorbrechend, flach ausgebreitet, etwas schüsselförmig oder kreiselförmig. Sp. ohne Exospor, mit 1 oder 2 geraden bis spiralig gekrümmten Keimfurchen
Biscogniauxia

Schlüssel 3: Becherlinge

Dieter BENKERT, Berlin

Die Bestimmung beginnt mit der Zuordnung der Färbung der Oberfläche der Apothezien (Hymenium, Scheibe) zu einer von 8 Farbgruppen.

A Farblos (rein weiß, schmutzig-, hyalin-, grau oder cremeweißlich) 1
B Helle Farben (beige, ockerlich, grau), ohne rein braune oder gelbe Töne, bei graubraunen Tönen vergleiche auch unter C, bei ockergelben Tönen unter D 18

C Vorwiegend braune Farbtöne, auch grau-, rot-, violett-, schwarzbraun etc. 38
D Gelb, orange oder rot 90
E Rosa 133
F Mit grünlichen Tönen 134
G Violett, purpurn, fleischfarben, auch weißlich-, braun- oder schwarzviolett 139
H Schwarz bzw. schwärzlich 151

1 (A) Keine Apothezien ausbildend, sondern sehr dünne, krustenförmige Überzüge auf Rinde von *Pinus*-Arten bildend. Sp. 5–7 μm lang
Ascocorticium anomalum

1′ Apothezien ausbildend 2
2 Gesamtes Apothezium farblos 3
2′ Unterseite ± pigmentiert oder mit pigmentierten Haaren 13
3 Unterseite von farblosen Hyphen filzig, Rand mit spitzen, dickwandigen, farblosen Haaren. Sp. ellipsoid bis spindelförmig, mit 2 Tropfen, meist ornamentiert
Leucoscypha

3′ Unterseite ± kahl, jedenfalls ohne Haare 4
4 Apothezien deutlich gestielt 5
4′ Apothezien sitzend bis kreiselförmig 7
5 Apothezien bis 10 mm breit, lignikol, bevorzugt an nassen Standorten. Scheibe konvex. Schläuche inoperkulat. Sp. bis 5 μm breit
Cudoniella

5′ Apothezien 10–40 mm breit, terrestrisch. Scheibe zumindest anfangs kupulat. Schläuche operkulat. Sp. 9–10 μm breit 6
6 Sp. unter 18 μm lang. Paraphysen gerade. In Fichtennadelstreu
Arpinia inops

6′ Sp. über 18 μm lang. Paraphysen gekrümmt. Großbritannien
Sowerbyella (pallida)

7 (4) Apothezien gelatinös 8
7′ Apothezien nicht gelatinös 9
8 Apothezien kreiselförmig, 1–2 cm breit, meist mit violettlichem Ton, lignikol. Exzipulum gänzlich bzw. in innerer Schicht gelatinös
Neobulgaria (pura) VI Bild 5

8′ Apothezien sitzend bis kreiselförmig, unter 1 cm breit, Rand bisweilen mit Zilien. Exzipulum in äußerer Schicht gelatinös
Pezoloma

9 (7) Apothezien koprophil, sitzend, bis 4,5 mm breit. Sp. ohne Öltropfen, mit zyanophiler Längsstreifung. ČSSR
Coprobia (sordida)

9′ Apothezien nicht koprophil 10
10 Schläuche amyloid 11
10′ Schläuche nicht amyloid 12
11 Apothezien über 1 cm breit. Sp. mit Öltropfen
Peziza z. T. (z. B. *P. alborosea*)

11′ Apothezien unter 1 cm breit, pulvinat, später grau bis graubraun. Sp. ohne Öltropfen, ornamentiert, apikulat. Auf wassergesättigtem Holz
Thecotheus (rivicola)

12 (10) Apothezien kreiselförmig, bis 7 mm breit. Schläuche inoperkulat. Sp. länglich, 20–37 × 4–7 μm, später 1–3septat. Auf Pflanzenresten an Wegrändern
Phaeohelotium (geogenum)

12′ Apothezien pulvinat, bis 4 mm breit. Schläuche operkulat. Sp. kugelig. Terrestrisch
Pulvinula z. T.

13 (2) Sp. ohne Öltropfen. Apothezien bis 5 mm breit 14

13′ Sp. mit 1–2 großen Öltropfen, selten vieltropfig 15

14 Randhaare bis 400 µm lang, einfach, stumpf bis spitz, blaßbraun. Äußerste Exzipulumzellen nicht in Reihen. Terrestrisch

Tricharina (cretea)

14′ Haare der Unterseite größtenteils zweischenklig (Abb. II/25d), braun, dickwandig. Äußerste Exzipulumzellen in auffälligen, radial verlaufenden Reihen. Apothezien meist lignikol (bevorzugt an *Populus*), auch am Boden an Holzstückchen und Blättern

Trichophaeopsis (bicuspis)

15 (13) Apothezien anfangs hypogäisch, kugelförmig, selten so bleibend (*G. cooperi*), meist ± sternförmig aufspringend. Nur mit braunwandigen sepultarioiden Haaren. Sp. glatt

Geopora cooperi und **Sepultaria** II 245, 246

15′ Apothezien epi- bis höchstens semihypogäisch, kupulat bis applanat, nicht lappig aufspringend. Außer sepultarioiden auch braunwandige Borstenhaare 16

16 Apothezien unter 1 cm breit, flach kupulat bis applanat. Borstenhaare unter 1 mm lang. Sp. glatt, pustulat bis tuberkulat

Trichophaea

16′ Apothezien über 1 cm breit, bleibend kupulat 17

17 Apothezien bis 4 cm breit. Borstenhaare bis 2 mm lang. Sp. 19–27 × ×10–13 µm, mit 2 großen Öltropfen, verrukos

Humaria hemisphaerica II 251

17′ Apothezien bis 1,5 (2) cm breit, auf Brandstellen. Borstenhaare bis 0,5 mm lang. Sp. 13–18 × 7–9 µm, mit 2 kleinen Öltropfen, glatt bis pustulat

Trichophaea (hemisphaerioides)

18 (B) Apothezien ± deutlich gestielt (Stiel bisweilen ins Substrat eingesenkt) 19

18′ Apothezien nicht (bzw. ausnahmsweise sehr kurz) gestielt 26

19 Apothezien gewöhnlich unter 1 cm breit, auf Holz oder anderen pflanzlichen Substraten. Schläuche inoperkulat 20

19′ Apothezien gewöhnlich über 1 cm breit, terrestrisch. Schläuche operkulat 21

20 Scheibe konvex. Schlauchporus inamyloid

Cudoniella

20′ Scheibe ± kupulat vertieft. Schlauchporus fast immer amyloid

Hymenoscyphus

21 (19) Sp. ohne Öltropfen. Auf Brandstellen (*G. carbonaria*) oder an humosen Wegrändern

Geopyxis II 244

21′ Sp. mit Öltropfen 22

22 Sp. mit 1 großen Öltropfen. Stiel stets deutlich und vom Apothezium scharf abgesetzt

Helvella sect. Macropodes II 229

22′ Sp. mit 2 großen oder ohne Öltropfen. Stiel weniger deutlich ausgebildet 23

23 Sp. ohne Öltropfen. Apothezien auf pflanzlichen Abfällen, sehr kurz gestielt

Pseudombrophila

23′ Sp. mit 2 Öltropfen. Apothezien terrestrisch 24

24 Apothezien 6–15 cm breit, anfangs kupulat, später unregelmäßig lappig. In Frankreich unter Zedern

Hypotarzetta insignis

24′ Apothezien bis 5 cm breit 25

25 Sp. über 15µm lang. Scheibe nicht weißlich. Kerne der Sp. mit Karminessigsäure leicht anfärbbar. Häufige Arten

Tarzetta II 240

25′ Sp. unter 15 µm lang. Scheibe sehr hell, fast weißlich. Kerne der Sp. mit Karminessigsäure nicht anfärbbar. Seltene Art in Fichtennadelstreu

Arpinia inops

26 (18) Apothezien eingeschnitten mit meist ± eingerollten Rändern oder einseitig ohrförmig verlängert, meist büschelig, bisweilen mit stielartiger Basis. Paraphysen an der Spitze gekrümmt. Sp. glatt, mit 2 Öltropfen

Otidea II 237

26′ Apothezien kupulat bis pulvinat, nicht eingeschnitten oder ohrförmig 27

27 Apothezien im Frühjahr auf feucht liegenden Kiefernnadeln. Scheibe weißlich bis okkerlich, durch etwas herausragende schwarze Setae und büschelig verzweigte Paraphysen dunkler erscheinend. Unterseite braun, mit langen, steifen, schwarzbraunen Haaren

Desmazierella (acicola)

27′ Apothezien auf anderen Substraten, ohne derartige Paraphysen und Haare 28

28 Schläuche amyloid 29

28′ Schläuche inamyloid 31

29 Apothezien auf wassergesättigtem Holz, bevorzugt auf in Bächen liegenden Ästen, pulvinat, bis etwa 1 cm breit 30

29′ Apothezien auf anderen Substraten, wenigstens anfangs kupulat, meist über 1 cm breit

Peziza z. T. I 198, II 231, 235

30 Sp. über 10 µm breit, mit 2 Öltropfen, meist glatt, ohne Apikulus

Pachyella (babingtonii)

30′ Sp. unter 10 µm breit, ohne Öltropfen, ornamentiert, apikulat

Thecotheus (rivicola)

31 (28) Koprophile Arten. Sp. glatt, ohne Öltropfen 32

31′ Auf anderen Substraten 33

32 Apothezien mit schmalem, häutigem Saum. Sp. ohne Längsstreifung

Fimaria z. T.

32′ Apothezien ohne häutigen Saum. Sp. mit feiner Längsstreifung

Coprobia z. T.

33 (31) Sp. warzig, mit 1–2 großen Öltropfen. Apothezien kupulat, bis 4 cm breit. Unterseite braun, mit bis etwa 2 mm langen, vielseptigen Haaren. An Wegrändern häufig

Humaria (hemisphaerica) II 251

33′ Sp. glatt 34

34 Apothezien auf pflanzlichen Abfällen (Stengeln, Zweigstücken, bisweilen auch morschem Holz). Sp. ohne Öltropfen, bis höchstens 15 µm lang. Sehr ähnlich *Fimaria*, aber ohne häutigen Saum und nicht koprophil

Pseudombrophila

34′ Apothezien terrestrisch. Sp. mit Öltropfen, meist größer 35

35 Apothezien anfangs hypogäisch, kugelförmig, später ± sternförmig aufspringend. Unterseite dicht bedeckt mit braunwandigen, sepultarioiden Haaren, ohne Borstenhaare

Sepultaria II 245, 246

35′ Apothezien epigäisch, bisweilen leicht ins Substrat eingesenkt 36

36 Sp. ohne Öltropfen. Apothezien am Rande mit gefärbten Borstenhaaren

Tricharina

36′ Sp. mit Öltropfen. Apothezien ohne Borstenhaare. 37

37 Sp. überwiegend mit 2 großen Öltropfen

Tarzetta II 240

37′ Sp. mit 1 großen Öltropfen

Helvella (leucomelaena) II 228

38 (C) Apothezien unter der Rinde toter, meist noch am Baum befindlicher Zweige von *Quercus* angelegt; die schwarze Umhüllung bei Reife mit länglichem Spalt quer zur Achse des Zweiges aufspringend und das gelbbraune Hymenium freilegend. Sp. fadenförmig, multiseptat

Colpoma (quercinum)

38′ Apothezien nicht in die Rinde von Zweigen eingesenkt 39
39 Apothezien ± gestielt (Stiele oft ± ins Substrat eingesenkt) 40
39′ Apothezien sitzend 58
40 Apothezien über 2 cm breit (bis 15 cm) 41
40′ Apothezien unter 2 cm breit. Schläuche inoperkulat 46
41 Apothezien im Frühjahr zwischen *Anemone*-Arten, einem eingesenkten schwarzen Sklerotium aufsitzend. Schläuche inoperkulat

Sclerotinia (tuberosa) II 252

41′ Apothezien ohne Sklerotium. Schläuche operkulat 42
42 Stiel mit Längsrippen bzw. (wenn Stiel nur kurz) mit grubigen Vertiefungen . . . 43
42′ Stiel ohne Rippen, relativ lang. Sp. glatt, mit 1 großen Öltropfen

Helvella sect. **Macropodes** II 221, 229

43 Sp. ohne Öltropfen: vgl. Nr. 85 (**Disciotis**)
43′ Sp. mit Öltropfen 44
44 Stiel kurz. Apothezien anfangs kupulat, dann meist abflachend und dem Substrat dicht aufliegend. Hymenium oft runzelig-uneben. Auf Holz oder Erdboden. Sp. mit 2–3 Öltropfen, bei Reife fein (meist netzig) ornamentiert 45
44′ Stiel meist länger. Apothezien gewöhnlich bleibend kupulat, terrestrisch. Sp. mit 1 großen Öltropfen, glatt

Helvella sect. **Acetabulum** II 227

45′ Sp. über 24 µm lang, apikulat

Gyromitra II 214

45′ Sp. unter 24 µm lang, nicht apikulat

Gyromitra (melaleuca)

46 (40) Apothezien gelatinös, sehr kurz gestielt, turbinat. Ohne Sklerotienbildungen . . . 47
46′ Apothezien nicht gelatinös (obwohl bisweilen mit gelatinöser Schicht), auf Holz oder anderen Pflanzenteilen. Mit Sklerotien oder auf sklerotisiertem pflanzlichem Gewebe (Familie *Sclerotiniaceae*) 48
47 Apothezien auf Holz

Ascocoryne (solitaria)

47′ Apothezien auf *Eriophorum* (ČSSR: Hohe Tatra)

Kubickia tatrensis

48 (46) Apothezien auf Sklerotien von definierter Form 49
48′ Apothezien sklerotisiertem, schwärzlich gefärbtem pflanzlichem Gewebe aufsitzend . 53
49 Sklerotien ± rundlich, 2–30 mm breit, zur Zeit der Ausbildung der Apothezien meist nicht mehr mit dem Pflanzengewebe verbunden, sondern frei in den Erdboden eingesenkt

Sclerotinia II 252

49′ Sklerotien von anderer Gestalt 50
50 Sklerotien in den hohlen Stengeln (Halmen) einkeimblättriger Pflanzen (*Cyperaceae, Juncaceae*) gebildet, daher zylindrisch, länglich, meist längsstreifig, 3 bis über 100 mm lang

Myriosclerotinia

50′ Sklerotien nicht in hohlen Stengeln gebildet, von anderer Form 51

51 Sklerotien die Rhizome von *Pogonatum* oder *Paris quadrifolia* mantelförmig umkleidend (stromatinioid)

Stromatinia

51′ Sklerotien von anderer Form und auf anderen Wirten 52

52 Sklerotien auf Ästchen von *Abies* gebildet. Ektoexzipulum aus Textura porrecta

Elliottinia kerneri

52′ Sklerotien in Blättern oder Stengeln krautiger Pflanzen, ± scheibenförmig. Ektoexzipulum aus Textura globulosa

Botryotinia und Ciborinia

53 (48) Früchte von *Rosaceae* oder *Ericaceae* sklerotisierend (hohlkugelförmige, „monilinioide“ Sklerotien)

Monilinia

53′ Auf anderen Wirten und keine monilinioiden Sklerotien bildend 54

54 Sp. bei Reife bräunlich. An Früchten von *Carya, Cornus* oder Blättern von *Hedera helix*

Lambertella

54′ Sp. farblos bleibend. Auf anderen Wirten 55

55 Männliche Blützenkätzchen von *Alnus, Betula, Corylus, Myrica, Populus, Salix* bzw. Schließfrüchte von *Alnus, Betula, Quercus* sklerotisierend („mumifizierend“)

Ciboria II 253, 261

55′ Auf anderen Wirten bzw. Substraten 56

56 Ektoexzipulum aus Textura globulosa. Z.B. auf Blättern und Ästen von Laubbäumen, Fruchthüllen von *Castanea*, Zapfenschuppen von *Abies*, Fruchtzapfen von *Alnus*

Rutstroemia

56′ Ektoexzipulum aus Textura prismatica 57

57 Ektoexzipulum mit einer gelatinisierten Schicht. Z.B. auf Zweigen von *Quercus*

Poculum

57′ Ektoexzipulum ohne gelatinisierte Schicht. Z. B. auf Blattstielen von *Acer, Fagus, Quercus*, Fruchthüllen von *Castanea*, Zweigen von *Abies, Juniperus*

Lanzia

58 (39) Apothezien auf Holz 59

58′ Apothezien auf anderen Substraten 66

59 Apothezien auf wassergesättigtem Holz in Bächen, Seen etc., applanat bis pulvinat . 60

59′ Apothezien nicht auf wassergesättigtem Holz 61

60 Apothezien zu einem dünnen Film eintrocknend, trocken nicht von Subikulum umgeben. Sp. bis 30 × 16 µm, glatt oder ornamentiert

Pachyella

60′ Apothezien nicht zu einem dünnen Film eintrocknend, trocken von weißem Subikulum umgeben. Sp. im Mittel über 30 × 16 µm, glatt

Psilopezia

61 Schläuche amyloid

Peziza II 231

61′ Schläuche inamyloid 62

62 Schläuche operkulat. Sp. zwischen 15 und 50 µm lang 63

62′ Schläuche inoperkulat. Sp. unter 15 oder über 100 µm lang 64

63 Apothezien über 2 cm breit, meist undeutlich gestielt. Sp. über 20 µm lang, apikulat

Gyromitra

63′ Apothezien bis 12 mm breit, sitzend. Sp. unter 20 µm lang
Jafneadelphus (olivaceofuscus)

64 (62) Apothezien gewöhnlich büschelig, lederig, kupulat, mit auffallend flockiger Unterseite (Textura globulosa). Sp. schmal ellipsoid, meist leicht gekrümmt, farblos
Encoelia

64′ Apothezien nicht büschelig, ± applanat, Unterseite dem Substrat angedrückt. Sp. anders 65
65 Apothezien oft mit auffällig ockerlichem Rand, nicht gelatinös. Exzipulum mit Kalilauge violett. Sp. 7–11 × 4–5 µm, schließlich bräunlich, in der Mitte eingeschnürt
Catinella olivacea

65′ Apothezien ohne ockerlichen Rand, gelatinös. Exzipulum mit Kalilauge nicht violett. Sp. über 100 µm lang, multiseptat, hyalin
Claussenomyces (jahnianus)

66 (58) Sp. kugelig 67
66′ Sp. nicht kugelig 74
67 Apothezien subhypogäisch, halbkugelig bis kugelig, Oberfläche uneben bis hirnartig gefaltet. Sehr seltene Arten (wenn Schläuche nicht in Hymenium, sondern unregelmäßig verteilt in 1 oder mehreren Hohlräumen, vergleiche *Pachyphloeus* in Schlüssel 1) 68
67′ Apothezien epigäisch, kupulat bis pulvinat 70
68 Schläuche inamyloid. Sp. netzig ornamentiert
Sphaerosoma fuscescens

68′ Schläuche amyloid 69
69 Sp. netzig ornamentiert. Paraphysen in gelatinöser Schicht. In Europa nur in Warmhaus eingeschleppt
Ruhlandiella berolinensis

69′ Sp. grobwarzig. Paraphysen ohne gelatinöse Schicht
Sphaerozone ostiolatum

70 (67) Schläuche inamyloid. Sp. bis 14 µm breit 71
70′ Schläuche amyloid. Sp. meist über 12 µm breit (anderenfalls glatt) 72
71 Apothezien mit zähnchenartig zerrissenem, häutigem Rand, auf Dung. Sp. glatt, ohne Öltropfen
Fimaria (dentata)

71′ Apothezien pulvinat, ohne häutigen Rand, auf Erdboden. Sp. meist ornamentiert, mit 1 großem Öltropfen. Hymenium gewöhnlich ± violett, aber im Alter öfter bräunlich ausblassend
Marcelleina

72 (70) Apothezien pulvinat. Schläuche gewöhnlich über 40 µm breit. Sp. über 20 µm breit, auffällig ornamentiert
Boudiera

72′ Apothezien kupulat, im Alter bisweilen ± applanat. Schläuche unter 20 µm breit . . 73
73 Apothezien fast ausschließlich auf Brandstellen. Unterseite glatt oder mit flockigem Exoexzipulum
Plicaria

73′ Apothezien nicht auf Brandstellen. Unterseite mit auffälligen warzenförmigen Vorwölbungen. Hymenium gewöhnlich mit grünlichem Ton
Scabropezia flavovirens

74 (66) Apothezien auf Dung 75
74′ Auf anderen Substraten, gewöhnlich terrestrisch 77
75 Schläuche amyloid

Peziza z. T.

75′ Schläuche inamyloid 76

76 Sp. unter 30 µm lang, glatt, ohne Tropfen. Apothezien von häutigem Rand kragenartig umgeben oder auffallend weißlich gezähnelt

Fimaria

76′ Sp. über 30 µm lang, asymmetrisch, mondförmig. Paraphysen netzförmig anastomosierend. Apothezien bis 4 mm breit

Selenaspora batava

77 (74) Apothezien stark gelatinös, kugelig bis zylindrisch mit flachem oder kupulatem Hymenium, bis 12 cm hoch und 6 cm breit

Sarcosoma globosum II 269

77′ Apothezien nicht gelatinös, anders geformt 78

78 Apothezien nur anfangs leicht kupulat, bald ± pulvinat, bis 15 cm breit. Hymenium wellig-uneben. Rand weißlich. Konkave Unterseite durch wurzelartige Myzelstränge mit dem Substrat verbunden. Sp. spindelförmig, ornamentiert, mit langen Apikuli. Bevorzugt auf Brandstellen

Rhizina undulata II 218

78′ Apothezien anders gestaltet, ohne derartige Myzelstränge 79

79 Schläuche amyloid

Peziza I 197, 198; II 231, 232

79′ Schläuche inamyloid 80

80 Rand bzw. Unterseite der Apothezien mit deutlich differenzierten Haaren 81

80′ Apothezien kahl oder nur mit hyphoiden (sepultarioiden) Haaren 83

81 Haare stumpf, apikal meist leicht keulig erweitert, braunwandig und oft durch dunkelbraunes Exkret büschelig verklebt. Apothezien auf relativ frischen Brandstellen. Sp. ellipsoid, glatt, mit 2 Öltropfen

Anthracobia

81′ Haare spitz. Sp. mit o–1 Öltropfen 82

82 Apothezien meist auf Brandstellen. Sp. kugelig, mit 1 großen Öltropfen. Haare dünnwandig

Sphaerosporella

82′ Apothezien auf Getreidespreu. Sp. ellipsoid, ohne Öltropfen. Haare dickwandig

Cheilymenia (glumarum)

83 (80) Apothezien eingeschnitten mit meist eingerollten Rändern oder einseitig ohrförmig verlängert, meist büschelig, bisweilen mit stielartiger Basis. Paraphysen an der Spitze gekrümmt. Sp. glatt, mit 2 Öltropfen

Otidea II 237

83′ Apothezien nicht eingeschnitten oder ohrförmig 84

84 Apothezien sehr groß, bis 15 cm breit, meist mit kurzem Stiel. Hymenium oft aderig oder faltig 85

84′ Apothezien unter 5 cm breit. Hymenium glatt 86

85 Apothezien bleibend kupulat. Geruch chlorartig stechend. Sp. ohne Öltropfen und ohne Apikuli

Disciotis venosa II 213

85′ Apothezien verflachend. Ohne derartigen Geruch. Sp. mit Öltropfen und Apikuli

Gyromitra z. T. II 214, 215

86 (84) Apothezien dicht gedrängt dem Subikulum von *Byssonectria fusispora* aufsitzend, anfangs kupulat, dann applanat. Im Frühjahr. Sp. ornamentiert

Nannfeldtiella aggregata

86′ Apothezien nicht mit *Byssonectria* vergesellschaftet 87

87 Sp. warzig, 15–24 × 3–13 μm, mit 2 Öltropfen

Jafneadelphus

87′ Sp. glatt 88

88 Sp. ellipsoid, mit 1 großen Öltropfen, meist über 12 μm breit. Apothezien basal stielartig zusammengezogen

Helvella (leucomelaena) II 228

88′ Sp. mit 2 oder mehr Öltropfen, unter 12 μm breit 89

89 Sp. ellipsoid-spindelförmig, mit 2 Öltropfen, über 20 μm lang. Schläuche operkulat. Paraphysen gekrümmt

Otidea (indivisa)

89′ Sp. mit 2–4 kleinen Öltropfen, unter 20 μm lang. Schläuche inoperkulat

Discinella (boudieri)

90 (D) Apothezien in die Rinde von Eichenzweigen eingesenkt (vgl. Nr. 38)

90′ Apothezien nicht in die Rinde von Eichenzweigen eingesenkt 91

91 Apothezien eingeschnitten und mit eingerollten Rändern oder einseitig ohrförmig verlängert, zitronengelb oder orange. Paraphysen gekrümmt. Sp. glatt, ellipsoid, mit 2 Öltropfen

Otidea z. T. I 195 und **Flavoscypha**

91′ Apothezien nicht eingeschnitten oder ohrförmig 92

92 Apothezien gestielt (Stiel bisweilen ± ins Substrat eingesenkt) 93

92′ Apothezien ungestielt (vgl. auch **115**) 106

93 Stiel durch schwärzliche Haare flaumig. Scheibe orange, konvex. Sp. lang fadenförmig. Auf nassem Holz in Bächen im Frühjahr

Vibrissea (truncorum) II 266

93 Stiel kahl oder mit weißlichen Haaren. Sp. nicht fadenförmig. Andere Standorte . . 94

94 Apothezien auf Holz (dieses öfter ins Substrat eingesenkt) oder anderen pflanzlichen Substraten 95

94′ Apothezien terrestrisch 102

95 Sp. kugelig. Apothezien auf Ästen oder Zweigen von Koniferen, orange, kurz gestielt 96

95′ Sp. nicht kugelig 97

96 Sp. 4–5 μ, breit. Schläuche inoperkulat. Unterseite der Apothezien mit farblosen inkrustierten Haaren (Abb. Bd. II/25 l). Herbst.

Lachnellula (suecica)

96′ Sp. 9–15 μm breit. Schläuche operkulat. Unterseite der Apothezien ohne derartige Haare. Winter

Pithya

97 (95) Unterseite der Apothezien mit farblosen bis seltener braunen inkrustierten Haaren (Abb. Bd. II/25 l). Apothezien bis 7 mm breit. Schläuche inoperkulat 98

97′ Unterseite der Apothezien ohne inkrustierte Haare. Apothezien meist größer . . . 99

98 Apothezien auf krautigen Pflanzenteilen (oft an der Basis von Gräsern), relativ lang gestielt. Haare bis 50 μm lang. Hymenium gelb. Sp. spindelförmig, 7–12 × 1,5–2,5 μm. Paraphysen lanzettlich (Abb. Bd. II/23 i)

Dasyscyphus (pygmaeus)

98′ Apothezien auf Holz von Koniferen, sehr kurz gestielt. Haare länger. Hymenium meist orange bis gelborange, selten gelb. Sp. ellipsoid bis ellipsoid-spindelförmig, meist über 3 μm breit. Paraphysen nicht lanzettlich

Lachnellula

99 (97) Apothezien lebhaft orange bis rot, im zeitigen Frühjahr. Schläuche operkulat. Sp. über 20 μm lang 100

99′ Apothezien gelb. Schläuche inoperkulat. Sp. unter 20 μm lang 101

100 Apothezien bis 5 cm breit. Scheibe lebhaft scharlachrot. Stiele direkt dem Holz aufsitzend. Sp. fast zylindrisch mit abgestutzten Enden (Abb. Bd. II/22 e)

Sarcoscypha II 248

100′ Apothezien bis 1 cm breit. Stiele durch sklerotisierten Myzelstrang („Pseudorhiza") mit eingesenktem Holz verbunden. Sp. ellipsoid-spindelförmig

Microstoma protractum

101 (99) Hymenium oft mit grünlichen Tönen, meist asymmetrisch-flatterig. Unterseite durch lockere Textura globulosa mehlig

Chlorencoelia versiformis

101′ Hymenium ohne grünliche Farbtöne, meist kupulat. Unterseite glatt

Hymenoscyphus z. T.

102 (94) Apothezien meist auf Brandstellen (selten auf anderweitig sterilisiertem Boden). Sp. ohne Öltropfen, glatt

Geopyxis (carbonaria II 244**)**

102′ Apothezien nicht auf Brandstellen. Sp. mit 2 oder mehr Öltropfen 103

103 Sp. mit zweispitzigen Apikuli (Abb. Bd. II/22 v), reif fein unregelmäßig-netzig ornamentiert. Apothezien frühzeitig applanat, mit kurzem Stiel, im zeitigen Frühjahr

Gyromitra (leucoxantha II 215**)**

103′ Sp. ohne Apikuli 104

104 Sp. glatt, über 25 µm lang, ellipsoid-spindelförmig, vieltropfig

Microstoma protractum

104′ Sp. ornamentiert, unter 25 µm lang, ellipsoid, mit 2 Öltropfen 105

105 Hymenium gelb bis orange. Sp. meist über 12 µm lang, warzig bis netzig ornamentiert

Sowerbyella (rhenana II 238**)**

105′ Hymenium gelb. Sp. 10–12 µm lang, glatt. Belgien

Arpinia (luteola)

106 (92) Apothezien ganz flach, dem Substrat völlig angepreßt, 3–12 mm breit, nur ca. 0,5 mm dick, zum Rande hin häutig und durchscheinend. Hymenium bräunlichrot. Sp. 12–15 × 5,5–7 µm glatt, ohne Öltropfen. Auf Erdboden und Pflanzenteilen in Finnland

Karstenella vernalis

106′ Apothezien nicht ganz flach und nicht häutig dünn. 107

107 Schläuche amyloid. Hymenium gelb

Peziza z. T.

107′ Schläuche inamyloid 108

108 Unterseite und besonders Rand der Apothezien mit deutlich differenzierten Haaren (Borstenhaare, wurzelnde Haare, melastizioide Haare) 109

108′ Unterseite der Apothezien kahl oder nur mit hyphoiden (sepultarioiden) Haaren . . 117

109 Apothezien mit wurzelnden (und basal meist klauenartig gelappten bzw. mehrwurzeligen) Haaren (Abb. Bd. II/25 a) 110

109′ Apothezium ohne wurzelnde Haare 111

110 Haare meist ziemlich dunkel braunwandig. Sp. kugelig bzw. ellipsoid oder spindelförmig, fast stets ornamentiert, vieltropfig. Apothezien auf Erdboden oder Holz, ± orangerot

Scutellinia II 249, 250

110′ Haare mit gelblichen bis blaß bräunlichen Wänden. Sp. ellipsoid, meist glatt (selten pustulat), ohne Öltropfen. Apothezien meist koprophil, auch auf Erdboden oder faulenden Pflanzenteilen, gelb oder orange

Cheilymenia

111 (109) Haare zur Spitze gewöhnlich leicht keulig erweitert und apikal breit abgerundet, bis etwa 150 μm lang, braunwandig und oft durch dunkelbraunes Exkret büschelweise verklebt, mit wenigen Septen (bisweilen sehr kurz und nur flaumig verlängerte Zellen des Exoexzipulums). Sp. stets mit Öltropfen 112

111′ Haare zur Spitze verjüngt, apikal schmal abgerundet bis ausgesprochen spitz, meist über 200 μm lang und multiseptat 113

112 Apothezien meist bis über 1 cm breit, selten auf Brandstellen. Sp. kräftig ornamentiert (verrukos bis retikulat)

Melastiza II 241

112′ Apothezien unter 1 cm breit, stets auf Brandstellen (meist in jungen Stadien noch vor der Moosbesiedlung). Sp. glatt.

Anthracobia

113 (111) Sp. ohne Öltropfen. Apothezien gelb, ockerlich, selten orange 114

113′ Sp. mit Öltropfen. Apothezien orange bis rot 115

114 Büschelig angeordnete (exoexzipuläre) Haare nur am Rande. Apothezien etwas ins Substrat eingesenkt. Sp. fast den gesamten Askus füllend

Tricharina

114′ Büschelig angeordnete Haare auf der gesamten Unterseite. Apothezien mit schmaler Basis sitzend. Sp. nur in der oberen Askushälfte

Wilcoxina

115 Haare farblos. Sp. kräftig ornamentiert (verrukos, kristulat bis unvollständig retikulat). Apothezien bei *Polytrichaceae*, meist kurz gestielt. Hymenium orange

Neottiella

115′ Haare braunwandig. Sp. glatt oder pustulat. Apothezien höchstens zufällig bei *Polytrichaceae*. 116

116 Hymenium eigentümlich weinrot. Apothezien an nassen Standorten, meist bei *Salix*. Sp. über 20 μm lang

Parascutellinia (carneosanguinea)

116′ Hymenium gelb bis orange. Apothezien an anderen Standorten. Sp. unter 20 μm lang

Humaria (velenovskyi)

117 (108) Sp. kugelig (selten subglobos) 118

117′ Sp. ellipsoid bis spindelförmig 121

118 Sp. glatt 119

118′ Sp. kräftig ornamentiert (meiste Arten mit unter 4 mm breiten Apothezien) 120

119 Apothezien bleibend kupulat, meist über 1 cm breit, oft fleckenweise blaugrün. Im Frühjahr. Sp. 5–7 μm breit. Paraphysen zylindrisch, gerade

Caloscypha fulgens II 247

119′ Apothezien höchstens jung leicht kupulat, bald applanat bis pulvinat, meist unter 1 cm breit (selten bis 1,5 cm; zahlreiche Arten unter 4 mm breit), nicht blaugrün fleckend. In Sommer und Herbst. Sp. über 8 μm breit. Paraphysen fädig, meist stark gekrümmt

Pulvinula

120 (118) Sp. mit echinater Ornamentation (Stacheln zwischen 1 und 10 μm lang), multiguttulat. Apothezien pulvinat, ohne häutigen Rand

Ramsbottomia

120′ Sp. mit verrukoser, kristulater bis retikulater Ornamentation, uniguttulat. Apothezien leicht kupulat bis applanat, meist mit deutlichem, zähnchenartig zerrissenem, häutigem Rand (meiste Arten unter 4 mm breit)

Lamprospora

121 (117) Auf nassem (oft in Bächen liegendem) Holz, applanat 122

121′ Auf anderen Substraten 123
122 Apothezien bis 5 mm breit. Sp. 18–25 × 10–14 µm, multiguttulat, fein amöboid bis kristulat ornamentiert

Miladina lechithina

122′ Apothezien über 5 mm breit. Sp. (20)25–40 × 14–20 µm, biguttulat, glatt

Psilopezia

123 (121) Apothezien auf Dung, bis höchstens 5 mm breit 124
123′ Auf anderen Substraten 125
124 Sp. mit feiner zyanophiler Längsstreifung, ohne Öltropfen. Apothezien frühzeitig pulvinat. Ektoexzipulum aus Textura globulosa mit auffallend großen Zellen. Besonders auf Rindermist, durch die sehr geselligen, orangefarbenen Apothezien sehr auffallend

Coprobia

124′ Sp. glatt, ohne Längsstreifung, mit zahlreichen kleinen Tröpfchen. Apothezien tassenförmig mit leicht vertieftem bis flachem Hymenium und auffallend scharfem Rand. Ektoexzipulum kleinzellig. Nur gelegentlich auf Mist

Kotlabaea (deformis)

125 (123) Apothezien dicht gedrängt einem weißen Hyphenfilz (Subikulum) aufsitzend. Sp. glatt 126
125′ Apothezien ohne Subikulum 127
126 Meist auf Brandstellen, seltener auf anderweitig sterilisiertem Boden. Einzelne Apothezien nur bis 2 mm breit, pulvinat, meist aber miteinander seitlich zu größeren Komplexen verwachsend. Sp. ellipsoid, ohne Öltropfen

Pyronema

126′ Auf Streu in nährstoffarmen Kiefern- und Fichtenforsten oder in Mooren im zeitigen Frühjahr. Apothezien flach kupulat bis pulvinat, 2–5 mm breit. Sp. spindelförmig, mit Öltropfen

Byssonectria (fusispora)

127 (125) Apothezien sehr charakterisiert durch farblichen Kontrast zwischen schwefelgelbem Hymenium und schwarzbrauner Unterseite und gezähneltem schwarzbraunem Rand, turbinat, terrestrisch, bis 4 mm breit. Schläuche inoperkulat. Sp. 13–15 × 5–6 µm, mit 2 kleinen Öltropfen

Podophacidium xanthomelum

127′ Apothezien ohne derartige Farbkombination. Schläuche operkulat 128
128 Apothezien anfangs hypogäisch, kugelig geschlossen, sich sternförmig lappig öffnend, 0,5–7 cm breit. Unterseite von braunwandigen, hyphoiden Haaren filzig. Sp. glatt, mit 1–2 großen Öltropfen

Sepultaria II 245, 246

128′ Apothezien epigäisch, sich nicht sternförmig öffnend 129
129 Apothezien zumeist über 1 cm breit (*A. aurantia* bis 15 cm), kupulat bis ± applanat. Sp. kräftig ornamentiert (verrukos, kristulat oder retikulat), mit Apikuli

Aleuria I 196

129′ Apothezien unter 1 cm breit. Sp. glatt (fein ornamentiert nur bei einigen *Ostospora*-Arten mit unter 4 mm breiten Apothezien), ohne Apikuli 130
130 Apothezien mit Exoexzipulum aus braunwandigen Zellen, die öfter zu kurzen, flaumigen Haaren auswachsen. Auf Brandstellen

Anthracobia (macrocystis)

130′ Apothezien ohne derartiges Exoexzipulum, nur ausnahmsweise auf Brandstellen . . 131
131 Apothezien mit Moosen der *Polytrichaceae* vergesellschaftet (*Polytrichum, Pogonatum, Oligotrichum*), bis 12 mm breit. Rand aus parallelen, fransig auflösenden Hyphen aufgebaut (Textura porrecta). Sp. ellipsoid, 18–26 × 11–15 µm. Viele weitere mit Moosen vergesellschaftete *Octospora*-Arten haben unter 4 mm breite Apothezien)

Octospora (humosa)

131′ Apothezien nicht oder nur zufällig mit *Polytrichaceae* vergesellschaftet. Rand zellig gebaut (Textura globulosa bis T. angularis) 132
132 Sp. ellipsoid, mit kleintropfigem Inhalt, unter 20 µm lang

Kotlabaea

132′ Sp. ellipsoid-spindelförmig bis spindelförmig, mit 1–2 großen Öltropfen (öfter außerdem kleine Tröpfchen), über 20 µm lang

Byssonectria

133 (E) Auf Brandstellen. Sp. ellipsoid, 15–20 × 8–10 µm

Rhodotarzetta rosea

133′ In Bergfichtenwäldern. Sp. spindelförmig, 30–45 × 10–16 µm

Rhodoscypha ovilla

134 (F) Apothezien lignikol. Schläuche inoperkulat 135
134′ Apothezien terrestrisch oder koprophil. Schläuche operkulat 137
135 Apothezien kupulat bis applanat, sitzend, olivgrün bis schwarzbraun, bis 10 mm breit. Exzipulum mit KOH violett. Reife Sp. bräunlich

Catinella olivacea

135′ Apothezien gestielt, oft büschelig. Exzipulum ohne derartige Farbreaktion. Sp. farblos 136
136 Apothezien spangrün. Myzel das befallene Holz spangrün verfärbend. Unterseite glatt, mit ausstrahlenden Hyphen

Chlorociboria

136′ Apothezien olivgelb bis olivgrün. Myzel das Holz nicht verfärbend. Unterseite durch lockere Textura globulosa mehlig

Chlorencoelia versiformis

137 (135) Apothezien gelbgrünlich, koprophil, terrestrisch, auch an faulenden Pflanzenteilen, ausnahmsweise lignikol. Reife Sp. violett bis braun, mit fissurater Ornamentation

Ascobolus

137′ Apothezien terrestrisch. Sp. farblos, mit verrukoser oder retikulater Ornamentation. Schläuche amyloid. Seltene Arten 138
138 Sp. kugelig, verrukos, mit 1 Öltropfen

Scabropezia flavovirens

138′ Sp. ellipsoid, retikulat, mit 2 Öltropfen

Peziza (chlorophaea)

139 (G) Apothezien anfangs hypogäisch, kugelförmig geschlossen, bis über 10 cm breit, dann sternförmig aufspringend. Scheibe violett bis violettbraun. Schläuche amyloid. Im Frühjahr auf Kalkboden

Sarcosphaera coronaria I 194

139′ Apothezien epigäisch, nie kugelförmig, unter 5 cm breit 140
140 Apothezien äußerlich fast schwarz erscheinend, im Inneren dunkelpurpurn (ähnlich Kaliumpermanganat), auch geschädigte Schläuche, Sp. und Paraphysen das Pigment speichernd. Schläuche operkulat 154
140′ Apothezien nicht schwärzlich, im Inneren weißlich, bräunlich, fleischfarben oder violettlich 141
141 Apothezien lang gestielt, 1–2 cm breit, nicht gelatinös. Stiel rosafarben-weinrötlich. Hymenium konvex, olivbraun. Schläuche inoperkulat. In Torfmooren zwischen *Sphagnum*

Sarcoleotia (turficola)

141′ Apothezien sitzend bis kurz gestielt, anders gefärbt. Gewöhnlich nicht zwischen *Sphagnum* 142

142 Apothezien auffallend gelatinös, meist lignikol. Schläuche inoperkulat 143

142′ Apothezien nicht gelatinös, gewöhnlich terrestrisch. Schläuche operkulat 147

143 Apothezien weißlich mit violettem Ton, turbinat mit leicht vertiefter bis flacher Scheibe, 1–2 cm breit, meist büschelig. Sp. bis 10 µm lang, unseptiert. Meist auf *Fagus*

Neobulgaria (pura) VI Bild 5

143′ Apothezien nicht weißlich 144

144 Apothezien polsterförmig mit hirnartig gelappter Oberfläche, purpurbraun, violettbraun. Sp. bis 10 µm lang, unseptiert 145

144′ Apothezien kupulat bis turbinat, ohne braune Farbtöne 146

145 Sp. mit feiner Längsstreifung (Ölimmersion!)

Ascotremella faginea VI Bild 6

145′ Sp. glatt

Neobulgaria pura var. foliacea

146 (144) Apothezien fleischfarben, purpurfarben, kupulat bis abgeflacht, oft in Gesellschaft der unregelmäßig keulig gestalteten Anom. Sp. reif mit 1–5 Septen. Auf Laub- und Nadelholz sehr häufig

Ascocoryne II 270

146′ Apothezien violett, sitzend bis gestielt. Scheibe konvex. Ohne derartige Anom. Sp. unseptiert. Auf Holz und anderen Pflanzenteilen

Ombrophila

147 (142) Sp. kugelig 148

147′ Sp. ellipsoid 150

148 Schläuche inamyloid. Apothezien meist rein violett (im Alter oft bräunlich ausblassend), pulvinat, unter 1 cm breit, auf frischen Böden. Sp. meist ornamentiert, unter 20 µm breit

Marcelleina

148′ Schläuche amyloid. Apothezien meist düster violettbraun 149

149 Apothezien über 1 cm breit, kupulat bis applanat, fast stets auf Brandstellen. Schläuche unter 30 µm breit. Sp. glatt oder ornamentiert, unter 15 µm breit

Plicaria

149′ Apothezien unter 1 cm breit, pulvinat, auf feuchten bis nassen Böden. Schläuche gewöhnlich über 40 µm breit. Sp. stets auffallend ornamentiert, über 20 µm breit

Boudiera

150 (147) Schläuche amyloid. Apothezien meist über 1,5 cm breit, nicht mit *Byssonectria* vergesellschaftet

Peziza z. T. II 233, 236, 239

150′ Schläuche inamyloid. Apothezien bis 1,5 cm breit, violettbraun, im Frühjahr dicht gedrängt dem Subikulum von *Byssonectria fusispora* aufsitzend. Skandinavien, ČSSR

Nannfeldtiella aggregata

151 (H) Apothezien auf Brandstellen 152

151′ Apothezien auf anderen Standorten 153

152 Apothezien bis 1 cm breit. Sp. ellipsoid, reif braun, grobschollig ornamentiert

Ascobolus (carbonarius)

152′ Apothezien bis 6 cm breit. Sp. kugelig, bisweilen leicht gebräunt, glatt oder ornamentiert

Plicaria

153 (151) Apothezien violett, im Alter aber oft schwarz, violetten Milchsaft ausscheidend. Schläuche amyloid

Peziza (saniosa)

153′ Ohne violetten Milchsaft 154

154 Apothezien äußerlich schwarz erscheinend, gesamtes Innere aber dunkelpurpurn (ähnlich Kaliumpermanganat), auch geschädigte Schläuche, Sp. und Paraphysen den Farbstoff speichernd 155

154′ Apothezien ohne purpurfarbene Pigmente 156

155 Sp. kugelig (selten ellipsoid und dann glatt), glatt oder ornamentiert

Greletia

155′ Sp. ellipsoid bis spindelförmig, grob ornamentiert

Smardaea

156 (154) Im Frühjahr auf Fichtenzapfen. Apothezien kurz gestielt, bisweilen mit grünlichem oder bräunlichem Farbton. Sp. 6–10 μm lang

Rutstroemia bulgarioides

156′ Auf anderen Substraten. Sp. über 10 μm lang 157

157 Sp. über 35 μm lang. Apothezien meist unter 1 cm breit 158

157′ Sp. bis 35 μm lang. Apothezien meist 1–6 cm breit. 159

158 Apothezien schwarzbraun, koprophil. Schläuche operkulat. Sp. 34–43 × 18–22 μm, unseptiert

Selenaspora batava

158′ Apothezien schwarz, lignikol. Schläuche inoperkulat. Sp. fädig, (30)45–75 × 3–4 μm, multiseptat

Holwaya mucida

159 (157) Apothezien gelatinös, meist büschelig an liegenden Stämmen vor allem von *Quercus* und *Fagus*. Sp. braun. Schläuche inoperkulat

Bulgaria inquinans II 268

159′ Apothezien nicht oder wenig gelatinös. Sp. farblos. Schläuche operkulat 160

160 Sp. kugelig 161

160′ Sp. ellipsoid bis etwas spindelförmig. Apothezien gestielt 162

161 Apothezien unterseits ± filzig (braunwandige, geschlängelte Hyphen), meist deutlich gestielt. Schläuche inamyloid. Sp. stets glatt. Apothezien im Frühjahr (selten bis Juli) auf morschem Holz, in Nadelstreu oder zwischen *Sphagnum*

Pseudoplectania II 243

161′ Apothezien unterseits etwas flockig (Exoexzipulum aus Textura globulosa), ungestielt. Schläuche amyloid (Reaktion oft schwach !). Sp. glatt oder ornamentiert. Apothezien ganzjährig, überwiegend auf Brandstellen

Plicaria

162 Apothezien terrestrisch. Unterseite auffallend flockig. Sp. ellipsoid, 18–25 μm lang, mit 1 großem Öltropfen. 163

162′ Apothezien lignikol. Unterseite nicht flockig 164

163 Apothezien mit relativ langem, flockigem Stiel, kupulat. Vor allem im Frühjahr bei *Salix*

Helvella (corium)

163′ Apothezien subsessil, flach. Südwest-Europa

Helvella (helvellula)

164 (162) Apothezien lederig, bleibend kupulat. Sp. ellipsoid, bis über 30 μm lang

Urnula II 234

164′ Apothezien etwas gelatinös, später verflachend. Sp. ellipsoid-spindelförmig und glatt oder ellipsoid mit Querrippen, unter 30 μm lang

Plectania

Bestimmungshilfen zu Schlüssel 3

Alle oder ein Teil der Arten die Apothezien im Frühjahr entwickelnd: *Byssonectria, Caloscypha, Ciboria, Cudoniella, Desmazierella, Disciotis, Encoelia, Gyromitra, Helvella, Hypotarzetta, Karstenella, Microstoma, Myriosclerotinia, Nannfeldtiella, Pithya, Plectania, Pseudoplectania, Rutstroemia, Sarcoscypha, Sarcosoma, Sarcosphaera, Sclerotinia, Stromatinia, Urnula, Vibrissea*
Apothezien bis über 10 cm groß werdend: *Aleuria (aurantia), Disciotis, Gyromitra, Hypotarzetta, Peziza, Rhizina, Sarcosphaera*
Apothezien ausgeprägt gelatinös (gelatinisierte Schichten auch bei anderen Gattungen vorkommend): *Ascocoryne, Ascotremella, Bulgaria, Claussenomyces, Kubickia, Neobulgaria, Ombrophila, Pezoloma, Sarcosoma*
Schläuche amyloid: *Ascobolus, Boudiera, Pachyella* (nicht immer), *Peziza, Plicaria, Ruhlandiella, Sarcosphaera, Scabropezia, Sphaerozone, Thecotheus*
Sp. kugelig: *Boudiera, Caloscypha, Fimaria (dentata), Greletia, Lachnellula (suecica), Lamprospora, Marcelleina, Pithya, Plicaria, Pseudoplectania, Pulvinula, Ramsbottomia, Ruhlandiella, Scabropezia, Scutellinia (p. p.), Sphaerosoma, Sphaerosporella, Sphaerozone*
Sp. mit netzförmiger Ornamentation: *Aleuria, Boudiera, Greletia, Gyromitra, Lamprospora, Marcelleina, Melastiza, Neottiella, Peziza, Rhizina, Ruhlandiella, Scutellinia, Sowerbyella, Sphaerosoma*
Sp. mit Apikuli: *Aleuria, Gyromitra, Melastiza, Peziza* (nur wenige Arten), *Rhizina, Thecotheus*
Mit Sternhaaren: *Cheilymenia* p. p.
Mit zweischenkeligen Haaren: *Trichophaeopsis*
Mit wurzelnden Haaren: *Cheilymenia, Scutellinia*

Schlüssel 4: Morcheln, Lorcheln und Erdzungen

1	Frk. spatel-, keulen- oder trommelschlegelförmig (gestielt-kopfig), nicht gefaltet oder gelappt	2
1′	Frk. pilzhutähnlich, ± deutlich gestielt, glatt oder gefaltet-gelappt oder mit wabenartiger Oberfläche	10
2	Frk. schwarz, purpurschwarz. Stiel allmählich in den Kopfteil übergehend	3
2′	Frk. braun, grün, gelb, orange, rosa oder weißlich	5
3	Frk. borstig behaart (schwarzbraune, septierte Setae) **Trichoglossum** II 262	
3′	Frk. kahl (trocken oder klebrig)	4
4	Sp. farblos bis blaßbraun, unseptiert (selten mit wenigen Septen) **Thuemenidium**	
4′	Sp. reif dunkelbraun, mit 7–15 Septen **Geoglossum** II 263, VI Bild 7	
5 (3)	Frk. olivgrün, dunkelgrün oder z. T. gelb, keulenförmig, etwas abgeplattet. Auf Waldboden **Microglossum** II 258	
5′	Frk. gelb, orange, zimtfarben, rostbraun, rosa oder weißlich	6
6	Frk. spatelförmig abgeplattet. Askostoma inamyloid. Auf Nadelstreu . . . . . **Spathularia** II 264	
6′	Frk. gestielt-kopfig, nicht abgeplattet	7
7	Frk. auf Sklerotien anderer Pilze (*Sclerotinia, Typhula*) wachsend **Heyderia (sclerotiorum, selerotipus)**	
7′	Frk. an lebenden Moosen wachsend. In subalpinen und borealen Wäldern **Bryoglossum gracile**	
7″	Frk. mit Sümpfen und Bächen wachsend (an *Sphagnum*-Moosen, untergetauchtem Holz und Pflanzenresten)	8
7‴	Frk. in Wäldern auf Nadelstreu wachsend	9

8 Frk. zimtfarben, Stiel bräunlich. Sp. über 30 µm lang, spindel- bis keulenförmig, mit bis zu 5 Septen. Österreich

Nothomitra cinnamomea

8′ Frk. orangegelb, manchmal mit rosa Schein; Stiel weiß. Sp. unter 25 µm lang, schmal ellipsoid bis zylindrisch, unseptiert oder mit 1 Septum

Mitrula II 267

9 (7) Kopfteil 1 mm dick, bräunlich, mit steriler Furche deutlich vom Stiel abgesetzt. Sp. einzellig, Hymenium mit Paraphysen

Heyderia (abietis)

9′ Kopfteil 2–4 mm dick, dottergelb, allmählich in den Stiel übergehend. Sp. zweizellig. Hymenium ohne Paraphysen

Neolecta vitellina

10 (1) Hutteil mit wabenartig gegliederter Oberfläche (die Waben können unregelmäßig oder in Längsreihen angeordnet sein), grau, ocker, olivbraun. Frk. fleischig, hohl, zerbrechlich. Sp. ellipsoid, ohne Öltropfen

Morchella I 192, 193, II 207–210

10′ Hutteil des Frk. nicht wabenartig 11

11 Hutteil nicht gefaltet, allenfalls schwach gelappt oder nach unten eingerollt, mit gut entwickelter steriler Unterseite 12

11′ Hutteil hirnartig gefaltet, lappig oder sattelförmig 17

12 Hutteil glockenförmig von der Stielspitze herabhängend, ± stumpfkegelförmig . . . 13

12′ Hutteil mehr ausgebreitet und nach unten eingerollt 14

13 Frk. winzig: Hut bis 3 mm, Stiel bis 10 mm hoch, aus schwarzen länglichen Sklerotien hervorwachsend. Schläuche inoperkulat. An Pflanzenresten

Verpatinia

13′ Frk. groß: Hut bis 25 mm, Stiel bis 100 mm hoch. Keine Sklerotien. Schläuche inoperkulat. Auf Wald- und Wiesenboden

Verpa II 211, 212

14 (12) Frk. von gallertartiger Konsistenz, bernsteingelb, orange, olivgrün, blaugrün oder schwarzgrün. Sp. spindelförmig, leicht gekrümmt

Leotia II 259, 260

14′ Frk. von fleischiger Konsistenz 15

15 Hut schwarzbraun, Stiel hell bräunlich. Sp. spindel- bis keulenförmig, 4zellig. Paraphysen braun. Askostoma amyloid

Sarcoleotia (platypus)

15′ Hut cremeweiß, ocker, bräunlich; Stiel braun bis schwärzlich. Sp. lang zylindrisch bis fadenförmig. Paraphysen farblos 16

16 Hut bis 12 mm breit. Stiel kahl. Askostoma inamyloid. Auf Nadelstreu in Wäldern

Cudonia II 265

16′ Hut bis 5 mm breit. Stiel behaart. Askostoma amyloid. Auf untergetauchten Zweigen im Wasser

Vibrissea truncorum II 266

17 (11) Hut glockenförmig, frei von der Stielspitze herabhängend. Sp. ohne Öltropfen

Verpa II 211, 212

17′ Hut vielmals mit dem Stiel verwachsen, oder Stiel fehlend. Sp. mit 1–2 Öltropfen . 18

18 Sp. mit 1 Öltropfen, glatt. Stiel oft stark grubig oder gerippt. Askus operkulat . . . 19

18′ Sp. mit 1–2 Öltropfen, längsgestreift. Frk. gallertartig, purpurbraun, ungestielt. Askus inoperkulat. An Holz

Ascotremella faginea VI Bild 6

18″ Sp. mit 2–4 Öltropfen, glatt oder ornamentiert. Frk. nicht gallertartig. Askus operkulat . . . 20

19 Sp. kugelig. Hut hirnartig-wulstig gefaltet, dunkelbraun. Stielbasis ± fleischrot.

Pseudorhizina sphaerospora

19′ Sp. ellipsoid. Hut blätterig-lappig oder sattelförmig gefaltet, cremeweiß, braun oder schwärzlich. Stiel weiß oder grau

Helvella I 189, II 219–230

20 (18) Sp. mit 3–4 Öltropfen, länglich-ellipsoid bis spindelförmig, mit polaren Anhängseln oder warzig-genetzt. Hut ocker bis braun, sitzend oder auf weißem Stiel

Gyromitra subg. *Discina* II 214–217, VI Bild 8

20′ Sp. mit 2 Öltropfen, ellipsoid, ohne polare Anhängsel 21

21 Frk. mit deutlichem, weißem oder braunem Stiel. Hut hirnartig-wulstig gefaltet oder dreizipflig, rot- bis dunkelbraun. Sp. glatt. Manche Arten giftig !

Gyromitra subg. *Gyromitra* I 190, 191

21′ Frk. undeutlich gestielt oder ungestielt. Hut blätterig-lappig, einer Krausen Glucke (*Sparassis*) ähnlich. 22

22 Frk. schwarzbraun, lederartig. Askostoma inamyloid. Sp. glatt

Cordierites irregularis

22′ Frk. weißlich, blaß fleischfarben, ocker, fleischig bis wachsartig. Askostoma mit amyloidem Ring. Sp. glatt oder warzig

Peziza (proteana, tectoria), sparassoide Formen (vgl. Bd. V)

Bestimmungshilfen zu Schlüssel 4: Makroskopischer Schlüssel für Lorchelformen. Gilt nur für gut entwickelte Exemplare

1 Frk. gestielt 2

1′ Frk. ungestielt 8

2 Fertiler Teil („Hut“) nur mit der Stielspitze verwachsen 3

2′ Fertiler Teil vielfach mit dem Stiel verwachsen, also Ränder nicht frei 4

3 Hut glockenförmig herabhängend, glatt oder wulstig gefaltet. Stiel glatt. Frühjahr

Verpa II 211, 212

3′ Hut sattelförmig oder unregelmäßig gefaltet oder zu Zipfeln ausgezogen, weißlich, braun oder schwärzlich. Stiel kantig gerippt oder grubig oder galtt. Frühjahr bis Herbst

Helvella I 189, II 219–226

4 (2) Stiel ± fleischfarben, wulstig gerippt. Hut dunkelbraun

Pseudorhizina sphaerospora

4′ Stiel weiß oder braun 5

5 „Hut“ in mehrere (meist 3) Zipfel ausgezogen 6

5′ „Hut“ von rundlichem Umriß 7

6 Stiel braun, nicht gerippt. Herbst

Gyromitra (ambigua, infula I 190)

6′ Stiel weißlich, höchstens am Grunde braun, ± wulstig gerippt und grubig. Frühjahr (–Sommer)

Gyromitra (fastigiata II 217, VI Bild 8)

7 (5) Stiel etwa so lang wie Hutbreite. „Hut“ rot- bis dunkelbraun, dicht gefaltet. Kiefernwälder, Frühjahr. Giftig!

Gyromitra (esculenta I 191, splendida)

7′ Stiel viel kürzer als Hutbreite, so daß die Hutfalten oft den Boden berühren. „Hut“ gelbbraun, ocker, hell rotbraun, weniger dicht gefaltet. Laub- und Fichtenwälder, Frühjahr. Giftig!

Gyromitra (gigas II 216, fastigiata II 217, VI Bild 8)

8 (1) Frk. lederartig, schwarzbraun, Basis ± stielartig ausgezogen. Herbst
Cordierites irregularis

8′ Frk. fleischig bis wachsartig, weißlich, blaß fleischfarben oder ocker, sitzend. Herbst
sparassoide Formen von **Peziza (proteana, tectoria)**

Schlüssel 5: Gallertpilze (Basidiomyzeten von gallertartiger Konsistenz)

1 Frk. gänzlich krustenförmig (effus) 2
1′ Frk. anders geformt, ± vom Substrat abstehend 11
2 Frk. mit stachel- oder zahnförmigem Hymenophor 3
2′ Frk. ohne Hymenophor, mit glatter bis höckeriger Oberfläche 4
3 In den Spitzen der Stacheln zahlreiche Gloeozystiden. An Nadelholz
Stypella vermiformis

3′ Hymenophor ohne Gloeozystiden. An Laub- und Nadelholz, Farnen
Protodontia

4 (2) Hymenium mit dickwandigen Zystiden. Basidien längs septiert 5
4′ Hymenium mit Gloeozystiden, die sich in Lugolscher Lösung braun färben. Basidien längs septiert oder unseptiert 6
4″ Hymenium ohne Zystiden 8
5 Hymenium mit feinen sterilen Stacheln. Auf Rinde von *Quercus suber*, Portugal
Heterochaete macrochaete

5′ Hymenium ohne Stacheln. Am Laub- und Nadelholz
Heterochaetella

6 (4) Basidien unseptiert, mit 4 sporenähnlichen verdickten Sterigmen
Tulasnella

6′ Basidien längs septiert, 4zellig 7
7 Basidien in traubenförmigen Gruppen. Hyphidien fehlen oder nicht knorrig verzweigt
Basidiodendron

7′ Basidien einzeln. Hyphidien knorrig verzweigt
Bourdotia galzinii

8 (4) Basidien quer septiert, gekrümmt. Hyphen mit oder ohne Schnallen. An Laubholz und trockenen Gräsern
Helicogloea

8′ Basidien längs (kreuzweis) septiert 9
9 Hyphen und Basidien ohne Schnallen
Sebacina

9′ Basidien und meist auch Hyphen mit Schallen 10
10 Reife Basidien abfallend, als 4zellige Verbreitungsmittel (Diasporen) dienend. An feuchten Orten auf Pilzsklerotien und faulen Blättern
Tetragoniomyces uliginosus

10′ Reife Basidien nicht abfallend. An Holz und Pilzfruchtkörpern von Asko- und Basidiomyzeten
Exidiopsis und **Xenolachne**

11 (1) Frk. warzen-, polster- oder hirnförmig, von oft unbeständiger Gestalt 12
11′ Frk. pfriemen-, keulen-, korallenförmig oder gestielt-kopfig 22
11″ Frk. hutförmig, spatelförmig oder effus-reflex (*Stereum* ähnlich) 24

11‴ Frk. becher- oder kreiselförmig 29
12 Frk. zitronengelb, orangegelb, orangerot 13
12′ Frk. schwarz, braun, grau, rosa oder weiß 15
13 Auf lebenden Zweigen von *Juniperus*-Arten
Teleutosporenlager von **Gymnosporangium**
13′ Auf Blättern von *Cyperaceae*, z.B. Wollgras (*Eriophorum*)
Kriegeria eriophori
13″ An totem Holz 14
14 Basidien nicht septiert, dichotom geteilt
Dacryomyces II 203
14′ Basidien längs septiert, 4zellig
Tremella (mesenterica II 201)
15 (12) Frk. unterseits steril (Hymenium auf einen Teil der Oberfläche beschränkt). Basidien längs (kreuzweis) septiert, 4zellig 16
15′ Gesamte Oberfläche des Frk. vom Hymenium bedeckt 17
16 Frk. rosa, fleischfarben, kugelig-polsterförmig, von roten, becherförmigen Anam. begleitet
Craterocolla cerasi
16′ Frk. bernsteingelb, braun oder olivschwärzlich, ohne Anam.
Exidia II 196–199
17 (15) Basidien 2zellig, schräg septiert, in Ketten angeordnet. Frk. weiß, tropfenförmig. An Laubholz, Frankreich
Sirobasidium brefeldianum
17′ Basidien 2- oder 4zellig, einzeln stehend 18
18 Basidien quer septiert. Frk. weiß, grau oder lila
Achroomyces
18′ Basidien längs (kreuzweis) septiert 19
19 Frk. braun oder grünlich. An Holz oder Frk. von Pilzen
Tremella II 200–202
19′ Frk. weißlich, blaß lila, graubläulich, hellgelb 20
20 Hyphen und Basidien ohne Schnallen. Frk. pustel- oder tropfenförmig, später zusammenfließend. Sp. lang spindelförmig. An Kräutern und Sträuchern
Efibulobasidium albescens
20′ Hyphen und Basidien mit Schnallen. Sp. kugelig, ellipsoid oder zylindrisch 21
21 Parasit auf Frk. von *Stereum sanguinolentum* (II 112), die einen weißen Kern im Frk. bilden
Tremella (encephala II 200)
21′ Saprophyten an Holz. Frk. z.T. mit Kern von Kristallen von Ca-Oxalat. Meiste Arten winzig
Myxarium
22 (11) An lebenden Moosen. Frk. keulenförmig, bis 60 mm hoch, blaßgelb. Basidien quer septiert, 4sporig
Eocronartium muscicola
22′ An lebenden Zweigen von *Juniperus*. Orangerote, pfriemen- oder hornförmige Gebilde
Teleutosporenlager von **Gymnosporangium**
22″ An totem Holz (Baumstümpfe, Äste, Bretter). Basidien 2sporig, dichotom geteilt. Frk. gelb bis orangerot 23
23 Frk. pfriemenförmig oder korallenartig verzweigt
Calocera II 206

23′ Frk. gestielt-kopfig, winzig. An Nadelholz, Nordeuropa
Dacryonaema rufum

24 (11) Hutunterseite mit Hymenophor (Stacheln, Falten, Lamellen) 25
24′ Frk. ohne Hymenophor 27
25 Frk. effus-reflex. Hymenophor faltenförmig, fleischfarben. Basidien nicht septiert
Merulius tremellosus II 76

25′ Frk. hutförmig, seitlich gestielt. Hymenophor nicht faltenförmig 26
26 Hymenophor stachelförmig. Frk. gänzlich gallertartig. Basidien längs (kreuzweis) septiert
Pseudohydnum gelatinosum II 205

26′ Hymenophor lamellig. Frk. mit einer gallertartigen Tramaschicht, sonst fleischig. Basidien unseptiert
Schlüssel 16

27 (24) Frk. fleischrot, spatel- oder trichterförmig. Auf vergrabenen Hölzern über Kalkboden
Tremiscus helveloides II 204

27′ Frk. oberseits weißlich bis grau, effus-reflex. An Holz 28
28 Hutoberfläche grobfilzig, gezont. Hymenium braun. Basidien quer septiert, 4zellig
Auricularia mesenterica II 195

28′ Hutoberfläche feinfilzig, ungezont. Basidien unseptiert 33
29 (11) Basidien septiert 30
29′ Basidien unseptiert 32
30 Basidien quer septiert. Frk. dunkelbraun, becher- bis ohrförmig, außen filzig
Hirneola auricula-judae II 194

30′ Basidien längs (kreuzweis) septiert 31
31 Frk. kreisel- oder becherförmig, gänzlich gallertartig, schwärzlich
Exidia II 196–199

31′ Frk. becher- oder scheibenförmig, gallertartig-häutig, grau oder blaß rosa
Eichleriella

32 (29) Basidien keulenförmig, 4sporig. Frk. häutig, schwach gallertartig, trocken lederig . . 33
32′ Basidien hypenartig, dichotom, 2sporig. Frk. deutlich gallertartig 34
33 (28, 32) Hymenium blutrot. An *Salix*-Zweigen
Cytidia salicina

33′ Hymenium braun. An *Populus*-Zweigen
Auriculariopsis ampla VI Bild 10

34 (32) Frk. orangerot, mit wurzelartigem Stiel, 2–5 mm breit, in dichten Gruppen. Reife Sp. mit 0–2 Septen. Hyphen ohne Schnallen. An Nadelholz
Ditiola radicata

34′ Frk. nicht wurzelnd, hellgelb bis orangegelb, bernsteingelb. Reife Sp. mit mehreren Septen 35
35 Reife Sp. mit Längs- und Querwänden (muriform). Hyphen mit Schnallen. Frk. bis 5 mm groß. An Nadelholz
Guepiniopsis (chrysocoma)

35′ Reife Sp. nur mit Querwänden. An Laub- und Nadelholz 36
36 Reife Sp. mit 1–7 Septen. Hyphen ohne oder der Schnallen. Frk. bis 10 mm hoch
Guepiniopsis

36′ Reife Sp. mit 3–15 Septen. Hyphen mit Schnallen. Frk. bis 15 mm groß
Femsjonia peziziformis

Bestimmungshilfen zu Schlüssel 5

Krustenförmige Pilze mit wachsartiger bis undeutlich gallertartiger Konsistenz: Schlüssel 6
Besondere Substrate
- Frk. von Pilzen: *Achroomyces, Exidiopsis, Tremella, Xenolachne longicornis*
- Sklerotien von Pilzen: *Tetragoniomyces uliginosus*
- lebende Zweige von *Juniperus: Gymnosporangium*
- lebende Moose: *Eocronartium muscicola*
- Gräser und Kräuter: *Efibulobasidium albescens, Kriegeria eriophori, Helicogloea (graminicola)*
- Mist: *Achroomyces (fimetarius)*

Schlüssel 6: Krustenförmige (effuse, corticioide) Pilze ohne Hymenophor

Georg Ritter, Eberswalde-Finow

1 Frk. lederig oder korkig, zäh, z. T. geschichtet, manchmal mit Hutkanten. Hyphensystem meist dimitisch 2

1′ Frk. weichfleischig, wachsartig, gallertig, häutig, mehlig, filzig, flockig oder spinnwebartig. Hyphensystem meist monomitisch 26

2 Hymenium mit braunen, dickwandigen Seten. Trama braun, durch KOH schwarz. Generative Hyphen ohne Schnallen 3

2′ Hymenium ohne stark gefärbte Elemente. Trama meist hell, selten durch KOH verfärbt. Generative Hyphen meist mit Schnallen 4

3 Seten pfriemenförmig, unverzweigt (Spinulae). Hymenium ohne Gloeozystiden. Sp. glatt, nicht amyloid

Hymenochaete II 109 a, b

3′ Sternförmig verzweigte Seten (Asterosetae) in Hymenium und Trama. Hymenium mit Gloezystiden. Sp. oft warzig, z. T. amyloid

Asterostroma

4 (2) Hymenium und Trama mit verzweigten, dextrinoiden Hyphidien, z. T. auch mit dextrinoiden Skeletthyphen 5

4′ Frk. ohne dextrinoide Elemente 7

5 Hyphensystem dimitisch. Hyphidien und Skeletthyphen unregelmäßig verzweigt

Scytinostroma

5′ Hyphensystem monomitisch. Hyphidien dichotom verzweigt 6

6 Sp. warzig, Warzen amyloid

Dichostereum

6′ Sp. glatt, nicht amyloid oder mit kleinem amyloidem Fleck über dem Apikulus

Vararia

7 (4) Sp. amyloid 8

7′ Sp. nicht amyloid 14

8 Sp. warzig-rauh (in Melzers Reagens) 9

8′ Sp. glattwandig 12

9 Hyphensystem monomitisch. Hymenium weiß, gelb, orange oder rosa, mit perlschnurartigen oder verzweigten Hyphidien. Sp. breit ellipsoid, groß, oft über 15 × 10 µm

Aleurodiscus II 107

9′ Hyphensystem dimitisch oder trimitisch. Hymenium mit dickwandigen inkrustierten Skelettzystiden, ohne Hyphidien 10

10 Frk. zweischichtig, mit braunem, zunderartigem Subikulum, das neben Skeletthyphen stark verzweigte Bindehyphen enthält. Hymenium ockergelb, rosa getönt, wird durch KOH orange

Laurilia sulcata

10′ Hymenium weißlich bis hell ocker. Subikulum nur mit Skeletthyphen 11

11 Hymenium mit gelblichen Gloeozystiden und inkrustierten Skelettzystiden. Sp. klein, dünnwandig, ca. 5 × 3 µm. Frk. ausgebreitet, krustig, oft mit Rhizomorphen

Scytinostromella (heterogena)

11′ Hymenium nur mit inkrustierten Skelettzystiden. Sp. größer, dickwandig, ca. 16 × 13 µm. Frk. effus-reflex, ohne Rhizomorphen

Aleurocystidiellum subcruentatum

12 (8) Generative Hyphen mit Schnallen. Hymenium mit braunen, inkrustierten Skelettzystiden. Frk. effus oder effus-reflex

Amylostereum VI Bild 13

12′ Generative Hyphen ohne Schnallen. Zystiden nicht inkrustiert 13

13 Frk. in polygonale Stücke zerbrechend. Hymenium graubraun, vielschichtig, mit stacheligen Hyphidien (Acanthophysen). An noch hartem Eichenholz (*Quercus*), Wabenfäule

Xylobolus (frustulatus VI Bild 11**)**

13′ Hymenium höchstens rissig, bei manchen Arten verletzt oder durch Druck rötend. Frk. meist effus-reflex. Mit saftführenden, gelblichen Zystiden und z. T. Pseudoacanthophysen. An Laub- und Nadelholz, Weißfäule

Stereum II 110, 112, 113

14 (7) Sp. braun, höckerig, grobwarzig. Hymenium warzig, weinrötlich bis braun. Frk. weich lederig bis filzig, oft effus-reflex

Thelephora II 103–106

14′ Sp. farblos, glatt 15

15 Hymenium mit dickwandigen Zystiden 16

15′ Hymenium ohne Zystiden oder mit dünnwandigen Zystiden 20

16 Zystiden stark inkrustiert, meist konisch oder spindelförmig. Vorwiegend an Laubholz 17

16′ Zystiden nicht oder schwach inkrustiert, sehr lang, zylindirsch-keulig. Meist an Nadelholz 18

17 Hymenium grau, graurosa, lachsrot, violett, bräunlich oder weißlich, z. T. mit Gloeozystiden und Dendrohyphidien. Zystiden farblos, Hyphensystem monomitisch

Peniophora

17′ Hymenium graubraun bis purpurbraun. Hyphensystem dimitisch, mit braunen Skeletthyphen und braunen Zystiden

Lopharia

18 Hymenium graubraun bis dunkel ockerbraun. Skeletthyphen und Zystiden braun

Columnocystis

18′ Hymenium weißlich bis hell ockerbraun. Zystiden farblos 19

19 Zystiden und Skeletthyphen in KOH stark quellend. Sp. allantoid, klein, ca. 5,5 × 1,4 µm

Dacryobolus karstenii

19′ Zystiden in KOH nicht quellend. Sp. sichelförmig, größer, ca. 14 × 5 µm

Chaetodermella luna

20 (15) Trama braun, in KOH schwärzend. Hymenium mit Hyphidien, ohne Zystiden. An Olivenbäumen (Olea), Südeuropa

Adustomyces lustitanicus

20′ Trama hell, in KOH nicht schwärzend 21

21 Generative Hyphen ohne Schnallen, mit brauner Inkrustierung, die in KOH grün verfärbt. Hymenium rostbraun

Boreostereum radiatum

21′ Generative Hyphen mit Schnallen. Hymenium von anderer Farbe 22
22 Mit ovalen oder kugelförmigen Gloeozystiden 23
22′ Ohne solche Gloeozystiden, z.T. mit anderen Zystiden 25
23 Hymenium frisch purpurn bis lila, später gelblichrot verblassend, glatt. Kugelförmige, dünnwandige Gloeozystiden im Subhymenium zahlreich. Frk. meist effus-reflex, knorpelig-lederig

Chondrostereum purpureum II 111

23′ Hymenium weißlich bis hellbraun 24
24 Hymenium meist konische Stacheln bedeckend, mit ovalen Gloeozystiden und stark verzweigten ± häufigen Dendrohyphidien

Crustomyces subabruptus

24′ Hymenium glatt bis warzig. Ovale, etwas dickwandige Gloeozystiden in Hymenium und Trama zahlreich. Frische Frk. mit aromatischem Geruch. An Nadelholz (meist Picea)

Cystostereum murraii VI Bild 12

25 (22) Basidien kreuzweis septiert, 4zellig (Tremella-Typ). Hymenium glatt, faltig bis zähnchenförmig, ohne Zystiden, z.T. mit Hyphidien. Sp. bilden Sekundärsporen

Eichleriella

25′ Basidien nicht septiert, einzellig. Hymenium glatt, Zystiden etwas dickwandig, mit harzartiger Masse bedeckt oder grob inkrustiert

Fibricium

26 (1) Sp. deutlich gefärbt; braun, gelb, violett, grünlich 27
26′ Sp. farblos bis blaß gelblich 41
27 Sp. glatt, meist dickwandig 28
27′ Sp. höckerig-warzig oder stachelig 33
28 Sp. violett (in KOH), amyloid 29
28′ Sp. anders gefärbt, nicht amyloid 30
29 Sp. frisch violett, trocken gelbbraun. Hyphen ohne Schnallen, Verzweigungen meist rechtwinklig. Frk. frisch kräftig lila, trocken bräunlich

Hypochnella violacea

29′ Sp. nur in KOH violett, in Wasser gelblich. Hyphen mit großen Schnallen. Frk. gelb bis oliv

Hypochnopsis mustialaensis

30 Sp. gelbgrün oder bläulich, subglobos, klein, ca. 3–5 µm ∅. Frk. häutig, dünn, gelblich, grünlich bis bläulich

Byssocorticium

30′ Sp. gelb bis rostbraun, meist dextrinoid und zyanophil, meist ellipsoid, größer. Frk. gelb, orange bis braun, oft wachsartig bis fleischig, z.T. mit Rhizomorphen 31
31 Hyphen ohne Schnallen oder mit vereinzelten einfachen oder multipelen Schnallen. Frk. glatt bis warzig-faltig

Coniophora

31′ Hyphen regelmäßig mit Schnallen 32
32 Sp. bis 8 µm lang, gelblich. Frk. glatt bis faltig oder warzig

Leucogyrophana

32′ Sp. 8–13 µm lang, gelb bis braun. Frk. meist faltig bis porig

Serpula I 173

33 (27) Frk. weich lederig bis filzig, oft effus-reflex. Hymenium warzig, weinrötlich bis braun

Thelephora II 103–106

33′ Frk. häutig, locker filzig oder spinnwebartig. Hymenium glatt, selten mit Warzen oder Stacheln 34
34 Hyphen mit Schnallen 35
34′ Hyphen ohne Schnallen, selten mit vereinzelten Schnallen an basalen Hyphen . . 36
35 Sp. in KOH wie in H_2O braun. Fast alle Septen mit Schnallen. Frk. gelbbraun bis schwarzbraun, auch mit oliv oder rosa Tönung

Tomentella

35′ Sp. in KOH blau, in H_2O gelblich. Schnallen vorwiegend im Subhymenium, selten im Subikulum. Frk. frisch dunkelblau, trocken gelblich

Pseudotomentella (atrocyanea)

36 Hymenium mit dickwandigen, braunen Septozystiden

Tomentellina fibrosa

36′ Hymenium ohne Zystiden 37
37 Sp. in KOH blau, in H_2O hell gelb. Frk. frisch dunkelviolett bis blaugrün, trocken graugelb

Lazulinospora cyanea

37′ Sp. in KOH und in H_2O gelblich bis braun 38
38 Sp. mit dichotom geteilten Warzen

Pseudotomentella

38′ Sp. mit einfachen Warzen oder Stacheln 39
39 Basale Hyphen breit, oft über 10 µm, meist rechtwinklig verzweigt. Sp. kugelig, mit 1–3 µm langen Stacheln

Botryohypochnus isabellinus

39′ Basale Hyphen schmaler. Sp. mit kürzeren Stacheln oder Warzen 40
40 Frk. weißlich bis gelbbraun. Sp. dünnwandig, hell bräunlich

Tomentellopsis

40′ Frk. braun. Sp. etwas dickwandig, braun

Tomentellastrum

41 (26) Sp. amyloid 42
41′ Sp. nicht amyloid 54
42 Hymenium mit Acanthohyphidien, Dendrohyphidien oder perlschnurartigen Hyphidien, z. T. mit Gloeozystiden. Sp. glatt oder warzig und dann oft groß , über 15×10 µm. Frk. ausgebreitet, schüsselförmig oder effus-reflex

Aleurodiscus II 107

42′ Hymenium ohne solche Hyphidien 43
43 Hymenium mit Gloeozystiden. Basidien schmal keulenförmig 44
43′ Hymenium ohne Gloeozystiden 47
44 Sp. warzig (in Melzers Reagens) 45
44′ Sp. glatt 46
45 Sp. kugelig oder nierenförmig. Hyphen stets mit Schnallen

Boidinia

45′ Sp. ellipsoid. Hyphen mit oder ohne Schnallen

Gloeocystidiellum (ohne Skeletthypen) und **Scytinostromella (nannfeldtii)** (mit Skeletthypen, mit Schnallen)

46 (44) Gloeozystiden sehr lang, schlauchförmig, mit gelblichem Inhalt. Sp. ellipsoid bis allantoid

Megalocystidium

46′ Gloeozystiden spindelförmig mit breiter Basis, farblos, im Subikulum bläschenförmig. Sp. subglobos

Vesiculomyces citrinus

47 (43) Basidien sackförmig, plump (Pleurobsidien). Frk. wachsartig, meist sehr dünn . . . 48
47′ Basidien ± keulenförmig 50
48 Basidien mit kurzen Stacheln an der verbreiterten Basis. Sp. stachelig, dünnwandig
Acanthobasidium delicatum

48′ Basidien im basalen Teil glatt, ohne Stacheln 49
49 Sp. warzig, dickwandig, breit ellipsoid, an ca. 10 μm langen Sterigmen. Zylindrische Zystidiolen apikal mit 1–2 (–4) kugeligen Auswüchsen
Pseudoxenasma verrucisporum

49′ Sp. glatt, dünnwandig, zylindrisch bis allantoid. Hymenium ohne Zystidiolen oder Zystiden
Aphanobasidium

49 (47) Sp. deutlich amyloid. Frk. dünn, häutchenförmig 51
50′ Sp. schwach amyloid (hellgrau in Melzers Reagens) 53
51 Sp. dickwandig
Amyloathelia

51′ Sp. dünnwandig 52
52 Sp. ellipsoid bis bohnenförmig. Subhymenium mit angeschwollenen Hyphen. Z. T. mit Pleurobasidien
Melzericium

52′ Sp. allantoid oder schmal zylindrisch. Hyphen im Subhymenium zylindrisch. Basidien stets terminal
Amylocorticium

53 (50) Sp. ellipsoid, kürzer als 8 μm, etwas dickwandig. Frk. häutchenförmig, vom Substrat leicht ablösbar
Hypochniciellum

53′ Sp. allantoid, länger als 15 μm, dünnwandig. Frk. wachsartig, trocken hornig, nicht vom Substrat ablösbar
Vuilleminia comedens

54 (41) Basidien septiert, meist 4zellig. Sporenkeimung oft repetitiv (mit Sekundärspore) . . 55
54′ Basidien einzellig (bei *Tulasnella* mit sporenartig abgegliederten Sterigmen, bei *Cerinomyces* gabelig geteilt) 68
55 Basidien quer septiert (Auricularia-Typ), meist zylindrisch 56
55′ Basidien längs septiert (Tremella-Typ), kugelig bis keulig 62
56 Basidien nahe der Basis mit seitlicher, sackartiger Ausstülpung (Probasidie) . . . 57
56′ Basidien ohne seitliche Probasidie 58
57 Frk. gallertig bis wachsartig. Basidien oft gekrümmt
Helicogloea

57′ Frk. trocken, flockig-häutig. Basidien meist gerade
Saccoblastia farinacea

58 (56) Basidien bogenförmig bis spiralig gekrümmt. Frk. flockig-filzig oder weichfleischig, z.T. rosa bis violett
Helicobasidium

58′ Basidien gerade, zylindrisch 59
59 An Wollgras (*Eriophorum*, evtl. auch an *Scirpus*). Basidien breit zylindrisch
Kriegeria eriophori

59′ An anderen Substraten. Basidien schmal zylindrisch 60
60 Frk. filzig-schwammig, trocken, mit Hohlräumen, in denen Schildläuse (*Coccidae*) leben. Sp. z.T. mehrzellig. Südeuropa
Septobasidium

60′ Frk. meist wachsartig bis gallertig, ohne Schildläuse. Sp. einzellig 61
61 Parasitisch auf Blättern von Farnen oder Blütenpflanzen (*Lonicera*). Frk. klein, fleckenförmig

Herpobasidium

61′ Saprophytisch auf Holz, Mist, oder (parasitisch ?) auf Pilzen. Frk. meist pustelförmig, gallertig bis schleimig

Achroomyces

62 (55) Hymenium mit dickwandigen, farblosen Zystiden, die ca. 100 µm aus dem Hymenium herausragen

Heterochaetella

62′ Hymenium mit dünnwandigen Zystiden, Gloeozystiden, oder ohne Zystiden . . . 63
63 Hymenium mit gelblichen bis bräunlichen Gloeozystiden 64
63′ Hymenium ohne gefärbte Zystiden 65
64 Basidien nach der Reife als leere Hüllen an den Trägerhyphen verbleibend. Gloeozystiden mit harzig-stückigem Inhalt

Basidiodendron

64′ Basidien nach der Reife vergänglich. Gloeozystiden mit homogenem Inhalt

Bourdotia galzinii

65 (63) Frk. frisch wachsartig, trocken lederig, effus-reflex oder schüsselförmig. Hymenium rosa bis hell graubraun, glatt, faltig oder warzig

Eichleriella

65′ Frk. wachsartig-gallertig, trocken meist krustig 66
66 Basidien lang gestielt, reif durch eine schnallenlose Querwand vom Stiel getrennt. Frk. pustelförmig bis ausgebreitet

Myxarium

66′ Basidien nicht oder nur kurz gestielt, ohne schnallenlose Querwand 67
67 Basidien und meist auch die Hyphen mit Schnallen. Frk. ausgebreitet, dünn, gallertig bis wachsartig

Exidiopsis

67′ Basidien und Hyphen ohne Schnallen. Frk. grob krustenförmig, wachsartig bis lederig, oder dünn, weich, gallertig

Sebacina

68 (54) Basidien gabelförmig tief geteilt, 2sporig (Dacryomyces-Typ). Frk. dünn, wachsartig. Hymenium glatt, ocker

Cerinomyces crustulinus

68′ Basidien nicht tief gabelig geteilt 69
69 Basidien mit eiförmig angeschwollenen, sporenartig abgegliederten Sterigmen (Tulasnella-Typ). Frk. weiß, grau, rosa bis violett oder schwärzlich; ausgebreitet, häutig, gallertig bis wachsartig

Tulasnella

69′ Basidien nicht mit sporenartig abgegliederten Sterigmen. Sterigmen schmal oder breit zahnförmig 70
70 Basidien überwiegend 6- oder 8sporig 71
70′ Basidien 2- oder 4sporig 77
71 Basidien urnenförmig, d.h. mit einer Einschnürung etwa in der Mitte 72
71′ Basidien keulenförmig, schlauchförmig oder kurz zylindrisch 73
72 Sp. dünnwandig. Hyphen meist mit ölartigen Einschlüssen, an den Septen z.T. ampullenartig angeschwollen

Sistotrema

72′ Sp. dickwandig, zyanophil. Hyphen ohne ölartige Einschlüsse

Sistotremella

73 (71) Parasitisch auf dem Hymenium von Phanerochaete-Arten. mit Zygokonidien an verzweigten Konidienträgern

Christiansenia pallida

73′ Saprophytisch, vorwiegend auf Holz wachsend 74

74 Frk. flockig bis locker filzig. Hyphen breit, z. T. über 10 µm, meist rechtwinklig verzweigt, mit oder ohne Schnallen. Hyphen und Sp. zyanophil. Frk. oft begleitet von der Anam. *Haplotrichum*: einfache bis schwach verzweigte Konidiophore mit ellipsoiden oder zitronenförmigen Konidien

Botryobasidium

74′ Frk. häutig oder wachsartig 75

75 Frk. häutig, weiß bis creme, trocken gut sichtbar, oft rissig. Basidien zylindrisch, nach der Reife mit eingebogegenen Sterigmen

Sistotremastrum

75′ Frk. wachsartig, trocken unauffällig 76

76 Basidien zylindrisch, sackförmig (Pleurobasidien). Hymenium mit Zystiden. Sp. mit feinen Warzen die sich in KOH lösen

Xenasma

76′ Basidien terminal, subglobos bis keulig. Ohne Zystiden. Sp. glatt

Paullicorticium

77 (70) Sp. warzig, stachelig oder eckig bis gelappt, d.h. von unregelmäßiger Form 78

77 Sp. glatt, von regelmäßiger Form 95

78 Sp. warzig bis stachelig (wenn Sp. bräunlich: s. 27) 79

78′ Sp. unregelmäßig geformt, eckig, gelappt (aber ohne Warzen oder Stacheln) . . . 89

79 Sp. warzig, unregelmäßig gelappt. Frk. filzig, weiß bis creme

Tylospora (fibrillosa)

79′ Sp. warzig oder stachelig, mit regelmäßigem Umriß 80

80 Zystiden basal mit mehreren wurzelartigen Hyphen, spitz, inkrustiert, dickwandig. Die Wand quillt stark in KOH (Lyozystiden). Sp. feinwarzig bis glatt

Litschauerella clematidis

80′ Nicht mit mehrwurzeligen Lyozystiden 81

81 Basidien mit stark zyanophilen Tropfen im Plasma. Sp. mit kräftigen Stacheln oder kurzen Rippen, zyanophil

Mycolindtneria

81′ Basidien ohne zyanophile Tropfen 82

82 Hyphen ohne Schnallen 83

82′ Hyphen mit Schnallen 84

83 Sp. kugelig, mit 1–3 µm langen, zylindrischen Stacheln, hell gelblich, zyanophil. Hyphen ± rechtwinklig verzweigt

Botryohypochnus isabellinus

83′ Sp. breit ellipsoid bis kugelig, Stacheln kürzer, nicht zyanophil. Basale Hyphen z. T. mit vereinzelten Schnallen

Tomentellopsis

84 (82) Hyphen an den Septen oft ampullenartig angeschwollen. Hymenium ohne Zystiden . 85

84′ Hyphen nicht ampullenartig angeschwollen. Z.T. mit Zystiden 86

85 Sp. feinwarzig, dünnwandig, nicht zyanophil. Basidien meist kurz zylindrisch

Trechispora

85′ Sp. mit gröberen Warzen, etwas dickwandig, zyanophil. Basidien gestielt keulenförmig

Ramaricium alboochraceum

86 (84) Basidien keulenförmig, terminal 87

86′ Basidien überwiegend sackförmig (Pleurobasidien) 88

87 Sp. kugelig, klein, bis 5,5 µm breit, nicht zyanophil. Hymenium mit Zystidiolen. Südeuropa

Rogersella asperula

87′ Sp. kugelig bis ellipsoid, größer, zyanophil. Hymenium meist mit Lepto- oder Gloeozystiden

Hypochnicium

88 (86) Hymenium mit Zystiden oder Zystidiolen. Pleurobasidien 4- oder 6sporig. Sp. mit Warzen, die sich in KOH lösen

Xenasma

88′ Hymenium ohne Zystiden. Pleurobasidien stets mit 4 Sporen, deren Warzen sich in KOH nicht lösen

Xenasmatella

89 (78) Marin. Frk. flach kissenförmig an untergetauchtem Holz im Meerwasser. Sp. vierstrahlig, mit 30–40 µm langen Fortsätzen

Digitatispora marina

89′ Frk. terrestrisch, an Holz und Pflanzenresten 90

90 Basidien urnenförmig, mit 6–8 Sterigmen. Sp. eckig, etwa tetraedrisch

Sistotrema (subtrigonospermum)

90′ Basidien nicht urnenförmig, mit 2 oder 4 Sp. 91

91 Pleurobasidien mit 2 tetraedrischen Sp.

Xenosperma ludibundum

91′ Basidien terminal, mit 4 Sp. 92

92 Sp. kreiselförmig bis ± dreieckig. Hyphen an den Septen oft angeschwollen

Trechispora (subsphaerospora)

92′ Sp. mehrlappig 93

93 Sp. regelmäßig dreilappig. Frk. häutig, auf Holz und anderen Substraten

Tylospora (asterophora)

93′ Sp. 2- oder 7lappig 94

94 Sp. in 2 gleiche ellipsoide Lappen gespalten. Frk. wachsartig, dünn, auf Laubholz

Galzinia (geminispora)

94′ Sp. tief in 7 Lappen geteilt, fast sternförmig. Frk. als dünne Flecken in Spalten von stark zersetztem Nadelholz

Lobulicium occultum

95 (77) Hymenium mit septierten Zystiden (Septozystiden) oder mit einzelligen, dickwandigen Zystiden (meist stark inkrustierte Lamprozystiden) 96

95′ Hymenium ohne Zystiden oder mit dünnwandigen Zystiden (Leptozystiden, Gloeozystiden) 118

96 Hymenium mit Septozystiden 97

96′ Hymenium mit Lamprozystiden oder anderen dickwandigen Zystiden 103

97 Septozystiden und Hyphen ohne Schnallen 98

97′ Septozystiden und Hyphen mit Schnallen 99

98 Zystiden an den Septen leicht eingeschnürt, nicht inkrustiert. Hyphen ± rechtwinklig verzweigt

Candelabrochaete (africana)

98′ Septozystiden nicht eingeschnürt, zylindrisch bis konisch, inkrustiert. Z. T. mit spitzen, stark inkrustierten Lamprozystiden. Hyphen im Subikulum sehr dicht gelagert

Scopuloides

99 (97) Septozystiden und Hyphen gelblich, gleichmäßig mit feinen Kristallen besetzt. Sp. dickwandig, zyanophil. Frk. gelblich bis hell ocker, locker häutchenartig, oft mit gleichfarbigen Rhizomorphen

Amphinema byssoides

99′ Septozystiden und Hyphen farblos, glatt, oder gröber inkrustiert 100

100 Septozystiden dünnwandig, kurzzellig, mit sehr kleinen Schnallen, z. T. mit plättchenförmigen Kristallen besetzt. Sp. spindelförmig

Suillosporium cystidiatum

100′ Septozystiden etwas dickwandig. Sporenform anders 101

101 Sp. breit ellipsoid, bis 5 µm lang. Septozystiden mehrfach eingeschnürt, 80–100 × 4–6 µm

Grandinia (pallidula)

101′ Sp. ellipsoid bis zylindrisch, über 7 µm lang. Septozystiden größer 102

102 Sp. ellipsoid bis zylindrisch, dickwandig, zyanophil

Hyphodermopsis polonensis

102′ Sp. zylindrisch, dünnwandig, nicht zyanophil

Hyphoderma (setigerum)

103 (96) Zystiden basal mit mehreren (2–6) wurzelartigen Hyphen (Lyozystiden) 104

103′ Hymenium mit anderen dickwandigen Zystiden 106

104 Lyozystiden in KOH rasch löslich, z. T. amyloid, pfriemenförmig bis zylindrisch, z. T. kopfig, dickwandig mit sehr engem Lumen, nur apikal mit dünner Wand und erweitertem Lumen

Tubulicrinis

104′ Lyozystiden in KOH stark quellend, konisch 105

105 Sp. kugelig, glatt oder feinwarzig. Lyozystiden mit Kristallen bedeckt. Meist mit Pleurobasidien

Litschauerella clematitis

105′ Sp. spindelig, S-förmig gebogen. Lyozystiden meist von dünnen, stark verzweigten Hyphen bedeckt. Basidien terminal

Tubulicium vermiferum

106 (103) Mit konischen, meist spitzen, stark inkrustierten Lamprozystiden 107

106′ Mit anderen dickwandigen Zystiden 113

107 Frk. gelatinös bis wachsartig 108

107′ Frk. häutig bis krustig 109

108 Hyphen ohne Schnallen oder mit sehr wenigen Schnallen im Subikulum. Frk. glatt bis warzig

Phlebiopsis

108′ Hyphen mit Schnallen. Frk. glatt, warzig bis faltig-porig

Phlebia

109 (107) Hyphen ohne Schnallen oder nur im Subikulum mit vereinzelten einfachen oder multiplen Schnallen. Basale Hyphen oft breit und etwas dickwandig, meist nahe den Septen verzweigt. Frk. oft mit Rhizomorphen

Phanerochaete

109′ Hyphen fast stets mit Schnallen 110

110 Sp. breit ellipsoid, kürzer als 6 µm. Hymenium mit schmalen, spitzen Gloeozystiden und Lamprozystiden. Frk. oft mit Rhizomorphen

Metulodontia nivea

110′ Sp. länger als 7 µm 111

111 Sp. etwas dickwandig, zyanophil, ellipsoid. Frk. oft zusammen mit der Anam. *Aegerita candida*: weiße bis gelbliche Bulbillen, ca. 0,3 mm breit, mit dextrinoider Oberfläche.

Hyphen der Bulbillen und des Subhymenium sehr kurzzellig und stark verzweigt. An Holz in feuchten Biotopen

Bulbillomyces farinosus

111′ Sp. dünnwandig, nicht zyanophil. Frk. ohne Anam. 112

112 Hymenium grau, graurosa, lachsrot, violett, braun oder weißlich, z.T. mit Gloeozystiden und Dendrohyphidien. Frk. oft etwas lederartig, z.T. mit ablösendem Rand und dunkelbrauner Unterseite (*P. erikssonii* und *P. laurentii* ohne Schnallen)

Peniophora

112′ Hymenium weißlich, gelb bis ocker, z.T. mit Leptozystiden. Frk. meist weich häutig, mit anliegendem Rand

Hyphoderma

113 (106) Hyphensystem dimitisch mit Skeletthyphen im Subikulum. Zystiden zylindrisch bis konisch mit abgerundetem Ende, inkrustiert oder mit harzartiger Masse bedeckt

Fibricium

113′ Hyphensystem monomitisch 114

114 Zystiden zylindrisch mit abgerundetem Ende. Im oberen Drittel z.T. dünnwandig . 115

114′ Zystiden schmal konisch, mit scharfer Spitze 117

115 Sp. schmal ellipsoid, ca. 8 µm lang, zyanophil. Zystiden das Hymenium überragend, z.T. mit sekundären Septen

Crustoderma dryinum

115′ Sp. spindel- oder sichelförmig, über 12 µm lang 116

116 Sp. spindelförmig, dickwandig, zyanophil. Zystiden zum Ende hin verschmälert, weit aus dem Hymenium herausragend. Basidien keulenförmig

Jaapia

116′ Sp. sichelförmig, dünnwandig, nicht zyanophil. Zystiden fein inkrustiert, entstehen tief im Subikulum und überragen das Hymenium nur wenig. Basidien lang schlauchförmig

Chaetodermella luna

117 (114) Sp. spindelförmig, gebogen, ca. 14 µm lang. Zystiden mit Längsreihen paarig angeordneter Strukturen. Frk. oft zusammen mit der Anam. *Aegeritina tortuosa*: kleine weiße Bulbillen, ca. 0,2 mm breit, mit gleichen Zystiden

Subulicystidium longisporum

117′ Sp. subglobos bis ellipsoid, bis 8 µm lang. Zystiden nicht oder unregelmäßig inkrustiert

Subulicium

118 (95) Sp. dickwandig, meist deutlich zyanophil 119

118′ Sp. dünnwandig 131

119 Hymenium mit sterilen Hyphenbündeln. Sp. spindelförmig, länger als 20 µm. An Riedgräsern, Rohrkolben

Epithele typhae

119′ Hymenium ohne sterile Hyphenbündel 120

120 Hymenium mit verzweigten, meist stark inkrustierten und daher brüchigen Dendrohyphidien, kalkweiß bis gelblich

Dendrothele

120′ Hymenium ohne Dendrohyphidien 121

121 Basidien mit zyanophilen Tropfen im Plasma. Sp. kugelig bis subglobos 122

121′ Basidien ohne zyanophile Tropfen 123

122 Nur basale Hyphen z.T. mit Schnallen. Hymenium glatt, häutchenförmig, weiß bis creme. Frk. oft mit Rhizomorphen

Dacryobasidium

122′ Alle Hyphen mit Schnallen. Hymenium glattt, warzig bis stachelig, creme bis ocker. Frk. oft mit Rhizomorphen

Cristinia

123 (121) Hyphen ohne Schnallen 124
123' Hyphen mit Schnallen 125
124 Sp. meist kürzer als 6 μm, hellgelblich. Frk. weiß bis gelborange, oft mit gelben Rhizomorphen. Hyphen z.T. fein inkrustiert

Piloderma

124' Sp. länger als 9 μm, farblos. Hyphen im Subhymenium kurzzellig, tonnenförmig. Frk. frisch rosa, ohne Rhizomorphen

Erythricium

125 (123) Basidien mit langem Stielteil das dichte Subhymenium durchwachsend, ein lockeres Hymenium bildend. Frk. hellgrau, rosa getönt, glatt bis warzig

Intextomyces contiguus

125' Basidien nicht auffällig gestielt 126
126 Hymenium mit dünnwandigen Zystiden 127
126' Hymenium ohne Zystiden 129
127 Basidien länger als 25 μm

Hypochnicium

127' Basidien kürzer als 25 μm 128
128 Sp. breit ellipsoid, ca. 4–6 × 4–5 μm. Zystiden zylindrisch-keulig oder zugespitzt

Lagarobasidium

128' Sp. schmal ellipsoid, ca. 6–7 × 3 μm. Zystiden zylindrisch

Hypochniciellum (molle)

129 (126) Frk. ausgebreitet bis krustig, creme bis hellocker, das Hymenium nicht ablösbar. Sp. breit ellipsoid bis kugelig, farblos, länger als 6 μm

Hypochnicium

129' Frk. häutig bis etwas fleischig. Hymenium trocken leicht ablösbar, spröde, brüchig, Sp. hellgelblich, ellipsoid 130
130 Frk. häutig bis wachsartig. Hymenium meist faltig oder warzig, gelb, orange bis ockerbraun. Sp. z.T. dextrinoid. Oft mit Rhizomorphen und/oder Sklerotien

Leucogyrophana

130' Frk. häutchenförmig, dünn. Hymenium glatt, weißlich bis hell ocker

Hypochniciellum

131 (118) Basidien urnenförmig, d.h. mit einer Einschnürung etwa in der Mitte 132
131' Basidien von anderer Form 135
132 Frk. häutchenförmig oder spinnwebartig, glatt, leicht vom Substrat ablösbar. Hyphen oft mit öligen Einschlüssen

Sistotrema (einschl. **Galziniella)**

132' Frk. wachsartig oder filzig-flockig 133
133 Frkl. filzig-flockig, Hymenium nicht ablösbar, glatt bis warzig oder stachelig. Mit Zystiden und/oder Zystidiolen. Basidien kandelaberartig angeordnet. Hyphen etwas dickwandig, zyanophil, mit kleinen, deutlichen Schnallen

Grandinia und (Frk. kalkweiß, häutig) **Rogersella sambuci**

133' Frk. wachsartig, glatt, dünn. Hymenium ohne Zystiden, Basidien in dichter Palisade . 134
134 Frk. rosa bis orange. Basidien über 40 μm, z.T. bis 200 μm lang, mit ellipsoiden Probasidien. Sp. ellipsoid. Parasitisch auf Gräsern

Limonomyces

134' Frk. farblos oder mit rosa bis blauen Schimmer. Basidien kürzer, z.T. als Pleurobasidien oder Repetobasidien entwickelt. Sp. allantoid. Saprophytisch auf Holz

Galzinia

135 (131) Hymenium mit Repetobasidien (ältere Basidien werden nach der Reife von den jüngeren durchwachsen) 136
135′ Hymenium nicht mit repetierenden Basidien 137
136 Repetobasidien kugelig bis birnenförmig. Hymenium mit zylindrischen, zugespitzten oder kopfigen Zystiden. Auf Holz

Repetobasidium

136′ Repetobasidien konisch bis fast urnenförmig. Hymenium ohne Zystiden. Auf Blattrippen von Farnen

Repetobasidiellum fusisporum

137 (135) Sterigmen länger als 10 µm, kräftig, und/oder Sporenkeimung repetitiv (mit Sekundärspore) 138
137′ Sterigmen meist kürzer als 10 µm, Sporenkeimung mit Hyphe 143
138 Hyphen mit Schnallen. Basidien 4sporig 139
138′ Hyphen ohne Schnallen. Basidien 2–4 (-6) sporig 140
139 Frk. frisch oliv bis violett-schwärzlich, trocken heller. Hyphen, Basidien und Sp. hell bräunlich. Basidien gestielt konisch, im Plasma mit vielen Öltropfen

Scotomyces subviolaceus

139′ Frk. grau. Hyphen und Sp. farblos. Basidien ellipsoid bis keulenförmig

Sebacinella

140 (138) Hymenium mit flaschenförmigen Leptozystiden. Basidien zylindrisch bis keulenförmig

Oliveonia pauxilla

140′ Hymenium ohne Zystiden. Basidien kurz konisch bis tonnenförmig 141
141 Basidien etwa doppelt so breit wie ihre Trägerhyphen, ein lockeres Hymenium bildend. Hyphen oft rechtwinklig verzweigt

Ceratobasidium

141′ Basidien von etwa gleicher Breite wie ihre Trägerhyphen, palisadenartig angeordnet . 142
142 Sporenkeimung mit Sekundärspore (repetitiv)

Thanatephorus (einschl. **Uthatobasidium**)

142′ Sporenkeimung mit Hyphe (nicht repetitiv). Sp. zyanophil

Cejpomyces terrigenus

143 (137) Hymenium mit Dendrohypidien (diese z.T. brüchig und leicht zu übersehen) . . . 144
143′ Hymenium ohne Dendrohyphidien 148
144 Frk. dunkelblau, häutig-krustig, z.T. warzig. Hyphen und Sp. hell bläulich. Dendrohyphidien z.T. selten

Terana coerulea

144′ Frk. von anderer Farbe 145
145 Frk. kalkweiß, creme bis gelblich. Sp. dickwandig, zyanophil. Oft an der Rinde lebender Bäume

Dendrothele

145′ Frk. andersfarbig. Sp. dünnwandig 146
146 Frk. dunkelbraun, wachsartig, glatt bis warzig, ausgebreitet bis effus-reflex. Hymenium mit Gloeozystiden. Hyphen und Dendrohyphidien gelb bis braun. Sp. farblos bis hellgelblich

Punctularia strigosozonata

146′ Frk. heller: creme, rosa, orange, ocker 147
147 Hymenium mit ellipsoiden bis spindelförmigen Gloeozystiden. Basidien schlank keulenförmig, meist kürzer als 50 µm. Frk. ausgebreitet, derb häutig

Peniophora

147′ Hymenium ohne Gloeozystiden, z.T. mit Leptozystiden. Basidien am Grunde oft angeschwollen (Probasidien), oft länger als 50 µm. Frk. weich häutig bis wachsartig

Corticium

148 (143)	Hymenium mit sterilen Hyphenbündeln	149
148′	Hymenium ohne sterile Hyphenbündel	150
149	Parasitisch auf Gräsern. Frk. rosa bis orange, wattig bis wachsartig, mit rosa Rhizomorphen. Hyphen ohne Schnallen **Laetisaria fuciformis**	
149′	Saprophytisch an Farnen. Frk. weißlich, häutig. Hyphen mit Schnallen **Pteridomyces galzinii**	
150 (148)	Frk. aus winzigen Kügelchen bestehend, einzeln oder in Gruppen, weiß, bis 0,1 mm breit. Ohne Zystiden. Sp. fast kugelig, ca 4 µm breit, mit kräftigem Apikulus **Mycostigma aegeritoides**	
150′	Frk. ausgebreitet, flächig aufgewachsen	151
151	Hymenium mit dünnwandigen Leptozystiden oder Gloeozystiden	152
151′	Hymenium ohne Zystiden, z. T. mit einfachen Hyphidien	171
152	Parasitisch auf Graminiden (*Cyperaceae, Poaceae*). Frk. gelatinös, kissenförimg, farblos. Basidien 2sporig mit breit keulenförmig Probasidien. Hymenium mit Gloeozystiden und mit blasenförmigen Zellen **Dicellomyces**	
152′	Saprophytisch, auf anderen Substraten, meist auf Holz	153
153	Hyphen ohne Schnallen	154
153′	Hyphen mit Schnallen	159
154	Basidien 2sporig. Zystiden lang zylindrisch. Hymenium glatt bis warzig-stachelig **Grandinia efibulata**	
154′	Basidien 4sporig	155
155	Frk. dünn, häutchenförmig, leicht vom Substrat abzuheben. Basidien locker doldenartig angeordnet. Zystiden zylindrisch **Athelia cystidiolophora**	
155′	Frk. häutig bis krustig, nicht leicht ablösbar. Basidien in dichter Palisade	156
156	Zystiden kopfig. Sp. breit ellipsoid, ca. 10×8 µm **Hyphoderma capitatum**	
156′	Zystiden zylindrisch bis pfriemenförmig. Sp. meist unter 10 µm lang	157
157	Zystiden meist pfriemenförmig. Basale Hyphen oft breit, etwas dickwandig, meist nahe den Septen verzweigt, z. T. mit vereinzelten einfachen oder multipelen Schnallen. Frk. z. T. mit Rhizomorphen **Phanerochaete**	
157′	Zystiden zylindrisch bis keulenförmig	158
158	Frk. wachsartig, glatt bis warzig, trocken rissig, ocker bis braun **Phlebia (deflectens)**	
158′	Frk. häutig, glatt bis faltig, orangerot bis purpurschwarz **Gloeoporus taxicola**	
159 (153)	Hyphensystem dimitisch, mit dickwandigen, dextrinoiden Skeletthyphen. Hymenium häutchenförmig, dünn, frisch faltig, trocken glatt, creme bis ocker, mit flaschenförmigen Zystiden. Sp. spindelförmig **Merulicium fusisporum**	
159′	Hyphensystem monomitisch	160
160	Hymenium mit Halozystiden, die apikal eine ± große ölhaltige, blasenartige Zelle tragen. Eine Art (*R. bicolor*) zusätzlich mit Zystidiolen, die einen sternförmigen Kristallschopf besitzen **Resinicium**	

160′ Hymenium mit anderen Zystiden 161
161 Hymenium nur mit Gloeozystiden 162
161′ Hymenium nur mit Leptozystiden 163
162 Gloeozystiden keulig bis flaschenförmig, ohne Öltropfen. Basidien 4sporig. Sp. ca. 4 × 2 µm, ellipsoid

Parvobasidium cretatum

162′ Gloeozystiden ± zylindrisch, mit Öltropfen. Basidien 2sporig. Sp. ca. 11 × 7 µm, breit ellipsoid

Clavulicium macounii

163 (161) Basidien kugelig bis kurz konisch, klein, ca. 8 µm lang. Zystiden kopfig. Frk. wachsartig, sehr dünn, kaum sichtbar

Sphaerobasidium minutum

163′ Basidien keulenförmig bis zylindrisch, z. T. schwach urnenförmig, meist länger als 8 µm. Frk. meist deutlich erkennbar 164
164 Basidien in kandelaberartigen Büscheln, schwach urnenförmig. Sp. meist unter 8 µm lang. Zystiden zylindrisch, flaschenförmig, eingeschnürt oder kopfig. Hyphen mit etwas verdickten, zyanophilen Wänden und kleinen, deutlichen Schnallen. Frk. glatt bis warzig oder stachelig

Grandinia und **Rogersella sambuci**

164′ Basidien in dichter Palisade, zylindrisch bis keulenförmig, kaum urniform 165
165 Frk. wachsartig, trocken hornig-krustig 166
165′ Frk. häutig, trocken weich bis spröde 167
166 Basidien sackförmig, plump (z. T. Pleurobasidien). Zystiden zylindrisch bis konisch, basal deutlich inkrustiert

Lepidomyces subcalceus

166′ Basidien schmal keulenförmig. Zystiden basal nicht inkrustiert, Lamprozystiden z. T. vorhanden

Phlebia

167 (165) Zystiden spindelförmig bis zylindrisch, z. T. mit blasenförmiger Abschnürung an der Spitze. Sp. spindelförmig bis ellipsoid. Sp., Hyphen und Zystiden stark zyanophil

Coronicium

167′ Zystiden ohne blasenförmige Abschnürungen. Frk. ohne zyanophile Elemente . . . 168
168 Hymenium häutchenförmig ablösbar, brüchig-spröde. Zystiden zylindrisch (schwach inkrustiert und in KOH violett bei *C. cystidiatus*)

Ceraceomyces

168′ Hymenium am Subikulum ± fest haftend, nicht leicht ablösbar 169
169 Sp. tropfenförmig, oft zu 2–4 verklebt, ca. 10 × 5 µm. Zystiden spindelförmig, die Basidien kaum überragend. Hyphen mit deutlichen Schnallen, etwas dickwandig, oft mit vielen Öltropfen. Frk. creme bis bräunlich, ausgebreitet bis effus-reflex

Cylindrobasidium laeve VI Bild 15

169′ Sp. nicht tropfenförmig, nicht zu mehreren verklebt 170
170 Sp. subglobos bis breit ellipsoid. Hymenium mit zylindrischen Zystiden und schmalen, meist verzweigten Hyphidien. Basidien gestielt-keulenförmig

Cerocorticium (sulfureoisabellinum)

170′ Sp. ellipsoid, zylindrisch oder allantoid. Zystiden von unterschiedlicher Form: zylindrisch, keulen-, flaschen-, spindelförmig oder kopfig. Basidien keulenförmig bis zylindrisch, z. T. suburniform

Hyphoderma

171 (151) Zellen im Subhymenium sehr kurz, tonnenförmig oder konisch 172
171′ Zellen im Subhymenium ± zylindrisch 173

172 Zellen im Subhymenium konisch-kreiselförmig. Basidien 20–30 µm lang. Frk. glatt, dünnhäutig, vom Substrat leicht lösbar

Conohypha albocremea

172′ Zellen im Subhymenium tonnenförmig. Basidien 10–20 µm lang. Frk. glatt bis warzig, nicht leicht ablösbar

Brevicellicium

173 (171) Hyphensystem dimitisch mit stark zyanophilen Skeletthyphen. Frk. creme bis braun mit orange Ton, glatt, mit Rhizomorphen

Fibriciellum silvae-ryae

173′ Hyphensystem monomitisch 174

174 Parasitisch auf Äpfeln, Gräsern oder Pilzen 175

174′ Saprophytisch, meist auf anderen Substraten 177

175 Auf lagernden Äpfeln Flecke bildend („Fischaugenfäule"). Frk. flockig bis häutchenförmig, creme bis ocker. Hyphen und Sp. zyanophil

Butlerelfia eustacei

175′ Nicht auf Lageräpfeln 176

176 Parasitisch auf Gräsern (*Poaceae*), ein dünnhäutiges Hymenium bildend. Basidien schmal keulenförmig, mit 2 kurzen, breiten Sterigmen. Sp. allantoid, reif mit Querwänden, Keimung mit Hyphe oder mit Konidien

Exobasidiellum graminicola

176′ Parasitisch auf Pilzen (*Collybia-*, *Hypochniciellum*-Arten). Frk. gallertig, flach, feinwarzig oder hirnförmige Gallen überziehend. Basidien 4- oder 2sporig. Sporenkeimung z.T. mit Konidien

Christiansenia

177 (174) Frk. dünn, häutchenartig, leicht vom Substrat ablösbar 178

177′ Frk. häutig, wachsartig bis hornig-krustig, nicht leicht ablösbar, selten effus-reflex . 186

178 Hyphen an den Septen oft ampullenartig angeschwollen, mit Schnallen

Trechispora

178′ Hyphen ohne ampullenartige Anschwellungen, mit oder ohne Schnallen 179

179 Sp. breit spindelförmig. Frk. hell bräunlich bis ocker. Basidien 4sporig und Hyphen mit Schnallen oder Basidien 2sporig und Hyphen ohne Schnallen (*L. furcata*)

Luellia

179′ Sp. von anderer Form 180

180 Hyphen ohne Schnallen. Basidien keulenförmig, in doldenartigen Büscheln angeordnet. Hymenium weiß bis creme

Athelia

180′ Hyphen zumindest teilweise mit Schnallen 181

181 Subikulum zimtfarben, Hymenium weiß bis creme. Basale Hyphen dickwandig, braun, meist fein inkrustiert. Oft mit Rhizomorphen

Confertobasidium olivaceoalbum

181′ Subikulum ± farblos 182

182 Basidien bis 13 µm lang, zylindrisch bis keulenförmig. Hymenium weiß bis creme oder rosa

Leptosporomyces

182′ Basidien länger als 13 µm 183

183 Subikulum locker spinnwebartig. Hymenium sehr dünn, zerbrechlich. Basidien keulenförmig. Ohne Rhizomorphen 184

183′ Subikulum fädig-flockig, z.T. Rhizomorphen bildend. Hymenium etwas wachsartig, in Schollen zerbrechend. Basidien schmal keulenförmig oder zylindrisch 185

184 Frk. weiß bis creme. Basidien keulenförmig, in doldenartigen, lockeren Büscheln, 4- oder 2sporig. Alle Hyphen mit Schnallen oder Schnallen nur an den Basidien oder nur im Subikulum

Athelia

184′ Frk. creme, gelblich bis ocker, z. T. mit grünlichem Ton. Basidien gestielt-keulenförmig, dichter angeordnet. Alle Hyphen mit Schnallen

Athelopsis

185 (183) Basidien meist länger als 20 µm. Hymenium glatt bis etwas faltig, creme, gelb bis ocker (bei *C. violascens* schwach lila, in KOH violett)

Ceraceomyces

185′ Basidien meist kürzer als 20 µm. Hymenium meist glatt, weiß bis creme, z. T. bis ocker

Fibulomyces

186 (177) Hyphen mit Schnallen 187

186′ Hyphen ohne Schnallen (vereinzelte Schnallen können z. T. im Subikulum auftreten) 194

187 Basidien sackförmig (Pleurobasidien), meist kürzer als 20 µm. Frk. grau, wachsartig, sehr dünn

Aphanobasidium

187′ Basidien terminal, keulenförmig, zylindrisch bis schwach urnenförmig, meist länger als 20 µm 188

188 Frk. wachsartig, trocken krustig bis hornartig 189

188′ Frk. häutig, trocken weichfilzig bis weich lederig 191

189 Basidien sehr lang, 60–100 µm, daneben zylindrische, ± gewundene Hyphidien. Sp. allantoid oder ellipsoid, länger als 15 µm. Frk. unter der Rinde angelegt, nach deren Aufreißen frei liegend. Hymenium glatt, creme bis grauocker

Vuilleminia

189′ Basidien und Sp. kürzer. Frk. dem Substrat aufgewachsen 190

190 Basidien meist gestielt-keulenförmig, oft mit vielen Öltropfen, 6–14 µm breit, daneben oft zylindrische Hyphidien. Sp. breit ellipsoid bis kugelig, breiter als 6 µm, mit meist seitlich liegendem, deutlichem Apikulus

Cerocorticium

190′ Basidien schmal keulenförmig, unter 7 µm breit. Ohne Hyphidien. Sp. schmal ellipsoid, zylindrisch bis allantoid, bis 4 µm breit

Phlebia

191 (188) Alle Septen mit Schnallen 192

191′ Nur vereinzelte Septen mit Schnallen 193

192 Sp. ellipsoid, z. T. zylindrisch bis allantoid. Basidien keulenförmig bis leicht eingeschnürt (suburniform)

Hyphoderma

192′ Sp. tropfenförmig, oft zu 2–4 verklebt. Hymenium mit wenig auffälligen spindelförmigen Leptozystiden. Frk. creme bis bräunlich, ausgebreitet bis effus-reflex

Cylindrobasidium laeve VI Bild 15

193 (191) Nur basale Hyphen z. T. mit vereinzelten einfachen oder multipelen Schnallen. Sp. ellipsoid bis zylindrisch

Phanerochaete

193′ Schnallen in Subikulum und Subhymenium ± gleichmäßig verteilt, daneben viele Sekundärsepten ohne Schnallen. Sp. etwa birnenförmig

Hyphodontiella multiseptata

194 (186) Frk. häutig, mit körnig-krümeliger Struktur, hellorange bis ocker. Sp. spindelförmig, 7–11 µm lang

Athelidium aurantiacum

194′ Frk. häutig bis wachsartig, nicht körnig-krümelig. Sp. meist kürzer als 7 µm, nicht spindelförmig 195

195 Frk. wachsartig, glatt, creme oder weißlich-grünlich bis ocker. Basidien schmal keulenförmig, 20–30 µm lang

Phlebia cremeoochracea

195′ Frk. häutig, ausgebreitet bis effus-reflex 196

196 Schnallen fehlen völlig 197

196′ Einige Hyphen mit vereinzelten einfachen oder multipelen Schnallen 198

197 Hymenium erst glatt, später bzw. trocken faltig bis fast porig, creme, orangebräunlich. Hyphen ± horizontal oder unregelmäßig orientiert

Byssomerulius corium VI Bild 17

197′ Hymenium warzig-stachelig, creme, in den Stacheln mit inkrustierten Hyphenbüscheln. Hyphen im Subikulum vorwiegend vertikal orientiert

Hyphodermella corrugata

198 (196) Nur an basalen Hyphen einzelne einfache oder multipele Schnallen. Hyphen meist nahe den Septen verzweigt

Phanerochaete

198′ Schnallen selten, aber gleichmäßig im Frk. verteilt. Zahlreiche Sekundärsepten ohne Schnallen. Sp. etwa birnenförmig

Hyphodontiella multiseptata

Orientierungsschlüssel zu Schlüssel 6

A Frk. lederig oder korkig, zäh, z.T. effus-reflex. Hyphensystem meist dimitisch . . . 2

B Sp. deutlich gefärbt, braun, gelb, violett, grünlich 27

C Sp. amyloid 42

D Basidien septiert, meist 4zellig. Sporenkeimung oft repetitiv (mit Sekundärspore) . . 55

E Basidien gabelförmig geteilt, 2sporig, oder Basidien mit eiförmig angeschwollenen Sterigmen 68

F Basidien überwiegend 6- oder 8sporig 71

G Sp. warzig, stachelig, oder von unregelmäßiger Form 78

H Hymenium mit septierten Zystiden, oder mit einzelligen, dickwandigen, oft inkrustierten Zystiden 96

I Sp. dickwandig, meist deutlich zyanophil 119

K Basidien urnenförmig, d.h. mit einer Einschnürung etwa in der Mitte 132

L Hymenium mit repetierenden Basidien 136

M Sterigmen länger als 10 µm und/oder Sporenkeimung repetitiv 138

N Hymenium mit Dendrohyphidien 144

O Hymenium mit sterilen Hyphenbündeln, oder Frk. aus winzigen weißen Kügelchen bestehend 148

P Hymenium mit dünnwandigen Zystiden (Leptozystiden, Gloeozystiden) 152

Q Hymenium ohne Zystiden 171

Schlüssel 7: Hutförmige Pilze ohne Hymenophor (stereoide Pilze)

1 Frk. kurz gestielt, spatelförmig, bis 15 mm breit, weißlich. An lebenden Moosen (*Polytrichum* u.a.)

Cyphellostereum laeve

1′ Frk. ± deutlich gestielt, auf dem Erdboden oder auf im Boden verborgenen Wurzeln wachsend 2

1″ Frk. undeutlich gestielt (in einem Punkt aufgewachsen); an Holz wachsend

Stereum (insignitum, subtomentosum)

1‴ Frk. ungestielt (effus-reflex), an Holz wachsend 7

2 Frk. trichter- oder fächerförmige, oft zusammenfließende Hüte mit zerschlitzten Rändern bildend, lederig-zäh oder schwammig. Oberseite filzig-schuppig 3

2′ Frk. ganzrandige Hüte oder blattartige Zweigenden bildend 5

3 Hymenium rotbraun oder dunkelgrau. Oberseits ± gezont. Sp. braun, höckerig-grobwarzig

Thelephora II 103, 104, 106

3′ Hymenium blaß (cremefarben, hellgrau). Sp. farblos, glatt 4

4 Hüte gelblich, kaum gezont, bis 5 cm hoch

Cotylidia (pannosa II 105**)**

4′ Hüte rotbraun, deutlich gezont, bis 8 cm breite Rosetten bildend

Podoscypha multizonata

5 (2) Frk. blumenkohlartige Rasen mit blattartigen Zweigenden bildend (keine eigentlichen Hüte), cremeweiß, gelbich, kahl

Sparassis I 182

5′ Frk. hut- oder trichterförmig 6

6 Hut rußbraun, filzig-schuppig, ungezont. Hymenium dunkelgrau

Craterellus cornucopioides I 181

6′ Hut weißlich, gelblich, rötlich, undeutlich gezont

Cotylidia II 105

6″ Hut gelb, filzig, ungezont, filzig. Hymenium weißlich, ± gelb werdend, mit schwach ausgebildeten Leisten. Frk. bis 30 mm hoch

Stereopsis vitellina

7 (1) Hymenium mit dickwandigen Elementen (Zystiden, Tramalzystiden, Akanthophysen, Pseudoakanthophysen) 8

7′ Hymenium mit dünnwandigen Elementen (Zystiden, Gloeozystiden, Dendrozystiden) 16

8 Hymenium mit dunkelbraunen, pfriemenförmigen, weit herausragenden Seten (Spinulae)

Hymenochaete II 109 a, b

8′ Hymenium mit farblosen Elementen 9

9 Zystiden oder Tramalzystiden spindelförmig, von Kristallen inkrustiert 10

9′ Zystiden zylindrisch, nicht (oder unwesentlich) inkrustiert 13

10 Sp. rosa. Frk. mit ringsum vom Substrat ablösenden Rändern, nicht hutförmig. Trama monomitisch

Peniophora

10′ Sp. farblos. Frk. effus-reflex mit hutförmig abgebogenen Kanten. Trama (Hyphensystem) dimitisch 11

11 Zystiden in verschiedener Höhe vom Hymenium eingeschlossen, von generativen Hyphen ausgehend. Hymenium ocker oder rötlich. Hutkanten schwärzlich. An Nadelholz, Nordeuropa und höhere Gebirge

Laurilia sulcata

11′ Zystiden einheitlich das Hymenium überragend, von gekrümmten Skeletthyphen ausgehend 12

12 Sp. amyloid. An Nadelholz, selten *Fagus*

Amylostereum (areolatum VI Bild 13, **chailletii)**

12′ Sp. nicht amyloid. An Laubholz

Lopharia

13 (9) Zystiden das Hymenium weit überragend. Sp. nicht amyloid 14

13′ Zystiden das Hymenium kaum überragend. Sp. amyloid 15

14 Frk. dünn, von unbestimmter Form. Hyphensystem monomitisch. An Nadelholz, Braunfäule

Dacryobolus (karstenii)

14′ Frk. dick, mit vielschichtiger Trama, deutlich hutförmig abgebogen. Hyphensystem dimitisch. An Nadelholz, Braunfäule

Columnocystis

15 (13) Zystiden z.T. an ihrer Spitze dornig (Akanthophysen), z.T. an ihrer Spitze inkrustiert und dann weit hervorragend. Trama mit bräunlichen Skeletthyphen. An Laubholz, Wabenfäule. Südeuropa bis ČSSR

Xylobolus (subpileatus)

15′ Zystiden an ihrer Spitze dornig oder glatt, nicht hervorragend. Trama mit farblosen Skeletthyphen. An Laub- und Nadelholz, Weißfäule

Stereum II 110, 112, 113

16 (7) Hymenium blau, violett, purpurn 17

16′ Hymenium weiß bis ocker 18

17 Hymenium dunkelblau. Frk. dünn, häutig, meist nur effus

Terana coerulea

17′ Hymenium purpurn, lila, violett. Frk. knorpelig-lederig, graufilzige Hüte bildend. Trama mit dünnwandigen kugeligen Zystiden durchsetzt. Meist an Laubholz, Weißfäule

Chondrostereum purpureum II 111

18 (16) Hutkanten schmal, schwarzbraun. Trama starr. Hyphensystem dimitisch. Meist an Nadelholz 19

18′ Hutkanten breit abgebogen, weiß bis hellbraun. Trama weich. Hyphensystem monomitisch. An Laubholz, Weißfäule 20

19 Hymenium weißlich, mit eiförmigen Gloeozystiden. Trama vielschichtig. Selten auch an Laubholz; Weißfäule. Nordeuropa und Gebirge

Cystostereum murraii VI Bild 12

19′ Hymenium rostbraun, mit schmalen, inkrustierten Zystiden

Boreostereum radiatum

20 (18) Hut weißlich. Hymenium hellocker, mit pfriemenförmigen, dünnwandigen Zystiden. Sp. nicht amyloid

Cylindrobasidium laeve VI Bild 15

20′ Hut braun. Hymenium weißlich, mit langen, wurmförmigen Gloeozystiden. Sp. amyloid

Laxitextum bicolor VI Bild 14

Bestimmungshilfen zu Schlüssel 7

Hymenium
- bei Verletzungen rot oder gelb anlaufend: *Stereum*
- weiß: *Cyphellostereum laeve, Cystostereum murraii, Laxitextum bicolor*
- gelb, orange: *Stereum*, und siehe *Aleurodiscus* (Schlüssel 8)
- blutrot: *Hymenochaete cruenta*, und s. *Cytidia salicina* (Schlüssel 5)
- purpurn, lila, grauviolett: *Chondrostereum purpureum, Columnocystis abietina, Lopharia heterospora, Peniophora*
- blau: *Terana coerulea*

Trama

– deutlich geschichtet: *Columnocystis abietina, Hymenochaete cinnamomea, Stereum rugosum, Xylobolus*

– knorpelig, gallertartig: *Chondrostereum purpureum, Dacryobolus karstenii,* und s. *Auriculariopsis ampla, Cytidia salicina* (Schlüssel 5)

Schlüssel 8: Cyphelloide Pilze (Frk. becher- bis röhrenförmig)

Dieter BENKERT, Berlin

1 An lebenden Moosen wachsend, weiß 2

1′ An anderen Substraten, saprophytisch 3

2 Frk. gestielt. Hyphen mit Schnallen. Sp. ellipsoid (3–4 × 2–2,5 µm). Besonders an *Polytrichum*

Cyphellostereum laeve

2′ Frk. ungestielt. Hyphen ohne Schnallen. Sp. rundlich (4–5 µm). Besonders an *Mnium hornum*

Rimbachia (arachnoidea) = *Mniopetalum globisporum*

3 (1) Holzbewohnend (auch Rinde, Zweige etc.) 4

3′ Auf krautigen Pflanzen und Blättern. Mit Stiel 12

4 Frk. gestielt, schüsselförmig, braun. Sp. fast kugelig, etwa 14–20 µm, glatt. Nur auf *Abies* (auf dem gleichen Substrat vergleiche auch *Aleurodiscus amorphus)*

Cyphella digitalis

4′ Frk. ungestielt. Sp. kleiner oder nicht fast kugelig 5

5 Frk. tief schüssel- bis röhrenförmig, bis etwa 5 mm breit bzw. lang. Mit inkrustierten oder kristalltragenden Haaren 6

5′ Frk. flach schalenförmig bis applanat, fast stets über 5 mm breit 8

6 Frk. mit braunen inkrustierten Haaren

Merismodes

6′ Randhaare farblos, mit größeren Kristallen 7

7 Randhaare unverzweigt

Rectipilus

7′ Randhaare wenigstens an Frk.mündung verzweigt

Henningsomyces VI Bild 16

8 (5) Sp. über 15 µm lang 9

8′ Sp. unter 15 µm lang 10

9 Sp. bis 10 µm breit, glatt. Basidien mit Längssepten

Eichleriella

9′ Sp. über 10 µm breit, in Melzers Reagens warzig. Basidien ohne Längssepten

Aleurodiscus

10 (8) Hymenium orange- bis dunkelrot. Sp. über 12 µm lang. Vorwiegend auf *Salix*

Cytidia salicina

10′ Hymenium ockerlich bis braun. Sp. unter 12 µm lang 11

11 Frk. gelatinös, gummiartig biegsam. Vor allem auf *Populus* und (seltener) *Salix*. Sp. 7,5–11 × 2–3 µm

Auriculariopsis ampla VI Bild 10

11′ Frk. wachsartig. Auf Laub- und Nadelbäumen. Sp. 6–7,5 × 3–3,5 µm

Cytidiella melzeri

12 (3) Frk. weißlich bis gelb, bis 5 mm breit. Sp. unter 12 µm lang. Auf krautigen Pflanzen

Calyptella

12′ Frk. braun, bis 10 mm lang. Auf Sumpfpflanzen (*Carex, Typha* etc).

Marasmius subg. **Gloiocephala (menieri)**

Hinweis:

Cyphelloide Basidiomyzeten, deren Frk. nicht 4 mm Größe erreichen, sind hier nicht aufgeschüsselt. Ihre Gattungsnamen sind jedoch im Verzeichnis der Gattungsnamen enthalten.

Schlüssel 9: Korallen- und Keulenpilze

1 Frk. korallen-oder blumenkohlartig verzweigt 2

1′ Frk. unverzweigt (oder nur wenige kurze Auswüchse am oberen Teil) 13

2 Frk. knorpelig-gallertartig, zäh, orangerot. Basidien dichotom, 2sporig. An Holz

Calocera II 206

2′ Frk. lederartig zäh und biegsam 3

2″ Frk. fleischig, zerbrechlich 7

3 Zweige ± abgeflacht. Bodenbewohnende Pilze 4

3′ Zweige stielrund, pfriemenförmig. Boden- oder holzbewohnende Pilze 5

4 Frk. gelbbräunlich oder grau. Sp. farblos, länglich ellipsoid bis spindelförmig, glatt. Basidien am Scheitel gelappt

Tremellodendropsis tuberosa

4′ Frk. rot- bis dunkelbraun. Sp. braun, kurz ellipsoid, polygonal und warzig. Basidien ungeteilt

Thelephora II 103, 104, 106

5 (3) Frk. sehr dicht verzweigt, braun. Hyphensystem dimitisch (mit Skelетthyphen). Generative Hyphen mit Schnallen. Meist bodenbewohnend

Pterula II 135

5′ Frk. locker verzweigt. Hyphensystem monomitisch (dickwandige generative Hyphen). An Holz 6

6 Frk. weiß bis ocker. Hyphen mit Schnallen

Lentaria II 118

6′ Frk. weiß, dann kastanienbraun. Hyphen ohne Schnallen

Multiclavula (afflata)

7 (2) Zweige breit abgeflacht. Frk. weißlich, im Alter von den Rändern her bräunend, 100–600 mm breit. An und neben Baumstümpfen oder über Wurzeln wachsend

Sparassis I 182

7′ Zweige ± rund. Frk. weiß oder farbig, meist nicht größer als 60 mm 8

8 Sporenstaub gelb, ocker oder braun. Sp. zyanophil. An Holz oder auf Waldboden

Ramaria I 177, 178, II 130–134

8′ Sporenstaub weiß. Sp. azyanophil 9

9 Verzweigung becherartig-wirtelig (ähnlich der Flechte Cladonia). Hymenium mit Gloeozystiden. Sp. amyloid. An Holz

Artomyces pyxidatus II 122

9′ Verzweigung strauchig über einer krustenförmigen (corticioiden) Basis. Frk. die Basis von Pflanzenstengeln einhüllend. Sp. inamyloid. Jugoslawien

Corticirama petrakii

9″ Bodenbewohnende Pilze. Sp. inamyloid 10

10 Basidien 2sporig. Frk. weiß, grau oder violett, wachsartig weichfleischig. Sp. glatt

Clavulina I 176, II 121, 128, 129

10′ Basidien 4sporig. Frk. weiß, gelblich, orange, grünlich oder violett 11

11 Sp. fein stachelig. Frk. weiß bis bräunlich, oben dichotom verzweigt. Hyphen mit Schnallen

Ramariopsis (kunzei)

11′ Sp. glatt 12

12 Hyphen der Frk. mit Schnallen

Ramariopsis (corniculata II 127**)**

12′ Hyphen der Frk. ohne Schnallen

Clavaria II 119, 120, 126

13 (1) Frk. an Holz 14

13′ Frk. an Pflanzenresten, abgefallenen Zweigen oder am Boden 16

14 Frk. 1–2 mm hoch, gestielt-kopfig. Basidien 2zellig, mit schrägem Septum

Stilbum vulgare

14′ Frk. höher als 2 mm, pfriemenförmig. Basidien unseptiert 15

15 Frk. gallertartig, orangegelb. Basidien dichotom geteilt, hyphenartig, 2sporig. Hyphen ohne Schnallen

Calocera II 206

15′ Frk. nicht gallertartig, weiß bis creme. Basidien schlank keulenförmig, 4sporig. Hyphen dickwandig, mit Schnallen. Frk. aus Algenkolonien hervorwachsend

Multiclavula (mucida)

16 (13) Frk. keulenförmig, trompetenförmig erweitert. Hymenium mit Gloeozystiden

Clavicorona

16′ Frk. mit fadenförmigem Stiel und scheiben-, kugel- oder spindelförmig abgesetztem Kopfteil 17

16″ Frk. pfriemen- oder keulenförmig ohne abgesetzten Stiel 20

17 Kopfteil scheibenförmig, an Diskomyzeten erinnernd; winzige Frk 18

17′ Kopfteil nicht scheibenförmig 19

18 Basidien septiert, 4zellig. An faulenden Kartoffeln in Gruppen

Pilacrella solani

18′ Basidien unseptiert, einzellig. An toten Grasblättern und Zweigen

Typhula z. T. II 136–138

19 (17) Frk. bis 20 mm hoch, sein fertiler Teil kugelig oder keulenförmig. Stiel mit haarförmigen Kaulozystiden besetzt. Sp. kugelig bis ellipsoid. Stielbasis mit oder ohne Sklerotium

Typhula II 136–138

19′ Frk. bis 150 mm hoch, sein fertiler Teil lang pfriemenförmig. Stiel mit Kaulozystiden. Sp. mandelförmig oder länglich ellipsoid. Ohne Sklerotium

Macrotyphula (juncea II 117, **tremula)**

20 (16) Frk. fadenförmig, pfriemenförmig 21

20′ Frk. spindel- oder keulenförmig 22

21 Trama zäh. Hyphensystem dimitisch (mit Skeletthyphen)

Pterula (gracilis)

21′ Trama nicht zäh. Hyphensystem monomitisch (nur generative Hyphen)

Ceratellopsis

22 (20) Basidien 2sporig. Frk. gelblichweiß, mit runzeliger Oberfläche

Clavulina (rugosa II 121**)**

22′ Basidien 4sporig 23

23 Hyphen ohne Schnallen

Clavaria II 119, 120, 126

23′ Hyphen mit Schnallen 24

24 Frk. weiß, gelb oder orange. Auf Wiesen, Dünen, Trockenrasen

Ramariopsis II 123, 124, 127

24′ Frk. ockergelb, orange, mit Grünalgen assoziiert. In Wäldern auf Sandboden, auf Blumenerde unter Gras

Multiclavula (corynoides, vernalis)

24″ Frk. ocker, rostgelb, mitunter rosa oder violett überlaufen. Mittelgroße bis große Arten auf Waldboden 25

25 Frk. von oben bis unten hohl. Latizifere Hyphen nicht zyanophil

Macrotyphula (fistulosa II 116, **rigida)**

25′ Frk. ausgestopft oder voll. Die Trama enthält zyanophile, latizifere Hyphen

Clavariadelphus II 114, 115

Schlüssel 10: Stachelpilze

Georg Ritter, Eberswalde-Finow

1 Frk. gestielt 2

1′ Frk. ungestielt (effus, effus-reflex, konsolenförmig), meist holzbewohnend 12

2 Stiel seitlich 3

2′ Stiel zentral oder exzentrisch, selten seitlich. Meist bodenbewohnend 4

3 An vergrabenen Koniferenzapfen. Stiel senkrecht

Auriscalpium vulgare II 94

3′ Holzbewohnend. Stiel anders orientiert 10

4 Hut und Trama ungezont, Hutrand ± eingerollt. Fremdkörper werden nicht umwachsen 5

4′ Hut und Trama gezont, Hutrand nicht eingerollt. Fremdkörper werden umwachsen . 8

5 Hut braun, graugrün oder mit rosa bis violetter Tönung. Stacheln graubräunlich . . 6

5′ Hut gelblichweiß, semmelgelb bis rostgelb. Stacheln weißlich bis blaß orange . . . 7

6 Geruch beim Trocknen (und im Herbar) stark, wie *Lactarius helvus* (nach Liebstöckelkraut). Sporenstaub weiß

Bankera II 81, 83

6′ Geruch nicht wie *Lactarius helvus.* Sporenstaub braun

Sarcodon I 174, II 79, 80, 82

7 (5) Stacheln pfriemlich, ganz regelmäßig, Frk. fleischig

Hydnum I 175, II 77

7′ Stacheln abgeflacht, unregelmäßig, mitunter in Poren übergehend. Frk. schwammigweich

Sistotrema (confluens)

8 (4) Geruch beim Trocknen (und im Herbar) stark, wie *Lactarius helvus* (nach Liebstöckelkraut). Sporenstaub weiß

Phellodon II 84–86

8′ Geruch nicht wie *Lactarius helvus* 9

9 Bodenbewohnend. Stiel dick, gedrungen. Sp. braun, warzig

Hydnellum II 87–93

(hierher alle gezonten Stachelpilze mit lebhaft blauen oder orangegelben Farben)

9′ Holzbewohnend. Stiel dünn, schlank. Sp. farblos, glatt

Mycorrhaphium pusillum

10 (3) Frk. gallertig. Oberseite dunkel graubraun, Stacheln hellgrau. Sp. nicht amyloid

Pseudohydnum gelatinosum II 205

10′ Frk. nicht gallertig, weißlich. Sp. amyloid 11

11 Stiel blumenkohlartig verzweigt, aufrecht oder seitlich. Frk. meist groß

Hericium II 96, 97

11′ Stiel unverzweigt, kurz, oft am Hutscheitel ansitzend. Frk. hütchenförmig, klein

Irpicodon pendulus

12 (1) Frk. konsolenförmig oder effus-reflex, also Hüte bildend 13

12′ Frk. gänzlich krustenförmig (effus) 21

13 Frk. konsolenförmig, nicht am Substrat herablaufend, fleischig, weiß bis gelblich . . 14

13′ Frk. effus-reflex, also teilweise herablaufend, lederig-zäh 17

14 Frk. in vielhütigen, treppenförmigen Rasen an Laubholzstämmen. Hutoberseite filzig. Hymenium mit lanzettlichen, apikal inkrustierten dickwandigen Zystiden

Climacodon septentrionalis

14′ Frk. einzeln oder in wenighütigen Rasen. Oberfläche nicht filzig. Hymenium mit Gloeozystiden 15

15 Frk. knollenförmig, kahl, mit sehr langen Stacheln. Sp. amyloid

Hericium (erinaceus II 96**)**

15′ Frk. konsolenförmig 16

16 Hutoberfläche mit rudimentären Stacheln oder Warzen bedeckt. Trama ohne Milchsaft. Sp. amyloid

Creolophus cirratus II 95

16′ Hutoberfläche netzaderig. Trama junger Frk. mit Milchsaft. Sp. nicht amyloid

Donkia pulcherrima

17 Stacheln regelmäßig pfriemenförmig 18

17′ Stacheln zahnförmig abgeplattet, ± radial orientiert 19

18 Frk. dunkel rostbraun, borstig behaart, zäh, von komplizierter schwammiger Struktur. Hymenium mit spitzen Zystiden und Gloeozystiden. Sp. feinwarzig, amyloid

Gloiodon strigosus

18′ Frk. oberseits creme bis ockerbraun, ± gezont. Hymenium mit inkrustierten Skelettzystiden. Sp. glatt, nicht amyloid

Steccherinum VI Bild 18

19 Hymenophor jung violett, später rötlichbraun. Hutoberfläche weißlich, ± gezont. Hymenium mit kristalltragenden Zystiden

Trichaptum (hollii)

19′ Hymenophor weiß bis creme 20

20 Trama zweischichtig: oben schwammig, darunter kompakt, faserig. Hyphen mit Schnallen. Hymenium ohne Zystiden. Sp. subglobos

Spongipellis VI Bild 20

20′ Trama einheitlich. Hyphen ohne Schnallen. Hymenium mit inkrustierten, dickwandigen Skelettzystiden. Sp. ellipsoid

Irpex lacteus II 100

21 (12) Frk. mucronelloid, d.h. aus einem Rasen pfriemlicher Stacheln bestehend, die untereinander höchstens durch ein spinnwebartiges Subikulum verbunden sind 22

21′ Frk. mit deutlicher (wachsartiger, fleischiger, filziger oder lederiger) Tramaschicht . 26

22 Stacheln gallertig. Basidien senkrecht (kreuzweis) septiert

Protodontia

22′ Stacheln nicht gallertig. Basidien nicht septiert 23

23 Stacheln nach oben gerichtet (negativ geotropisch), nadelförmig, mit steriler Spitze. Auf Pflanzenresten

Ceratellopsis

23′ Stacheln nach unten gerichtet (positiv geotropisch). Meist an Holz 24

24 Stacheln oliv bis braun. Trama in Eisensulfatlösung grünlich. Sp. hellgelb, zyanophil, nicht amyloid

Kavinia

24′ Stacheln weiß bis gelborange. Trama in Eisensulfatlösung nicht grün. Sp. amyloid, nicht zyanophil 25

25 Hymenium mit langen Gloeozystiden. Osteuropa

Dentipratulum bialoviesense

25′ Hymenium ohne Gloeozystiden

Mucronella

26 (21) Stacheln regelmäßig, pfriemenförmig, meist nach unten gerichtet (positiv geotropisch) 27

26′ Stacheln unregelmäßig, zahn-, warzen-, höckerförmig u. dgl., z. T. in labyrinthisches Hymenophor übergehend 37

27 Frk. schwefelgelb (trocken oft braunrötlich) 28

27′ Frk. nicht gelb 29

28 Stacheln 5–15 mm lang. Trama mit Sklerozyten. Geruch süßlich (nach Amylalkohol). Wundparasit, meist an Apfelbäumen, selten auch an anderen Laubbäumen

Sarcodontia crocea VI Abb. 21

28′ Stacheln bis 2 mm lang. Trama ohne Sklerozyten. Geruch frisch anisartig. Frk. durch KOH purpurrot gefärbt

Mycoacia uda

29 (27) Hyphensystem dimitisch (mit Skeletthyphen) 30

29′ Hyphensystem monomitisch (ohne Skeletthyphen) 32

30 Hymenium mit dickwandigen, inkrustierten Skelettzystiden

Steccherinum VI Abb. 18

30′ Hymenium ohne dickwandige, inkrustierte Skelettzystiden 31

31 Hymenium mit dünnwandigen, ± zylindrischen Zystiden, die apikal oft einen harzigen Tropfen tragen. Skeletthyphen hyalin, das Innere der Stacheln kompakt ausfüllend, generative Hyphen mit Schnallen

Mycoaciella bispora

31′ Hymenium und Trama mit sternförmig verzweigten, braunen, dickwandigen Asterosaetae. Trama braun, in KOH schwarz, generative Hyphen ohne Schnallen

Asterodon tomentosus

32 Stacheln nach unten gerichtet (positiv geotropisch) 33

32′ Stacheln nicht positiv geotropisch orientiert 34

33 Frk. weiß bis ockerbräunlich. Hymenium mit Gloeozystiden. Sp. subglobos, amyloid

Dentipellis fragilis VI Abb. 19

33′ Frk. graubräunlich bis dunkel violettbraun. Hymenium ohne Gloeozystiden, z. T. mit Leptozystiden. Sp. zylindrisch bis ellipsoid, nicht amyloid

Mycoacia

34 (32) Sp. braun, höckerig bis warzig. Trama faserig bis filzig

Tomentella

34′ Sp. farblos, glatt 35

35 Basidien 6–8sporig, eingeschnürt (urnenförmig). Hyphen oft mit gelblich-öligem Inhalt

Sistotrema

35′ Basidien 4sporig, zylindrisch bis keulenförmig 36

36 Sp. dickwandig, z. T. warzig, zyanophil. Leptozystiden oder Gloeozystiden z. T. vorhanden

Hypochnicium

36′ Sp. nicht dickwandig, glatt, nicht zyanophil. Ohne Zystiden, aber mit schmalen Hyphidien. Basidien und Sp. oft mit Öltropfen

Cerocorticium molare

37 (26) Hymenophor zahnförmig abgeplattet oder pfriemlich. Basidien oft schwach eingeschnürt 38

37′ Hymenophor nur warzig-höckerig 43

38 Trama dimitisch (mit Skelethyphen) 39

38′ Trama monomitisch (nur mit generativen Hyphen) 40

39 Hymenophor zahnförmig bis zerrissen labyrinthisch. Hymenium mit kopfigen Zystidiolen. Trama faserig-zäh

Schizopora II 98

39′ Hymenophor aus zylindrischen Stacheln bestehend. Zystidiolen selten. Trama weichfaserig

Fibrodontia gossypina

40 (38) Sp. warzig, dickwandig. Hymenium ohne Zystiden. Hyphen ohne Schnallen. Hymenophor plattig-zahnförmig bis porig. Westeuropa

Echinotrema clanculare

40′ Sp. glatt. Hymenium mit Zystiden oder Zystidiolen. Hyphen mit Schnallen 41

41 Sp. dickwandig, breit ellipsoid. Zystiden oft mit verschmälertem, abgerundetem Ende

Radulodon erikssonii

41′ Sp. dünnwandig, von unterschiedlicher Form 42

42 Hyphen etwas dickwandig, zyanophil, mit relativ kleinen Schnallen. Basidien schwach urnenförmig, meist unter 20 µm, Sp. meist unter 7 µm lang

Grandinia

42′ Hyphen dünnwandig, nicht zyanophil, mit größeren Schnallen. Basidien meist über 20 µm, Sp. über 7 µm lang

Hyphoderma (radula II 99**)**

43 (37) Frk. orangerot bis (trocken) orangebraun. Hymenium sehr unregelmäßig höckerig-zapfig 44

43′ Frk. nicht orangerot 45

44 Frk. häutig-lederig. Hymenium mit Gloeozystiden und wenigen dickwandigen inkrustierten Zystiden. Sp. 10–12 µm lang, allantoid

Peniophora laeta

44′ Frk. fleischig, wachsartig. Hymenium mit unauffälligen Gloeozystiden. Sp. 4–5 µm lang, allantoid

Phlebia (radiata II 75**)**

45 (43) Hymenium mit dickwandigen, dextrinoiden Dichohyphidien und Gloeozystiden . . 46

45′ Hymenium ohne Dichohyphidien 47

46 Sp. mit amyloiden Warzen, breit ellipsoid

Dichostereum (boreale)

46′ Sp. glatt, mit amyloidem Fleck über dem Apikulus, spindelförmig

Vararia (investiens)

47 (45) Stacheln ohne Basidien, steril, das Hymenium durchragend 48

47′ Stacheln oder Warzen wenigstens teilweise mit Basidien besetzt 50

48 Basidien längs (kreuzweis) septiert. Holzbewohnend. Westeuropa

Heterochaete macrochaete

48′ Basidien nicht septiert, einzellig. An abgestorbenen Sumpfpflanzen 49

49 Sterile Hyphenbündel sehr klein, unter 50 µm lang. Sp. klein, dünnwandig, ellipsoid. An Stielen von Sumpffarnen

Pteridomyces galzinii

49′ Sterile Hyphenbündel über 100 µm lang. Mit einfachen oder schwach verzweigten Hyphidien im Hymenium. Sp. groß, dickwandig, beidseitig zugespitzt. An Riedgräsern, Rohrkolben

Epithele typhae

50 (47) Hyphensystem dimitisch, mit Skeletthyphen besonders im Subikulum. Hymenium mit ovalen Gloeozystiden und Dendrohyphidien

Crustomyces subabruptus

50′ Hyphensystem monomitisch 51

51 Hyphen ohne Schnallen oder Schnallen nur vereinzelt an basalen Hyphen 52

51′ Hyphen regelmäßig mit Schnallen 57

52 An basalen Hyphen vereinzelte einfache oder multipele Schnallen

Phanerochaete

52′ Alle Hyphen ohne Schnallen 53

53 Frk. gelatinös bis wachsartig, trocken krustig 54

53′ Frk. häutig bis weich lederig 55

54 Hymenium mit stark inkrustierten, spitzen Lamprozystiden sowie an den Stachelpilzen mit inkrustierten, zylindrischen Septozystiden

Scopuloides (hydnoides)

54′ Hymenium mit nicht inkrustierten Zystiden (Leptozystiden)

Phlebia (deflectens)

55 Frk. lederig-zäh. Hyphen dickwandig mit vielen Querwänden und häufigen Einschnürungen. Basidien kurz, 15–20 µm. Nordeuropa

Odonticium romellii

55′ Frk. häutig-weich. Hyphen meist langzellig, ohne Einschnürungen. Basidien länger . 56

56 Frk. mit vorwiegend vertikal orientierten dünnwandigen Hyphen. Ohne Zystiden, aber Stacheln mit stark inkrustierten Hyphenbündeln

Hyphodermella corrugata

56′ Frk. basal mit horizontal oder unregelmäßig orientierten, oft etwas dickwandigen Hyphen. Mit oder ohne Zystiden

Phanerochaete

57 (51) Frk. gelatinös bis wachsartig, trocken krustig 58

57′ Frk. häutig, weichfaserig bis etwas zäh 60

58 Hymenium mit Halozystiden, die apikal eine große ölhaltige Blase tragen. Zystidiolen mit sternförmigen Kristallschopf bei dieser Art vorhanden

Resinicium (bicolor)

58′ Hymenium mit anderen Zystiden oder ohne Zystiden 59

59 Basidien eingeschnürt, mit langem Stielteil das Subhymenium durchwachsend, ein lockeres Hymenium bildend. Sp. ellipsoid, dickwandig, zyanophil. Ohne Zystiden

Intextomyces contiguus

59′ Basidien schmal keulenförmig in dichter Palisade, nur stielartig verschmälert. Sp. dünnwandig, nicht zyanophil. Mit oder ohne Zystiden

Phlebia

60 (57) Hymenium mit Zystiden 61

60′ Hymenium ohne Zystiden 64

61 Gloeozystiden und andersartige Zystiden vorhanden 62

61′ Ohne Gloeozystiden, aber mit anderen Zystidenarten 63

62 Hymenium mit zylindrischen, stark inkrustierten Lamprozystiden und spitzen, dünnwandigen Gloeozystiden. Frk. oft mit Rhizomorphen

Metulodontia nivea

62′ Hymenium mit dünnwandigen, spitzen Leptozystiden und ellipsoiden bis keulenförmigen Gloeozystiden mit gelblichem Inhalt

Physodontia lundellii

63 Die konischen Stacheln frisch meist mit Guttationstropfen. Basidien schmal keulig. Sp. sehr schmal, allantoid

Dacryobolus (sudans)

63′ Stacheln ohne Guttationstropfen. Basidien oft etwas eingeschnürt. Sp. meist über 1,5 μm breit 42

64 (60) Basidien mit 6–8 Sporen. Deutlich urnenförmig (eingeschnürt)

Sistotrema

64′ Basidien mit 4 Sporen, nicht oder nur schwach urnenförmig 65

65 Sp. subglobos, glatt, dickwandig, zyanophil. Basidien mit zyanophilen Tropfen im Plasma

Cristinia

65′ Sp. dünnwandig, nicht zyanophil. Basidien ohne zyanophile Tropfen 66

66 Sp. warzig, ellipsoid. Hyphen an den Septen oft angeschwollen. Die Stacheln sehr brüchig, der ganze Frk. von sehr weicher mehlartiger Konsistenz

Trechispora (farinosa)

66′ Sp. glatt, subglobos, mit deutlichem Apikulus. Hyphen im Subhymenium sehr kurzzellig, angeschwollen

Brevicellicium (olivascens)

Schlüssel 11: Faltenpilze (Hymenophor aderig oder faltenförmig)

1 Bodenbewohnende Pilze 2

1′ An lebenden Moosen wachsende Pilze 6

1″ An Holz, Rinde oder Resten krautiger Pflanzen wachsend 7

2 Ganzer Frk. grau 3

2′ Hymenium gelb, orange, rosa oder violett 5

3 Frk. 10–50 mm hoch, nicht einseitig, fleischig. Hyphen ohne Schnallen. In Wäldern

Pseudocraterellus (sinuosus)

3′ Frk. 6–10 mm hoch, einseitig entwickelt, häutig-gallertartig 4

4 Frk. anfangs becherförmig, dann spatel- oder löffelförmig sich öffnend. In alpiner Vegetation

Arrhenia (auriscalpium)

4′ Frk. von Anfang an trichterförmig, mit seitlichem Spalt. In Trockenrasen

Arrhenia (fissa)

5 (2) Hymenium violett. Hymenophor aderig-wulstig. Sp. warzig oder stachelig, zyanophil

Gomphus clavatus I 179

5′ Hymenium gelb, orange oder rosa. Hymenophor aderig bis lamellig. Sp. glatt, nicht zyanophil

Cantharellus I 138, III 291, 292, 295

5″ Hymenium weiß, ± gelb werdend. Frk. lederig oder häutig, trichterförmig mit gelapptem Hut

Stereopsis vitellina (s. Schlüssel 7)

6 (1) Frk. weiß

Rimbachia

6′ Frk. grau, bräunlich

Arrhenia III Abb. 18, 19

7 (1) Frk. zentral gestielt, hutförmig, zart, 2–10 mm breit 8

7′ Frk. ungestielt, effus-reflex oder effus, an Holz (ein rudimentärer Stiel ist bei *Plicatura crispa* vorhanden) 9

8 Sp. 7–9 µm lang. Huthaut ohne Zystiden. An modrigem Holz

Delicatula III 126

8′ Sp. 15–25 µm lang. Huthaut mit dickwandigen Zystiden. An Pflanzenresten (*Carex, Typha*)

Marasmius sect. **Gloiocephala (caricis, menieri)**

9 (7) Sporenstaub gelblich bis braun. Sp. zyanophil. Braunfäule 10

9′ Sporenstaub weiß. Sp. farblos 12

10 Sporenstaub satt rostbraun. Sp. braun, 8–12 µm lang, dickwandig. Bildet bleistiftdicke, graue Rhizomorphen

Serpula I 173

10′ Sporenstaub gelblich, rostgelb. Sp. gelblich, bis 7,5 µm lang 11

11 Hymenium gelb, olivgelb, ocker, braun. Sp. dickwandig. Z. T. dünne Rhizomorphen und (*L. pinastri*) Sklerotien bildend

Leucogyrophana

11′ Hymenium goldgelb, orange. Sp. dünnwandig. Meist an Nadelholz, sonnige Standorte

Pseudomerulius aureus

12 (9) Frk. effus-reflex oder muschelförmig 13

12′ Frk. ganz krustenförmig 17

13 Frk. fächerförmig bis effus-reflex. Hymenium weiß, weißlich. Sp. dünnwandig, allantoid, ± deutlich amyloid

Plicatura II 74

13′ Frk. nicht fächerförmig. Sp. nicht amyloid 14

14 Sp. dickwandig, breit ellipsoid, dextrinoid und zyanophil. Braunfäule. Hymenium gelb, orange

Leucogyrophana (mollusca)

14′ Sp. nicht dextrinoid, azyanophil, dünnwandig 15

15 Frk. lederartig, dünn, biegsam. Hyphen ohne Schnallen. An Laubholz, bes. an dünnen Zweigen, Weißfäule

Byssomerulius corium VI Bild 17

15′ Frk. weichfleischig mit gallertartiger Tramaschicht, dicklich. Hyphen mit Schnallen . 16

16 Hymenophor fleischfarben, unregelmäßig faltig. An Laub-, seltener Nadelholz, Weißfäule

Merulius tremellosus II 76

16′ Hymenophor dunkelbraun, knotig und radialfaltig, durch weißliche Spalten felderig aufgeteilt. Hymenium mit Dendrohyphidien. An Laubholz

Punctularia strigosozonata

17 (12) Hymenium satt gefärbt: orange, rostbraun, rotbraun, purpurn, schwärzlich 18

17′ Hymenium weißlich, gelblich oder fleischrosa 20

18 Frk. lederig zäh, mit weißem Rand. Hymenophor anfangs proenartig mit fertilen Rändern, später mehr faltig. Zystiden fehlen. Weißfäule

Gloeoporus

18′ Frk. wachsartig-weichfleischig oder gallertartig 19

19 Hymenophor radialfaltig bis porenartig. Zystiden vorhanden. Weißfäule

Phlebia II 75

19′ Hymenophor knotig bis radialfaltig. Dendrohyphidien vorhanden

Punctularia strigosozonata (s. Frage 16)

20(17) Sp. dextrinoid. Hyphen ohne Schnallen. Hymenium hellorange bis rot. An Nadelholz, Braunfäule

Ceraceomerulius albostramineus

20′ Sp. nicht dextrinoid. Hyphen mit Schnallen. Hymenium weiß, ocker, bräunlich . . 21

21 Sp. inamyloid. Weiß- oder Braunfäule

Ceraceomyces (borealis, serpens)

21′ Sp. amyloid. Frk. ganz weiß. Meist an Laubholz, Weißfäule

resupinate Form von **Plicatura (nivea)**

Hinweis zu Schlüssel 11:

Die Frk. einiger Pilze haben im Jugendzustand aderiges Hymenophor, welches später zu schmalen, leistenförmigen Lamellen auswächst. Derartige Pilze sind unter den Blätterpilzen (Schlüssel 16, 17, 18) aufgeschlüsselt. Es handelt sich um folgende Gattungen und Arten:

a) auf Waldböden vorkommende Pilze
Cantharellula umbonata III 194
Cantharellus I 138, III 291, 292, 295
Hygrophoropsis olida III 294
Pseudocraterellus cinereus III 293
b) auf Brandstellen vorkommende Pilze
Faerberia carbonaria, s. Schlüssel 17
c) an alten Frk. von Hymenomyzeten vorkommende Pilze
Nyctalis III 236, 237 (besonders an *Lactarius, Russula*), *Entoloma parasiticum* III 68 (besonders an *Cantharellus, Coltricia*)
d) holzbewohnende Pilze
Neolentinus schaefferi, s. Schlüssel 17 (besonders an *Populus*)

Schlüssel 12: Wirrlinge (Pilze mit labyrinthischem Hymenophor)

1 Trama weiß (wenigstens bei frischen Exemplaren). Generative Hyphen mit Schnallen 2

1′ Trama von Anfang an bräunlich oder braun 8

2 Trama zweischichtig (oben schwammig, unten faserig). Hutoberfläche filzig. Weißfäule 3

2′ Trama einheitlich 5

3 Frk. zentral bis seitlich gestielt. Hut bis 6 cm breit, weiß, ungezont, fein filzig, später strohfarben und verkahlend. Hymenium mit kleinen dünnwandigen Zystiden. Sp. zyanophil. Auf abgefallenen Laubholzästen, Weißfäule

Spongipellis (fractipes)

3′ Frk. ungestielt. Sp. azyanophil 4

4 Röhren 2–3 mm lang. Hymenium mit dickwandigen Zystiden. Trama trockener Frk. steinhart. Frk. selten gestielt. Meist an Nadelholz, Weißfäule

Climacocystis borealis

4′ Röhren 3–20 mm lang. Hymenium ohne Zystiden. Trama trockener Frk. korkartig. An Laubholz, Weißfäule

Spongipellis VI 20

5 (2) Frk. effus oder effus-reflex, unregelmäßig geformt. Hyphensystem dimitisch . . . 6
5′ Frk. fächer- oder konsolenförmig. Hyphensystem trimitisch. An Laubholz, Weißfäule 7
6 Hutoberseite deutlich gezont. An Nadelholz, Braunfäule

Antrodia (heteromorpha)

6′ Hutkanten ungezont oder fehlend. An Laubholz, Weißfäule

Schizopora (paradoxa II 98)

7 (5) Frk. flach konsolenförmig, halbkreisförmig, 10–20 mm dick. Oberseite deutlich gezont, filzig

Trametes (gibbosa II 52)

7′ Frk. fächerförmig, 2–5 mm dick. Oberseite fast kahl, angedrückt-radialfaserig. Osteuropa

Trametes (foliaceo-dentata)

8 (1) Frk. ± gestielt, fächer- oder kreiselförmig, oft am Boden über Wurzeln oder neben Stümpfen wachsend 9
8′ Frk. ungestielt, konsolenförmig oder effus-reflex. An Holz 10
9 Trama satt rotbraun, von einheitlicher Struktur. Poren jung olivgrün, später braun. Braunfäule

Phaeolus schweinizii II 40

9′ Trama lederfarben, zweischichtig (oben schwammig, unten faserig). Poren junger Frk. an Druckstellen rötend. Hymenium mit Gloeozystiden. Weißfäule

Abortiporus biennis VI Bild 22

10 (8) Röhren geschichtet. Hymenium mit dunkelbraunen, pfriemenförmigen Setae. Hut anfangs filzig, später kahl und rissig. An Koniferenstämmen, Wabenfäule

Phellinus (chrysoloma, pini II 67)

10′ Röhren nicht geschichtet. Hymenium ohne Setae 11
11 Hut kahl. Trama blaß bräunlich bis korkfarben 12
11′ Hut filzig behaart 15
12 Frk. effus-reflex. Poren eng. Hyphensystem dimitisch. Braunfäule an Laubholz

Antrodia (malicola)

12′ Frk. konsolen- oder fächerförmig, nicht herablaufend. Hyphensystem trimitisch . . 13
13 Poren 1–2 mm weit, stumpfrandig. Hutkante stumpf. Poren nicht rötend. An Laubholz, Braunfäule

Daedalea quercina II 58

13′ Poren höchstens 1 mm weit, scharfrantig. Hutkante scharf. Weißfäule 14
14 Poren frischer Frk. rosa anlaufend, radial orientiert. Frk. einzeln oder in lockeren Gruppen, 10–30 mm dick

Daedaleopsis (confragosa II 55)

14′ Poren bleibend weiß, nicht radial orientiert. Frk. dachziegelig wachsend, 2–5 mm dick

Trametes (foliaceo-dentata, getrocknete Exemplare)

15 (11) Poren grau. Trama blaß bräunlich; unter dem Hutfilz eine schwärzliche Schicht. Weißfäule

Cerrena unicolor II 57

15′ Poren braun, zu lamelliger Ausbildung neigend. Trama braun, ohne schwärzliche Schicht. Braunfäule 16
16 Poren etwa 1 mm weit. Trama rostbraun. Hyphensystem trimitisch. An Nadelholz

Gloeophyllum (abietinum II 61, **sepiarium** II 60)

16′ Poren enger (3–4 Poren auf 1 mm). Trama haselnuß- bis dunkelbraun. Hyphensystem dimitisch

Gloeophyllum (protractum, trabeum)

Hinweis:

Krustenförmige (effuse) Pilze mit labyrinthischen Hymenophor s. Schlüssel 13.

Schlüssel 13: Krustenförmige (effuse) Porlinge

1 Röhren geschichtet. Frk. mehrjährig 2
1′ Röhren nicht geschichtet. Frk. einjährig 12
2 Trama satt braun 3
2′ Trama blaß bräunlich, gelb oder weiß 6
3 Hymenium mit zahlreichen braunen, pfriemenförmigen Setae (Spinulae). Weißfäule

Phellinus I 172, II 64, 65, 67

3′ Hymenium ohne Setae 4
4 Trama zweischichtig: über den Röhren hart und faserig, darüber (abhymeniale Seite) filzig, mit dunkler Grenzschicht. An lebenden Sträuchern .

Phylloporia ribis II 66 (effuse Form)

4′ Trama einheitlich 5
5 Generative Hyphen mit (z. T. multiplen) Schnallen. Frk. polsterförmig konvex, an senkrechten Substraten treppenförmig. An Eichen- und Nadelholz, besonders in Gebäuden

Donkioporia expansa

5′ Sämtliche Hyphen ohne Schnallen. An Bäumen, Sträuchern, dürren Ästen; Weißfäule

Phellinus (conchatus, punctatus, robustus II 64)

6 (2) Trama und Poren gelb. Hymenium mit dickwandigen, stark inkrustierten Zystiden. An Grubenholz in Bergwerken, in Gewächshäusern

Flaviporus brownei

6′ Trama und Poren weiß, cremefarben, bräunlich 7
7 Hymenium mit ± dickwandigen, kristalltragenden Zystiden. Hyphen ohne Schnallen

Oxporus (latemarginatus, obducens, ravidus

7′ Hymenium ohne Zystiden 8
8 Hyphensystem monomitisch. Hyphen ohne Schnallen, jedoch häufig septiert. Poren oft schwärzlich gefleckt. An Laub- und Nadelholz, Weißfäule

Rigidoporus (nigrescens)

8′ Hyphensystem di- oder trimitisch (die Trama enthält unseptierte Skeletthyphen). Generative Hyphen mit Schnallen 9
9 Sp. dickwandig, zyanophil und dextrinoid. Weißfäule 10
9′ Sp. dünnwandig, weder zyanophil noch dextrinoid. Poren sehr eng 11
10 Sp. glatt, mit abgestutzter Basis. Poren mittelweit (3–6 Poren auf 1 mm). An Laub- und Nadelholz, Weißfäule

Poria i. e. S.

10′ Sporenoberfläche warzig-runzelig (sichtbar nach Anfärbung mit Baumwollblau). Poren weit (1–2 Poren auf 1 mm). An Laubholz, besonders Eiche; Weißfäule

Pachykytospora tuberculosa

11 (9) Porenränder mit inkrustierten Hyphenenden besetzt. Trama nicht amyloid. Sp. allantoid, bis 1 µm breit. Weißfäule

Skeletocutis (stellae)

11′ Hyphenenden nicht inkrustiert. Trama amyloid. Sp. ellipsoid, 2–3,5 µm breit. Braunfäule

Amyloporiella (crassa)

12 (1) Frk. gelb, orange, lachsfarben, fleischrosa, rot 13
12′ Frk. purpurn, violett oder braunrot, oder an Druckstellen so verfärbend 20
12″ Frk. (auch Trama) satt braun, rostfarben 24
12‴ Frk. grünlich, graugrün 26
12⁗ Frk. weiß, cremefarben, bräunlich, grau 27
13 Hymenium mit ± dickwandigen, kristalltragenden Zystiden 14
13′ Hymenium ohne Zystiden 16
14 Hyphensystem monomitisch. Alle Hyphen mit Schnallen. Poren mittelweit (2–5 Poren auf 1 cm). Subikulum gelatinös. Meist an Nadelholz, Braunfäule

Auriporia aurulenta

14′ Hyphensystem dimitisch. Generative Hyphen mit Schnallen. Poren eng. Weißfäule 15
15 Frk. weich-lederig, grau, orange, ziegelrot. 5–7 Poren auf 1 cm. An Laubholz in Wäldern

Junghuhnia (collabens, nitida)

15′ Frk. fleischig, trocken hart, gelb. 8–11 Poren auf 1 cm. An Grubenholz in Bergwerken, in Gewächshäusern

Flaviporus brownei

16 (13) Hyphensystem dimitisch. Skeletthyphen ohne Schnallen 17
16′ Hyphensystem monomitisch. Alle Hyphen mit Schnallen 18
17 Poren schwefelgelb. Trama amyloid. Hyphenenden nicht angeschwollen

Amyloporiella (flava)

17′ Poren blaß fleischfarben. Trama nicht amyloid. Hyphenenden oft kugelförmig angeschwollen

Schizopora (phellinoides)

17″ Poren ockergelb. Trama mit dichotom verzweigten Hyphen. Hyphenenden nicht angeschwollen. Hymenium mit Gloeozystiden und Dichohyphidien

Vararia (luteopora)

18 (16) Sp. kugelig, feinstachelig. Frk. goldgelb. Auf Erde und an Pflanzenresten

Mycolindtneria

18′ Sp. länglich-ellipsoid bis zylindrisch, glatt. Frk. orange bis lachsfarben. An Nadelholz 19
19 Poren eckig (polygonal). Trama mit KOH rot verfärbend. Hyphen ohne Schnallen. Braunfäule

Pycnoporellus (alboluteus)

19′ Poren rundlich. Trama mit KOH violett verfärbend. Hyphen mit Schnallen. Weißfäule

Sarcoporia salmonicolor

20 (12) Poren weißlich, bei Berührung purpur- bis braunrot fleckend 21
20′ Poren von Anfang an gefärbt 22
21 Trama glasig und wachsartig. Hyphen ohne Schnallen. Sp. kugelig. Besonders an Laubholz, auf Erde übergehend

Physisporinus (sanguinolentus)

21′ Trama nicht glasig. Hyphen mit Schnallen. Sp. allantoid. An Nadelholz, Braunfäule

Spongiporus (fragilis)

21″ wenn Druckstellen orange, s. *Skeletocutis amorpha,* II 43, Schlüssel 14
22 (20) Trama mit gallertartiger Schicht. Hyphen mit Schnallen. Sp. 3–6 µm lang

Gloeoporus (dichrous VI Bild 25)

22′ Trama ohne gallertartige Schicht. Hyphen ohne Schnallen 23
23 Frk. wachsartig weich. Sp. länger als 5,5 µm

Ceriporia (purpurea)

23′ Frk. lederig zäh. Sp. kürzer als 5,5 μm. Porenränder stumpf, fertil, *Merulius*-artig. An Nadelholz

Gloeoporus (taxicola)

24 (12) Hymenium ohne Setae. Trama korkig, mit einer schwarzen Schicht. Hyphensystem dimitisch. An Laubholz, Weißfäule. Generative Hyphen mit Schnallen

Datronia VI 23

24′ Hymenium ohne Setae. Trama weich, filzig, ohne schwarze Schicht. Hyphensystem monomitisch. Hyphen ohne Schnallen. An Nadelholz, subarktisches Europa

Inonotopsis subiculosa

24″ Hymenium mit pfriemenförmigen, dickwandigen Setae (Spinulae). Trama ohne schwarze Schicht. Hyphensystem monomitisch. Hyphen ohne Schnallen 25

25 Frk. auf der Rinde der befallenen Bäume wachsend. Sporenstaub weiß

Inonotus II 68–71

25′ Frk. unter Baumrinde oder in Spechthöhlen wachsend, von knolligen Anam. (vgl. Schlüssel 23) begleitet. Sporenstaub gelb bis braun

Inonotus (Xanthoporia) II Abb. 26

26 (12) Hyphen mit Schnallen. Röhrenwände gallertartig. Sp. allantoid, weniger als 1 μm breit

Gelatoporia (pannocincta)

26′ Hyphen ohne Schnallen. Röhrentrama wachsartig-glasig. Sp. zylindrisch, 1–2 μm breit

Ceriporia (viridans)

27 (12) Hyphensystem monomitisch 28
27′ Hyphensystem dimitisch (mit Skeletthyphen) 45
28 Hyphen sämtlich ohne Schnallen 29
28′ Hyphen mit Schnallen an den Septen 32
29 Hymenium mit kristalltragenden Zystiden. Sp. kurz ellipsoid bis kugelig 30
29′ Hymenium ohne Zystiden 31
30 Frk. wachsartig durchscheinend, keine Konidien bildend

Physisporinus (vitreus)

30′ Frk. korkig, trocken aussehend, z.T. (*O. obducens*) mit ockergelblichem Konidienstaub bedeckt

Oxyporus

31 (29) Sp. kugelig, warzig. Auf Erde, Großbritannien

Echinotrema clanculare

31′ Sp. zylindrisch bis allantoid, glatt

Ceriporia

32 (28) Hymenium mit kristalltragenden Zystiden. An Nadelholz 33
32′ Hymenium ohne kristalltragende Zystiden (aber z.T. mit Gloeozystiden) 34
33 Sp. zyanophil und schwach dextrinoid

Oligoporus (sericeomollis)

33′ Sp. weder zyanophil noch dextrinoid

Chaetoporellus latitans

34 (32) Hymenium oder Trama enthalten zylindrische, inkrustierte Hyphenenden 35
34′ Hymenium und Trama ohne inkrustierte Elemente 36
35 Inkrustierte Hyphen im Hymenium und in der Trama. Frk. fleischig, gelb- bis rotbräunlich oder rosa verfärbend

Ceriporiopsis

35′ Inkrustierte Hyphenspitzen in der Trama und an den Porenrändern. Frk. faserig, weißlich bleibend. Sp. allantoid. Subikulum und Röhrentrama gelatinös. Weißfäule

Gelatoporia (Trama monomitisch) und

Skeletocutis (Trama meist dimitisch)

36 (34) Sp. kugelig, warzig. Frk. rein weiß

Trechispora (mollusca)

36′ Sp. nicht warzig 37

37 Sp. zyanophil und ± dextrinoid 38

37′ Sp. weder zyanophil noch dextrinoid 39

38 Basidien keulenförmig. An Laub- und Nadelholz, Braunfäule; Nordosteuropa

Parmastomyces kravtzevianus

38′ Basidien urnenförmig (ähnlich *Sistotrema*)

Oligoporus (rennyi VI Bild 24**)**

Hierzu die Anam. *Ptychogaster citrinus,* s. Schlüssel 23

39 (37) Sp. amyloid. Meist an Nadelholz, Braunfäule

Anomoporia

39′ Sp. inamyloid 40

40 Frk. mit auffälligen weißen Rhizomorphen. Hymenium ohne Zystiden. Braunfäule

Fibuloporia

40′ Frk. ohne Rhizomorphen 41

41 Subikulum mit schwarzer gelatinöser Schicht. Sporen allantoid. An Laub- und Nadelholz, Weißfäule

Gelatoporia (pannocincta)

41′ Subikulum ohne gelatinöse Schicht 42

42 Hyphenenden im Hymenophor oft kugelig verdickt. Poren eckig, manchmal zerschlitzt. An Laubholz, Weißfäule

Schizopora (radula)

42′ Hyphenenden nicht kopfig verdickt 43

43 Hymenium mit Gloeozystiden. Meist an Nadelholz, Braunfäule

Spongiporus (leucomallelus)

43′ Hymenium ohne Zystiden 44

44 Hyphen in Kresylblau metachromatisch. Meist an Laubholz, Weißfäule

Ceriporiopsis

44′ Hyphen nicht metachromatisch. Braunfäule

Spongiporus (effuse Arten)

45 (27) Frk. mit grobfaserigem Rand und/oder mit Rhizomorphen 46

45′ Frk. mit glattem Rand, ohne Rhizomorphen 47

46 Poren entwickeln sich aus geschlossenen Warzen (ähnlich wie bei *Fistulina*)

Porotheleum fimbriatum

46′ Poren normal

Fibroporia

47 (45) Porenränder mit inkrustierten, schmal zylindrischen Hyphenenden. Generative Hyphen mit Schnallen. Sp. nicht breiter als 1,5 µm

Skeletocutis

47′ Hymenium mit kristalltragenden Zystiden 48

47″ Hymenium ohne inkrustierte oder kristalltragende Elemente 49

48 Trama amyloid. Sp. allantoid, nicht amyloid. Braunfäule

Amyloporiella (lenis)

48′ Trama nicht amyloid. Sp. ellipsoid bis zylindrisch, nicht amyloid. Weißfäule

Junghuhnia

49 (47) Basidien 4zellig, senkrecht (kreuzweis) septiert. Hymenium mit keulenförmigen, dünnwandigen Zystiden. Sp. allantoid. Frk. bräunlich mit runden Poren. Generative Hyphen mit Schnallen

Aporpium caryae

49′ Basidien einzellig, unseptiert 50

50 Trama spärlich mit kopfig angeschwollenen Hyphenenden durchsetzt. Poren oft unregelmäßig, labyrinthisch bis irpicoid

Schizopora (paradoxa II 98)

50′ Trama ohne kugelig-kopfige Hyphenenden 51

51 Skeletthyphen zyanophil und dextrinoid oder schwach amyloid. Generative Hyphen mit Schnallen. An Nadelholz, Weißfäule

Diplomitoporus

51′ Skeletthyphen weder zyanophil noch dextrinoid 52

52 Skeletthyphen stark dichotom oder baumförmig verzweigt. Sproren inamyloid, z. T. zyanophil. An Laub- und Nadelholz, Weißfäule

Dichomitus

52′ Skeletthyphen nicht oder wenig verzweigt 53

53 Hymenium mit Zystidiolen. Poren erst weiß, dann graubräunlich 54

53′ Hymenium ohne Zystidiolen, ohne Zystiden 55

54 Skeletthyphen farblos, lösen sich in KOH auf. Subikulum weiß. An Laub- und Nadelholz, Weißfäule

Cinereomyces lindbladii

54′ Skeletthyphen gelbbraun, lösen sich in KOH nicht auf. Subikulum braun. An Nadelholz, Weißfäule; Nordeuropa

Piloporia sajanensis

55 (53) Weißfäule. Poren klein (4–7 auf 1 mm)

Antrodiella

55′ Braunfäule. Poren klein bis auffallend groß

Antrodia

Bestimmungshilfen zu Schlüssel 13

Trama

- gallertartig: *Gelatoporia, Gloeoporus*
- glasig-wachsartig: *Ceriporia, Physisporinus*
- amyloid: *Amyloporiella*
- mit zyanophilen Skeletthyphen: *Diplomitoporus, Vararia,* und vgl. *Heterobasidion annosum,* Schlüssel 14 (im Gegensatz zu *Antrodia serialis*)
- mit Dichohyphen: *Dichomitus, Vararia*
- zweischichtig (Duplex-Textur): *Phylloporia, Piloporia*

Elemente des Hymeniums

- Gloeozystiden: *Ceriporiopsis, Spongiporus leucomallelus*
- kristalltragende oder inkrustierte Zystiden: *Amyloporiella, Chaetoporellus, Flaviporus, Junghuhnia, Oligoporus, Oxyporus, Physisporinus vitreus*
- inkrustierte Hyphenenden: *Ceriporiopsis, Gelatoporia subvermispora, Schizopora, Skeletocutis*
- Satae: *Inonotus, Phellinus* (incl. *Xanthoporia*)

Sporen:

- amyloid: *Anomoporia*
- zyanophil und ± dextrinoid: *Oligoporus, Pachykytospora, Parmastomyces, Poria*
- warzig-stechelig: *Echinotrema, Trechispora*

– runzelig-warzig: *Pachykytospora*

Bildung von Chlamydosporen oder Konidien am Rande der Frk.:
– Konidienstaub weiß: *Oligoporus rennyi*
– Konidienstaub ockergelb: *Oxyporus obducens*

Geruch des Frk.
– nach Sellerie: *Antrodia sinuosa*
– seifenartig dumpf: *Oligoporus sericeomollis*
– scharf: *Cinereomyces lindbladii* (junge Frk.)

Schlüssel 14: Porlinge mit ungestielten Hüten (Dimidiate und effus-reflexe Porlinge)

1 Trama weiß, cremefarben . . . 2
1′ Trama rosa, orange, rot . . . 27
1″ Trama gelb . . . 30
1‴ Trama bräunlich, rostfarben, dunkelbraun . . . 35
2 Röhren geschichtet (Frk. mehrjährig) . . . 3
2′ Röhren ungeschichtet (Frk. einjährig) . . . 6
3 Frk. mit harziger Kruste. An Koniferen . . . 4
3′ Frk. nicht harzig, Oberseite ± filzig. Weißfäule . . . 5
4 Frk. oberseits purpurrot bis kastanienbraun. Sp. braun, warzig. Weißfäule

Ganoderma (valesiacum)

4′ Frk. oberseits schmutzig weiß, grau oder lederfarben. Sp. farblos, glatt. Nur an *Larix*, Braunfäule

Laricifomes officinalis VI, Farbtafel

5 (3) Frk. dachziegelig wachsend, grauweiß oder ledergelb, oft von Moos überzogen. Hymenium mit kristalltragenden Zystiden. Sp. subglobos, 3,5–4,5 µm lang. Hyphen ohne Schnallen. An Laubbaumstämmen, verbreitet

Oxyporus (populinus)

5′ Frk. einzeln wachsend, konsolenförmig, ockergelblich, ± filzig. Hymenium ohne Zystiden. Sp. länglich, 15–17 µm lang, dextrinoid und zyanophil. Generative Hyphen mit Schnallen. An Laub- und Nadelholz, Mittelmeergebiet

Poria (ochroleuca)

5″ Frk. einzeln wachsend, effus-reflex, kahl. Hymenium ohne Zystiden. Sp. ellipsoid, 5–7 µm lang . . . 37
6 (2) Poren winzig (5–9 Poren auf 1 mm). Sp. zylindrisch, nur 3–4 × 0,5 µm. Frk. effus-reflex, Hutoberseits nicht gezont. An abgefallenen Zweigen von Laubholz, Weißfäule

Skeletocutis (nivea)

6′ Poren größer, höchstens 4 Poren auf 1 mm . . . 7
7 Trama von Anfang an zäh oder lederig. Hyphensystem di- oder trimitisch (Skeletthyphen vorhanden). Hutoberfläche gezont oder ungezont . . . 8
7′ Trama anfangs weich und saftig, später käseartig bröckelig oder knochenhart. Hyphensystem mono- bis trimitisch. Hutoberfläche ungezont . . . 17
8 Poren länglich, radial angeordnet. Hutoberfläche filzig und gezont, oft von Algen grün. An Laubholz, Weißfäule

Trametes (gibbosa II 52)

8′ Poren rund oder eckig, nicht radial gestreckt . . . 9
9 Hutoberfläche filzig oder zottig. Weißfäule . . . 10
9′ Hutoberfläche kahl (oft radialfaserig oder runzelig) oder schwach samtig . . . 14

10 Frk. dünnfleischig, gewöhnlich unter 10 mm dick. Hutoberfläche meist auffällig gezont 11
10′ Frk. dickfleischig, über 10 mm dick. Hutoberfläche ungezont 12
11 Hymenophor lila, violett. Hymenium mit kristalltragenden Zystiden

Trichaptum II 50

11′ Hymenophor weiß, grau oder ocker bis orange. Hymenium ohne Zystiden

Trametes II 48, 49, 52, 53

12 (10) Sp. dickwandig. Generative Hyphen ohne Schnallen. Poren eckig bis irpicoid. An Laubholz, Skandinavien (?)

Leucophellinus irpicoides

12′ Sp. dünnwandig. Generative Hyphen mit Schnallen 13
13 Poren rund, an alten Frk. eckig. Trama mit Anisgeruch

Trametes (suaveolens II 53)

13′ Poren von Anfang an eckig. Trama ohne Anisgeruch

Coriolopsis (trogii)

14 (9) Trama trimitisch (Bindehyphen vorhanden). Generative Hyphen mit Schnallen. Weißfäule

Trametes II 48, 49, 52, 53

14′ Trama dimitisch (Bindehyphen fehlend) 15
15 Generative Hyphen ohne Schnallen. An Laubholz, Weißfäule

Antrodiella (onychoides)

15′ Generative Hyphen mit Schnallen 16
16 Weißfäule. Meist an Laubholz

Antrodiella

16′ Braunfäule. Meist an Nadelholz

Antrodia II 54

17 (7) Huttrama zweischichtig (obere Schicht filzig-schwammig). Weißfäule 18
17′ Huttrama einheitlich 20
18 Frk. dickfleischig. Untere Tramaschicht faserig. Poren weißlich. Sp. kurz ellipsoid, dickwandig

Spongipellis VI Bild 20
vgl. auch *Climacocystis*, Frage 22 dieses Schlüssels

18′ Frk. dünnfleischig. Untere Tramaschicht knorpelig oder gallertartig. Sp. schief zylindrisch, dünnwandig 19
19 Poren weiß, dann fleckenweise oder ganz orange. Schwammige Tramaschicht mit Skeletthyphen. An Nadelholz

Skeletocutis (amorpha II 43)

19′ Poren erst lachsfarben, dann dunkel violettbraun. Schwammige Tramaschicht ohne Skeletthyphen. An Laubholz

Gloeoporus (dichrous VI Bild 25)

20 (17) Hymenophor gelb. Hutoberfläche satt orangegelb, später ausblassend, kahl. Trama käseartig bröckelig. Hyphensystem amphimitisch mit rechtwinklig verzweigten Bindehyphen. Braunfäule

Laetiporus sulphureus I 167

20′ Hymenophor weiß, bei einigen Arten farbig (jedoch nicht gelb) anlaufend. Hutoberfläche nicht orange (außer bei *Tyromyces kmetii*, Frage 26) 21
21 Hymenium mit auffälligen Zystiden. An Nadelholz 22
21′ Hymenium ohne Zystiden 23

22 Zystiden spindelförmig, dünnwandig, inamyloid. Sp. ellipsoid. Frk. rein weiß, geruchlos. Braunfäule

Climacocystis borealis

22′ Zystiden zylindrisch, z. T. kristalltragend, dickwandig, amyloid. Sp. zylindrisch. Frk. braunrot anlaufend. Geruch balsamartig. Braunfäule

Amylocystis lapponica

23 (21) Trama mit Bindehyphen und/oder Skeletthyphen 24
23′ Trama monomitisch, ohne Binde- und Skeletthyphen 26
24 Trama amphimitisch mit rechtwinklig verzweigten Bindehyphen (unter der Lupe körnig-bröckelig). Hut hellgrau, kahl. Sp. allantoid. An Laubholz, Weißfäule

Tyromyces (chioneus)

24′ Trama mit Skeletthyphen, nicht körnig-bröckelig. Sp. nicht allantoid 25
25 Trama dimitisch mit unverzweigten Skeletthyphen. Hut gelbbräunlich, orangegelb, filzig. sehr unregelmäßig. Sp. subglobos. An Laubholz und auf Waldboden, Braunfäule. Westeuropa bis Thüringen und Schweden

„Fibroporia“ wynnei

25′ Trama trimitisch mit wenig verzweigten Skeletthyphen und stark verzweigten Bindehyphen. Hut weiß, hellgrau, warzig rauh. Sp. ellipsoid. An Laubholz, Braunfäule. Mittelmeergebiet

Fomitopsis (spraguei)

26 (23) Trama nahe der Hutoberfläche mit mehreren schwarzen Zonen (im Längsschnitt parallele schwarze Linien). Frk. weiß, später rosa oder bläulich anlaufend. Sp. ellipsoid. An Laubholz (besonders *Malus*). Fäule hellbraun mit weißen Streifen

Aurantiporus (fissilis VI Bild 27**)**

26′ Trama mit einer orangefarbenen Zone nahe der Hutoberfläche. Frk. hell orange. Sp. breit eiförmig. An Laubholz, Weißfäule. Nordeuropa und Hochgebirge

Tyromyces (kmetii)

26″ Trama ohne schwarze oder orange Zonen. Frk. weiß, grau oder farbig. Sp. ellipsoid, zylindrisch oder allantoid. An Laub- und Nadelholz, Braunfäule

Spongiporus II 45, 46

27 (1) Röhren geschichtet. Frk. mehrjährig. Hut schwärzlich. Trama und Poren rosa. An Nadelholz, Braunfäule

Fomitopsis (rosea)

27′ Nur eine Röhrenschicht. Frk. einjährig. Trama orange bis zinnoberrot 28
28 Trama korkig. Hyphensystem trimitisch. Poren intensiv zinnoberrot. Weißfäule

Pycnoporus cinnabarinus II 56

28′ Trama weichfleischig, faserig, getrocknet knochenhart. Hyphensystem monomitisch. Poren orange 29
29 Hyphen ohne Schnallen, z. T. dickwandig. Trama mit KOH rot anlaufend. Sp. zylindrisch. Vorwiegend an Nadelholz, Braunfäule

Pycnoporellus (fulgens)

29′ Hyphen ohne Schnallen, z.T. dickwandig. Trama mit KOH violett anlaufend, Strangtextur. Sp. ellipsoid. An Laubholz (*Quercus, Castanea*). Fäule hellbraun mit weißen Streifen

Aurantiporus (croceus)

30 (1) Frk. weichfleischig. Hyphensystem monomitisch. Hymenium mit Zystiden oder Setae 31
30′ Frk. korkig oder holzig. Hyphensystem di- oder trimitisch. Hymenium ohne Zystiden und Setae 33

31 Hymenium mit braunen, pfriemen- oder hakenförmigen Setae. Trama von braunen Fasern durchzogen

Inonotus II 68–71 (junge Stadien)

31′ Hymenium mit farblosen Zystiden. Trama ohne braune Fasern 32

32 Zystiden spindelförmig, ihre obere Hälfte inkrustiert (Lamprozystiden). Trama satt gelb. In Bergwerken und Gewächshäusern. Generative Hyphen mit Schnallen

Flaviporus brownei

32′ Zystiden keulenförmig, kristalltragend. Trama blaß gelblich. Alle Hyphen ohne Schnallen. In Wäldern

Oxyporus (ravidus)

33 (30) Hut filzig. Röhren ungeschichtet. Trama hellgelb. An Nadelholz, Weißfäule

Diplomitoporus (flavescens)

33′ Hut kahl. Röhren geschichtet 34

34 Hut rosarot mit gelblichem Rand. Trama zitronengelb. Sp. zylindrisch, dünnwandig. Sp. und Skeletthyphen weder zyanophil noch dextrinoid. An Laub- und Nadelholz, Braunfäule

Fomitopsis (pinicola II 63, junge Stadien**)**

34′ Hut orangegelb bis fuchsig. Trama hell- bis orangegelb. Sp. eiförmig, dickwandig. Sp. und Skeletthyphen zyanophil und schwach dextrinoid. An *Juniperus* und *Cupressus*, Südosteuropa

Pyrofomes demidoffii

35 (1) Röhren geschichtet (Frk. mehrjährig) 36

35′ Röhren ungeschichtet (Frk. einjährig) 45

36 Trama hell bräunlich, holzfarben. Generative Hyphen mit Schnallen 37

36′ Trama satt gelbbraun, rostbraun, rotbraun, tabakbraun 42

37 (5, 36) Trama mit intensivem Anisgeruch, bitter schmeckend. Hyphensystem trimitisch. Sp. feinwarzig, dextrinoid und zyanophil. An lebenden *Salix*-Stämmen, Weißfäule. Nordeuropa

Haploporus odorus

37′ Trama ohne (*Poria fraxinea* mit schwachem) Anisgeruch, nicht bitter. Sp. glatt . . . 38

38 Hutoberfläche rauhhaarig-zottig. Röhrenschichten durch dünne Tramaschichten getrennt. Hyphensystem trimitisch. An Laubholz, Weißfäule

Coriolopsis (gallica)

38′ Hutoberfläche kahl, oft harzig-klebrig, oder fein behaart. Röhrenschichten nicht durch Tramaschichten getrennt 39

39 Hutoberfläche fein behaart. Sp. zyanophil und ± dextrinoid 40

39′ Hutoberfläche kahl. Sporen azyanophil, nicht dextrinoid 41

40 Hyphensystem trimitisch. An Laub- und Nadelholz, Mittelmeergebiet. Sp. ellipsoid, 12–16 µm lang

Truncospora ochroleuca

40′ Hyphensystem dimitisch, mit dextrinoiden Skeletthyphen. Sp. subglobos, 6–7 µm lang. An Laubholz

Poria (fraxinea)

41 (39) Frk. konsolenförmig, verschieden gefärbt; ältere Frk. schwärzlich. Generative Hyphen mit Schnallen. An Stämmen und Baumstümpfen, Braunfäule

Fomitopsis II 63

41′ Frk. effus-reflex, sehr unregelmäßig geformt. Oberfläche stark höckerig, kastanienbraun mit weißlichem Rand. Generative Hyphen ohne Schnallen. Vorwiegend an Wurzeln und am Wurzelhals junger Stämme. Weiß- und Rotfäule

Heterobasidion annosum II 62

42 (35) Frk. mit harter, von der weicheren Trama gut differenzierter Rinde. Hutoberfläche kahl, nicht rissig 43

42′ Frk. ohne Rindenschicht. Hutoberfläche filzig oder kahl und dann rissig zerklüftet . 44

43 Sporenstaub kakaobraun. Sp. warzig, eiförmig-abgestutzt. Trama ocker-, tabak- bis dunkel rotbraun, ziemlich dicht

Ganoderma I 170, II 73

43′ Sporenstaub weiß. Sp. glatt, zylindrisch. Trama tabakbraun, wergartig locker, jedoch mit hartem, rundem Kern um die Ansatzstelle

Fomes fomentarius I 171

44 (42) Trama zweischichtig: obere Schicht wergartig, schwammig, untere Schicht hart. Hutoberfläche schwach filzig. Hymenium ohne Setae

Phylloporia ribis II 66

44′ Trama einheitlich, korkartig oder fast steinhart. Hutoberfläche filzig oder kahl. Hymenium mit braunen (bei dem kahlen *Ph. robustus* sehr seltenen) Setae

Phellinus I 172, II 64, 65, 67

44″ Wenn ohne Setae, und Röhrenschichten voneinander durch Tramaschichten getrennt, vgl.

Coriolopsis (gallica), Frage 38 dieses Schlüssels

45 (35) Trama blaß bräunlich, holzfarben 46

45′ Trama satt ocker-, tabak-, rostbraun 53

46 Hymenium mit kristalltragenden Zystiden. Röhren rötlich, purpurn, violett 47

46′ Hymenium ohne Zystiden. Röhren bräunlich, grau oder anfangs weiß 48

47 Röhren und Poren ziegelrot. Frk. dickfleischig, einzeln wachsend. Hyphensystem monomitisch, Hyphen ohne Schnallen. Sp. subglobos. Besonders an *Ulmus*, Weißfäule. Westeuropa

Rigidoporus (ulmarius)

47′ Röhren und Poren purpurn oder violett. Frk. dünnfleischig, in dichten Rasen wachsend. Hyphensystem di- oder trimitisch, generative Hyphen mit Schnallen. Sp. zylindrisch bis allantoid. Weißfäule

Trichaptum II 50

48 (46) Frk. weichfleischig. Hyphensystem monomitisch. Röhrenschicht grau oder bräunlich, deutlich von der Huttrama abgegrenzt. Weißfäule

Bjerkandera II 42

48′ Frk. zäh, lederig oder korkig. Hyphensystem di- oder trimitisch. Röhrenschicht in die Huttrama übergehend 49

49 Frk. konsolenförmig, auffallend scharfrandig, nicht am Substrat herablaufend. Poren länglich, radial gestreckt. Hyphensystem trimitisch. Weißfäule

Daedaleopsis (confragosa II 55)

49′ Frk. effus-reflex, teilweise am Substrat herablaufend. Poren isodiametrisch, nicht radial gestreckt. Hyphensystem dimitisch 50

50 Skeletthyphen häufig dichotom verzweigt. Meist an Nadelholz, Weißfäule

Dichomitus (squalens)

50′ Skeletthyphen unverzweigt 51

51 Trama mit Duplex-Textur, über einer schwarzbraunen Grenzschicht tabakbraun, schwammig. Generative Hyphen an den Rändern der Dissepimente mit Kristallen inkrustiert. Sp. allantoid. An Nadelholz, Weißfäule. Nordeuropa

Piloporia sajanensis

51′ Trama ohne Duplex-Textur, ohne schwarzbraune Schicht. Dissepimente ohne inkrustierte Hyphen. Hut radial gefurcht 52

52 Hutoberfläche dunkelbraun, filzig und z.T. harzig. Poren anfangs weiß, an Druckstellen bräunend. Weißfäule

Ischnoderma

52′ Hutoberfläche hell bräunlich, kahl oder fein samtig. Poren bräunlich. An Laubholz, Braunfäule

Antrodia (malicola)

53 (45) Hut kahl oder seidig behaart 54

53′ Hut filzig, rauhhaarig 56

54 Poren sechseckig, wabenartig, 1–3 mm weit. Hutoberfläche oliv- bis schwarzbraun, glänzend. Trama korkig. Hymenium ohne Setae. An *Quercus*, Mittelmeergebiet und Frankreich

Apoxona nitida

54′ Poren rund oder polygonal, weniger als 1 mm weit. Hutoberfläche matt oder mattglänzend 55

55 Poren silberig schillernd. Trama anfangs weich und saftig. Hymenium mit braunen Setae. An Laubholz, Weißfäule

Inonotus (dryadeus II 71, **nodulosus** II 69, **radiatus** II 68)

55′ Poren nicht schillernd. Trama korkig. Hymenium ohne Setae. Vorwiegend an Nadelholz, Braunfäule

Gloeophyllum (protractum, trabeum)

56 (53) Trama anfangs weich und saftig. Hyphensystem monomitisch 57

56′ Trama von Anfang an zäh, lederig oder korkig. Hyphensystem di- oder trimitisch (*Onnia* monomitisch) 60

57 Trama gelbbraun, zimtbraun, nach Betupfen mit Laugen violett werdend. Poren nicht schillernd. An Laubholz, Weißfäule

Hapalopilus rutilans II 47

57′ Trama rostbraun, rotbraun, nach Betupfen mit Laugen violettschwarz werdend. Poren silberig oder goldgrün schillernd 58

58 Hymenium mit dunkelbraunen, haken- oder pfriemenförmigen Setae. Sp. braun. An Laubbaumstämmen, Weißfäule

Inonotus (hispidus II 70, **cuticularis)**

58′ Hymenium ohne Setae 59

59 Frk. rostgelb mit hellem Rand. Hymenium ohne Zystiden. Sp. braun. An Laubholz, Weißfäule

Inonotus (dryophilus, rheades)

59′ Frk. oliv- bis kastanienbraun mit hellem Rand. Hymenium mit dünnwandigen, zylindrischen Zystiden. Sp. blaß gelblich. Vorwiegend an Nadelholz, Braunfäule

Phaeolus schweinizii II 40

60 (56) Poren eng (mehr als 2 Poren auf 1 mm), rund 61

60′ Poren weit (höchstens 2 Poren auf 1 mm), eckig 63

61 Hut auffallend radial gefurcht. Hymenium ohne Setae

Ischnoderma

61′ Hut nicht radial gefurcht. Hymenium mit dunkelbraunen Setae 62

62 Setae pfriemenförmig, gerade. Manchmal mehr als eine Röhrenschicht. An Laubholz, Mittelmeergebiet

Mucronoporus (gilvus)

62′ Setae hakenförmig. Nur 1 Röhrenschicht. Trama mit deutlicher Duplex-Textur. An Kiefernstümpfen, verbreitet

Onnia (triquetra)

63 (60) Frk. weniger als 10 mm dick. Röhren grau. An abgefallenen Laubholzästen, Weißfäule

Datronia (mollis VI Bild 23)

63′ Frk. mehr als 10 mm dick. An Baumstümpfen und -stämmen 64

64 Frk. stumpfrandig, stark nach Fenchel riechend. An Nadelholz, Braunfäule

Gloeophyllum (odoratum II 59)

64′ Frk. scharfrandig, ohne Fenchelgeruch. An Laubholz, besonders *Fraxinus*, Weißfäule

Coriolopsis (gallica)

Bestimmungshilfen zu Schlüssel 14

Anlauffarben der Röhrenschicht, besonders an Druckstellen:

- orange: *Skeletocutis amorpha*
- rost- weinrot: *Amylocystis lapponica, Spongiporus fragilis*
- rosa, violett: *Aurantiporus fissilis, Daedaleopsis confragosa, Leptoporus mollis*
- blaugrau, blaugrün: *Aurantiporus fissilis, Spongiporus caesius, S. subcaesius*
- rostbraun: *Ischnoderma bezoinum, Spongiporus fragilis, S. leucomallelus*
- dunkelbraun: *Phaeolus schweinizii*

Auffällige Gerüche:

- Anis-, Fenchelgeruch: *Gloeophyllum odoratum, Haploporus odorus, Poria fraxinea, Trametes suaveolens*
- nach ranzigem Öl: *Inonotus rheades*
- balsamartig: *Amylocystis lapponica, Spongiporus balsameus*

Schlüssel 15: Röhrlinge und gestielte Porlinge

1 Frk. weichfleischig. Röhrenschicht leicht von der Huttrama abtrennbar (Röhrlinge) . 2

1′ Frk. zähfleischig, lederig, korkig. Röhrenschicht fest mit der Huttrama verbunden (Porlinge) 18

2 Hut von Jugend an schmierig 3

2′ Hut trocken, höchstens im Alter schmierig 7

3 Poren orange-, blut-, rostrot 4

3′ Poren gelb oder olivgrünlich 5

4 Hut 50–120 mm breit. Stiel beringt. Stielbasis nicht gelb

Suillus (tridentinus II 22)

4′ Hut 10–60 mm breit. Stiel nicht beringt. Stielbasis gelb

Boletus subg. Chalciporus (piperatus I 161)

5 (3) Röhren deutlich am Stiel herablaufend, nicht länger als 4 mm

Gyrodon lividus II 26

5′ Röhren nicht oder sehr wenig herablaufend, oft länger als 4 mm 6

6 Hut rosa, später braunrot. Stiel etwas klebrig

Pulveroboletus (gentilis II 14)

6′ Hut nicht rosa. Stiel trocken (jedoch manchmal mit schleimigem Ring)

Suillus I 143–148, II 19–22

7 (2) Röhrenschicht (wenigstens die Mündungen) dunkelbraun, dunkelgrau, schwärzlich . 8

7′ Röhrenmündungen weiß, gelb, grünlich, rosa oder rot 10

8 Hut grob schuppig, grauschwarz. Stiel mit filzigem Ring. Fleisch rötend. Sp. kugelig, netzig-gratig

Strobilomyces strobilaceus I 164

8′ Hut nicht schuppig. Stiel nicht beringt. Sp. länglich ellipsoid bis spindelförmig, glatt . 9
9 Hut und Stiel dunkelbraun, erst samtig, dann kahl. Stiel nicht schuppig. Stielbasis ± olivbraun. Sporenstaub dunkel rötlichbraun

Porphyrellus porphyrosporus II 8

9′ Hut orange, kahl. Stiel weiß, fein schwärzlich geschuppt. Sporenstaub graubraun

Leccinum (versipelle I 163, junge Frk.)

10 (7) Hut filzig, plüschartig-samtig oder filzig-schuppig 11
10′ Hut kahl, höchstens ganz jung sehr fein angedrückt behaart 15
11 Holzbewohnende Pilze. Röhren deutlich am Stiel herablaufend, lebhaft gelb

Pulveroboletus (lignicola II 9, **sulphureus** II 10)

11′ Bodenbewohnende Pilze (höchstens ausnahmsweise an Holz und dann Röhren nicht herablaufend) 12
12 Röhren deutlich radial gestreckt, ± herablaufend. Stiel oft hohl. Hyphen mit Schnallen

Boletinus I 142

12′ Röhren nicht radial orientiert, nicht herablaufend. Stiel nicht hohl. Hyphen ohne Schnallen 13
13 Sporenstaub gelblich. Hut grobfaserig-filzig bis zottig. Fleisch sofort kornblumenblau anlaufend

Gyroporus (cyanescens II 24)

13′ Sporenstaub olivbraun. Hutoberfläche fein samtig 14
14 Hut anfangs rosa bis purpurrötlich, dann olivgrau mit rosa bis purpurnen Rissen. Sp. fein längs gefurcht. Habitus ähnlich *Xerocomus chrysenteron*

Boletellus intermedius und **„Xerocomus“ fragilipes**

14′ Hut anfangs nicht rosa (später manchmal rosa in Rissen der Huthaut). Sp. glatt

Xerocomus I 149–151, II 15, 16 und

Boletus (pulverulentus II 17)

15 (10) Röhrenmündungen (Poren) rot, orange, rostrot

Boletus subg. Boletus und **subg. Chalciporus** I 157–159, II 5–7, 18

15′ Röhrenmündungen nicht rot 16
16 Sporenstaub rosa bis weinrötlich. Röhren erst weißlich, dann schmutzig rosa. Stiel genetzt (dunkles Netz auf hellem Grund). Fleisch stark bitter

Tylopilus felleus I 152

16′ Sporenstaub zitronengelb. Röhren weißlich. Stiel glatt. Fleisch nicht bitter

Gyroporus (castaneus II 25)

16″ Sporenstaub graubräunlich, olivbraun 17
17 Stiel schlank, flockig-schuppig. Sporenstaub nicht oliv getönt

Leccinum I 162, 163, II 11–13 a

17′ Stiel meist gedrungen, oft keulenförmig oder spindelförmig bis bauchig, seine Oberfläche genetzt, punktiert oder glatt

Boletus subg. **Boletus** I 153–156, 169, II 1–4, 23

18 (1) Frk. vielhütig, mit gemeinsamem, verzweigtem Strunk 19
18′ Frk. einhütig (mitunter gesellig stehend und benachbarte Hüte zusammenwachsend, aber dann mit getrennten Stielen) 24
19 Hüte zentral gestielt, ± kreisrund 20
19′ Hüte seitlich gestielt, spatel- oder fächerförmig 21
20 Hüte braun, Poren und Stiele weißlich. Frk. aus großem, klumpigem Pseudosklerotium hervorgehend. Auf Waldboden unter Laubbaumwurzeln

Polyporus (umbellatus II 31)

20′ Hüte, Poren und Stiele weiß. Frk. ohne Pseudosklerotium; trocken knochenhart werden. An Koniferenstümpfen

Osteina obducta

21 (19) Trama satt rostbraun, anfangs zum Ausdrücken wässerig. Poren olivgrün, später braun. Hut stark filzig. Vorwiegend über Koniferenwurzeln und an Koniferenstümpfen

Phaeolus schweinizii II 40

21′ Trama weiß bis blaß bräunlich. Hüte kahl oder etwas samtig 22

22 Poren gelblich, an Druckstellen schwärzend. Hutoberfläche deutlich gezont, gelb-, zimt-, dunkelbraun. An Laubholzstümpfen

Meripilus giganteus II 34

22′ Poren weiß, nicht schwärzend. Hutoberfläche nicht oder undeutlich gezont 23

23 Hüte zahlreich, bis 80 mm breit, graubraun. Sp. glatt, inamyloid. Große, blumenkohlartige Rasen auf Waldboden über Laubbaumwurzeln

Grifola frondosa II 32

23′ Hüte wenige, sehr groß, weißlich bis gelbbraun. Sp. mit amyloiden Warzen, subglobos. An Koniferenwurzeln und -stümpfen

Bondarzewia mesenterica (vgl. Anm. zu II 34)

23″ Hüte wenige, klein (10–60 mm breit), weißlich. Trama zweischichtig. Sp. glatt, zyanophil. subglobos. An Laubholz in Bodennähe (feuchte Laubwälder)

Spongipellis (fractipes)

24 (18) Trama anfangs fleischrötlich, mit rotem Saft erfüllt, radialfaserig; später ocker mit rötlichen Fasern. Hut orange- bis leberbraun. Röhren voneinander getrennt, hohlstachelartig. An Laubbäumen

Fistulina hepatica I 168

24′ Trama ohne roten Saft, ohne rötliche Fasern. Röhren nicht getrennt (mit gemeinsamen Dissepimenten) 25

25 Trama braun oder mit einer braunen Schicht 26

25′ Trama weiß bis gelblich 30

26 Hut ungezont oder undeutlich gezont, stark filzig. Trama zweischichtig (Duplex-Textur: oben schwammig-weich, unten fest) 27

26′ Hut meist deutlich gezont, kurz samtig oder kahl 28

27 Trama rostbraun. Hymenium mit dunkelbraunen, spitzen Setae. Über Koniferenwurzeln (scheinbar auf Nadelstreu) oder an Koniferenstümpfen

Onnia

27′ Trama oben weiß, unten ockerbräunlich. Hymenium ohne Setae. Über Wurzeln von Laubbäumen, selten Koniferen

Abortiporus biennis

28 (26) Hut weniger als 8 mm dick, ohne Kruste, oberseits samtig, später kahl. Stiel zentral. Auf Waldboden

Coltricia II 72

28′ Hut mehr als 5 mm dick, mit rindenartiger Kruste, von Anfang an kahl. Stiel exzentrisch bis seitlich. An Holz 29

29 Sp. farblos, glatt. Trama gleichmäßig hellbraun (holzfarben). Hut glanzlos. An Koniferenwurzeln und -stümpfen, besonders an Tanne (*Abies*)

Podofomes trogii

29′ Sp. braun, warzig (Hut oft von kakaobraunem Sporenstaub bedeckt). Hut glänzend orange- bis purpurrot, bis fast schwarz, oder glanzlos und grau. Trama über den

Röhren tabakbraun, sonst weißlich bis hellocker, oder ganz braun. Meist an Laubholz

Ganoderma (carnosum, lucidum I 170, gestielte Form von **lipsiense** II 73)

30 (25) Auf Waldboden wachsend 31
30′ An Holz wachsend 33
31 Stiel kahl, weiß bis gelblich. Hut fleischig, oberseits glatt und kahl oder felderig-schuppig oder filzig-schuppig. Benachbarte Hüte oft zusammenwachsend

Scutiger I 165, 166, II 29, 30 (= *Albatrellus*)

31′ Stiel filzig oder samtig, braun oder dunkelgrau 32
32 Trama fleischig, an der Luft rötend. Sp. graubräunlich, rundlich, höckerig

Boletopsis leucomelaena II 28

32′ Trama zähfleischig bis lederig, nicht rötend. Sp. farblos, zylindrisch, glatt

Polyporus (melanopus, tuberaster II 383)

33 (30) Trama von faseriger Textur, monomitisch. Frk. in allen Teilen weiß. Hut filzig. Hymenium mit dickwandigen Zystiden. Sp. ellipsoid. An Laubholz (nur ?)

Climacocystis borealis var. **rohrbacheri**

Wenn Trama zweischichtig, Hymenium ohne auffällige Zystiden und Sp. zyanophil, vgl. *Spongipellis fractipes,* Frage 23 dieses Schlüssels

33′ Trama von gleichmäßiger Textur, nicht faserig, im Hut amphimitisch (nur *Jahnoporus hirtus* monomitisch). Hutoberfläche ocker bis braun. Sp. zylindrisch oder spindelförmig 34
34 Frk. mit dünner, lederiger, abziehbarer Haut, kahl. Huttrama mehr als 15 mm dick . 35
34′ Frk. ohne abziehbare Haut, filzig, schuppig oder kahl. Huttrama meist weniger als 15 mm dick 36
35 Frk. nierenförmig, mit eingerolltem Hutrand. Stiel kurz, schräg von oben oder seitlich. Fast nur an Birke (*Betula*)

Piptoporus II 41

35′ Frk. zungenförmig (ähnlich *Fistulina hepatica*), Stiel seitlich. An Eiche (*Quercus*)

Buglossoporus quercinus VI Bild 26 (vgl. Anm. zu II 41)

36 (34) Stiel kahl oder fein schuppig. Röhrentrama irregulär

Polyporus subg. **Leucoporus** II 35

36′ Stiel (mindestens im unteren Drittel oder einseitig) von braunem oder schwarzem Filz bedeckt 37
37 Stiel meist exzentrisch oder zentral. Huttrama nicht bitter, amphimitisch. Röhrentrama subregulär (bei *P. melanopus* oft irregulär). An Laubholz, auch an lebenden Stämmen

Polyporus subg. **Polyporus** I 169, II 36–39

37′ Stiel meist seitlich. Huttrama bitter, monomitisch. Textur der Röhrentrama unbekannt. An Stümpfen von Tanne (*Abies*), Schweizer Jura und Pyrenäen

Jahnoporus hirtus

Schlüssel 16: Blätterpilze, Stiel fehlend, seitlich oder exzentrisch

1 Lamellen längs gespalten, ihre Hälften bei Trockenheit eingerollt, bei Feuchtigkeit vorgestreckt. Hut hellgrau, filzig, undeutlich gezont. Hymenium graurosa

Schizophyllum commune III 96

1′ Lamellen nicht längsgespalten, keine hygrometrischen Bewegungen ausführend . . 2
2 Frk. ungestielt (dimidiat oder mit dem Hutscheitel aufgewachsen = resupinat) . . . 3

2′ Frk. gestielt; Stiel seitlich oder exzentrisch 9

3 Hutoberfläche konzentrisch gezont. Frk. konsolen-, halbkreisförmig oder effus-reflex, häufig Fremdkörper (Ästchen, Grashalme u.a.) einschließend. Hymenophor oft unregelmäßig, in porige oder labyrinthische Konfiguration übergehend 4

3′ Hutoberfläche ungezont. Frk. muschel-, fächer-, glockenförmig, mit dem Hutscheitel am Substrat befestigt, keine Fremdkörper einschließend 9

4 Trama weiß

Lenzites II 51

4′ Trama korkfarben oder braun 5

5 Hut kahl. Trama hellbraun, korkfarben 6

5′ Hut filzig. Trama dunkler braun 7

6 Lamellen 1–2 mm weit entfernt, dick, stumpfrandig. Hut nur undeutlich gezont

Daedalea quercina II 58

6′ Lamellen höchstens 1 mm entfernt, scharfrandig. Hut (mindestens am Rande) mit zahlreichen, deutlichen Zonen, scharfrandig

Daedaleopsis II 55

7 (5) Hymenophor violett, violettbraun, lila

Trichaptum (laricinum)

7′ Hymenophor braun, rostfarben. Braunfäule 8

8 Trama rostbraun. Lamellen ± entfernt (am Hutrand höchstens 24 Lamellen auf 10 mm). Hyphensystem trimitisch

Gloeophyllum (abietinum II 61, **sepiarium** II 60**)**

8′ Trama haselnuß- bis dunkelbraun. Lamellen dichtstehend. Hyphensystem dimitisch (ohne Bindehyphen)

Gloeophyllum (protractum, trabeum)

9 (2, 3) Sporenstaub ocker, bräunlich, braun, purpurbraun 10

9′ Sporenstaub rosa, fleischfarbe, blaß lila 18

9″ Sporenstaub weiß oder creme (elfenbeinfarben) 22

10 Frk. über 15 mm breit, dünnfleischig bis fleischig 11

10′ Frk. kleiner als 15 mm, häutig 13

11 Hutrand gerade. Lamellen nicht gegabelt, nicht vom Hutfleisch trennbar. Sp. glatt oder warzig. Hut mancher Arten mit gummiartig dehnbarer, klebriger Haut

Crepidotus III 83–86, IV 22

11′ Hutrand (jung) eingerollt. Lamellen oft gegabelt oder queradrig, leicht vom Hutfleisch trennbar. Sp. glatt 12

12 Stiel gut entwickelt, seitlich oder exzentrisch, mit braunschwarzem, samtigem Filz überzogen

Paxillus (atrotomentosus I 141**)**

12′ Stiel fehlend oder rudimentär (seitlich), kahl oder mit violettem, zottigem Filz

Tapinella panuoides III 290

13 (10) Hut leuchtend zinnoberrot. Lamellenschneide rotflockig

Crepidotus (cinnabarinus)

13′ Hut braun, gelblich, weißlich oder grau 14

14 Frk. deutlich gestielt. Stiel exzentrisch, oft sehr kurz 15

14′ Frk. ungestielt oder mit seitlichem, rudimentärem Stiel 16

15 Hut gelblichweiß, kahl. Stiel braunrötlich. Sp. mit Keimporus. An toten Blättern und Halmen von Graminiden (*Carex, Scirpus, Juncus* u.a.)

Melanotus

15′ Hut grau, grauoliv, tonbraun, kleiig-mehlig. Sp. ohne Keimporus. An toten Ästen

Simocybe (rubi)

16 (14) Sporenstaub sehr blaß bräunlich. Sp. unterm Mikroskop farblos, glatt. Hut weiß

Pleurotellus III 82

16′ Sporenstaub deutlich ocker bis braun 17

17 Sp. unterm Mikroskop hellbraun, dünnwandig, glatt oder warzig. Hutrand ohne Velumreste

Crepidotus III 83–86, IV 22

17′ Sp. unterm Mikroskop satt rostbraun, mit dicker mehrschichtiger Wand, glatt. Hut mit rostbraunen Schüppchen. Hutrand vom Velum weiß gezähnelt. An Holz. Irland, Portugal

Pleuroflammula ragazziana

18 (9) Hut häutig bis dünnfleischig, kleiner als 40 mm, weißlich oder bräunlich. Sp. längsgefurcht oder polygonal, zyanophil 19

18′ Hut fleischig, größer als 30 mm. Sp. anders geformt 20

19 Sp. mit 6 oder 8 Längsfurchen. Hut weiß. Auf Pferdemist, in Champignonkulturen; auf Holz, Frk. von Porlingen, Erde

Clitopilus (passeckerianus III 70 u. a.**)**

19′ Sp. im Umriß vieleckig oder grob höckerig. Auf Pilzen, Erde, sehr faulem Holz

Entoloma subg. **Claudopus** III 67, 68

20 (18) Lamellen weiß. Sporenstaub creme bis blaß lila. Sp. zylindrisch, glatt, unterm Mikroskop farblos. Hut grau, taubenblau, bräunlich oder weiß

Pleurotus I 110, III 91, 92

20′ Lamellen rosa oder orange. Sporenstaub rosa. Hut lachsfarben, orange, ausblassend gelbbraun 21

21 Hut filzig, ungestielt. Trama dreischichtig. Sp. allantoid, schmal, glatt

Phyllotopsis nidulans III 79

21′ Hut kahl, gerunzelt, exzentrisch gestielt. Trama einheitlich. Sp. kugelig, grobwarzig

Rhodotus palmatus III 78

22 (9) Huttrama mit einer gallertartigen Schicht 23

22′ Huttrama ohne Gallertschicht (die Hutoberfläche kann jedoch klebrig sein) 28

23 Hymenium mit dickwandigen, zugespitzten Zystiden (Metulae). Hut rotbraun, schwarzbraun, blaugrau, darüber manchmal ein weißer Filz. Sp. allantoid oder ellipsoid

Hohenbuehelia III 88–90

23′ Hymenium mit weniger dickwandigen, stumpfen Zystiden oder ohne Zystiden . . . 24

24 Hut über 30 mm breit, fleischig 25

24′ Hut weniger als 30 mm breit, häutig 26

25 Hut gelbgrün, olivgrün, manchmal teilweise taubenblau oer braun. Lamellen gelb. Stiel mit rostgelben Punkten. Zystiden mit gelbem Saft gefüllt. Sp. schmal allantoid

Sarcomyxa serotina III 87

25′ Hut gelbbraun, stark filzig. Lamellen weißlich bis bräunlich. Stiel fehlend. Zystiden haarartig, nicht gelb. Sp. ellipsoid. Karpaten

Resupinatus (vetlinianus)

26 (24) Hut weißlich, mit gummiartig dehnbarer Haut, deutlich gestielt. Lamellen weiß. Sp. zylindrisch, allantoid, weniger als 1,5 µm breit, amyloid

Panellus (mitis III 98**)**

26′ Hut dunkler. Huthaut nicht gummiartig dehnbar. Stiel fehlend oder rudimentär. Sp. breiter als 2 µm 27

27 Lamellen blau, violett. Hut braunviolett. Sp. schwach allantoid, amyloid. An Nadelholz

Panellus (violaceofulvus)

27′ Lamellen grau oder bräunlich. Hut grau, graubraun, schwarzbraun. Sp. kugelig oder kurz zylindrisch, nicht amyloid

Resupinatus

28 (22) Lamellenschneide gesägt oder regelmäßig gekerbt 29
28′ Lamellenschneide ganzrandig 33
29 Hymenium mit Gloeozystiden. Sp. kugelig bis breit ellipsoid, warzig oder glatt, amyloid. Hyphensystem dimitisch mit Skeletthyphen und gloeozystidialen Hyphen

Lentinellus III 101, 102

29′ Hymenium ohne Gloeozystiden. Sp. tropfenförmig, länglich ellipsoid oder zylindrisch, glatt, nicht amyloid. Gloeozystidiale Hyphen fehlen 30
30 Hutrand und Stiel mit ± deutlicher Cortina. Lamellen ausgebuchtet 31
30′ Frk. ohne Cortina. Lamellen herablaufend (ausgebuchtet bei *Heliocybe sulcata*) . . . 32
31 Lamellen nicht strichförmig herablaufend. Hyphensystem skleromonomitisch. Lamellentrama subregulär. Hut filzig-schuppig, Stiel filzig. Geruch rettichartig. Sp. tropfenförmig bis länglich ellipsoid, bis 6,5 µm lang. In Europa nur versuchsweise an Laubholz kultiviert, Weißfäule

Lentinula edodes IV 199

31′ Lamellen strichförmig herablaufend. Hyphensystem anfangs monomitisch, in älteren Frk. dimitisch (mit Skeletthyphen). Hut und Stiel ± grob schuppig. Geruch aus der Stielbasis aromatisch nach Kanadabalsam. Sp. zylindrisch, über 8,5 µm lang. Meist an Nadelholz, Braunfäule

Neolentinus (lepideus III 99**)**

32 (30) Lamellentrama irregulär. Hyphensystem amphimitisch (mit stark verzweigten skeleto-ligativen Hyphen). Hymenium mit Hyphenwarzen. Geruch fehlend oder anisartig

Lentinus subg. **Lentinus (suavissimus, tigrinus** III 95**)**

32′ Lamellentrama regulär – subregulär. Hyphensystem dimitisch (mit unverzweigten oder verzweigten Skeletthyphen). Hymenium ohne Hyphenwarzen. Geruch fehlend oder harzig

Neolentinus (adhaerens III 100**):** Hut glatt, harzig, an Nadelholz, und **Heliocybe sulcata**: Hut feinschuppig, harzlos, an Laubholz

33 (28) Hut über 20 mm breit, fleischig 34
33′ Hut weniger als 20 mm breit, häutig bis dünnfleischig 40
34 Frk. mit flüchtigem, häutigem Velum, zähfleischig, gestielt oder ungestielt-halbkreisförmig

Pleurotus (calyptratus, dryinus III 91**)**

34′ Frk. ohne Velum 35
35 Frk. zähfleischig, lederig, korkig. Trama amphimitisch (mit Bindehyphen) 36
35′ Frk. weichfleischig. Trama ganz oder größtenteils monomitisch 37
36 Hymenium ohne Zystiden. Hymenophor anfangs aderig, später lamellig. An Pappelholz (*Populus*), Braunfäule

Neolentinus (schaefferi)

36′ Hymenium mit herausragenden, stumpfen Zystiden. Hymenophor nicht aderig

Lentinus subg. **Panus (conchatus** III 93, **strigosus** III 94**)**

37 (35) Sp. zylindrisch. Stiel stark exzentrisch bis seitlich. Lamellen weit herauflaufend

Pleurotus I 110, III 91, 92

37′ Sp. fast kugelig. Wenn Frk. gestielt, dann Lamellen nicht herablaufend 38
38 Frk. ungestielt, geruchlos. Hut weiß

Phyllotus porrigens III 80

38′ Frk. gestielt. Stiel filzig. Hut hellocker, grau, olivgrau. Starker Mehlgeruch 39

39 Stiel in ganzer Länge filzig. Hut 30–100 mm breit. Einzeln oder in Gruppen wachsend

Ossicaulis lignatilis

39' Stiel nur an der Basis filzig, sonst kahl. Hut 80–300 mm breit. In Büscheln wachsend

Lyophyllum (ulmarium III 234)

40 (33) An lebenden Moosen wachsend 41

40' An Holz, Pflanzenstengeln oder auf Erde wachsend 42

41 Sp. annähernd kugelig. Hut grau, graubraun, spatel- oder muschelförmig, deutlich gestielt

„Leptoglossum" tremulum

41' Sp. ellipsoid. Hut weißlich, muschelförmig, ungestielt

Pleurotellus (hypnophilus)

42 (40) Frk. deutlich gestielt, Stiel wenige mm lang 43

42' Frk. ungestielt (mit dem Hutscheitel aufgewachsen), selten rudimentär gestielt . . . 45

43 Frk. zäh, büschelig wachsend. Hutoberfläche kleiig-schuppig und klebrig. Sp. eiförmig, amyloid

Panellus (stypticus III 97)

43' Frk. weichfleischig, einzeln wachsend. Hut seidig oder filzig, trocken. Sp. nicht amyloid 44

44 Hut und Lamellen weiß. Sp. fast kugelig. Lamellenschneiden mit zahlreichen fadenförmigen Cheilozystiden. An Laubholz, England

Cheimonophyllum candidissimum

44' Hut grau, graubraun. Lamellen grau. Sp. eiförmig bis länglich ellipsoid. Ohne Zystiden

Phaeotellus III 81

45 (42) Sp. schmal allantoid (bis 2 µm breit,) ± amyloid. Hut ocker bis braun 46

45' Sp. ellipsoid, eiförmig, breiter als 4 µm, nicht amyloid. Hut weiß bis cremefarben . . 47

46 Hut blaß ocker, kleiig, etwas klebrig, Rand mit weißen Velumresten. Lamellen bräunlich, mit dickwandigen Zystiden an der Schneide. Sp. schwach amyloid

Tectella patellaris

46' Hut fleischrötlich braun, samtig (wie bereift). Kein Velum. Lamellen violett, ohne Zystiden. Sp. deutlich amyloid

Panellus (ringens)

47 (45) Sp. und Haare des Hutfilzes dextrinoid. Basidien 2sporig. Lamellenschneide mit Zystiden. Mittelmeergebiet, England

Chaetocalathus craterellus

47' Sp. und Haare des Hutfilzes weder dextrinoid noch amyloid. Basidien 4sporig. Ohne Zystiden

Pleurotellus (chioneus III 82)

Bestimmungshilfen zu Schlüssel 16

Auffällig gefärbte Lamellen

- violett: *Panellus ringens, P. violaceofulvus, Trichaptum laricinum*
- rosa, graurosa, blaß lila: *Clitopilus, Crepidotus* (einige Arten), *Entoloma, Lentinus conchatus, Rhodotus palmatus, Schizophyllum commune*
- orange: *Phyllotopsis nidulans*
- gelb: *Sarcomyxa serotina*
- braunrot mit rotflockiger Schneide: *Crepidotus cinnabarinus*
- grau: *Phaeotellus, Schizophyllum commune*

Geruch

- anisartig: *Lentinellus cochleatus, Lentinus suavissimus*
- mehlartig: *Ossicaulis lignatilis, Lyophyllum ulmarium, Pleurotus cornucopiae*
- nach Kanadabalsam: *Neolentinus lepideus*
- harzartig: *Neolentinus adhaerens*

Schlüssel 17: Blätterpilze, Stiel zentral und Lamellen herablaufend

1 Sporenstaub schwarz, dunkel olivbraun, olivgrau 2
1′ Sporenstaub braun (rost-, umber-, violettbraun) 5
1″ Sporenstaub rosa, fleischfarben 10
1‴ Sporenstaub weiß, cremefarben, ockergelb 15
2 Frk. bis 30 mm hoch, ohne Velum. Hut olivbraun bis schwarz, hygrophan. Sp. warzig. In Rasen, Dänemark (adventiv ?)

Melanomphalia nigrescens

2′ Frk. größer, Stiel mit ± ringförmigem Velum. Hut nicht hygrophan. Sp. glatt. Begleitpilze von Koniferen 3
3 Huttrama orange, lachsfarben. Lamellen jung rosa, orange, später von Sp. schwärzlich bestäubt. Velum faserig

Chroogomphus I 137

3′ Huttrama weiß, weißlich 4
4 Velum schleimig, weiß. Trama der Stielbasis gelb oder rötlich. Lamellen jung weißlich bis grau (bei *G. maculatus* an Druckstellen weinrot)

Gomphidius I 136, II 288, 289

4′ Velum häutig, rot. Trama der Stielbasis granatrot. Lamellen jung purpurrot. Frankreich (adventiv ?)

Cystogomphus humblotii

5 (1) Lamellen häufig anastomosierend, leicht vom Hutfleisch lösbar 6
5′ Lamellen nicht anastomosierend, nicht vom Hutfleisch lösbar 7
6 Hut kahl oder schuppig. Lamellen holzgelblich bis braun. Sporenstaub braun. Frk. einzeln wachsend

Paxillus I 140, 141

6′ Hut filzig. Lamellen goldgelb. Sporenstaub rostgelb. Frk. oft in kleinen Büscheln wachsend

Phylloporus pelletieri II 27

7 (5) Sporenstaub violettbraun. Hut klebrig. Lamellen breit angewachsen, oft dreieckig, wenig herablaufend. Sp. glatt

Psilocybe IV 263–265

7′ Sporenstaub nicht violett getönt. Hut nicht klebrig 8
8 Sporenstaub rostbraun, rostgelb. Hut hygrophan. Sp. glatt

Tubaria IV 23, 24

8′ Sporenstaub graubräunlich 9
9 Hut kahl. Sp. kurz ellipsoid, stumpfeckig, zyanophil

Rhodocybe (hirneola III 73, **popinalis** III 72)

9′ Hut filzig oder am Rande behaart (bewimpert). Sp. kugelig, warzig-höckerig, azyanophil

Ripartites IV 20, 21

10 (1) Sp. mit 6 oder 8 Längsfurchen, spindel- bis eiförmig (in Polansicht polygonal), zyanophil. Frk. meist mit ausgeprägtem Mehlgeruch

Clitopilus I 59, III 69, 70

10′ Sp. nicht längs gefurcht 11

11 Sp. eckig, polyedrisch, zyanophil

Entoloma z. T. III 61, 64, 68

11′ Sp. nicht eckig 12

12 Sp. glatt, nicht zyanophil. Auf Erde, an Blättern und Holz 13

12′ Sp. warzig. Bodenbewohnende Pilze 14

13 Lamellen rosa, rosaviolett. Lamellentrama irregulär

Omphalina sect. **Rhodomphalina (demissa, discorosea)**

13′ Lamellen lebhaft orange. Lamellentrama bidirektionell (Hyphen kreuzen sich rechtwinklig)

Haasiella III 193

13″ Lamellen weißlich, graubläulich. Lamellentrama regulär bis subregulär

Clitocybe (diatreta III 188, **fragrans** III 178, **odora** I 95, **phyllophila** I 90**)**

14 (12) Hut weiß, graubraun, horngrau. Sp. subglobos bis ellipsoid, nicht zyanophil. Hyphen der Frk. mit Schnallen

Lepista (luscina III 74 **u. a.)**

14′ Hut fleischfarben, braun oder grau. Sp. ellipsoid, zyanophil. Hyphen der Frk. ohne Schnallen

Rhodocybe III 71–73, 77

15 (1) Frk. mit weißem oder farbigem Milchsaft. Trama bröckelig bis glasig. Hut mancher Arten gezont. Sp. warzig bis gratig, mit amyloidem Ornament

Lactarius I 111–116, V 1–66

15′ Frk. ohne Milchsaft. Hut nicht gezont 16

16 Stiel mit Ring oder Cortinaresten (Frk. mit Velum) 17

16′ Stiel ohne Ring oder Cortina 19

17 Stiel mit Cortina. Velum auf dem Stiel oft durch Schüppchen angedeutet. Frk. weichfleischig, mit dicken Lamellen. Hut kahl, schleimig oder trocken

Hygrophorus I 134, 135, III 238–252, 254–256

17′ Stiel mit häutigem Ring. Hut trocken 18

18 Stiel doppelt beringt. Fleisch sehr fest. Geruch mehlartig. Hut dunkelbraun, von Velumresten bedeckt. Hutrand eingerollt

Catathelasma imperiale I 96

18′ Stiel einfach beringt. Fleisch im Hut weich, im Stiel faserig und zäh. Geruch nicht mehlartig. Hut honig-, oliv-, rötlichbraun, mit Schüppchen

Armillaria I 97, III 192

19 (16) Lamellen leistenartig oder aderig, dick, oft gegabelt oder anastomosierend 20

19′ Lamellen normal, blattartig 24

20 Lamellen (Leisten) gelb, orange. Frk. fleischig, von bröckeliger Konsistenz. Hyphen mit Schnallen

Cantharellus I 138, III 291, 292, 295

20′ Lamellen (Leisten) grau, bräunlich, weißlich 21

21 Hymenium mit dickwandigen, spitzen Zystiden (Metuloiden). Hut braunschwarz. Auf Brandstellen (Laubholz)

Faerberia carbonaria

21′ Hymenium ohne Zystiden. In Wäldern, nicht auf Brandstellen (wenn auf Pilzhüten, vgl. *Nyctalis*, Schlüssel 18) 22

22 Lamellen und Trama an Druckstellen rötend. Sp. spindelförmig, amyloid. Hyphen mit Schnallen. In Moosrasen

Cantharellula umbonata III 194

22′ Lamellen und Trama nicht rötend. Sp. nicht amyloid. Hut tief genabelt oder bis zum Stielgrund durchbohrt 23

23 Hyphen ohne Schnallen. Geruch nach Mirabellen. Frk. in allen Teilen aschgrau

Pseudocraterellus (cinereus III 293)

23′ Hyphen mit Schnallen

Cantharellus I 138, III 291, 292, 295

24 (19) Lamellen spröde, beim Darüberstreichen bröckelnd (bei *R. cyanoxantha* jedoch schmierend). Trama käseartig bröckelig, da sie zahlreiche Sphärozyten enthält. Sp. warzig, stachelig, gratig oder netzig, Ornament amyloid. Bodenbewohnende Pilze in Wäldern

Russula I 117–131, V 67–162

24′ Lamellen nicht spröde. Trama ohne Sphärozyten. Kein amyloides Sporenornament . 25

25 Sporenstaub creme, gelblich, ocker 26

25′ Sporenstaub rein weiß 30

26 Lamellen stark anastomosierend, goldgelb. Hut filzig

Phylloporus pelletieri II 27

26′ Lamellen wenig anastomosierend, aber z.T. gegabelt. Hut kahl 27

27 Lamellen rostgelb, wenig herablaufend

Tubaria IV 23, 24

27′ Lamellen dottergelb, orangegelb, weit herablaufend 28

27″ Lamellen creme, graubräunlich oder fleischrötlich 49

28 Lamellen häufig gegabelt. Sp. dextrinoid und zyanophil

Hygrophoropsis (aurantiaca I 139)

28′ Lamellen nur ausnahmsweise gegabelt. Sp. weder dextrinoid noch amyloid noch zyanophil 29

29 Lamellen gelb. Sp. dünnwandig, nicht metachromatisch

Gerronema (chrysophyllum III 130)

29′ Lamellen orange. Sp. dickwandig, in Kresylblau rot (metachromatisch)

Haasiella III 193

30 (25) Lamellen häufig (bei *Pseudoclitocybe* oft nur wenig) gegabelt 31

30′ Lamellen in der Regel nicht gegabelt 35

31 Lamellen gelb, orange, rosa, purpurrötlich. Sp. dextrinoid und zyanophil

Hygrophoropsis I 139, III 294

31′ Lamellen weiß, grau, bräunlich 32

32 Hut gewölbt bis trichterförmig, nicht hygrophan 33

32′ Hut trichterförmig bis genabelt, hygrophan. Sp. amyloid 34

33 Lamellen und Trama an Druckstellen rötend. Sp. nicht dextrinoid. In Moosrasen

Cantharellula umbonata III 194

33′ Lamellen und Trama nicht rötend. Sp. dextrinoid und zyanophil

Hygrophoropsis I 139, III 294

34 (32) Lamellen entfernt. Stiel nicht längsfaserig. Hyphen mit Schnallen

Pseudoomphalina

34′ Lamellen gedrängt. Stiel auffallend längs- oder netzfaserig überkleidet. Hyphen ohne Schnallen

Pseudoclitocybe III 186, 195, 196

35 (30) Lamellen dicklich 36
35′ Lamellen normal, blattartig 45
36 Stiel und Hutoberfläche schleimig, klebrig 37
36′ Stiel trocken, allenfalls feucht 38
37 Lamellentrama regulär. Auf Wiesen, Torfmooren

Hygrocybe sect. **Subglutinosae** III 283

37′ Lamellentrama pseudobilateral. In Wäldern

Hygrophorus I 134, 135, III 238–252, 254–256

38 (36) Stieloberfläche schuppig, punktiert oder genattert. Auf Waldböden 39
38′ Stieloberfläche glatt oder längsfaserig 40
39 Lamellen bräunlich bis porphyrbraun. Hut braun. Huthaut von zelliger Struktur. Sp. subglobos

Hygrotrama (atropunctum)

39′ Lamellen weißlich, gelblich, rosa. Hut oft schleimig. Huthaut von hyphiger Struktur. Sp. eiförmig, ellipsoid

Hygrophorus I 134, 135, III 238–252, 254–256

40 (38) Lamellen gelb, orange, rot. Lamellentrama regulär

Hygrocybe I 132, 133, III 264–286

40′ Lamellen rosa, fleischfarben, violett, wenig herablaufend. Lamellentrama regulär. Sp. meist warzig oder stachelig

Laccaria I 98–99

40″ Lamellen weiß, hellgrau, bräunlich 41
41 Hut leuchtend rot. Lamellentrama regulär

Hygrocybe (coccineocrenata III 277, **miniatoalba)**

41′ Hut grau, braun, fuchsig, weiß 42
42 Sp. grob höckerig, kugelig. Lamellen graubräunlich, weit herablaufend. Lamellentrama leicht bilateral

Hygroaster kyrtosporus (Alpen) und **Omphaliaster asterosporus**

42′ Sp. glatt, eiförmig bis länglich ellipsoid 43
43 Huthaut samtartig, matt, von zelliger Struktur. Frk. leuchtgasartig stinkend, gänzlich purpurbraun

Hygrotrama (foetens III 261)

43′ Huthaut nicht samtartig, von hyphiger Struktur 44
44 Trama weich, wäßrig. Lamellen an Druckstellen nicht verfärbend. Lamellentrama irregulär. Auf Wiesen, Weiden

Camarophyllus III 253, 257–260, 262, 263

44′ Trama zähfleischig. Lamellen an Druckstellen graublau oder schwarz anlaufend. Lamellentrama regulär. Geruch oft mehlartig. Wälder, Bergwiesen

Lyophyllum (crassifolium, immundum III 232, **macrosporum)**

45 (35) Frk. fleischig, ansehnlich 46
45′ Frk. klein, häutig bis dünnfleischig und dünnstielig 51
46 Frk. büschelig wachsend 47
46′ Frk. einzeln wachsend 48
47 Lamellen orange oder goldgelb, weit herablaufend. Sp. kugelig. An Holz. Giftig !

Omphalotus olearius III 200

47′ Lamellen weiß, kurz herablaufend. Sp. kugelig oder ellipsoid. Auf Waldboden, an Straßenrändern und Gebäuden. Zum Teil mit Mehlgeruch

Lyophyllum sect. **Difformia** I 64, 65, III 235

48 (46) Sp. amyloid. Hutrand jung eingerollt. Riesige, weiße bis hell lederfarbene Pilze, die auf Bergwiesen oft Hexenringe bilden

Aspropaxillus I 84, III 197

48′ Sp. nicht amyloid. Hutrand junger Frk. eingerollt oder nicht 49

49 (27, 48) Sp. zyanophil, relativ dickwandig, warzig oder glatt

Lepista (flaccida I 88, **gilva** III 170, **nebularis** I 94)

49′ Sp. weder zyanophil noch amyloid, dünnwandig 50

50 Huthaut mit blasenförmigen Chrysozystiden. Starker, unangenehmer Geruch. Auf Laubstreu

Clitocybe (phaeophthalma III 185)

50′ Huthaut nur aus Hyphen bestehend

Clitocybe I 85–87, 89–83, 95, III 168, 169, 171–178, 180–185, 187–192

51 (45) Lamellen blau, violett, purpurn, rosa 52

51′ Lamellen gelb (hell- bis dottergelb) oder grünlich 54

51″ Lamellen weiß, grau, bräunlich 56

52 Lamellen blau bis violett. Stiel klebrig. An Nadelholz

Omphalina (cyanophylla)

52′ Lamellen blaß rosa, blaß lila. Bodenbewohnende Pilze 53

53 Hut konvex, purpurbräunlich. Lamellenschneide mit großen Zystiden

Mycena (pearsoniana)

53′ Hut trichterförmig, rosa. Lamellenschneide ohne Zystiden

Omphalina (rosella)

54 (51) Frk. zäh (*Marasmius*-artig), dünnstielig genabelt. Sp. amyloid. Lamellenschneide mit Zystiden. Lamellentrama regulär bis subregulär

Xeromphalia I 109, III 127

54′ Frk. von weichfleischiger Konsistenz, wäßrig. Sp. nicht amyloid 55

55 Lamellentrama regulär bis subregulär. Lamellenschneide mit dünnwandigen Zystiden. Hyphen mit Schnallen

Rickenella III 123, 124

55′ Lamellentrama bidirektionell (Hyphen kreuzen sich rechtwinklig). Lamellenschneide ohne Zystiden. Hyphen meist ohne Schnallen

Gerronema III 130, 131

56 (51) Sp. warzig oder höckerig (morgensternartig), nicht amyloid. Hut graubraun, rußbraun 57

56′ Sp. glatt 58

57 Lamellenschneide mit dünnwandigen Zystiden. Hyphen mit Schnallen

Fayodia III 125

57′ Lamellen ohne Zystiden. Hyphen ohne Schnallen

Omphaliaster

58 (56) Lamellenschneide mit dünnwandigen Zystiden. Hyphen mit Schnallen 59

58′ Lamellenschneide ohne Zystiden. Hyphen mit oder ohne Schnallen 60

59 Hut graubraun, rußbraun, schwarzbraun, 10–50 mm breit. Huthaut klebrig, gummiartig dehnbar. Auf Brandstellen oder auf nacktem Waldboden

Myxomphalia III 128

59′ Hut graubräunlich, honigfarben, zimtfarben, orange, 2–15 mm breit. Huthaut nicht klebrig und gummiartig. Auch Hut und Stiel mit Zystiden besetzt

Rickenella III 123, 124

60 (58) Huthaut mit Sphärozyten oder Dermatozystiden. Stiel z. T. mit wäßrigem Saft. Sp. amyloid

Hydropus III 179

60' Huthaut mit blasenförmigen (meist interkalaren) Chrysozystiden. Sp. nicht amyloid. Starker, unangenehmer Geruch. Auf Laubstreu

Clitocybe (phaeophthalma III 185)

60'' Huthaut nur aus Hyphen bestehend. Sp. nicht amyloid 61

61 Lamellentrama irregulär. Hyphen mit Schnallen. Hut grau, graubraun, rußbraun, blau, blaugrün, rosa

Omphalina III 129, 132

61' Lamellentrama nicht irregulär 62

62 Lamellentrama bidirektionell (Hyphen kreuzen sich rechtwinklig). Hyphen meist ohne, bei einigen Arten mit Schnallen. Hut weißlich, bräunlich, gelblich, satt gelb, orange. Einige Arten bilden unscheinbare Flechten mit Grünalgen

Gerronema III 130, 131

62' Lamellentrama regulär bis subregulär. Hyphen mit Schnallen. Hut grau, graubräunlich, lederfarben, rußbraun. Keine Flechten bildend

Clitocybe z.T. II 178, 180–185

Bestimmungshilfen zu Schlüssel 17

Auffällig gefärbte Lamellen
- blau, violett: *Laccaria, Omphalina cyanophylla*
- blaugrau, graugrünlich: *Clitocybe odora, Omphalina* z.T.
- lila, rosa, fleischfarben: *Chroogomphus, Hygrophorus, Laccaria, Lepista, Mycena pearsoniana, Omphalina discorosea, O. rosella, Rhodocybe*
- rot: *Cystogomphus, Hygrocybe*
- orange: *Cantharellus, Chroogomphus, Gerronema, Haasiella, Hygrocybe, Hygrophoropsis, Omphalotus*
- gelb: *Cantharellus, Gerronema, Hygrocybe, Hygrophorus, Omphalotus, Phylloporus, Rickenella, Xeromphalia*
- dunkelbraun, schwärzlich: *Chroogomphus, Cystogomphus, Gomphidius, Hygrotrama, Melanomphalia*
- an Druckstellen rötend: *Cantharellula*
- an Druckstellen schwärzend oder blauend: *Lyophyllum*

Milchsaft: *Lactarius*; wäßriger Saft: *Hydropus*
Huthaut zellig oder mit Sphärozyten: *Hydropus, Hygrotrama*

Sporen:
- amyloid: *Aspropaxillus, Cantharellula, Catathelasma, Myxomphalia, Pseudoclitocybe, Pseudoomphalina, Xeromphalia*
- mit amyloidem Ornament: *Lactarius, Russula*
- dextrinoid, zyanophil: *Clitopilus, Hygrophoropsis, Lepista, Paxillus, Phylloporus, Rhodocybe*
- violett getönt: *Psilocybe*
- metachromatisch mit Kresylblau: *Clitopilus, Haasiella*
- warzig, stachelig, höckerig: *Fayodia, Hygroaster, Laccaria, Lactarius, Melanomphalia, Omphaliaster, Ripartites, Russula*
- mit Keimporus: *Psilocybe*

Schlüssel 18: Blätterpilze, Lamellen angeheftet, angewachsen oder ausgebuchtet

1 Frk. mit weißem oder farbigem Milchsaft (Latex) 2

1' Frk. ohne Milchsaft 5

2 Frk. fleischig. Trama von bröckeliger Konsistenz (Hut- und Stieltrama mit Sphärozyten). Sp. subglobos, mit amyloidem warzigem oder netzigem Ornament

Lactarius I 111–116, V 1–66b

2′ Frk. dünnfleischig und -stielig. Trama faserig. Sp. kugelig oder ellipsoid, glatt 3

3 Milchsaft weiß, orange oder purpurrot. Sp. ellipsoid bis zylindrisch. Lamellenschneide mit spindelförmigen Zystiden

Mycena sect. **Lactipedes** III 112, 116b, 118

3′ Milchsaft wäßrig-weißlich 4

4 Lamellen tief ausgebuchtet. Schneide mit spindelförmigen Zystiden. Stiel hellbraun, kahl, Geschmack bitter

Mycena (erubescens)

4′ Lamellen breit angewachsen. Schneide ohne Zystiden. Stiel schwärzlich, flaumhaarig oder bereift

Hydropus III 179

5 (1) Sporenstaub weiß, weißlich, creme 6

5′ Sporenstaub farbig (Sporen pigmentiert) 72

6 Stielbasis mit Volva oder flockigen Velumresten 7

6′ Stielbasis ohne Velumreste 8

7 Hutoberfläche schuppig oder radialfaserig. Stielbasis rübenartig verdickt, wurzelnd. Lamellen angeheftet bis breit angewachsen. Lamellentrama regulär

Squamanita III 223

7′ Hutoberfläche glatt, aber oft mit weißen oder grauen Velumflocken oder kegelförmigen Warzen (Velumfragmente !) bedeckt. Stielbasis zylindrisch oder eine kugel- bis zwiebelförmige Knolle. Lamellen angeheftet. Lamellentrama pseudobilateral

Amanita I 1–14, III 1–8

8 (6) Stiel beringt 9

8′ Stiel nicht beringt (Cortinareste können vorhanden sein) 18

9 Frk. holzbewohnend, meist büschelig wachsend 10

9′ Frk. bodenbewohnend, meist einzeln wachsend 11

10 Hut honig-, fleischrötlich-, oliv- oder dunkelbraun, mit haarartigen Schüppchen, ± hygrophan, trocken oder etwas klebrig. Sp. kurz ellipsoid. Lamellen fleischrötlich oder bräunlich

Armillaria I 97a, b, III 192

10′ Hut elfenbeinweiß (Mitte manchmal bräunlich), mit häutigen Velumflocken, nicht hygrophan, stark schleimig. Sp. kugelig. Lamellen weiß

Oudemansiella mucida III 167

11 (9) Hutoberfläche glatt und kahl 12

11′ Hutoberfläche schuppig, warzig, körnig 14

12 Hut weiß, trocken. Frk. mit starkem Mehlgeruch. Auf Wiesen

Calocybe (constricta)

12′ Hut braun, zimtfarben, fleischrötlich, klebrig 13

13 Lamellen angeheftet, ihre Trama pseudobilateral. Geruch mehlartig. Wälder, Gewächshäuser

Limacella III 9–11, I 36

13′ Lamellen ausgebuchtet, ihre Trama regulär. Geruch nicht mehlartig. Wälder

Tricholoma I 66–78, 80, III 204–216, 218–222

14 (11) Hutoberfläche mit radial gerichteten, faserigen oder breiten Schuppen 15

14′ Hutoberfläche körnig oder kegelwarzig 17

15 Stielbasis wurzelartig verjüngt. Hut hygrophan, weißlich oder bräunlich. In *Sphagnum*-Mooren. Stiel hohl.

Armillaria (ectypa)

15′ Stielbasis nicht wurzelnd. Hut nicht hygrophan. Stiel voll 16

16 Hut zimtfarben oder bräunlichgrau, faserschuppig. Stiel körnig bekleidet oder kahl, zylindrisch. Wälder, Dünen, Ausstiche, Wegränder, unter *Larix* oder *Salix*

Tricholoma (cingulatum, psammopun III 206)

16′ Hut gelblichgrün oder weißlich, breitschuppig. Stiel schuppig, ± knollenförmig oder etwas verjüngt. Trockenrasen und trockene (z.B. Robinien-) Wälder

Floccularia
vgl. *Tricholoma luteovirens* III 218

17 (14) Hut mit kegel- oder pyramidenförmigen, abwischbaren Warzen. Stiel schuppig gebändert. Lamellentrama pseudobilateral. Hut 70–260 mm breit

Amanita (strobiliformis III 3)

17′ Hut- und Stieloberfläche mit körniger, nicht abwischbarer Bekleidung. Lamellentrama regulär. Hut 20–60 mm breit

Cystoderma I 35, III 29, 30
vgl. auch *Squamanita* III 223, *Tricholoma psammopun* III 206

18 (8) Lamellen dicklich. Frk. von weicher, saftiger oder bröckeliger Konsistenz 19
18′ Lamellen normal. Trama normal (faserig) 22
19 Auf faulenden Blätterpilzen. Frk. weiß bis bräunlich, mehr Chlamydosporen als Basidiosporen bildend

Nyctalis III 236, 236
vgl. *Entoloma parasiticum* III 68

19′ Boden- und torfmoosbewohnende Pilze, meist mit lebhaften Farben 20
20 Trama bröckelig. Lamellen beim Darüberstreichen splitternd (nur bei *R. cyanoxantha* schmierend). Hut kahl, ± abziehbar. Sp. suglobos, mit warzigem, gratigem oder netzartigem, amyloidem Ornament

Russula I 117–131, V 67a–164

20′ Trama faserig. Lamellen nicht splitternd. Huthaut nicht abziehbar 21
21 Sp. kugelig bis kurz ellipsoid, warzig oder stachelig, nicht amyloid. Hut filzig, trocken

Laccaria I 98–99

21′ Sp. ellipsoid, glatt. Hut glatt und kahl, feucht bis klebrig. Trama ausgesprochen weich und wäßrig

Hygrocybe I 132, 133, III 264–268

21″ Sp. ellipsoid-zylindrisch, glatt, dickwandig, 16–18 µm lang. Hut trocken. ziegel- oder fleischrot. Auf Dünen

Laccaria (maritima)

22 (18) Frk. dünn- bis dickfleischig mit dickem, nicht besonders zähem Stiel. Lamellen meist ausgebuchtet (Ritterlinge und Holzrüblinge) 23
22′ Frk. häutig bis dünnfleischig mit dünnem oder sehr zähem Stiel. Lamellen meist angeheftet bis angewachsen; wenn ausgebuchtet, dann mit langem Zahn herablaufend (Rüblinge, Helmlinge, Schwindlinge) 41
23 Holzbewohnende Pilze, oft büschelig wachsend 24
23′ Bodenbewohnende Pilze, meist einzeln wachsend 29
24 Lamellen weiß, creme 25
24′ Lamellen farbig. Hut fein faserschuppig oder filzig 28
25 Stiel kahl, Basis mit weißem, starkem Myzelstrang. Hut graubraun, radialrissig, sehr dünnfleischig. Einzeln wachsend. Schwach giftig

Megacollybia platyphylla I 105

25′ Stiel wenigstens unten filzig. Basis ohne Myzelstrang. Hut nicht radialrissig . . . 26
26 Hut graubraun, filzig-schuppig oder felderig-rissig. Hutrand stark eingerollt, mit hellen Cortinaresten. Geruch und Geschmack rettichartig. Nur in Kultur

Lentinula edodes IV 199

26′ Hut weißlich, blaß ocker, blaß olivgrau, glatt oder felderig-rissig. Hutrand wenig eingerollt, ohne Cortina. Geruch und Geschmack mehlartig 27

27 Stiel in ganzer Länge filzig. Hut 30–100 mm breit. Einzeln oder in Gruppen wachsend

Ossicaulis lignatilis

27′ Stiel nur an der Basis filzig. Hut 80–300 mm breit. Büschelig wachsend

Lyophyllum (ulmarium III 234)

28 (24) Lamellen gelb. Hut mit purpurnen, olivbraunen oder schwärzlichen Schüppchen. An Nadelholz

Tricholomopsis I 81

28′ Lamellen fleischrötlich-bräunlich. Hut mit honigbraunen Schüppchen

Armillaria (tabescens)

29 (23) Lamellen gelb 30

29′ Lamellen weiß, bräunlich oder rötlich (bei einigen Arten an Druckstellen gelb, rot, blau oder schwarz fleckend) 33

30 Hut hygrophan. Geruch mehlartig 31

30′ Hut nicht hygrophan. Geruch mehlartig oder unangenehm 32

31 Hut und Stiel satt ocker. Stiel längsfaserig. Hymenium mit spindelförmigen Zystiden. Sp. feinwarzig, amyloid

Melanoleuca (cognata III 201)

31′ Hut orangegelb, fuchsig oder rosa. Stiel glatt. Hymenium ohne Zystiden. Sp. glatt, nicht amyloid

Calocybe (cerina III 225, **chrysenteron** III 224 **u. a.)**

32 (30) Hutrand eingerollt. Sp. warzig, amyloid

Leucopaxillus (alboalutaceus, compactus III 199)

32′ Hutrand nicht eingerollt. Sp. glatt, nicht amyloid

Tricholoma (equestre I 66, **sulphureum** I 67 **u. a.)**

33 (29) Hut hygrophan 34

33′ Hut nicht hygrophan 35

34 Hymenium mit spindel- oder brennhaarförmige, kristalltragenden Zystiden. Sp. feinwarzig, amyloid

Melanoleuca I 82, 83, III 201–203

34′ Hymenium ohne Zystiden. Sp. glatt, nicht amyloid

Calocybe I 79, III 224–228

35 (33) Stielbasis mit gerandeter Knolle. Cortina vorhanden. Sporenstaub allmählich bräunlich werdend

Leucocortinarius bulbiger IV 198

35′ Stielbasis mit gerandet-knollig 36

36 Huthaut aus kugel- oder keulenförmigen Zellen gebildet. Geruch oder Geschmack mehlartig. Lamellen bauchig bis fast dreieckig. Sp. mancher Arten amyloid

Dermoloma

36′ Huthaut aus Hyphen gebildet 37

37 Sp. amyloid, warzig oder glatt 38

37′ Sp. nicht amyloid, glatt 39

38 Sp. warzig. Hutrand eingerollt

Leucopaxillus III 198, 199, 217

38′ Sp. glatt. Hutrand nicht eingerollt. Hut bräunlich, radialfaserig. Geschmack mehlartig

Porpoloma (pes-caprae)

39 (37) Frk. büschelig wachsend, oft an Straßenrändern oder in Gärten. Huthaut ± knorpelig

Lyophyllum sect. **Difformia** I 64, 65, III 235

39′ Frk. einzeln wachsend. Nur in Wäldern 40
40 Frk. an Druckstellen rötend, blauend oder schwärzend
Lyophyllum sect. **Lyophyllum** III 229–233

40′ Frk. an Druckstellen unveränderlich oder grünlichgelb oder braun anlaufend
Tricholoma I 66–79, 80, III 214–216, 218, 220–222

41 (22) Stiel in ganzer Länge behaart 42
41′ Stiel kahl (allenfalls bereift, bestäubt oder an der Basis behaart 49
42 Frk. in dichten Büscheln wachsend 43
42′ Frk. einzeln wachsend 44
43 Hut klebrig bis schleimig, hellgelb bis fuchsig. An Holz, Spätherbst bis Vorfrühling
Flammulina I 107

43′ Hut trocken. Auf Waldboden, Laubstreu
Collybia (confluens III 154, **ingrata)**

44 (42) Stielbasis wurzelartig verlängert 45
44′ Stielbasis nicht wurzelnd 47
45 Stiel mit tiefreichender, gerader Wurzel. Huthaut aus keulenförmigen Zellen, samtig bis filzig. Lamellenschneide mit großen Zystiden
Xerula (caussei, melanotricha, pudens)

45′ Stiel mit oberflächlicher, schiefer Wurzel. Huthaut aus Hyphen bestehend 46
46 Sp. kugelig, warzig. Lamellenschneide mit großen, spindelförmigen Zystiden
Mycenella (bryophila)

46′ Sp. ellipsoid, glatt. Zystiden fehlen
Collybia sect. **Vestipedes** III 145, 155–157

47 (44) Hut faserschuppig. Frk. geruchlos. Haare der Stieloberfläche dextrinoid. Wiesen, Trockenrasen, Dünen, Gebüsche
Crinipellis scabella III 133

47′ Hut kahl. Frk. oft stark riechend oder stinkend 48
48 Huthaut hyphig. Huttrama meist gelatinös
Micromphale III 135

48′ Huthaut aus keulenförmigen Zellen. Huttrama nicht gelatinös. Wälder
Marasmius (alliaceus III 141, **prasiosmus** III 142)

49 (41) Auf abgefallenen Koniferenzapfen wachsend, Vorfrühling bis Frühsommer sowie Spätherbst 50
49′ Nicht auf Zapfen 52
50 Stiel weiß bemehlt. Hut fleischfarben-bräunlich, weißflockig. Zystiden fehlen. Sp. amyloid
Baeospora (myosura III 149)

50′ Hut und Stiel kahl und glänzend. Große Zystiden vorhanden. Sp. nicht amyloid . . 51
51 Zystiden kristalltragend bzw. an der Spitze inkrustiert. Hut und Stiel ocker, braun oder grau
Strobilurus III 146–148

51′ Zystiden nicht inkrustiert. Hut und Stiel sepiabraun
Mycena (strobilicola)

52 (49) Lamellen olivgelblich, olivgrünlich, olivgrau. Sp. in Ammoniak gelb. Holz- und bodenbewohnende Pilze von *Collybia*-Habitus
Callistosporium

52′ Lamellen rosa, lila, violett 53
52″ Lamellen weiß, grau, bräunlich, hellgelb 57
53 An Holz wachsend. Sp. amyloid 54

53′ Boden- oder streubewohnende Pilze 55

54 Lamellen zart rosa. Frk. büschelig wachsend

Mycena (galericulata I 108, **tintinabulum** III 105 **u. a.)**

54′ Lamellen lila, sehr zahlreich und gedrängt. Frk. einzeln wachsend

Baeospora (myriadophylla)

55 (53) Stielbasis nicht wurzelnd, kahl. Huthaut aus keulenförmigen Zellen. Sp. nicht amyloid

Marasmius (wynnei III 144)

55′ Stielbasis kurz wurzelnd, haarig-zottig. Huthaut aus Hyphen 56

56 Sp. amyloid. Hut 15–50 mm breit. Lamellen rosa bis dunkel lilabraun. Giftig!

Mycena (pelianthina III 107, **pura** III 122, **rosea u. a.)**

56′ Sp. dextrinoid. Hut 5–15 mm breit. Lamellen dunkel lilabraun. Hyphen ohne Schnallen. Hochgebirge

Pseudobaeospora pillodii

56″ Sp. weder amyloid noch dextrinoid. Hut 10–30 mm breit. Lamellen rosa-violettlich, getrocknet braun. Steppenrasen, ČSSR

Micromphale (carneopallidum)

57 (52) Frk. dünnfleischig 58

57′ Frk. häutig 64

58 Hutoberfläche klebrig oder schleimig 59

58′ Hutoberfläche trocken oder feucht 60

59 Stiel in eine tiefgehende Pfahlwurzel verlängert. Hut braun. Sp. kurz ellipsoid, sehr groß

Xerula (radicata I 106)

59′ Stiel nicht wurzelnd. Hut weißlich. Sp. mandel- oder zitronenförmig, ± dextrinoid

Hebelomina

60 (58) Huthaut aus kugel- oder keulenförmigen Zellen gebildet. Stiel bereift (Kaulozystiden !) 61

60′ Huthaut aus Hyphen gebildet 62

61 Frk. geruchlos. An Ästchen

Hydropus (subalpinus) III Abb. 15

61′ Starker würziger Geruch ähnlich bitteren Mandeln. Auf Erde (Rasen, Wegränder)

Marasmius (oreades I 101)

62 (60) Hut radialfaserig oder rissig (ähnlich *Inocybe*). Frk. geruchlos. Sp. amyloid. An Holz

Clitocybula lacerata III 197 a

62′ Hut glatt. Sp. nicht amyloid 63

63 Lamellen grau. Frk. oft stark mehlartig riechend. Auf Boden, Brandstellen oder an Torfmoos (*Sphagnum*)

Tephrocybe III 163–166

63′ Lamellen weiß, gelblich oder rötlich. Frk. geruchlos. Stielbasis kurz wurzelnd. Boden- oder holzbewohnend

Collybia I 102–104, III 204–216, 218–222

63″ Frk. ebenso, aber Stielbasis nicht wurzelnd. Wiesen, Trockenrasen

Micromphale (carneopallidum, inodorum)

64 (53) Sp. warzig oder stachelig, kugelig oder subglobos 65

64′ Sp. glatt 67

65 Auf Brandstellen. Hut dunkelbraun, druchscheinend gestreift. Geruch mehlartig. Zystiden fehlen

Tephrocybe (ambusta)

65′ Nicht auf Brandstellen. Lamellenschneide mit großen Zystiden 66

66 Hutscheitel niedergedrückt. Hut und Stiel nicht bereift. Zystiden stumpf

Fayodia III 25

66′ Hut gebuckelt. Hut und Stiel bereift. Zystiden spitz oder mit fingerartigen, verzweigten Fortsätzen

Mycenella

67 (64) Huthaut hyphig. Hut weißlich, flach 68

67′ Huthaut mit kugel-, keulenförmigen oder zystidenartigen Zellen 71

68 Hyphen der Huthaut wenig verzweigt. Stielbasis oft mit Sklerotien verbunden. Stiel nicht bereift

Collybia sect. **Collybia** III 151–153

68′ Hyphen der Huthaut stark verzweigt (divertikulierend). Stielbasis ohne Sklerotien . 69

69 Trama zäh, trocken (*Marasmius*-artig). Stiel oft exzentrisch, bereift oder schwach behaart, nicht wurzelnd

Marasmiellus III 139

69′ Trama weich, saftig. Stiel zentral, kahl 70

70 Sp. nicht amyloid. Hut weißlich, trocken, flach

Hemimycena III 121

70′ Sp. amyloid. Hut meist stark pigmentiert, klebrig (einige Arten mit abziehbarer Klebhaut) oder trocken, kegelig-glockig

Mycena I 108, III 102–120, 122

71 (67) Hut kegelig-glockig. Stielbasis ± wurzelnd

Mycena I 108, III 102–120, 122

71′ Hut flach oder flach gewölbt. Stielbasis nicht wurzelnd. Stiel oft roßhaarartig

Marasmius I 100, 101, 136–138, 140–144 und **Setulipes** III 134

72 (5) Sporenstaub grünlich. Hut durch Velumreste kegelwarzig. Stiel beringt

Amanita (solitaria III 8**)**

72′ Sporenstaub rosa, fleischfarben 73

72″ Sporenstaub purpurbraun, violettbraun schwarzbraun (wie bittere Schokolade) oder schwarz 77

72‴ Sporenstaub braun (ocker-, rost-, graubraun) 92

72⁗ Sporenstaub olivbraun: s. Frage 103 (wenn Stiel beringt) und Frage 118 (wenn Stiel nicht beringt)

73 Sp. polyedrisch (im optischen Schnitt stumpfeckig). Lamellenschneide oft wellig gekerbt. Frk. häutig bis fleischig. Z.T. giftig !

Entoloma I 60, 61, III 48–68

73′ Sp. höckerig, warzig oder glatt, nicht eckig 74

74 Stielbasis zylindrisch bis leicht knollig 75

74′ Stielbasis verjüngt oder wurzelnd. Sp. glatt 76

75 Lamellen breit angewachsen. Hut nicht hygrophan. Hyphen ohne Schnallen. Sp. feinwarzig bis höckerig

Rhodocybe III 71–73, 77

75′ Lamellen ausgebuchtet. Hut hygrophan. Hyphen mit Schnallen. Sp. glatt bis feinwarzig

Lepista I 62–63, III 74–76, 219

76 (74) Frk. fleischig. Hut weißlich mit roströtlichen Flecken. Stiel voll, über 10 mm dick, kahl, seine Basis verjüngt, dann wie abgebissen. Lamellen ohne Zystiden

Collybia (maculata I 104**)**

76′ Frk. sehr dünnfleischig. Hut braun. Stiel röhrig, bis 4 mm dick, durch Zystiden wie bereift oder samtig. Lamellenschneide mit großen, spindelförmigen Zystiden. Geruch tranig

Macrocystidia cucumis III 150

77 (72) Stiel beringt (wenn undeutlich, darunter flackig) **78**
77′ Stiel nicht beringt **81**
78 Sporenstaub schwarz. Hut glockenförmig auf sehr schlankem Stiel **79**
78′ Sporenstaub schwarzbraun, purpurbraun, graulila **80**
79 Reife Frk. tintenartig zerfließend. Lamellen nicht scheckig. Hut schuppig, oder behaart. Boden oder Dung bewohnend

Coprinus (comatus I 37, **ephemeroides** IV 311, **sterquilinus** IV 293, **vosoustii** IV Abb. 26)

79′ Reife Frk, nicht zerfließend. Lamellen dunkler und heller scheckig. Hut klebrig, kahl. Auf Dung

Panaeolus (fimiputris IV 276**)**

80 (78) Hut klebrig oder schleimig (später oft völlig abtrocknend), kahl oder mit weißen Flöckchen bedeckt, mit abziehbarer Hut

Stropharia I 42, IV 231, 250–260

80′ Hut trocken, faserig-schuppig, ohne abziehbare Haut. An Holz

Psathyrella (caput-medusae u. a., IV 290–292**)**

81 (77) Lamellen dunkler und heller scheckig **82**
81′ Lamellen gleichmäßig oder zonenweise gefärbt, nicht scheckig **84**
82 Hymenium mit braunen, spindelförmigen Zystiden. Frk. allmählich blau anlaufend. Halluzinogen

Panaeolus subg. **Copelandia (cyanescens** IV 274**)**

82′ Hymenium ohne Zystiden. Frk. nicht blau verfärbend **83**
83 Hut klebrig, schmierig, gelblichweiß

Panaeolus subg. **Anellaria (antillarum)**

83′ Hut trocken oder feucht, nicht klebrig-schmierig, grau, braun, rosa. Einige Arten giftig

Panaeolus subg. **Panaeolus** IV 266–270, 272, 273

84 (81) Reife Frk. tintenartig zerfließend (Autolyse)

Coprinus I 37–39, IV 293–313

84′ Frk. nicht zerfließend **85**
85 Sporenstaub schwarz

Psathyrella subg. **Psathyrella** IV 277–282

85′ Sporenstaub schokolade-, purpur-, violettbraun **86**
86 Huthaut hyphig. Frk. etwas zähfleischig. Sporenstaub in frischen Proben oft blauviolett getönt **87**
86′ Huthaut aus rundlichen Zellen. Frk. sehr weichfleischig und zerbrechlich **88**
87 Hut klebrig. Cortina fehlt. Hymenium ohne Chrysozystiden. Auf Dung, Wald- und Heideboden, an Wegrändern. Z.T. halluzinogen

Psilocybe IV 263–265, 283

87′ Hut trocken oder feucht (wenn klebrig, dann olivgrün). Cortina an jungen Frk. vorhanden. Hymenium mit Chrysozystiden

Hypholoma I 43–45, IV 245–249, 261

88 (86) Stielbasis mit gut ausgebildeter, häutiger Volva. Hut ziegelrot bis rostbraun, Rand kurz gerieft. Gewächshäuser, England

Macrometrula rubriceps

88′ Stielbasis ohne Volva 89
89 Sp. warzig. Lamellen scheckig, Schneiden und Stielspitze tränend. Hut filzig bis schuppig-faserig, mit reichlicher Cortina. Auf nährstoffreichen Böden

Lacrymaria IV 288

89′ Sp. glatt. Lamellen nicht, scheckig. Nicht tränend 90
90 Hut bis fast zum Scheitel faltig-gefurcht. Frk. zahlreich in dichten Rasen an oder neben Baumstümpfen

Coprinus (disseminatus IV 307) und **Psathyrella (pygmaea)**

90′ Hut nur am Rande durchscheinend gestreift (bei einigen Arten radial gerunzelt, aber nicht faltig). An Holz, Pflanzenresten oder am Boden 91
91 Hut mit braunen bis schwärzlichen Schuppen bedeckt

Psathyrella subg. **Pluteopsis** IV 289–292

91′ Hut kahl oder mit weißen Velumflocken bedeckt

Psathyrella subg. **Psathyra** I 40, 41, IV 275, 284–287 und
Psathyrella subg. **Psathyrella (ammophila** IV 262**)**

92 (72) Stiel beringt 93
92′ Stiel nicht beringt (Cortinareste und Schuppengürtel können vorhanden sein) . . . 104
93 Hut hygrophan 94
93′ Hut nicht hygrophan 98
94 Ring deutlich gerieft, häutig. Hut kegelig-glockig. Huthaut aus Sphärozyten. Sp. glatt, mit Keimporus, 7–13,5 µm lang. Bodenbewohnend

Conocybe subg. **Pholiotina** IV 214, 215

94′ Ring häutig oder flockig, nicht gerieft 95
95 Sporenstaub tabak-, graubraun. Sp. glatt, mit Keimporus 96
95′ Sporenstaub rost-, rotbraun. Sp. glatt oder warzig. Huthaut hyphig gebaut 97
96 Huthaut aus Sphärozyten, trocken. Sp. mit Keimporus. Hut weißlich bis ockergelb oder dunkelbraun. Lamellen abgerundet angewachsen oder tief ausgebuchtet und strichförmig herablaufend. Stiel hohl oder voll

Agrocybe IV 223–230

96′ Huthaut hyphig, schleimig. Hut olivbraun, hornbraun, trocken schmutzig ocker. Lamellen fast herablaufend. Stiel hohl. Auf abgefallenen Blättern, Westeuropa bis DDR

Phaeogalera (oedipus)

97 (95) Hut flachgewölbt, stumpf gebuckelt. Sp. schief eiförmig, abgestutzt, glatt, mit Keimporus. An Holz

Kuehneromyces I 48

97′ Hut kegelig-glockig, später flach. Sp. mandelförmig, warzig, ohne Keimporus. An Holz, Moosen, auf Wald- und Wiesenboden. Z.T giftig

Galerina IV 207–212

98 (93) Hut klebrig, schleimig 99
98′ Hut trocken 101
99 Stiel tief wurzelnd, grob schuppig. Frk. nach Marzipan riechend. Sp. warzig, mandelförmig, ohne Keimporus. Lamellen kakaobraun. Waldboden

Hebeloma (radicosum IV 27)

99′ Stiel nicht wurzelnd. Keim Marzipangeruch. Sp. glatt, ellipsoid-eiförmig, mit Keimporus 100

100 Hut (mindestens teilweise) blaugrün. Lamellen umberbraun. Waldboden, Wiesen

Stropharia (caerulea, albocyanea u. a.)

100′ Hut gelb oder braun. An Holz

Pholiota z. T. IV 232–235

101 (98) Hutoberfläche goldgelb, rostgelb, körnig-mehlig, trocken. Huthaut aus warzigen Sphärozyten. Sp. spindelförmig, warzig. Auf stickstoffreichen Böden

Phaeolepiota aurea IV 19

101′ Hutoberfläche glatt oder wollig-schuppig. Huthaut aus Hyphen gebildet 102

102 Hut weißlich bereift. Sp. mandelförmig, warzig. Große, bodenbewohnende Pilze

Rozites caperatus I 47

102′ Hut nicht bereift. Sp. ellipsoid 103

103 (72, 102) Lamellen olivbraun. Sporenstaub graubraun. Bodenbewohnend. Sp. ohne Keimporus, glatt

Inocybe (agardhii, terrigena)

103′ Lamellen und Sporenstaub grau-, rost-, olivbraun. Vorwiegend holzbewohnend. Sp. mit kleinem Keimporus, glatt

Pholiota IV 232–235

103″ Lamellen gelb bis rostbraun. Sporenstaub rostbraun. An Holz. Sp. ohne Keimporus, warzig. Sehr bitter

Gymnopilus (junonius IV 89)

104 (92) Huthaut aus kugel- oder keulenförmigen Zellen bestehend. Kleine Frk. mit glockigem Hut und weicher, zerbrechlicher, wäßriger Trama 105

104′ Huthaut hyphig. Frk. von normaler, fleischiger bis etwas zäher Konsistenz 110

105 Lamellen heller und dunkler scheckig. Sp. warzig, zitronenförmig. Auf Wiesen

Panaeolus subg. **Panaeolina (foenisecii** IV 271)

105′ Lamellen nicht scheckig. Sp. glatt, mit deutlichem Keimporus 106

106 Hutrand faltig gefurcht 107

106′ Hutrand höchstens durchscheinend gestreift 109

107 Hut schmierig, gelb, weiß oder grauviolett. Sporenstaub rostbraun. Lamellen fast frei

Bolbitius IV 219–222

107′ Hut trocken 108

108 Sporenstaub rostbraun. Reife Frk. nicht zerfließend

Galerella IV 216, 217

108′ Sporenstaub heller bis dunkler umberbraun. Reife Frk. durch Autolyse zerfließend

Coprinus I 37–39, IV 293–313

109 (106) Sporenstaub rostbraun. Hut kegelig-glockig. Hut und Stiel oft bereift oder samtig durch Bedeckung mit kopfigen Zystiden

Conocybe subg. **Conocybe** IV 200–206, 218

109′ Sporenstaub graubraun. Frk. von festerer Konsistenz. Hut halbkugelig

Agrocybe IV 223–230

110 (104) Sporenstaub hell ocker. Frk. mit lebhaft gefärbter, ± abziehbarer Huthaut. Trama bröckelig (enthält Sphärozyten). Sp. mit amyloidem, warzigem, gratigem oder netzartigem Ornament

Russula I 117–131, V 67–164

110′ Sporenstaub braun 111

111 Sporenstaub grau-, tabak-, olivbraun 112

111′ Sporenstaub lebhaft rostbraun, zimtbraun, rotbraun 120

112 Frk. dünnfleischig bis fleischig 113

112′ Frk. häutig ± zähstielig 116

113 Hut radialfaserig, rissig oder faserschuppig. Sp. glatt oder höckerig-gebuckelt. Meiste Arten giftig!

Inocybe I 56–58, IV 36–88

113′ Hut kahl und glatt. Sp. niemals höckerig 114

114 Hut trocken. Huthaut aus rundlichen Zellen. Sp. mit Keimporus

Agrocybe IV 223–230

114′ Hut klebrig, schmierig. Huthaut aus Hyphen bestehend. Sp. ohne Keimporus . . . 115

115 An Holz wachsend

„Inocybe“ vatricosa

115′ Bodenbewohnend oder auf Brandstellen. Geruch meist rettichartig oder süßlich

Hebeloma I 49, IV 26–35

116 (112) Sp. mandelförmig, ± warzig. Hut hygrophan. Bodenbewohnende Pilze an feuchten Standorten unter *Alnus, Betula, Salix*

Alnicola IV 25

116′ Sp. ellipsoid, glatt 117

117 Sp. mit Keimporus. An Moosen (besonders *Sphagnum*) und auf Nadelstreu

Phaeogalera

117′ Sp. ohne Keimporus. An Holz, Pflanzenresten *(Carex)* und Fruchthüllen oder auf feuchtem Boden 118

118 (72, 117) Hut kahl, hygrophan, oft olivbräunlich bis dunkel olivbraun. Stiel ± bereift-flockig

Simocybe

118′ Hut kleiig, schuppig, flockig 119

119 Hut olivgrau. Stiel weißlich, mehlig-kleiig, oft exzentrisch. An Ästchen

Simocybe (rubi)

119′ Hut zimt-, rost-, rotbraun, hygrophan oder nicht. Stiel behaart oder kleiig-schuppig

Phaeomarasmius

120 (111) Hut hygrophan 121

120′ Hut nicht hygrophan 127

121 Frk. häutig, sehr wäßrig und zerbrechlich. Hut glockenförmig 122

121′ Frk. dünnfleischig bis fleischig. Konsistenz normal bis zähfleischig 123

122 Huthaut hyphig. Sporenstaub rostbraun. Zum Teil giftig!

Galerina IV 207–212

122′ Huthaut aus Sphärozyten. Sporenstaub rötelfarben, fleischrötlichbraun

Psathyrella (sarcocephala IV 284, **typhae u. a.)**

123 (121) Sp. mit Keimporus, glatt. Lamellen ocker. Auf Brandstellen zwischen Moos (*Funaria hygrometrica*)

Pachylepyrium funariophilum

123′ Sp. ohne Keimporus, glatt oder warzig. Nicht auf Brandstellen 124

124 Frk. dünnfleischig bis fleischig, auf Waldboden wachsend 125

124′ Frk. sehr dünnfleischig, an Pflanzenresten oder Holz wachsend 126

125 Hut klebrig, sehr spitz gebuckelt. Stiel tief wurzelnd, knorpelig-zäh

Phaeocollybia IV 314–316

125′ Hut nicht klebrig, mit oder ohne Buckel. Stiel nicht tief wurzelnd (bei einigen Arten jedoch nach unten verjüngt), nicht knorpelig

Cortinarius subg. **Telamonia** I 53, 55, IV 106, 107, 109–138 und

Cortinarius subg. **Leprocybe (gentilis** IV 103, **limonius** IV 104c, **saniosus** IV 108 – z. T. giftig!)

126 (124) Lamellen breit angewachsen bis etwas herablaufend. Hut kahl

Tubaria IV 23, 24

126′ Lamellen abgerundet-angewachsen. Hut filzig, kleiig oder schuppig

Phaeomarasmius

127 (120) Frk. an Holz, Fruchthüllen oder Pflanzenresten 128
127′ Bodenbewohnende Pilze 130
128 Sp. warzig, ohne Keimporus. Lamellen leuchtend rostgelb. Hut trocken, kahl oder filzig. Sporenstaub orange-rostbraun

Gymnopilus IV 89–92

128′ Sp. glatt. Lamellen rostbraun, rötlichbraun, blaßbraun 129
129 Sp. mit Keimporus. Hut kahl, trocken oder klebrig bis schleimig. Frk. ziemlich fleischig. Huthaut aus Hyphen

Pholiota sect. **Flammula** IV 236–244

129′ Sp. ohne Keimporus. Hut kleiig, schuppig oder filzig, sehr dünnfleischig bis häutig. Huthaut aus Sphärozyten oder keulenförmigen Zellen. Sporenstaub z. T. sehr blaß

Flammulaster

130 (127) Hutoberfläche klebrig, schleimig 131
130′ Hutoberfläche trocken (kahl oder filzig-schuppig) 133
131 Hut und Stiel schleimig. Stielbasis oft verjüngt bis wurzelnd

Cortinarius subg. **Myxacium** I 50, IV 139–148

131′ Nur Hutoberfläche schleimig 132
132 Hut trocken glimmerig, feucht schwach klebrig, graubraun. Stiel zylindrisch. Sp. kurz ellipsoid

Cortinarius subg. **Sericeocybe (decoloratus)**

132′ Hut nicht glimmerig. Stielbasis oft keulenförmig bis knollig

Cortinarius subg. **Phlegmacium** I 51, IV 149–186, 189

133 (130) Hut filzig oder schuppig 134
133′ Hut kahl, glatt 137
134 Lamellen lebhaft gelb, orange, rot oder grün

Dermocybe I 54, IV 93–97, und

Cortinarius subg. **Leprocybe (orellanus** IV 98, giftig!)

134′ Lamellen braun oder bläulich, violett 135
135 Ganzer Frk. dunkel violett

Cortinarius subg. **Cortinarius** IV 105

135′ Hut nicht violett 136
136 Hut gelb, gelbbraun, rostbraun, olivgrün; bei einigen Arten schwach hygrophan. Z. T. giftig!

Cortinarius subg. **Leprocybe** IV 98–104d

136′ Hut ziegelrot, zimtbraun, schokoladebraun, rotbraun, lilabraun

Cortinarius (bolaris IV 192a, **pholideus** IV 193, **spilomeus** IV 192b)

137 (133) Lamellenschneide mit kopfigen Zystiden. Hut weißlich bis hell ocker. Stiel weißlich, genattert. Frk. gedrungen mit knolliger Stielbasis. Büschelig auf faulendem Stroh

Conocybe (intrusa IV Abb. 24)

137′ Lamellenschneide ohne Zystiden. Hut weißlich, braun oder hell violett. Einzeln auf Waldboden wachsend 138
138 Geschmack bitter (mindestens in der Huthaut)

Cortinarius subg. Myxacium sect. **Ochroleuci** IV 129, 140, 142, 143

138′ Geschmack mild 139

139 Hyphen der Huthaut 8–15 µm breit. Hutfarbe meist olivbraun, gelbbraun oder fuchsig. Stielbasis keulen- oder spindelförmig. z.T. giftig!

Cortinarius subg. **Leprocybe** IV 98–104d

139′ Hyphen der Huthaut schmaler als 8 µm. Hutfarbe meist hellviolett, hellblau oder graubraun, seidig oder glimmerig glänzend. Stielbasis keulen- bis zwiebelförmig

Cortinarius subg. **Sericeocybe** I 52, IV 187, 188, 190–197

Schlüssel 19: Blätterpilze mit freien Lamellen

1 Sporenstaub weiß 2

1′ Sporenstaub blaß grünlich, ockerlich oder cremefarben. Geruch oft stark, unangenehm leuchtgasartig 11

1″ Sporenstaub rosa, fleischfarben 12

1‴ Sporenstaub braun oder schwarz 16

2 Hut und z. T. auch Stiel klebrig oder schleimig. Geruch mehlartig oder fehlend. Sp. kugelig, subglobos

Limacella III 9–11

2′ Hut trocken bis leicht schmierig. Geruch nicht mehlartig. Sp. ellipsoid bis zylindrisch 3

3 Trama schnell orange bis rot anlaufend. Mittelgroße bis große Pilze 4

3′ Trama nicht orange oder rot anlaufend 5

4 Hut grob schuppig. Stiel mit beweglichem Ring. Lamellen weiß, später bräunend. Z.T. giftig

Macrolepiota (permixta, rachodes I 30, **venenata** III 16**)**

4′ Hut feinschuppig. Stiel mit festsitzendem Ring. Lamellen orange fleckend oder mit roter Schneide

Leucocoprinus (badhamii, bresadolae)

5 (3) Stiel mit beweglichem (nach oben und unten verschiebbarem) Ring. Große Frk. mit schuppigem Hut. Sp. mit Keimporus

Macrolepiota I 29, III 13–16

5′ Stiel mit festsitzendem, oft flüchtigem Ring oder unberingt 6

6 Hutrand faltig gerieft. Sp. mit Keimporus. Kleine bis mittelgroße Pilze in Gewächshäusern

Leucocoprinus III, VI Bild 28 und (Sp. ohne Keimporus) **Lepiota (micropholis)**

6′ Hutrand nicht gerieft 7

7 Hut 40–150 mm breit, nicht schuppig. Sp. mit Keimporus, mit metachromatischem Endospor. Hyphen ohne Schnallen

Leucoagaricus III 18

7′ Hut bis 50 mm breit (wenn breiter, dann spitzschuppig). Sp. ohne Keimporus . . . 8

8 Hut mehlig oder körnig-schuppig, weiß oder farbig. Hyphen mit Schnallen. Sp. nicht metachromatisch 9

8′ Hut seidig, glatt oder faserig, bisweilen schwach flockig. Hyphen ohne Schnallen . . 10

9 Hutbedeckung mehlig oder körnig-flockig, aus Sphärozyten. Sp. zyanophil, meist nicht dextrinoid

Cystolepiota III 27

9′ Hutbedeckung schuppig oder körnig-schuppig, aus Hyphen. Sp. dextrinoid

Lepiota I 31–34, III 17, 19–24, 26, 28

10 (8) Hut weiß. Sp. mit metachromatischem Endospor. Laubwald

Sericeomyces

10′ Hut lila oder braunschwärzlich. Sp. nicht metachromatisch. Nadelwald und subalpine Gebüsche der Alpen
Pseudobaeospora

11 (1) Hut klebrig, kahl. Lamellen cremefarben. Lamellenschneide mit auffallenden Zystiden. Stielspitze mit Guttationströpfchen (tränend)
Chamaemyces III 12

11′ Hut trocken, körnig oder schuppig. Lamellen grünlich, weinrötlich oder karminrot. Lamellenfläche ohne Zystiden. Stielspitze nicht tränend
Melanophyllum III 25

12 (1) Stiel beringt 13
12′ Stiel nicht beringt. Lamellentrama invers 15
13 Hut und Stiel körnig-schuppig, braun. Geruch unangenehm. Lamellentrama regulär
Melanophyllum (haematospermum III 25)

13′ Hut kahl, oder Hutmitte flockig-feinschuppig. Stiel kahl. Geruch nicht unangenehm . 14
14 Hut weiß. Sp. mit Keimporus. Lamellentrama regulär
Leucoagaricus III 18

14′ Hut weiß, zitronengelb oder graubraun. Sp. ohne Keimporus. Lamellen stark bauchig, ihre Trama invers. Südeuropa bis Mittelböhmen
Chamaeota

15 (12) Stielbasis mit häutiger Volva
Volvariella I 15, III 31–28

15′ Stielbasis ohne Volva. Meist holzbewohnende Pilze
Pluteus I 16, III 39–47

16 (1) Hutrand nicht gerieft. Hut fleischig oder dünnfleischig, schuppig oder seidig-radialfaserig. Sporenstaub schokoladebraun. Sp. mit oder (meist) ohne Keimporus. Einige Arten schwach giftig
Agaricus I 27–28, IV 1–18

16′ Hut faltig-gerieft oder wenigstens am Rande gerieft, häutig bis dünnfleischig. Sp. mit deutlichem Keimporus 17
17 Sporenstaub rostbraun. Hut schmierig, kahl
Bolbitius IV 219–222

17′ Sporenstaub dunkelbraun oder schwarz. Hut nicht schmierig 18
18 Stielbasis mit gut ausgebildeter Volva. Stiel nicht beringt. Hut kahl. In Gewächshäusern, England
Macrometrula rubriceps

18′ Stielbasis ohne Volva (s. aber Anmerkung zu *C. sterquilinus* IV 293). Stiel beringt oder nicht beringt. Hut glimmering-körnig oder wollig-schuppig oder kahl
Coprinus I 37–39, IV 293–313

Hinweise zu Schlüssel 19

Blätterpilze mit angehefteten Lamellen können vom Anfänger irrtümlich in Schlüssel 19 gesucht werden. Man vergleiche Schlüssel 18, insbesondere die Gattungen *Amanita* (mehrere giftige Arten !) und *Cystoderma.*

Angewachsene und ausgebuchtete Lamellen können durch Entwicklungsstörungen vom Stiel abgetrennt werden und dann freie Lamellen vortäuschen; solche Pilze suche man gleichfalls in Schlüssel 18.

Sind die Lamellen nicht am Stiel, sondern an einem Collar angewachsen, handelt es sich um *Marasmius* sect. *Marasmius* III 136, 143, *Rhodotus palmatus* III 78 oder *Mycena clavularis.*

Schlüssel 20: Secotioide Pilze

1 Reife Frk. epigäisch, bovistartig stäubend. Sp. glatt. Außerhalb des Waldes an trockenen Standorten 2
1′ Reife Frk. ± hypogäisch, kugelig oder knollenförmig mit sehr kurzem Stiel, geschlossen und fleischig bleibend, innen mit hohlen Kammern. Sp. ornamentiert. In Wäldern 5

2 Sporenstaub braun. Stielbasis ohne Volva 3
2′ Sporenstaub schwarz. Stielbasis mit ± deutlicher Volva 4
3 Hut zylindrisch, in einen spitzen Zipfel ausgezogen. Lamellen gerade, anastomosierend. Stiel etwa 1 mm dick. Sp. gelbbraun, mit Keimporus. Südosteuropa bis Mähren

Galeropsis (trocken) und **Gastrocybe lateritia** (schleimig, zerfließend)

3′ Hut kegel- oder eiförmig, stumpf. Lamellen stark gefaltet. Stiel-Kolumella etwa 10–15 mm dick. Sp. braun, ohne Keimporus. Mittelmeergebiet, Südosteuropa bis Mähren, Ostschweden

Endoptychum agaricoides II Abb. 1a, VI 29

4 (2) Lamellen nur am Hutrand befestigt, nicht anastomosierend, nicht gerippt. Stiel bis 5 mm dick. Südeuropa bis südliche DDR

Montagnea radiosa

4′ Lamellen von der Hutunterseite herabhängend, anastomisierend und längs gerippt. Stiel 5–10 mm dick, gürtelartig beringt. Mittelmeergebiet

Gyrophragmium dunalii

5 (1) Sp. mit inamyloiden Längsrippen. Frk. weiß, an der Luft indigoblau anlaufend. Gleba purpurn oder violett, schließlich braunschwarz. Alpen, Sudeten, Skandinavien

Chamonixia caespitosa

5′ Sp. mit amyloiden Warzen. Frk. nicht blau anlaufend. Gleba anders (heller) gefärbt. Vgl. Band V! 6
6 Frk. mit weißem (manchmal schwefelgelb verfärbendem) Milchsaft 7
6′ Frk. ohne Milchsaft. Geruch obstartig 8
7 Frk. kurz gestielt, 6–30 mm groß, gelblich, gelbfleckig. Gleba mit bis zum Scheitel durchgehender Kolumella, rosa; ihre Kammern klein, strahlig angeordnet. Tannenwälder, Italien

Arcangeliella borziana

7′ Frk. ungestielt, 5–20 mm groß, gelb- bis rotbraun. Gleba mit oder ohne Kolumella, labyrinthisch gekammert. Geruch süßlich spirituös. Thüringen, südliche BRD, Saarland, England

Zelleromyces stephensii

8 (6) Frk. kurz gestielt, mit bis zum Hutscheitel durchgehender Stiel-Kolumella. Gleba undeutlich radiär gekammert, teilweise an der Hutunterseite freiliegend. Mittel- und Nordeuropa

Elasmomyces V Tafel 16

8′ Frk. ungestielt, Kolumella schwach entwickelt oder fehlend 9
9 Wände der Glebakammern mit Sphärozyten. Gleba unregelmäßig gekammert. Frk. bis 18 mm groß. Unter Fichten, Wales

Gymnomyces xanthosporus

9′ Wände der Glebakammern ohne Sphärozyten. Gleba unregelmäßig bis radiär gekammert. Frk. bis 10 mm groß. Sardinien und Oberbayern

Martellia

Schlüssel 21: Epigäische Gasteromyzeten (außer Pilzblumen)

1 Reifer Frk. staubig zerfallend (Boviste i.w.S.) 2
1′ Reifer Frk. 1 oder mehrere kugelige Körper (Peridiolen) freigebend oder innen schleimig werdend 26

2 Reifer Frk. sternförmig geöffnet 32

2′ Reifer Frk. nicht sternförmig 8

3 Nur Exoperidie sternförmig aufreißend; die Endoperidie bleibt geschlossen 4

3′ Gesamte Peridie sternförmig aufreißend 6

4 Endoperidie mit vielen Öffnungen (ähnlich einem Salzstreuer), auf mehreren Stielen sitzend

Myriostoma coliforme II 158

4′ Endoperidie mit einer einzigen Öffnung am Scheitel, einfach gestielt oder ungestielt . 5

5 Öffnung der Endoperidie unregelmäßig eingerissen. Endoperidie filzig. Gleba ohne Kolumella. Sporenstaub rostbraun. Exoperidie hygrometrisch (bei Trockenheit eingerollt)

Astraeus hygrometricus I 184

5′ Öffnung regelmäßig, gewimpert oder kegelförmig vorgestülpt. Endoperidie kahl oder körnig-warzig. Gleba mit Kolumella. Sporenstaub schmutzig braun bis schwärzlich. Exoperidie hygrometrisch oder nicht

Geastrum I 187, II 159–174, Abb. 16, 17

6 (3) Sporenmasse einer gestielten Kolumella aufsitzend, schwarz. Peridie in gleich große, spitze Lappen aufreißend

Geastrum (melanocephalum II 159)

6′ Kolumella und Stiel fehlend. Sporenstaub braun oder schwärzlich. Peridie in ungleich große, oft eckige Lappen aufreißend 7

7 Sporenstaub enthält dornige Kapillitiumfasern

Mycenastrum corium II 154

7′ Kapillitium fehlend

Scleroderma I 183, II 177

8 (2) Peridie ungestielt oder allmählich in einen plumpen Stiel (Subgleba) übergehend . . 9

8′ Peridie einem schlanken Stiel aufsitzend und deutlich von diesem abgesetzt . . . 23

9 Subgleba fehlend. Reife Frk. oft vom Substrat gelöst, am Boden rollend 10

9′ Subgleba (steriler Basisteil) vorhanden 14

10 Endoperidie mit kleiner, definierter Öffnung 11

10 Endoperidie unregelmäßig weit aufreißend oder gänzlich zerfallend 13

11 Frk. anfangs hypogäisch, dann (abgelöst) epigäisch, mit basaler Öffnung und schüsselförmiger Exoperidie am Scheitel. Kapillitium unverzweigt

Disciseda II 156 a, b

11′ Frk. von Anfang an epigäisch, mit scheitelständiger Öffnung. Exoperidie nicht schüsselförmig 12

12 Sporenstaub lachsrosa. Kapillitium fehlt. Auf Brandstellen

Glischroderma cinctum

12′ Sporenstaub oliv, umber-, purpurbraun. Kapillitium vorhanden. Auf Erde oder an Sumpfmoosen

Bovista I 186, II 145, 147

13 (10) Peridie lederartig, hart werdend, am Scheitel aufreißend, bis faustgroß. Sporenstaub dunkelbraun bis schwarz. Kapillitium fehlend

Scleroderma I 183, II 177

13′ Peridie anfangs waschleder-, dann papierartig, in Stücken abfallend. Frk. kopfgroß und darüber. Sporenstaub olivgrün. Kapillitium reichlich vorhanden

Langermannia gigantea II 143

14 (9) Subgleba zellig, von schwammiger Struktur 15

14′ Subgleba kompakt, wollig oder faserfleischig 19

15	Endoperidie mit kleiner, definierter, scheitelständiger Öffnung. Subgleba nicht schüsselförmig	16
15′	Endoperidie weit aufreißend oder gänzlich zerfallend. Subgleba meist schüsselförmig eingetieft	17
16	Kapillitium und oft auch Parakapillitium vorhanden. Exoperidie weiß, ocker, braun	
	Lycoperdon I 185, II 149–153	
16′	Kapillitium fehlend, Parakapillitium vorhanden. Exoperidie fleischfarben. In Sphagnum-Mooren, Oberösterreich, Oberbayern	
	Morganella subincarnata	
17	Subgleba von der Gleba durch ein pergamentartiges Diaphragma getrennt. Kapillitium fehlend. Sporen nicht pedizellat	
	Vascellum pratense II 148	
17′	Subgleba von der Gleba durch ein filzartiges Pseudodiaphragma getrennt oder allmählich in die Gleba übergehend. Kapillitium vorhanden, braun	18
18	Sp. pedizellat. Kapillitiumfasern dicht verzweigt (mit Hauptstämmen)	
	Bovistella radicata	
18′	Sp. nicht pedizellat. Kapillitiumfasern locker verzweigt	
	Calvatia II 144, 146	
19 (14)	Kapillitiumfasern in der Gleba vorhanden. Peridie papier- bis pergamentartig. Sporenstaub oliv-, umber-, purpurbraun	20
19′	Kapillitium fehlend. Peridie derbfleischig bis lederig. Sporenstaub rost- oder zimtbraun	22
20	Endoperidie mit kleiner, scheitelständiger Öffnung	
	Bovista (polymorpha II 147, **paludosa** u. a.)	
20′	Endoperidie am reifen Frk. weit aufreißend oder gänzlich zerfallend	21
21	Frk. kopfgroß und darüber, reif vom Myzel abgelöst	
	Langermannia gigantea II 143	
21′	Frk. weniger als faustgroß, am Boden festsitzend	
	Calvatia (candida, fragilis)	
22 (19)	Exoperidie braun, glatt. Gleba vielfarbig, zuletzt dunkel rotbraun, aus kugeligen Gebilden zusammengesetzt, die später zu Sporenstaub zerfallen	
	Pisolithus arhizos II 180	
22′	Exoperidie weiß, grobschuppig. Gleba erst weiß, dann zimtfarben, von gleichmäßiger Struktur	
	Phellorinia herculea II 155	
23 (8)	Frk. 3–6 mm hoch. Sporenstaub blaßbraun. Geruch wie *Lactarius helvus.* An Holz	
	Phleogena faginea VI 9	
23′	Frk. über 20 mm hoch. Sporenstaub zimt- bis rostbraun. Bodenbewohnende Pilze an trockenen Standorten	24
24	Peridie 5–15 (-25) mm groß, mit kleiner, scheitelständiger Öffnung	
	Tulostoma II 175, 176	
24′	Peridie meist größer, andersartig	25
25	Peridie durch Querriß sich öffnend. Stielbasis mit Volva. In Steppen und trockenen Wäldern, Süd- und Mitteleuropa, England	
	Battarrea	
25′	Peridie lappig aufreißend. Stielbasis ohne Volva. In Halbwüsten, unteres Wolgagebiet	
	Schizostoma laceratum	

25″ Peridie unregelmäßig zerfallend. Auf Gerberlohe, gehäufter Baumrinde. Italien, Frankreich, England

Queletia mirabilis

26 (1) Frk. hutförmig, gestielt. Stielbasis mit Volva. Hutförmige Gleba wabenartig gekammert, Inneres der Kammern gallertartig. Spanien, Portugal

Torrendia pulchella

26′ Frk. ungestielt, ohne Volva 27
27 Frk. birn- oder keulenförmig, mehr als 30 mm hoch 28
27′ Frk. kugel- oder becherförmig, weniger als 20 mm hoch 29
28 Frk. 30–50 mm hoch, hohl, am Scheitel sternförmig aufreißend, innen mit aasartig stinkendem Sporenschleim ausgekleidet. Wälder der Alpen und Karpaten

Phallogaster saccatus

28′ Frk. über 50 mm hoch, nicht hohl, am Scheitel staubig zerfallend, innen vielfarbig und von komplizierter Struktur

Pisolithus arhizos II 180

29 (27) Gleba aus vielen kugel- oder linsenförmigen Peridiolen zusammengesetzt 30
29′ Frk. eine einzige oder keine Peridiole enthaltend 34
30 Reifer Frk. becherförmig geöffnet. Peridiolen mit anhaftendem Strang (Funikulus) . 31
30′ Reifer Frk. etwa kugelig, nicht becherförmig. Peridiolen ohne Funikulus 32
31 Frk. außen gelb bis orange filzig. Peridiolen blaßgelb. Peridie einschichtig

Crucibulum laeve II 178

31′ Frk. außen grau oder dunkelbraun filzig. Peridiolen grau oder schwarz. Peridie dreischichtig

Cyathus II 179

32 (30) Peridiolen sehr zahlreich, sandkorngroß, hell olivgrau. Peridie weiß. Bodenbewohnende Pilze. Mittelmeergebiet

Arachnion

32′ Peridiolen wenig zahlreich, linsenförmig abgeflacht, gelblich, rotbraun oder schwärzlich. An Holz, Pflanzenresten und auf holzhaltigem Boden in Wäldern und Sümpfen 33
33 Peridie bräunlich, häutig, aus normalen und stacheligen Hyphen bestehend. Peridiolen 1–2 mm breit, kastanienbraun

Nidularia deformis VI Bild 30

33′ Peridie weiß, sehr dünn, nur aus normalen Hyphen bestehend. Peridiolen 0,2–0,5 mm breit, gelblich, kastanienbraun oder schwarz

Mycocalia

34 (29) Frk. 2–5 mm groß, sich sternförmig öffnend und die Peridiole abschleudernd . . . 35
34′ Frk. 1–3 mm groß, unregelmäßig zerfallend, die Peridiole nicht abschleudernd . . 36
35 Gleba bräunlich, nicht gekammert. Frk. von einer gallertartigen Myzelschicht umhüllt

Sphaerobolus stellatus II 157

35′ Gleba schwärzlich, gekammert. Frk. ohne Gallertschicht. An Holz, Bayern

Nidulariopsis

36 (34) Frk. etwa 1 mm groß, weiß, eine 0,2 mm große Peridiole enthaltend. An Holz, Rinde, Torfmoosen, Binsen

Mycocalia (minutissima)

36′ Frk. bis 3 mm groß, erst weißlich, dann orange, keine Peridiole enthaltend. An im Meerwasser treibenden Pflanzenstengeln und Holz, Atlantik- und Mittelmeerküste

Nia vibrissa

Schlüssel 22: Pilzblumen

1 Frk. epigäisch, birnenförmig, hohl, sich sternförmig öffnend, ohne Rezeptakulum. Wälder der Alpen und Karpaten

Phallogaster saccatus

1′ Frk. zunächst hypogäisch („Hexenei"), ein epigäisches Rezeptakulum hervorbringend 2
2 Rezeptakulum unverzweigt 3
2′ Rezeptakulum verzweigt 4
3 Spitze des Rezeptakulums ein Hütchen mit wabiger Oberfläche tragend, auf dem sich die olivgrüne bis braune Sporenmasse befindet

Phallus I 188, II 139

3′ Spitze des Rezeptakulums unmittelbar von der Sporenmasse bedeckt

Mutinus II 141 a–c

4 (2) Zweige des Rezeptakulums anfangs mit den Spitzen verbunden, bald frei endend . . 5
4′ Zweige des Rezeptakulums netzartig oder mit ihren Spitzen verbunden und so bleibend 6
5 Rezeptakulum bis weit unter die Mitte geteilt, Zweige vom röhrenartigen Stiel undeutlich abgegrenzt. Adventiv und z.T. eingebürgert

Clathrus (archeri II 142**)**; vgl. *Pseudocolus* (Frage 9)

5′ Rezeptakulum mit langem röhrenartigem Stiel und kurzem, scharf abgesetzten Ästen. Adventiv in Mittel- und Westeuropa, Italien, sowjetisches Schwarzmeergebiet

Lysurus II 140 b, VI Bild 31

6 (4) Rezeptakulum weiß. Äste röhrig. Adventiv in Gärten (England 1963, 1971)

Ileodictyon cibarium

6′ Rezeptakulum rosa bis rot, ausnahmsweise gelb oder weiß (und dann Äste innen schwammig) 7
7 Rezeptakulum vom Grunde an geteilt; Struktur schwammig. Mittelmeergebiet und Westeuropa bis Südengland; adventiv und unbeständig in Mitteleuropa

Clathrus (ruber II 140 a**)**

7′ Rezeptakulum mit stieliger Basis, erst oberhalb 1/5 bis 2/5 der Höhe verzweigt; Struktur röhrig 8
8 Äste am Scheitel netzartig verbunden, hellrosa. Gleba fast schwarz. Adventiv in Gewächshäusern (Leningrad 1947, Italien 1981)

Pseudocolus fusiformis (= *Anthururs javanicus*)

8′ Äste nur mit ihren Spitzen verbunden, manchmal frei werdend, rosa bis rot. Gleba olivbraun. Mittelmeergebiet bis Tessin

Colus hirudinosus

Schlüssel 23: Sterile und imperfekte Stadien (Nebenfruchtformen, Anamorphen)

1 Frk. vegetative Sporen (Konidien, Chlamydosporen) bildend 2
1′ Frk. vollkommen steril, keine Sporen bildend. Vermehrung durch Sklerotien, Bulbillen, Myzelstränge 21
2 Frk. hutförmig, blätterpilzartig. Auf alten Pilzhüten wachsend

Asterophora III 236, 237 (Teleom. *Nyctalis*)

2′ Frk. nicht blätterpilzartig, nicht auf Pilzhüten wachsend 3
3 Frk. von einer Peridie umschlossen (die Pilze ähneln Gasteromyzeten) 4

3′ Frk. ohne Peridie. Konidienbildung im Inneren oder auf der Oberfläche des Frk. . . 7
4 Frk. hypogäisch. Sp. größer als 10 µm 5
4′ Frk. epigäisch, kleinen Bovisten ähnlich. Sp. kleiner als 10 µm 6
5 Gleba gekammert. Sp. dickwandig, ihr größter Durchmesser 12–22 µm

Leucophleps magnata (Teleom. *Leucogaster* ?)

5′ Gleba nicht gekammert. Sp. dünnwandig, ihr größter Durchmesser 30–300 µm (vgl. Schlüssel 1, Frage 13)

Zygosporen: **Endogone**, Chlamydosporen: **Glomus**

6 (4) Auf Erdboden in Wäldern und Machien, auf Brandstellen. Gleba ohne sterile Basis, weiß oder rosa. Konidien an kapillitiumartigen Hyphen gebildet. Mittelmeergebiet, Schweden

Ostracoderma (Teleom. unbekannt)

6′ Auf Holzkohle, Brandstellen. Gleba mit kleiner steriler Basis. Konidien wie oben. Westeuropa

Glischroderma cinctum (Teleom. unbekannt)

7 (3) Frk. aufrecht, gestielt-kopfig, keulenförmig oder strauchartig verzweigt 8
7′ Frk. krustenförmig, polsterförmig oder hirnartig gelappt 13
8 Frk. gestielt-kopfig mit kugel- oder eiförmigem Köpfchen, bis 20 mm hoch 9
8′ Frk. keulen-, strauch-, geweihförmig, mit weißem Sporenstaub bedeckt 11
9 5–8 mm hohe Koremien an Pflanzenresten (*Alchemilla, Dryas* u. a.) in alpiner Vegetation. Alpen, Pyrenäen

Heydenia alpina (Teleom. unbekannt)

9′ Frk. an Hornteilen (Hufe, Federn, Gewölle)

Onygena VI Bild 4 (vgl. Hauptschlüssel)

9″ An Holz und Rinde in Wäldern 10
10 Frk. schwarz, grauflockig, mit eiförmigen Köpfchen, geruchlos

Crinula caliciiformis (Teleom. unbekannt)

10′ Frk. bräunlich, 3–6 mm hoch, bovistartig stäubend, mit kugeligem Köpfchen; Geruch wie *Lactarius helvus*

Phleogena faginea VI Bild 8 (siehe Schlüssel 21)

11 (7) Frk. lederig, schwarz, obere Hälfte weiß bestäubt. An Holz

Xylocoremium (Teleom. *Xylaria hypoxylon* II 275)

11′ Frk. weich, nicht schwarz. An Insekten 12
12 Frk. bräunlich, oben grau bestäubt, pfriemenförmig, spitz. An toten Wespen

Hymenostilbe (sphecophila) (Teleom. *Cordyceps sphecocephala* II 272)

12′ Frk. weiß, fast in ganzer Länge weiß bestäubt, oben schmal keulenförmig. An Schmetterlingspuppen

Paecilomyces (farinosus VI 32) (Teleom. unbekannt)

13 (7) Frk. gallertartig 14
13′ Frk. nicht gallertartig 15
14 Frk. purpurn, lila, hirnartig gelappt, auf seiner gesamten Oberfläche Konidien bildend

Coryne sarcoides II 270 (Teleom. *Ascocoryne sarcoides*)

14′ Frk. rosa, fleischfarben, blaß lila, polsterförmig mit mehreren krug- oder napfförmigen Einsenkungen, in denen sich Konidien bilden

Ditangium insigne (Teleom. *Craterocolla cerasi*)

15 (13) Frk. krustenförmig (effus) 16
15′ Frk. polsterförmig, knollenförmig 17
16 Frk. 1–5 mm dick, fleischig, schwärzlich mit hellgrauem, mehligem Überzug von Ko-

nidien. Konidienstadium von

Hypoxylon (deustum II 279**)**

16′ Frk. sehr dünn, rosa

Trichothecium roseum (Teleom. *Corticium roseum*)

17 (15) Frk. kleiner als 5 mm, lachsrot, an dünnen Zweigen. Sp. dünnwandig

Tubercularia vulgaris (Teleom. *Nectria cinnabarina* II 280)

17′ Frk. größer als 25 mm. Sp. ± dickwandig. Anam. von Porlingen 18

18 Frk. hart, holzig oder kohleartig, nicht zu Pulver zerfallend, schwarz mit rissig-bröckeliger Oberfläche, bei *I. nidus-pici* anfangs ockergelb; innen dunkel rotbraun, Konidien 1–4zellig. An Laubbaumstämmen. Chlamydosporenstadien von

Inonotus (nidus-pici, obliquus) und
Phellinus (pilatii, tremulae)

18′ Frk. weich, später zu Sporenpulver zerfallend. Konidien einzellig 19

19 Frk. fleischig, anfangs mit roten Guttationstropfen bedeckt, orangegelb, später rotbraun; außen kahl, grubig; 30–70 mm groß. Konidien dunkelbraun, 4–12 µm groß. An lebenden Laubbäumen, Braunfäule

Sporotrichum (versisporum) = *Ptychogaster aurantiacus*
(Teleom. *Laetiporus sulphureus* I 167)

19′ Frk. watteartig bis faserfleischig, weiß, außen filzig. An Nadelholz 20

20 Sporenstaub braun

Ptychogaster fuliginoides II 44 (Teleom. *„Tyromyces“ ptychogaster* oder *Fibroporia destructor*)

20′ Sporenstaub weißlich bis gelb

Ptychogaster citrinus (Teleom. *Oligoporus rennyi* VI Bild 24)

21 (1) Myzel- oder strangartige Bildungen 22

21′ Andersartige Gebilde 28

22 Rostbraune, strahlig-zottige Bildungen auf Holz und angrenzendem Erdboden

Ozonium auricomum (Teleom. *Coprinus radians* u. a.)

22′ Strangartige Bildungen von anderer Farbe 23

23 Stränge schwarz, plattgedrückt, sehr hart. Unter Baumrinde und im Boden

Rhizomorphen von **Armillaria** I 97 a, b, III 92

23′ Stränge rein weiß 24

23″ Stränge gelb 25

23‴ Stränge hellgrau bis braun, an Balken und Mauerwerk in Gebäuden, Braunfäule . . 27

24 Stränge myzelartig, stark verzweigt, an Holz

Himantia (Teleom. unbekannt)

24′ Stränge wenig verzweigt und wenig ausgedehnt, dünn. Im Boden von Trockenrasen, Felsensteppen unter Graminiden

Rhizomorphen von **Gastrosporium simplex** II 191

24″ Stränge wenig verzweigt, 1–2 mm dick, elastisch, weit ausgedehnt. In mulmigen Baumstümpfen, an Wurzeln und im Boden

Rhizomorphen von **Megacollybia platyphylla** I 105, **Phallus** I 188, II 189

25 (23) Stränge olivgelb. Hyphen mit Schnallen. In Abraumhalden und sehr nährstoffarmen Sandböden

Rhizomorphen von **Pisolithus arhizos** II 180

25′ Stränge goldgelb. Hyphen ohne Schnallen. In Waldböden und anstark vermodertem Holz 26

26 Hyphen mit spitzen Kristallen dicht inkrustiert. Besonders in Nadelwaldböden

Rhizomorphen von **Piloderma**

26′ Hyphen nicht inkrustiert

Rhizomorphen von **Cordyceps** II 272–275

27 (23) Stränge drahtdick, gelblich bis braun, von braunen bis schwarzen Sklerotien begleitet

Rhizomorphen von **Leucogyrophana (pinastri)**

27′ Stränge 3–30 mm dick (meist bleistiftdick), silberweiß bis grau, graubraun. Sklerotien fehlen

Rhizomorphen von **Serpula** I 173

28 (21) Holzbewohnende Pilze, welche grießartige Massen von Bulbillen bilden. Hyphen mit Schnallen 29

28′ Kugel-, knollen-, hornförmige feste Gebilde (Sklerotien, Pseudosklerotien), keine Bulbillen bildend, nicht an Holz 31

28″ Keulen- bis korallenförmige, bis 15 mm hohe, orangerote Gebilde auf Laubstreu

Anthina flammea (Teleom. unbekannt)

29 Frk. hutförmig. Bulbillen dunkel, an Stelle der Lamellen gebildet. Südeuropa

Rhacophyllus (Teleom. *Coprinus*)

29′ Frk. krustenförmig (effus), weißlich, gelblich, bräunlich, an seiner Oberfläche Bulbillen bildend 30

30 Bulbillen halbkugelig, 0,1–0,3 mm groß, weiß

Aegeritina tortuosa (Teleom. *Subulicystidium longisporum*)

30′ Bulbillen kugelig bis eiförmig, 0,2–0,4 mm groß, weiß, trocken gelblich bis ocker, dextrinoid

Aegerita candida (Teleom. *Bulbillomyces farinosus*)

31 (28) Sklerotien faust- bis kopfgroß, in Waldböden 32

31′ Sklerotien kleiner als 30 mm, keine Erdpartikel einschließend 33

32 Sklerotien kugelig, klumpenförmig, Erdpartikel einschließend

Pseudosklerotien von **Polyporus (tuberaster** II 38)

32′ Sklerotien korallenartig verzweigt, keine Erdpartikel einschließend

Sklerotien von **Polyporus (umbellatus** II 31)

33 (30) Sklerotien hornförmig, violettschwarz, in Ährchen von Getreide und Wildgräsern. Größe je nach Wirtspflanze verschieden

Sklerotien von **Claviceps**

33′ Sklerotien kugelig, eiförmig, spindelförmig. Nicht in Ährchen 34

34 Sklerotien hohl, schwarz, kohlig hart, meist kugelrund, 1–5 mm groß. In sauren Waldböden

Cenococcum geophilum (Teleom. *Elaphomyces* ?)

34′ Sklerotien voll, gelb- bis rostbraun oder schwarz, weniger hart 35

35 Sklerotien im Gewebe der Wirtspflanze (z.B. in hohlen Stengeln) eingebettet, Zellen und Gewebereste der Wirtspflanze einschließend

Pseudosklerotien von **Botryotinia,**
Ciboria II 253, 261
Ciborinia,
Verpatinia

35′ Sklerotien frei am Myzel sitzend, keine Zellen und Gewebe der Wirtspflanze einschließend. In Wald- und Ackerböden, in Pilzhüten

Sclerotium (Teleom. *Typhula* II 136–138) und
Sklerotien von **Agrocybe arvalis** IV 226,
Collybia sect. Collybia III 151–153,
Coprinus (sclerotiger, tuberosus IV 302),
Sclerotinia II 252

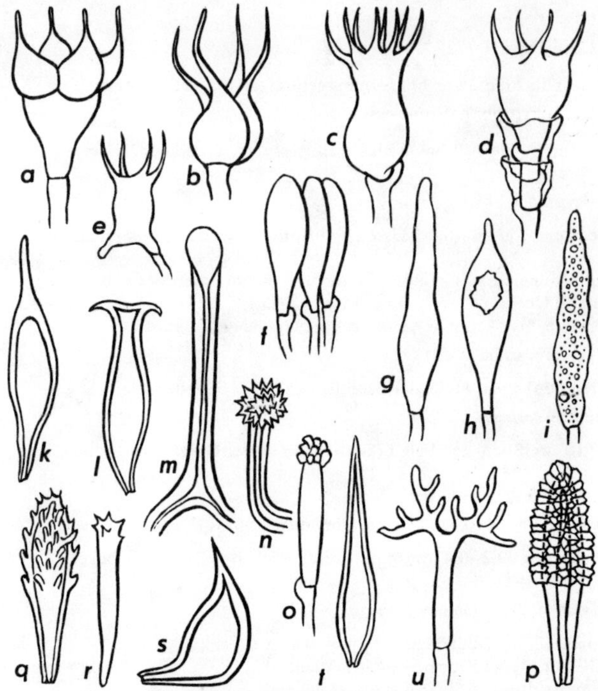

Abb. 1. Elemente des Hymeniums: a) *Tulasnella*-Basidie, b) *Tremella*-Basidie, c) Urnenbasidie, d) repetierende Basidie, e) Pleurobasidie (biradikate Basidie), f) Basidiolen, g) Leptozystide (Zystidiole), h) Chrysozystide, i) Gloeozystide, k und l) Metuloide, m) Lyozystide (biradikate Zystide), n und o) kristalltragende Zystiden, p) Lamprozystide, q und r) Akanthophysen, s und t) Setae (Spinulae), u) Dendrozystide.

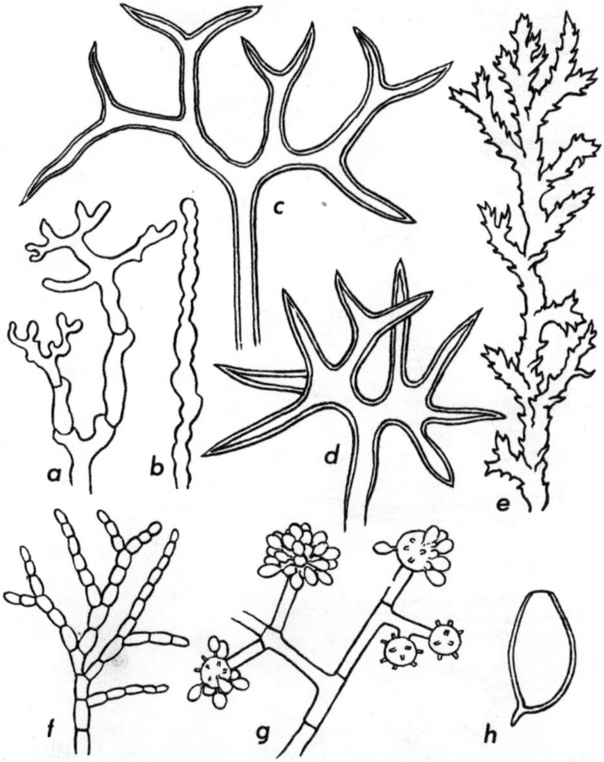

Abb. 2. a) Dendrohyphidie, b) Haplohyphidie, c) Dichohyphidie, d) Asterohyphidie, f) Blastokonidien *(Monilia)* g) Botryoblastokonidien *(Botrytis)*, h) Basidiospore mit Apikulus (Hilarappendix) am Grunde und Keimporus am oberen Ende.

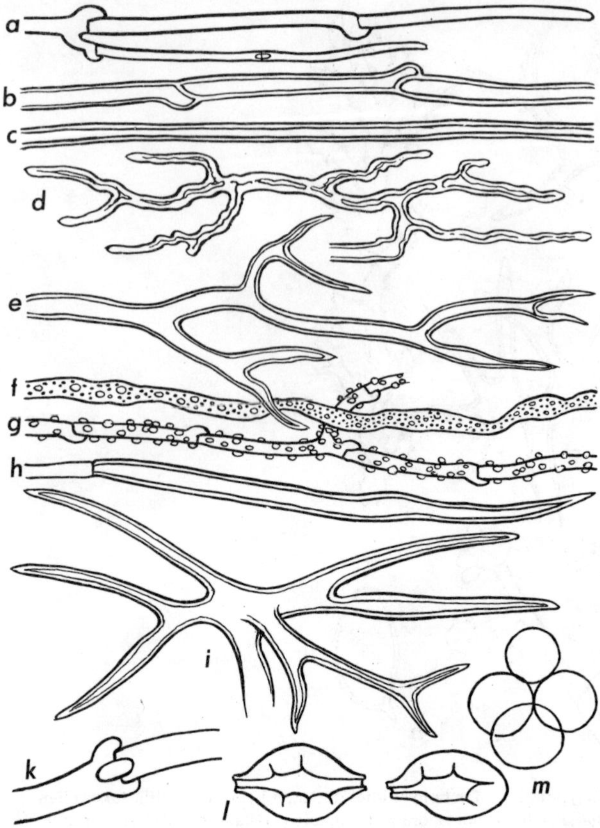

Abb. 3. Elemente der Trama und des Subikulums: a) generative Hyphe mit Schnallen, b) sklerifizierte generative Hyphe, c) Skeletthyphe, d) Bindehyphe, e) Dichohyphe, f) gloeozystidiale Hyphe, g) inkrustierte Hyphe, h) Makroseta, i) Asteroseta, k) multiple Schnallen, l) Sklerozyten, m) Sphärozyten.

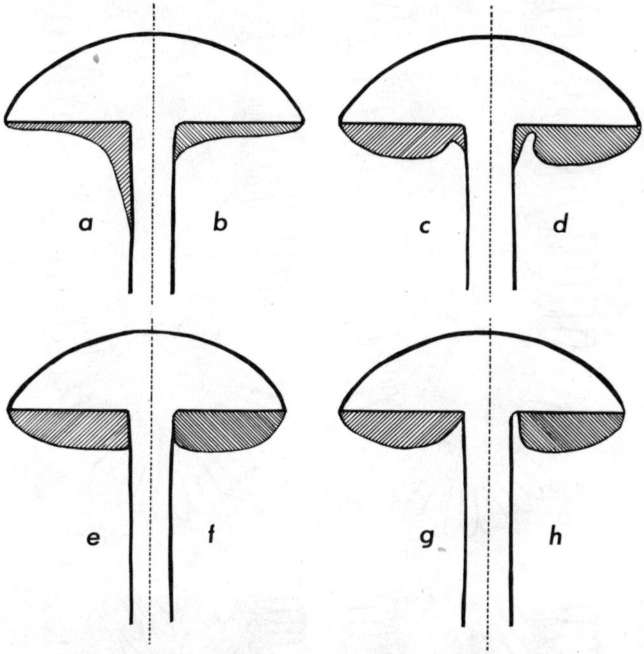

Abb. 4. Ansätze der Lamellen (Röhren): a) weit herablaufend, b) kurz herablaufend, c) ausgebuchtet, d) tief ausgebuchtet und mit Zahn herablaufend, e) breit angewachsen, f) abgerundet angewachsen, g) angeheftet, h) frei.

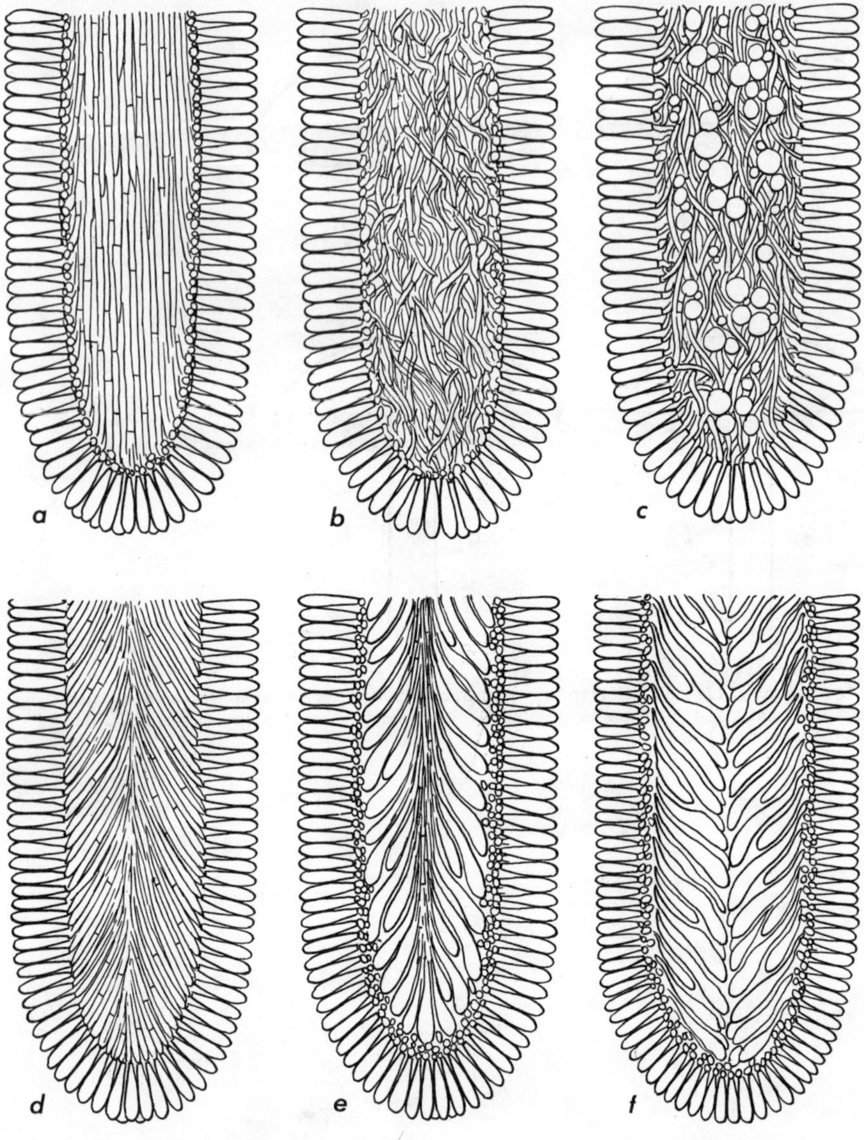

Abb. 5. Anordnung der Hyphen in der Trama des Hymenophors: a) regulär, b) irregulär, c) irregulär mit Sphärozyten, d) bilateral, e) pseudobilateral, f) invers. Aus Kreisel 1969.

Worterklärungen

(s. auch Bd. II: Merkmalskunde)

abhymenial: die dem Hymenium entgegengesetzte Seite eines Frk., z. B. die Oberseite hutförmiger Pilze, die Außenseite becherförmiger Pilze.

Akanthohyphidien: Hyphidien mit stacheliger Oberfläche in Katahymenien (s. d.), z. B. von *Aleurodiscus, Acanthophysium* (Abb. 2e).

Akanthophysen: Hyphenenden mit stacheliger Oberfläche oder bestachelter Spitze, dünnwandig (dann auch Pseudoakanthophysen genannt) oder dickwandig, in normalen Hymenien, z. B. von *Stereum, Xylobolus* (Abb. 1q, r).

allantoid (Sporen): zylindrisch-gekrümmt, wurstförmig.

amerospor: mit einzelligen Konidien oder Askosporen.

amorph: von unbestimmter, unregelmäßiger Form.

amphimitisch (Hyphensystem): die Trama besteht aus generativen Hyphen und Bindehyphen oder skeleto-ligativen Hyphen. Meist „dimitisch mit Bindehyphen" genannt.

amyloid: Zellwände (von Hyphen, Sporen, Zystiden u. a.) oder andere Strukturen (z. B. in Askusspitzen), die sich in Lugolscher Lösung oder Melzers Reagens blau bis violett-schwarz anfärben. Reaktion auf Amylose!

Anamorphe (Anamorphose): die mitotisch-asexuelle (vegetative) Vermehrungsform eines Pilzes, charakterisiert durch Bildung von Konidien, Chlamydosporen oder Sklerotien; auch charakteristische sterile Myzelien (z. B. *Ozonium, Rhizoctonia*).

anastomosierend (Lamellen): mit ± regelmäßig auftretenden Querverbindungen.

angeheftet (Lamellenansatz): s. Abb. 4g.

angewachsen (Lamellen-, Röhrenansatz): s. Abb. 4e, f.

anoderm: Hutoberfläche ohne differenzierte Deckschicht (*Clitocybe gibba, Polyporus mori*).

apikal: scheitelständig.

Apikalapparat: Strukturen des Askostom (s. d.).

Apikulus (Mehrzahl Apikuli): bei Askosporen (z. B. *Gyromitra gigas, Rhizina*) und Teleutosporen (z. B. *Phragmidium*) stumpfe oder spitze Anhängsel an den Enden der Spore; bei Basidiosporen das Stielchen (= Hilarappendix).

apiospor: mit ungleich-zweizelligen Konidien oder Askosporen.

apomorph (Merkmal): abgeleitet, weiterentwickelt. Gegensatz: **plesiomorph**, ursprünglich.

Apophyse: Auswuchs, Verdickung (unter einem fertilen Gebilde, z. B. unter der Endoperidie von *Geastrum*).

Apothezium: becher-, kelch-, scheibenförmiger Frk. der Askomyzeten, mit freiliegendem Hymenium.

Arthrokonidien (Arthrosporen): durch Auseinanderbrechen kurzgliederiger Hyphen an den Septen (durch Fission) entstehende Konidien, oft in verzweigten Ketten (z. B. *Coprinus, Flammulina, Pholiota, Pleurotus dryinus*). Früher unkorrekt Oidien genannt.

Askoma (Askokarp): Frk. der Askomyzeten; entsteht im Ergebnis einer Befruchtung und baut sich aus haploiden Hyphen (Exzipulum, Paraphysen) und dikaryotischen Hyphen (askogene Hyphen) auf. Wichtige Typen: *Apothezium, Kleistothezium, Perithezium, Pseudothezium, Tuberothezium.*

Askosporen: in Schläuchen (Aszi) gebildete Sporen; vgl. Meiosporen.

Askostom(a) (Schlauchpforte): Askusspitze mit den ihre Öffnung umgebenden, oft komplizierten Strukturen. Der Nachweis eines amyloiden oder inamyloiden (chitinösen) Ringes im A. kann wichtig für die Bestimmung sein.

Askus (Schlauch): Organ der Meiosporenbildung bei Askomyzeten und Endomyzeten. Sporenbildung im Inneren (endogen) durch „freie Zellbildung"; Anzahl der Sporen im A. artspezifisch. Öffnungsweise bilabiat, inoperkulat oder operkulat (s. d.).

Asterohyphidien: sternförmig verzweigte Hyphidien im Hymenium von *Asterostroma* (Abb. 2d).

Asterosetae: sternförmig verzweigte, dunkelbraune, dickwandige Hyphen in der Trama, z. B. von *Asterodon, Asterostroma* (Abb. 3i).

ausgebuchtet, ausgerandet (Lamellen-, Röhrenansatz): s. Abb. 4c, d.

Autolyse: Selbstauflösung von Frk.-Teilen, wobei Sporen übrigbleiben, z. B. das Zerfließen des Hutes von *Coprinus*, der Gleba vieler Gasteromyzeten.

azyanophil: nicht zyanophil (s. d.).

Ballistokonidien, Ballistosporen: aktiv abgeschleuderte Sporen, die auf einem Sterigma entstehen, dorsiventral mit adaxialer Hilardepression (s. d.), z. B. Basidiosporen der Hymenomyzeten, Sekundärsporen der Gallertpilze mit repetitiver Sporenkeimung, Konidien der *Tilletiales.* Vgl. Statismosporen.

Basidie (Basidium): Organ der Bildung von Meiosporen (Basidiosporen) bei Basidiomyzeten, Teliomyzeten und z. T. Ustomyzeten. Sporenbildung exogen in bestimmter Anzahl (meist auf 4 scheitelständigen Sterigmen). Die B. ist einzellig (**Holobasidie**) oder septiert (**Phragmobasidie**). Sonderformen s. Abb. 1a–e. Vgl. Stichobasidie.

Basidiolen: keulenförmige Zellen im Hymenium, den Basidien ähnlich, aber ohne Sterigmen, also steril (Abb. 1f).

Basidioma (Basidiokarp): Frk. der Basidiomyzeten; entsteht unabhängig vom Zeitpunkt der Befruchtung am dikaryotischen Myzel und baut sich aus dikaryotischen Hyphen auf (Ausnahme: haploide Apomixis, s. Bd. II, S. 82). Wichtige Typen: gasteral, hymenial, secotioid.

bilabiat (Askus): zweilappig, spaltförmig öffnend (z. B. *Ascozonus*, viele Flechten).

bilateral (Lamellen-, Röhrentrama): die Hyphen sind nach außen divergierend angeordnet (Abb. 5d).

Bindehyphen: dickwandige bis solide, ± stark verzweigte Hyphen ohne Querwände, die in der Trama durch Umwandlung und Verzweigung einzelner Abschnitte generativer Hyphen entstehen (Abb. 3d). Bindehyphen haben meist ein enges, unterbrochenes oder stellenweise verschwindendes Lumen, nur bei *Laetiporus* sind sie weitlumig. Mit den üblichen Farblösungen (Kongorot, Giemsa) sind sie kaum anfärbbar.

bipolar (Keimung, Sprossung): an beiden Enden einer Zelle.

biradikat (Basidien, Zystiden): zweiwurzelig, d. h., die Basis der Zelle ist mit 2 oder mehr Hyphenteilen verbunden (Abb. 1e, m).

Blastokonidien (Blastosporen): durch Sprossung entstehende Konidien, einzeln stehend (*Sporotrichum, Hapalopilus*) oder durch fortgesetzte Sprossung verzweigte Ketten bildend (z. B. *Monilia*, Abb. 2f).

Botryoblastokonidien (Botryoblastosporen): durch Sprossung an kopfig erweiterten Konidienträger entstehende Konidien; niemals in Ketten (z. B. *Botrytis, Oedocephalum, Spiniger*, Abb. 2g).

Bulbillen: grieß-, sandkorngroße Gebilde, in welche die anamorphen Frk. einiger Pilze zerfallen. Sie bestehen aus Sklerozyten und dienen der vegetativen Vermehrung.

Capillitium: s. Kapillitium.

Caulocystiden: s. Kaulozystiden.

Cheilozystiden: an der Lamellenschneide befindliche Zystiden.

Chlamydosporen: 1. dickwandige Dauerspore, welche interkalar oder durch Anschwellung von Hyphenenden enstehen. 2. veraltet für Teleutosporen (Brandsporen) der Ustomyzeten.

Chrysozystiden: dünnwandige, keulenförmige Zystiden (oft mit fingerförmigem Fortsatz am Scheitel) mit einem amorphen, lichtbrechenden Körper im Inneren, der sich oft in KOH gelb färbt. Typisch für viele *Strophariaceae* (Abb. 1h). Vgl. Dermatochrysozystiden.

Collar: ringförmige Bildung um die Stielspitze einiger *Marasmius*-Arten, woran die Lamellen ansetzen. Gelegentlich auch bei Arten anderer Gattungen, z. B. *Mycena clavularis* und *Rhodotus palmatus*.

Context: Huttrama der Hymenomyzeten.

corticioid (Fruchtkörper): effus. Meist für effuse Frk. ohne Hymenophor verwendet.

Cortina (Schleier): spinnwebartiges, fädiges Velum, welches die randlichen Teile der Hutoberfläche junger Frk. mit dem Stiel verbindet und sehr hinfällig ist (z. B. *Cortinarius, Hypholoma*).

Cutis: Hutdeckschicht aus oberflächenparallenen Hyphen.

cyanophil: s. zyanophil.

cyphelloid: becher- oder röhrenförmige Frk. der Hymenomyzeten, ohne Hymenophor, nach unten geöffnet.

Cystiden: s. Zystiden.

Dendrohyphidien: unregelmäßig (nicht dichotom) verzweigte Hyphidien in Katahymanien von *Peniophoraceae* und *Scytinostroma* (Abb. 2a).

Dendrozystiden: bäumchenartig verzweigte Hyphen in Hymenium, z. B. von *Terana*. Im Gegensatz zu Dendrohyphidien von begrenztem Wachstum (Abb. 1u).

Dermatochrysozystiden: blasenförmige Anschwellungen mit einem amorphen Innenkörper, welche an Hyphen der Huthaut von *Clitocybe phaeophthalma* interkalar oder terminal auftreten.

Dermatozystiden: in der Huthaut befindliche Zystiden (z. B. von *Russula*).

dextrinoid (pseudamyloid): Zellwände von Hyphen, Sporen u. a., die sich in Lugolscher Lösung braunrot oder weinrot anfärben. Dextrinoide Hyphen finden sich im Subikulum der *Lachnocladiaceae*, dextrinoide Haare auf Hut und Stiel von *Crinipellis*, dextrinoide Sporen hat *Lepiota*. Die gleichen Strukturen geben meist zyanophile Reaktion (s. d.).

Diaphragma: pergamentartige Trennschicht zwischen Gleba und Subgleba von Vascellum.

Dichohyphen: dichotom verzweigte Hyphen im Subikulum von Vararia, in der Trama von *Dichomitus* (Abb. 3 c).

Dichohyphidien: dichotom verzweigte Hyphidien im Katahymenium von *Vararia* (Abb. 2 c).

dictyospor: mit Konidien oder Askosporen, welche Quer- und Längswände haben (muriforme Sporen).

didymospor: mit zweizelligen Konidien oder Askosporen; vgl. apiospor.

dimidiat: konsolenförmig, halbkreisförmig.

dimitisch (Hyphensystem): die Trama besteht aus generativen Hyphen und Skeletthyphen; dimitisch mit Bindehyphen s. amphimitisch.

Dissepiment: Scheidewand des Hymenophors bei Porlingen, Röhrlingen und Wirrlingen.

Duplex-Trama: aus zwei Schichten von deutlich verschiedener Konsistenz (und Textur) bestehende Huttrama von Hymenomyzeten, z. B. *Hohenbuehelia, Skeletocutis, Spongipellis*.

echinat: stachelig.

effus (Fruchtkörper): krustenförmig das Substrat überziehend, ohne abgebogene Hutkanten, mit oder ohne Hymenophor. Dieses kann geotropisch orientiert sein oder nicht. Vgl. corticioid, resupinat.

effus-reflex (Fruchtkörper): krustenförmig mit ± abstehenden Hutkanten, also mit einem effusen und einem konsolenförmigen Teil (z. B. *Stereum hirsutum, Bjerkandera adusta*).

Ektoexzipulum: Schicht des Exzipulum von Apothezien (s. Bd. II).

Ektospor: äußere, farblose Schicht der Basidiosporenwand von *Ganoderma*.

Endoperidie: s. Peridie.

epigäisch (Fruchtkörper): auf der Bodenoberfläche wachsend.

Epispor: Schicht der Sporenwand, welche bei *Russulaceae* das Ornament (Warzen, Stacheln, Grate) bildet; von Perispor überzogen.

Epithel, Epithelium: Hutbedeckung aus Sphärozyten (s. d.), die oft kettenartig zusammenhängen und kegelige Warzen bilden (*Cystoderma, Cystolepiota, Mycenella*).

Epithezium: Deckschicht aus verzweigten Paraphysen auf dem Hymenium mancher Askomyzeten (*Geneaceae, Phacidiaceae, Lecanorales*).

Exoexzipulum: äußere (flockige) Schicht des Exzipulum.

Exoperidie: s. Peridie.

Exzipulum: die sterilen, das Hymenium tragendes Teile eines Apotheziums. Texturtypen der Außenschicht (Exzipulum i. e. S.) s. Bd. II, S. 76–78.

Faserhyphen: dickwandige, unserptierte, unverzweigte Hyphen von geringem Durchmesser im Myzel mancher Basidiomyzeten. Ähnliche Hyphen im Frk. heißen Skeletthyphen.

fertil: fruchtbar, sporenbildend.

fissurat (Sporenornament): rissig, z. B. *Ascobolus*.

frei (Lamellenansatz): s. Abb. 4b.

Funikulus, Funikularstrang: bei *Cyathus* und *Crucibulum* ein kompliziert gebauter Hyphenstrang, welcher die Peridiolen mit der Innenseite der Peridie verbindet. Er bewirkt später die Anheftung der Peridiolen an Pflanzen.

gelifiziert (Hyphen): mit gallertartiger Hülle umgeben. Aus g. Hyphen gebaute Huthaut- oder Tramaschichten quellen bei Befeuchtung schleimig oder gallertartig auf.

generative Hyphen: dünnwandige, plasmareiche Hyphen im Frk. der Basidiomyzeten, regelmäßig septiert und meist mit Schnallen, in jedem Frk. vorhanden. Die Zellwände färben sich gut mit Kongorot, der Zellinhalt mit Baumwollbau (der Nachweis ist ohne Erhitzen zu führen). Abb. 3a.

Gleba: das fertile Innere des Frk. eines Gasteromyzeten.

Gloeozystiden: dünnwandige, meist längliche Zystiden mit öligem oder feinkörnigem Inhalt in Hymenium, Trama oder Huthaut (Abb. 1i). Oft selektiv färbbar mit Baumwollblau oder (bei *Russulaceae, Auriscalpiaceae, Peniophoraceae*) mit Sulfovanillin.

gloeozystidiale Hyphen: Safthyphen vom Charakter der Gloeozystiden; auch oleifere oder gloeophlerische Hyphen genannt (Abb. 3f).

granuliert, granulos: körnig.

Haplophyphidien: nicht oder wenig verzweigte Hyphidien, z. B. im Hymenium von *Epithele* (Abb. 2b).

Hauptfruchtform: Teleomorphe.

helikospor: mit spiralförmig eingerollten Konidien.

herablaufend (Lamellen-, Röhrenansatz): s. Abb. 4a, b.

Hilarappendix: kurzes Stielchen am unteren Ende von Basidiosporen.

Hilardepressium (Hilarfleck, Suprahilarfleck): Eindellung an der ventralen Seite von Ballistosporen; adaxial, also der Längsachse der Basidie zugekehrt. Vgl. Plage.

Hilum: an Basidiosporen die Abbruchstelle des Hilarappendix vom Sterigma.

hinten (bei Lamellen): am Stiel des Frk.

Holomorphe: Gesamtheit der Vermehrungsformen eines pleomorphen Pilzes, also Teleomorphe + Anamorphe(n).

hyalin: farblos und durchsichtig. Hyaline Sporen ergeben weißen Sporenstaub.

hyalospor: mit farblosen oder gelblich, ocker, grün, blau, rosa pigmentierten Konidien oder Askosporen.

hygrometisch (hygrochastisch): Bewegungen bestimmter Teile des Frk., wodurch die Sporenaussaat bei Nässe freigegeben, bei Trockenheit verhindert wird (Lamellen von *Schizophyllum*, Exoperidie von *Astraeus* und einigen *Geastrum*-Arten).

hygrophan (Hut): mit dunkler, durchfeuchteter Randzone (z. B. *Kuehneromyces mutabilis*).

Hymenialsetae (Spinulae): borsten-, pfriemen- oder hakenförmige, dunkelbraune Zystiden vieler *Hymenochaetaceae* (Abb. 1s, t). Sie entstehen an generativen Hyphen. Vgl. Makrosetae, Myzelialsetae, setale Hyphen.

Hymeniderm: Hutdeckschicht der Basidiomyzeten aus keulen-, blasen- oder kugelförmigen Zellen, einem Hymenium ähnlich, aber steril (*Galerina, Lepiota, Xerula*).

hymeniform (Huthaut): ein Hymeniderm bildend.

Hymenium: fertile Schicht, von Schläuchen oder Basidien gebildet, oft durchsetzt von Paraphysen bzw. Hyphidien, Basidiolen, Zystiden u. a. Vgl. Katahymenium.

Hymenophor: Vergrößerung der fertilen Oberfläche eines Frk. in Form von Lamellen, Röhren, Stacheln, Leisten, Falten; also das „Futter“ unter dem Pilzhut. Das H. wird vom Hymenium überzogen.

Hymenopodium: Scheingewebe aus breiten, voluminösen Hyphen zwischen Lamellentrama und Subhymenium mancher Blätterpilze (*Conocybe, Gomphidiaceae, Paxillus*).

Hyphensystem: Gesamtheit der Hyphen, welche die Trama eines bestimmten Frk.-Teils zusammensetzen. Man unterscheidet monomitisches H. (nur generative Hyphen), dimitisches H. (generative und Skeletthyphen), amphimitisches H. (generative und Bindehyphen oder generative und skeleto-ligative Hyphen; auch „dimitisch mit Bindehyphen" genannt) und trimitisches H. (generative, Skelett- und Bindehyphen). Vgl. skleromonomitisch.

Hyphenwarzen: das Hymenium durchragende Bündel von Tramahyphen, z. B. bei *Lentinus tigrinus, Polyporus squamosus, Favolus;* können bei (exotischen) Pilzen ohne Hymenophor Stacheln vortäuschen.

Hyphidien: hyphenartige Gebilde im Hymenium (besonders Katahymenium) bestimmter Hymenomyzeten, dünn- oder dickwandig, meist von unbegrenztem Wachstum. Nach der Verzweigungsweise unterscheidet man Akanthohyphidien, Asterohyphidien, Dendrohyphidien, Dichohyphidien und Haplohyphidien (s. d.).

hypogäisch (Fruchtkörper): unterirdisch, im Boden verborgen.

imperfekt (Entwicklungsstadium): anamorph, unvollständig. Imperfekte Pilze (*Fungi imperfecti, Deuteromycetes*) bilden nicht die Teleomorphe.

inflat (Hyphen in Frk.): im Vergleich zu normalen Hyphen aufgebläht, daher an den Septen eingeschnürt; Schnallen, wenn vorhanden, meist schwer sichtbar.

inkrustiert (Hyphen, Zystiden): mit Kristallen oder formlosen Partikeln überkrustet (Abb. 3g).

inkrustierte Zystiden: s. Lamprozystiden.

inoperkulat (Askus): ohne Deckel. Die Askosporen werden durch ein Loch (Porus) oder einen Spalt freigesetzt (z. B. *Helotiales, Clavicipitales, Xylariales*).

interkalar: zwischen zwei Septen einer Hyphe gebildet, also nicht end- oder seitenständig.

invers (Lamellentrama): im Längsschnitt erscheinen keulenförmig angeschwollene Zellen zur Mitte hin konvergierend (Abb. 5f).

irpicoid (Hymenophor): zahnförmig; abgeplattete, oft unregelmäßig geformte Vorsprünge, meist ± radial orientiert.

irregulär (Lamellen-, Röhrentrama): im Längsschnitt erscheinen die Hyphen wirr durcheinander geflochten (Abb. 5b, c).

Kapillitium: dickwandige Hyphen in der Gleba bovistartiger Gasteromyzeten. Sie entsprechen teils den Skeletthyphen, teils den skeleto-ligativen Hyphen der Hymenomyzeten.

karminophil (Basidien): die B. zeigen nach Färbung mit Eisen-Karminessigsäure und Auswaschen mit 70%igem Ethanol körnigen Inhalt: *Calocybe, Squamanita, Lyophyllum, Tephrocybe* u. a.

Katahymenium: ein Hymenium, welches durch das Wachstum von Hyphiden und ständige Neubildung von Basidien allmählich immer dicker wird. Ältere Basidien und Zystiden stehen daher in verschiedenen Ebenen unter der Oberfläche. Charakteristisch z. B. für *Peniophoraceae* und *Lachnocladiaceae.*

Kaulozystiden: auf der Stieloberfläche befindliche Zystiden, z. B. bei *Conocybe, Hydropus subalpinus, Marasmius oreades, Melanoleuca brevipes, Sarcomyxa serotina, Suillus luteus.*

Keimporus: verdünnte Stelle der Zellwand einer Spore, durch welche später die Keimhyphe austritt. Bei Hymenomyzeten befindet der K. am Vorderende der Spore, also am Hilum gegenüber (Abb. 2h), bei *Xylariaceae* seitlich als Keimfurche.

kelchförmig (Fruchtkörper): wie becherförmig, jedoch gestielt.

Kolumella (Columella): steriler Bezirk in einem fertilen Gebilde (Sporozyste, Gleba), z. B. secotioide Pilze, *Geastrum.*

Konidien: Sporen, welche der vegetativen Vermehrung der Pilze dienen, die also nicht nach Meiosis auf Basidien oder in Schläuchen gebildet werden. Hierzu gehören Arthro-, Blasto-, Botryoblasto-, Chlamydo-, Phialokonidien u. a. (s. d.).

konsolenförmig (Fruchtkörper): hutförmiger, ungestielter, mit breiter Basis ansitzender, jedoch nicht am Substrat (Holz) herablaufender Frk. Oft halbkreisförmig (dimidiat) oder hufförmig (ungulat).

koprophil: an tierischen Exkrementen (Dung) wachsend)

kristalltragende Zystiden: tragen an ihrer Spitze einen Schopf von Kristallen (Ca-Oxalat), z. B. im Hymenium von *Inocybe* (z. T.), *Melanoleuca, Rigidoporus* (Abb. 1n, o).

Kutis: s. Cutis.

Lactiferen: unkorrekt für Latiziferen.

Lamellen: die „Blätter" unter dem Hut der Blätterpilze.

Lamprozystiden: dickwandige, spindelförmige, farblose Zystiden, deren obere Hälfte von Kristallen inkrustiert ist (z. B. *Peniophora,* Abb. 1p).

lateral: seitlich, seitenständig.

latizifere Hyphen, Latiziferen: dünnwandige, unseptierte Hyphen in Frk., die mit Milchsaft (Latex) oder farblosem Saft gefüllt sind, z. B. bei *Clitocybe geotropa, Hydropus, Hygrocybe, Lactarius.*

Leptozystiden (Zystidiolen): dünnwandige Zystiden, mitunter unkorrekt als Paraphysen bezeichnet (Abb. 1g).

ligative Hyphen: Bindehyphen.

lignikol: an bzw. in Holz wachsend.

Lyozystiden: dickwandige, pfriemenförmige oder gestielt-kopfige Zystiden mit engem, kanalartigem Lumen, das sich an der Spitze erweitert (Abb. 1m). Oft biradikat. Lösen sich auf in 10%iger KOH.

Makrosetae: dunkle, unverzweigte, pfriemenförmige Hyphen in der Trama der Dissepimente von Porlingen, den Hymenialsetae ähnlich (z. B. *Inonotus hastifer, Phellinus ferruginosus,* Abb. 3h).

Manschette: von der Stielspitze herabhängender Ring (*Amanita*).

Marginalhaare ,-zellen (Hymenophor): dünnwandige, haarartige Bildungen an der Lamellenschneide und an der Spitze von Stacheln und Zähnen. Es sind die schwach differenzierten Enden der axialen Tramahyphen..

Marginalvelum (Valum marginale): Velum, welches an jungen Frk. von Hutpilzen Hutrand und Stieloberfläche verbindet; später als Ring am Stiel und/oder Behang am Hutrand verbleibend. Konsistenz häutig, pastös-flockig, selten schleimig (z. B. *Agaricus, Lepiota, Suillus luteus*).

Meiosporen: Sporen, die sich nach Kernphasenwechsel (Meiosis), also im Rahmen der sexuellen Fortpflanzung, bilden. Hierzu gehören Asko- und Basidiosporen. Gegensatz: Mitosporen (= Konidien).

metachromatisch: Zellwände oder Wandschichten, die bei Anfärbung mit einem Farbstoff (z. B. Kresylblau, Toluidinblau) eine vom Farbstoff verschiedene Färbung annehmen, z. B. Sporen von *Clitopilus, Haasiella, Leucocoprinus, Macrolepiota,* Haare von *Lachnella,* Tramahyphen von *Spongiporus*). Amyloide Strukturen werden nicht als m. bezeichnet.

Metuloide: dickwandige Zystiden im Hymenium einiger Blätterpilze (*Geopetalum, Hohenbuehelia, Pluteus, Sarcomyxa*), nicht kristalltragend oder inkrustiert (Abb. 1k, l).

Mitosporen: nach Mitose, also ohne Kernphasenwechsel gebildete Sporen; s. Konidien.

moniliform: perlschnurartig.

monomitisch (Hyphensystem): die Trama besteht nur aus generativen Hyphen (s. d.).

Morphe: alternative Zustandsform (in der Regel Reproduktionsform) eines Pilzes; siehe Anamorphe, Teleomorphe, pleomorph.

multiple Schnallen: quirlständige (wirtelige) Schnallen; an Hyphen einiger *Poriales* vorkommend: im Frk. von *Coniophora, Donkia, Donkioporia, Serpula,* im Subikulum von *Phanerochaete,* im Myzel von *Meruliopsis, Stereum* (Abb. 3k).

multiseptat (Sporen): mit vielen Querwänden (Septen).

muriform (Sporen, Konidien): mauerförmig, mit Quer- und Längswänden (dictyospor).

Myxosporium: äußeres Tegument der Sporenwand (s. Bd. II); auch im Sinne von Perispor gebraucht.

Myzel: Gesamtheit der vegetativen Hyphen eines Pilzes.

Myzelialschicht: äußerste Schicht der Exoperidie bei *Geastrum.*

Myzelialsetae: sehr lange Setae im Myzel und im Randsaum der Frk. von *Phellinus contiguus* und *Ph. ferruginosus.*

Nebenfruchtform: konidienbildendes Stadium; vgl. Anamorphe.

Oidien: ältere, unkorrekte Bezeichnung für Arthrokonidien.

oleifere Hyphen: gloeozystidiale Hyphen.

operkulat (Askus): mit einem Deckel versehen, welcher sich bei Freisetzung der Askosporen öffnet: typisch für *Pezizales.*

Ornament (Sporen): Verzierung der Sporenoberfläche durch Warzen, Stacheln, Grate, Netzleisten, Rippen z. dgl.

Ozonium: derbes, wergartiges, pigmentiertes Oberflächenmyzel einiger Hymenomyzeten, z. B. *Coprinus radians.*

Parakapillitium: dünnwandige, regelmäßig septierte Hyphen, die in der Gleba reifer (stäubender) Gasteromyzeten persistieren, z. B. bei *Lycoperdon, Vascellum.* Im Gegensatz zum Kapillitium sind sie farblos, ihr Zellinhalt färbt sich mit Baumwollblau.

Paraphysen: 1. Hyphen im Hymenium der Askomyzeten. Sie sind oft Träger der Farbstoffe (z. B. Carotinoide) und können verzweigt oder unverzweigt, an der Spitze keulenförmig, kopfig erweitert oder gekrümmt sein. Im Gegensatz zu den askogenen Hyphen ist ihre Kernphase haploid. – 2. „Paraphysen“ der Basidiomyzeten: unkorrekte Bezeichnung für Hyphidien oder Leptozystiden (s. d.).

pedizellat (Sporen): mit schwanzartig anhängendem Sterigma, z. B. *Bovista plumbea, Lycoperdon caudatum.*

Peridie: die ein- oder mehrschichtige Hülle des Frk. eines Gasteromyzeten; die umschließt die Gleba und evtl. Subgleba. Bei funktioneller Trennung der Schichten unterscheidet man die (äußere) Exoperidie und die (innere) Endoperidie.

Perispor: äußerste, stark amyloide Schicht der Sporenwand, welche bei *Russulaceae* das Sporenornament überzieht.

Perithezium: krugförmiger, bis 2 mm großer Frk. der Askomyzeten mit eingeschlossenem Hymenium und scheitelständiger Öffnung (**Ostiolum**). Vgl. Stroma.

phaeospor: mit dunkelbraun bis schwarz pigmentierten Konidien oder Askosporen.

Phialokonidien (Phialosporen): auf flaschenförmigen Zellen (**Phialiden**) gebildete Konidien. Sie stehen entweder in unverzweigten Ketten (trokkene Ph., z. B. *Paecilomyces*) oder in rundlichen Tropfen (schleimige Ph., z. B. *Trichoderma, Verticillium, Acremonium*).

phragmospor: mit 3- oder mehrzelligen Konidien oder Askosporen (Sporen ohne Längswände, vgl. dictyospor).

pileat (Fruchtkörper): hutförmig, konsolenförmig oder effus-reflex.

Pileozystiden: Dermatozystiden.

Plage: bei warzig-stacheligen Basidiosporen eine glatte, vom Ornament ausgesparte Stelle im Bereich der Hilardepression (z. B. *Cortinarius, Russula).*

pleomorph: Entwicklungsgang eines Pilzes, welcher zwei oder mehrere Morphen (Teleomorphe und 1 bis mehrere Anamorphen) umfaßt. Der korrekte Name eines pleomorphen Pilzes ist der korrekte Name der Teleomorphe. Diese Begriffe werden bisher nicht auf niedere Pilze und Flechten angewandt.

Pleurobasidie: sackförmige Basidie, deren Basis seitlich (oft biradikat) mit einer generativen Hyphe verbunden ist. Typisch für *Xenasmataceae* (Abb. 1c).

Pleurozystiden: auf der Lamellenfläche (-flanke) befindliche Zystiden.

Poren (Hymenophor): die Mündungen der Röhren.

Porus (Askus): rundliche Öffnung an der Spitze eines inoperkulaten Askus. Vgl. Keimporus.

Probasidie: rundliche Zelle, aus welcher später eine Basidie hervorgeht, typisch für die *Cystobasidiaceae.* Vgl. Teleutospore.

Proterosporen: am Beginn der Sporulationsperiode gebildete Basidiosporen, von normalen Basidiosporen durch Größe, Form, Wandstärke und schwächeres Ornament abweichend, leichter keimend (*Ganoderma, Phellinus* u. a.).

pseudamyloid: s. dextrinoid.

Pseudoakanthophysen: s. Akanthophysen.

pseudobilateral (Lamellentrama): im Längsschnitt erscheinen die Hyphen in der Mitte der Trama parallel, sonst keulenförmig angeschwollen und nach außen divergierend (Ab. 5e).

Pseudodiaphragma: dicht filzige Trennschicht zwischen Gleba und Subgleba von *Bovistella* und z T. *Calvatia.*

pseudodimitisch: skleromonomitisch.

pseudosetale Hyphen: sklerifizierte generative Hyphen mit xanthochroischer Zellwand in der Trama von *Phellinus.*

Pseudosklerotium: Gebilde ähnlich einem Sklerotium, aus Substratteilen und diese verkittenden und umhüllenden Hyphen bestehend (*Polyporus tuberaster, Sclerotiniaceae*).

Pseudozystiden: 1. nach DONK Tramalzystiden, welche an Safthyphen entstehen. 2. Tramalzystiden im allgemeinen.

pustulat (Sporenornament): feinwarzig, punktiert.

regulär (Lamellen-, Röhrentrama): im Längsschnitt verlaufen die Hyphen vertikal, parallel angeordnet (Abb. 5a).

repetierend (Basidie): mehrere Basidien bilden sich nacheinander an der gleichen Traghyphe, wobei die jüngere Basidie jeweils durch die leere Hülle der älteren hindurchwächst (*Galzinia, Repetobasidium,* Abb. 1d).

repetitiv (Sporenkeimung): die Sporen bringen bei ihrer Keimung keine Hyphe, sondern eine sekundäre Ballistospore hervor. Typisch für die *Auriculariaceae, Ceratobasidiaceae, Tremellaceae* und *Tulasnellaceae,* wenn die Basidiosporen auf den Frk. zurückfallen.

resupinat: „auf dem Rücken liegender“, d. h. mit dem Hutscheitel aufgewachsener Frk. holzbewohnender Pilze; im Gegensatz zum effusen Frk. mit freien Rändern und stets geotropisch orientiert. Oft unkorrekt für effus (s. d.).

retikulat (Sporen, Stieloberfläche): genetzt.

Rezeptakulum: der porös-schwammige, streckungsfähige Teil des Frk. von Pilzblumen (*Clathrus, Phallus* u. a.).

Rhizomorphen: Myzelstränge, die von der Basis des Frk. ausgehen. Sie können weiß, grau, schwarz oder farbig, hart oder biegsam und roßhaar- bis bleistiftdick sein. Als Rh. im engeren Sinne werden die harten, schwarzen Rh. von *Armillaria* bezeichnet.

Safthyphen: Sammelbezeichnung für gloeozystidiale und latizifere Hyphen (s. d.).

sarkodimitisch (Hyphensystem): die (fleischige) Trama besteht aus generativen Hyphen und langen, spindelförmigen, etwas dickwandigen Hyphenabschnitten. Bei Blätterpilzen, z. B. *Mycena.*

Schnallen: buckelförmige Auswüchse über den Septen der Hyphen vieler (nicht aller!) Basidiomyzeten; auch an den askogenen Hyphen im Frk. weniger Askomyzeten. Sie sind zur hinteren (älteren) Hyphenzelle hin geöffnet. Jedem Septum entspricht im allgemeinen eine Schnalle; s. aber multiple Schnallen.

secotioid (Fruchtkörper): Zwischenform von Hymeno- und Gasteromyzeten. Der Frk. ist in Hut und Stiel gegliedert, der Hut öffnet sich jedoch meist nicht. Das Hymenophor besteht aus ± kraus gefalteten Lamellen oder ist durch schwammigporöse Gleba ersetzt. Die Sporen werden nach Art der Gasteromyzeten verstäubt. Europa ist arm an s. Pilzen; s. Schlüssel 20.

septiert (Hyphe, Basidie, Zystide): mit Querwänden (**Septen**) versehen.

Septozystiden: septierte Zystiden, z. B. von *Coniophora olivacea, Scopuloides.*

Septum (Hyphe, Spore, Basidie): Querwand.

Setae, Seten: dickwandige, dunkelbraune borsten-, pfriemen- oder haarartige Bildungen an generativen Hyphen vieler Hymenochaetaceae (Astero-, Hymenial-, Trama-, Myzelialsetae). 2. dickwandige, spitze, tieferen Schichten des Exzipulum entspringende Haare an Apothezien von *Cheilymenia, Scutellinia, Trichoglossum* u. a.

setale Hyphen: den Makrosetae ähnliche Hyphen im Myzel und Frk., z. B. von *Phellinus ferrugineofuscus.* Im Gegensatz zu Makro- und Myzelialsetae von unbestimmter Länge.

siderophil: karminophil.

sigmoid (Konidien): S-förmig gebogen.

skeleto-ligative Hyphen (skeletoide Hyphen): interkalare oder terminale, end- oder seitenständig verzweigte Hyphenabschnitte mit starker Längenentwicklung in der Trama von Basidiomyzeten (*Lentinus* subg. *Lentinus, Trametes cervina*); intermediär zwischen Binde- und Skeletthyphen.

Skeletthyphen: dickwandige, unverzweigte oder nur wenig verzweigte Hyphen ohne Septen und Schnallen, frühzeitig ohne Plasma, also röhrenartig. Sie entstehen am wachsenden Rand des Frk. und verlängern sich mit dem Wachstum desselben, durchziehen also den gesamten Frk. Gut färbbar z. B. mit Kongorot- oder Giemsa-Lösung, in bestimmten Fällen auch mit Baumwollblau (zyanophile S.) oder Lugolscher Lösung (amyloide S.). Abb. 3 c.

Skelettzellen: interkalare oder terminale, unverzweigte, dickwandige Hyphenabschnitte in der Trama von Basidiomyzeten wie *Lentinus* subg. *Panus, Pleurotus, Xerula.*

Skelettzystiden: Tramalzystiden, die an Skeletthyphen entstehen, bzw. ins Hymenium ragende Enden von Skeletthyphen (*Steccherinum, Stereum* u. a.).

sklerifiziert (Hyphen, Zellen): mit verdickten Zellwänden. Sklerifizierte generative Hyphen haben – im Gegensatz zu Skeletthyphen – regelmäßig Septen und oft auch Schnallen (Abb. 3 b), z. B. in der Trama von *Phyllotopsis nidulans.* Vgl. pseudosetale Hyphen.

skleromonomitisch (Hyphensystem): monomitisch mit hohem Anteil von sklerifizierten generativen Hyphen (*Osteina, Phyllotopsis, Schizophyllum*).

Sklerotium: harte, stecknadel- bis kopfgroße, im Substrat (Boden, Wirtspflanze, Mist) angelegte Dauerbildung des Myzels, von annähernd bestimmter Größe, Form und Farbe. Vgl. Schlüssel 23.

Sklerozyten: 1. sehr dickwandige, ovale Zellen in der Trama von *Sarcodontia* und der exotischen Gattung *Cryptoporus,* sowie im Kern des Frk. von *Fomes* (Abb. 3 l). 2. Siehe Bulbillen.

skolekospor: mit fadenförmigen, septierten oder unseptierten Konidien oder Askosporen (z. B. *Cordyceps, Geoglossum*); Länge : Breite der Sporen mindestens 10:1.

sparassoide Form: bei manchen Becherlingen (*Peziza proteana*) vorkommende Mißbildung, deren Form *Sparassis crispa* oder *Gyromitra esculenta* ähnelt.

Sphärozyten, unkorrekt Sphärozysten: kugelförmige, ziemlich dünnwandige Zellen in der Trama (*Russula*), in der Huthaut (*Hydropus*) oder auf der Huthaut als Bestandteil des Velums (*Amanita, Coprinus*; vgl. Epithelium). Abb. 3 m, 5 c.

Spinulae: s. Hymenialsetae.

Sporozyste: Zelle, welche endogen Sporen bildet, meist ungenau Sporangium genannt. Eine S. mit durch Meiosis eingeleiteter freier Zellbildung ist der Askus.

Statismosporen: radiärsymmetrische Basidiosporen ohne Hilardepression, werden nicht aktiv abgeschleudert (Gasteromyzeten, secotioide Hymenomyzeten). Gegensatz: Ballistosporen.

staurospor: mit verzweigten (oft vierstrahligen = tetraradiaten) Konidien.

Sterigma: Stielchen, durch welches die Basidiospore mit der Basidie, bzw. die Ballistokonidie mit ihrer Mutterzelle verbunden ist. Früher auch unkorrekt für Phialide.

Stichobasidie: schmale, hypenartige Basidie. Stellung der Kernspindel während der Meiosis in Längsrichtung. Im Gegensatz dazu ist die normale Basidie (*Chiastobasidie*) keulenförmig und hat eine quergestellte Kernspindel.

Strangtextur: poröse Huttrama mit Strängen aus verklebten generativen Hyphen (z. B. *Aurantiporus, Climacocystis, Meripilus*).

Stroma: hartfleischiger bis kohleartiger Körper, welcher zahlreiche kleine Frk. trägt (Perithezien bei Askomyzeten, cyphelloide Frk. bei Basidiomyzeten).

sub... bedeutet annähernd, fast, oder Unter...

Subgleba: steriler Basisteil des Frk. eines Gasteromyzeten (z. B. *Calvatia, Lycoperdon*); von der Peridie umschlossen.

subglobos: annähernd kugelig.

Subhymenium: reich septiertes Scheingewebe zwischen Trama und Hymenium der Basidiomyzeten, z. B. in Lamellen von *Pleurotus.* Vgl. Hymenopodium.

subhypogäisch (Fruchtkörper): unterirdisch, jedoch mit dem Scheitel aus dem Boden ragend, z. B. *Rhizopogon.*

Subikulum: filz- oder spinnwebartige Unterlage eines effusen Frk. oder einer Kolonie von sehr kleinen (z. B. becher-, pfriemenförmigen) Frk.

suboperkulat: relativ dickwandiger Askus mit dikkem, z. T. schräg sitzendem Operkulum und unvollständiger Ringstruktur in der Spitze, typisch für *Sarcoscyphaceae.*

subregulär (Lamellen-, Röhrentrama): im Längsschnitt sind die Hyphen annähernd vertikal angeordnet, jedoch durcheinander geflochten, nicht parallel.

Substrat: das Material, auf welchem ein Frk. wächst, z. B. Holz, Pflanzenreste, Boden, Dung, Holzkohle.

Teleomorphe: die meiotisch-sexuelle Vermehrungsform eines Pilzes, charakterisiert durch Bildung von Aszi mit Askosporen, Basidien mit Basidiosporen, bei Rost- und Brandpilzen durch Teleutosporen.

Teleutosporen: dickwandige Dauersporen, bei deren Keimung eine Basidie oder ein Promyzel austritt. Die T. der Rostpilze (*Pucciniales*) sind ein- oder mehrzellig; jede Zelle keimt mit einer septierten Basidie. Vgl. Probasidie, die nicht Sporencharakter hat.

terminal: endständig.

terrestrisch: auf bzw. in dem Erdboden wachsend.

Textur: Anordnung der Hyphen in der Hut- und Hymenophortrama von Hymenomyzeten. T. des Exzipulums bei Apothezien der Askomyzeten s. Bd. II, S. 76–78.

Trama: das „Fleisch" des Frk., ein Scheingewebe (Plektenchym) aus verflochtenen oder parallelen Hyphen, oft aus mehreren Hyphentypen gebildet (vgl. Hyphensytem, Safthyphen). Man unterscheidet Huttrama, Stieltrama, Hymenophortrama (= Trama im engeren Sinn: Lamellen-, Röhrentrama usw.). Vgl. Context.

Tramalzystiden: haben im Gegensatz zu echten Zystiden ihren Ursprung nicht im Hymenium, sondern in der Hymenophortrama. Sie entstehen an generativen Hyphen (Metuloide, Setae), an Skeletthyphen (Skelettzystiden) oder an Safthyphen (Pseudozystiden).

Tramaplatten: sterile Scheidewände in der Gleba der Gasteromyzeten.

Tramasetae: s. Makrosetae.

tränend (Hymenophor, Stielspitze): Flüssigkeitstropfen ausscheidend, z. B. *Chamaemyces, Hebeloma, Lacrymaria, Limacella guttata, Inonotus dryadeus* und *I. hispidus.*

Trichoderm: Hutdeckschicht aus aufgerichteten (also nicht oberflächenparallelen) Hyphen, z. B. bei *Agaricus, Trametes.*

Trichodermpalisade: Hutdeckschicht aus rechtwinklig zur Hutoberfläche abstehenden, parallel angeordneten Hyphen (*Boletus luridus*).

trimitisch (Hyphensystem): die Trama besteht aus generativen, Binde- und Skeletthyphen.

Tuberothezium: knollenförmiger, hypogäischer Frk. der Askomyzeten, meist mit starker innerer Faltung oder Kammerung, seltener hohlkugelförmig; hypogäisch.

urnenförmig (Basidie, Zystide): eingeschnürt über einer angeschwollenen Basis (Abb. 1c).

Velum: Hülle, die den jungen, noch nicht aufgeschirmten Frk. eines Hymenomyzeten (oder Teile desselben) umschließt.

verrukos: warzig.

Volva (Scheide): Velumrest, welcher die Stielbasis sackartig umhüllt; Teil eines Velum universale.

vorn (bei Lamellen): am Hutrand.

xanthochroisch (Zellwand): mit Alkalien (Ammoniak, Kali-, Natronlauge) violettschwarz werdend, z. B. Tramahyphen und Setae der Hymenochaetaceae.

zyanophil (Zellwand): färbt sich in Lösung von Baumwollblau blau bis violett an. Die Färbung tritt oft erst nach stundenlangem Stehen in der kalten Farblösung oder nach sehr kurzem Aufkochen in der Farblösung (auf dem Objektträger) ein. Zyanophile Reaktion können Hyphen-, Sporenwände oder Sporenornamente geben.

Zystiden: auffällige Zellen im Hymenium der Basidiomyzeten, welche meistens die Basidien überragen. Sie haben manchmal Stütz- oder sekretorische Funktion; meist ist ihre Funktion unbekannt. Zystiden im engeren Sinne entstehen an generativen Hyphen (vgl. Tramalzystiden). Nach der Stellung unterscheidet man Cheilo-, Pleuro-, Dermato- und Kaulozystiden, nach der Form Chryso-, Gloeo-, Lampro-, Lepto-, Lyo-, Septozystiden, kristalltragende Tystiden u. a. m. (s. diese Stichwörter und Abb. 1). Vgl. Setae.

Zystidiolen: dünnwandige Zystidien. Leptozystiden.

Häufige Praefixe morphologischer Ausdrücke

a-, an	un-, ohne
akro-	end-, spitzen-
amero-	ungeteilt
amphi-	beide, beiderseitig
ana-	1. auf-, hinauf 2. rückwärts
andro-	männlich
aniso-	ungleich
apio-	birnförmig
apo-	weg, entfernt
archae-	ursprünglich
arthro-	Glieder-
asko-	Schlauch-
astero-	sternförmig
auto-	selbst, eigentlich
bi-	zwei, zweifach
blasto-	sprossend
brachy-	kurz-
brevi-	kurz-
chloro-	grün-
chryso-	gold-
dermato-	Haut-
deutero-	sekundär, zweitrangig
di-	zweifach, zwei-
dia-	durch-
dicho-	gabelig, dichotom
dictyo-	netzartig
didymo-	doppelt, Zwillings-
diplo-	doppelt, zweifach
ekto-	außen, äußere
endo-	innen, innere
epi-	auf, obere
eu-	echt, typisch
exo-	außen, äußere
filo-	fadenförmig
gelo-	gallertartig, gelatinös
gymno-	nackt, bloßliegend
gyno-	weiblich
haplo-	einfach, unverzweigt
hemi-	halb
hetero-	andersartig, verschieden
hexa-	sechs-
holo-	ganz, ungeteilt, vollständig
homo-	gleichartig
hyalo-	durchsichtig, farblos
hydro-	Wasser-
hygro-	feucht
hypo-	untere, unten
hystero-	spät, spätere, danach
in-	un-, nicht
inter-	zwischen
iso-	gleich
janthino-	lila-, violett-
kata-	abwärts, nieder-
kleisto-	geschlossen, verschlossen
krypto-	verborgen
lampro-	glänzend
lepto-	dünn-, dünnwandig
leuko-	weiß
lyo-	(sich) auflösend
makro-	lang
mega-	groß
meio-	kleiner, geringer
mero-	Teil-
meso-	mittlere
meta-	nach, danach
mikro-	klein
mono-	einzeln, allein
morpho-	Form-, Gestalt-
multi-	viel
myxo-	Schleim-
ochro-	ockerfarben
oligo-	wenig
para-	neben
per-	durch-
peri-	um ... herum
phaeo-	braun-
phanero-	sichtbar
phragmo-	septiert, geteilt
pileo-	Hut-
pilo-	haarartig
plagio-	schief
plesio-	nahe, ursprünglich
pleuro-	seitlich, seitenständig
pluri-	mehrfach
poly-	viel-
post-	hintere, danach
prae-	vor-, vorher
pro-	vor-, vorher, früher
protero-	früher, eher
proto-	erste, ursprünglich
pseudo-	unecht, falsch
re-	zurück, rückwärts
rhizo-	Wurzel-
rhodo-	rosafarben
sarko-	fleischig
schizo-	gespalten, sich spaltend
semi-	halb
sklero-	hart
skoleko-	wurmförmig
sphaero-, sphäro-	kugelförmig

stauro-	kreuz-	thyrio-	schildförmig
stephano-	kranzförmig	trans-	hinüber, jenseits
sticho-	in Reihe(n)	tri-	drei-
sub-	1. annähernd, fast, nicht ganz; 2. unter-	tricho-	haarartig, Haar-
		uni-	eins, einzig
super-	über-	xantho-	gelb
sym-, syn-	zusammen	xero-	trocken
teleo-, telio-, telo-	abschließend	xylo-	holzig, Holz-
tetra-	vier-		

Laricifomes officinalis (VILL. : FR.) KOTL. & POUZ. [*Agaricum officinale* (VILL. : FR.) DONK], Lärchenschwamm, Österreich. Bild E. W. RICEK.

Bild 1. *Diatrype disciformis* (HOFFM. : FR.) FR. Dübener Heide, Bez. Leipzig, DDR. Foto K. HERSCHEL.

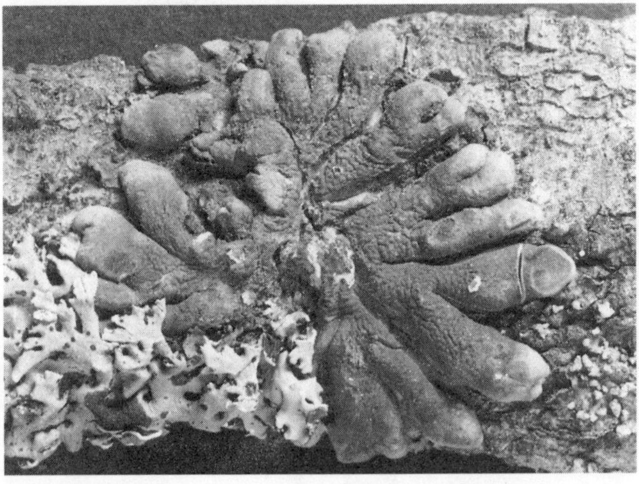

Bild 2. *Hypocreopsis lichenoides* (TODE : FR.) SEAVER. Eriksberg, Västergötland, Schweden. Foto H. JAHN.

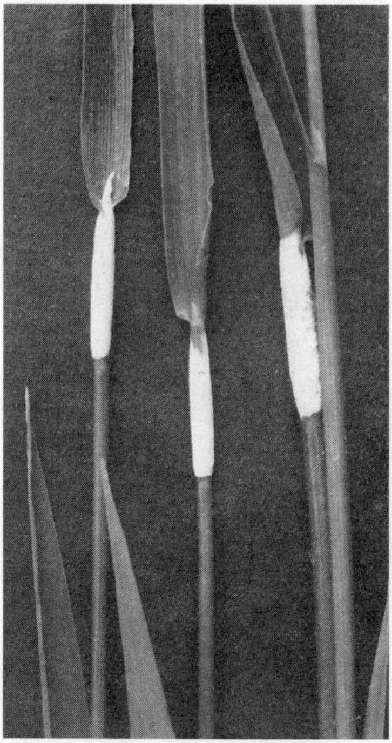

Bild 3. *Epichloë typhina* (PERS. : FR.) TUL. Freiburg i. Br., BRD. Foto K. HERSCHEL.
Bild 4. *Onygena equina* (WILLD. : FR.) PERS. Freyburg a. U., Bez. Halle, DDR. Foto K. HERSCHEL.

Bild 5. *Neobulgaria pura* (PERS. : FR.) PETRAK. Detmold, Nordrhein-Westfalen, BRD. Foto H. JAHN.
Bild 6. *Ascotremella faginea* (PECK) SEAVER. Glesse bei Bad Pyrmont, Niedersachsen, BRD. Foto H. JAHN.

Bild 7. *Geoglossum cookeianum* NANNF. Freyburg a. U., Bez. Halle, DDR. Foto K. HERSCHEL.
Bild 8. *Gyromitrea fastigiata* (KROMBH.) REHM. Rautal bei Jena, Bez. Gera, DDR. Foto K. HERSCHEL.

Bild 9. *Phleogena faginea* (FR. : FR.) LINK. Vockerode, Bez. Halle, DDR. Foto K. HERSCHEL.

Bild 10. *Auriculariopsis ampla* (LÉV.) MRE. Freyburg a. U., Bez. Halle, DDR. Foto K. HERSCHEL.

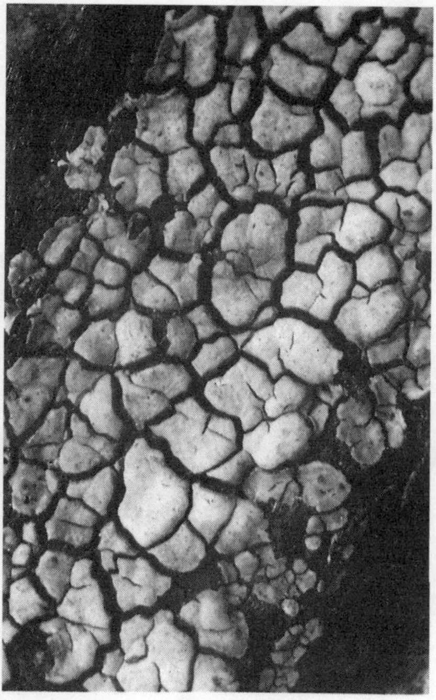

Bild 11. *Xylobolus frustulatus* (PERS. : FR.) KARST. Haldensleben, Bez. Magdeburg, DDR. Links in feuchtem, rechts in trockenem Zustand. Foto K. HERSCHEL.

Bild 12. *Cystostereum murraii* (BERK. & CURT.) POUZ. Torfhaus (Harz), Niedersachsen, BRD. Foto H. JAHN.

Bild 13. *Amylostereum areolatum* (CHAILLET in FR.) BOIDIN. Colditzer Forst, Bez. Leipzig, DDR. Foto K. HERSCHEL.

Bild 14. *Laxitextum bicolor* (PERS. : FR.) LENTZ. Freyburg a. U., Bez. Halle, DDR. Foto K. HERSCHEL.

Bild 15. *Cylindrobasidium laeve* (PERS. : FR.) CHAMURIS [*Basidioradulum evolvens* (FR. : FR.) PARM.]. Detmold, Nordrhein-Westfalen, BRD. Foto J. JAHN.

Bild 16. *Solenia fasciculata* PERS. : FR. [*Henningsomyces fasciculatus* (PERS. : FR.) O. KUNTZE]. Zastlertal am Feldberg, Schwarzwald, BRD. Foto H. JAHN.

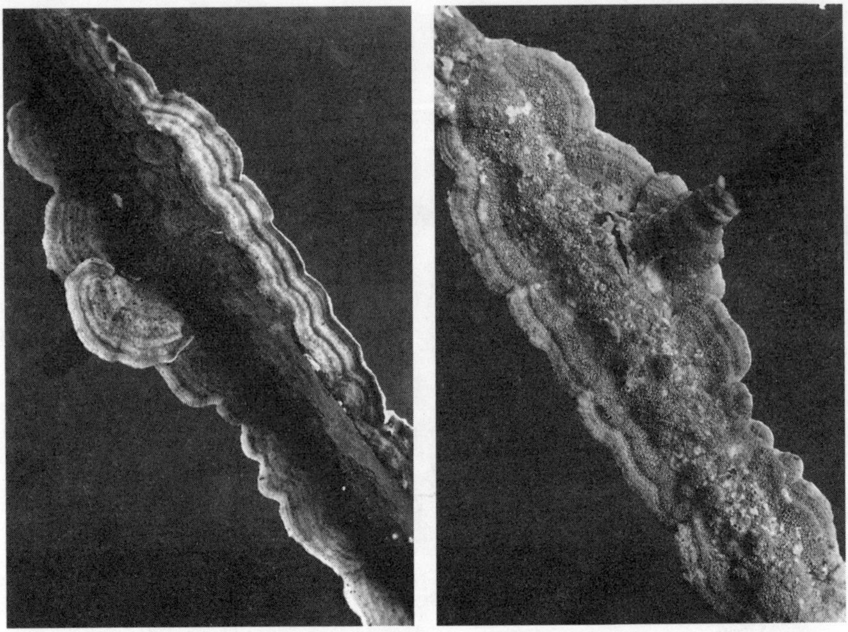

Bild 17. *Byssomerulius corium* (PERS. : FR.) PARM. [*Meruliopsis corium* (PERS. : FR.) GINNS]. Freyburg a. U., Bez. Halle, DDR. Links Oberseits, rechts Unterseite. Foto K. HERSCHEL.

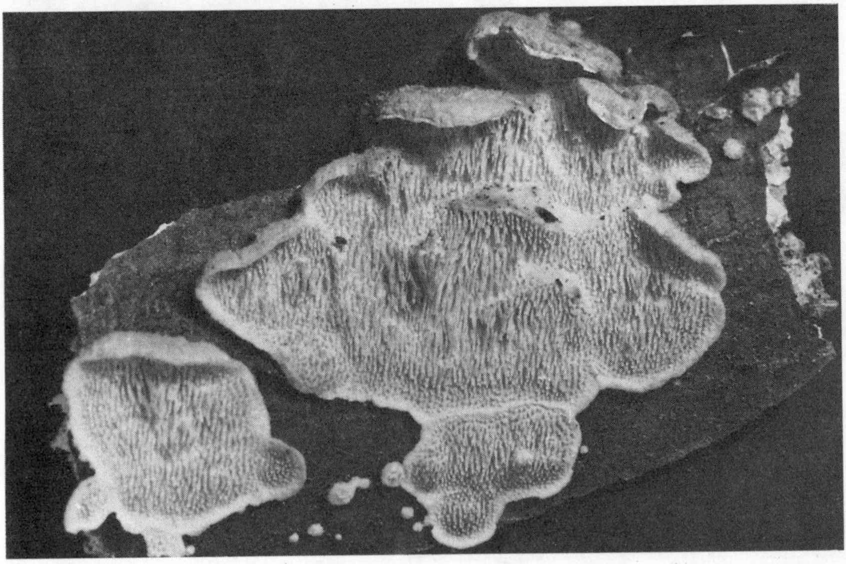

Bild 18. *Steccherinum ochraceum* (PERS. : FR.) S. F. GRAY. Glesse bei Bad Pyrmont, Niedersachsen, BRD. Foto H. JAHN.

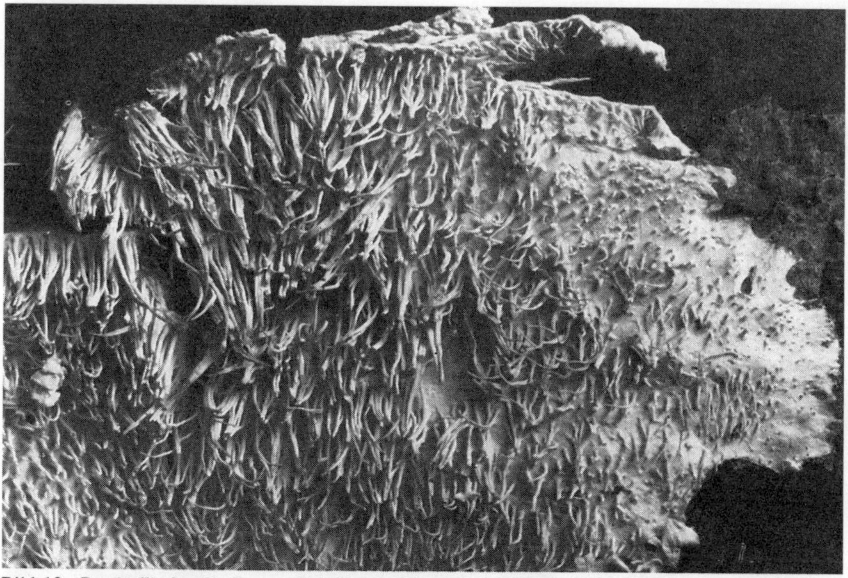

Bild 19. *Dentipellis fragilis* (Pers. : Fr.) Donk. Oberstdorf (Allgäu), Bayern, BRD. Foto H. Jahn.

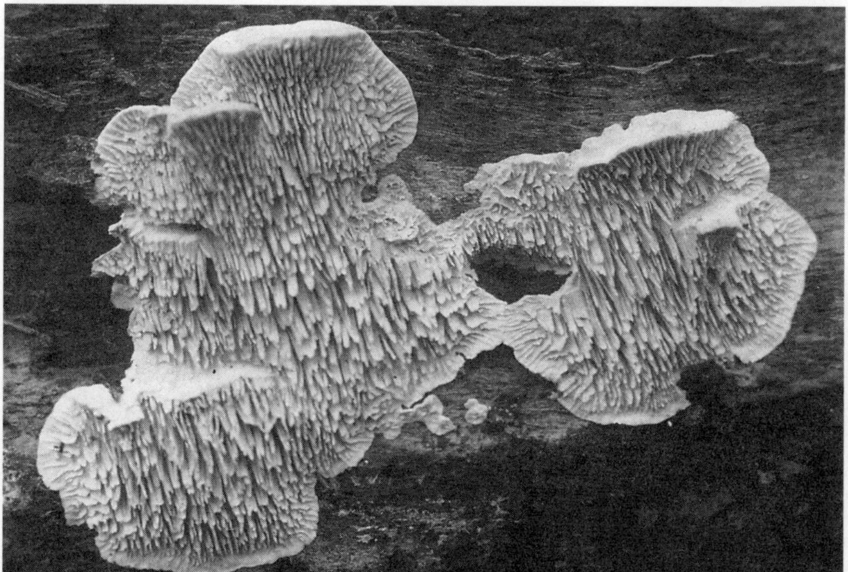

Bild 20. *Spongipellis pachyodon* (Pers.) Kotl. & Pouz. NSG Dubrow, Bez. Potsdam, DDR. Foto K. Herschel.

Bild 21. *Sarcodontia crocea* (FR.) KOTL. [*S. setosa* (PERS.) DONK]. Holzhausen, Bez. Leipzig, DDR. Foto K. HERSCHEL.

Bild 22. *Abortiporus biennis* (BULL. : FR.) SING. Vockerode, Bez. Halle, DDR. Foto K. HERSCHEL.

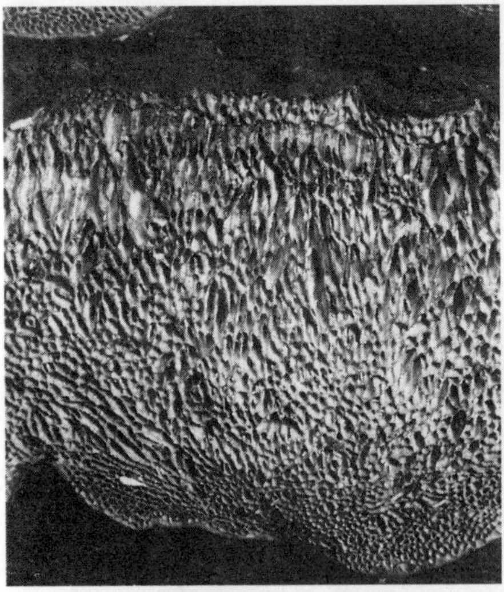
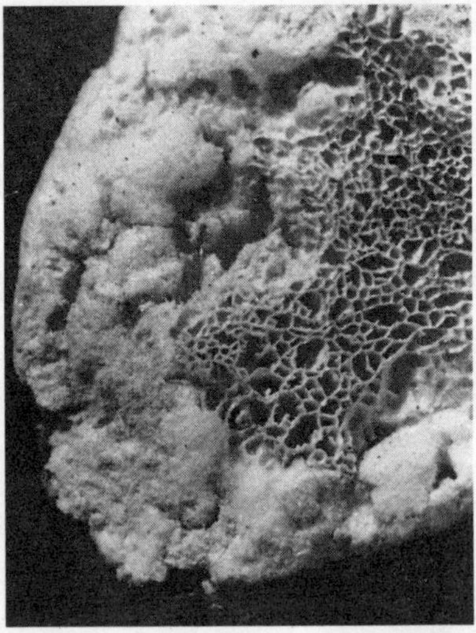

Bild 23. *Datronia mollis* (SOMMERF. : FR.) DONK. Meisdorf im Selketal, Bez. Halle, DDR. Foto K. HERSCHEL

Bild 24. *Oligoporus rennyi* (BERK. & BR.) DONK, Teleomorphe und Anamorphe [*Ptychogaster citrinus* ROM.]. Teutoburger Wald bei Detmold, Nordrhein-Westfalen, BRD. Foto J. JAHN.

Bild 25. *Gloeoporus dichrous* (Fr. : Fr.) Bres. Norra Warleda, Uppland, Schweden. Foto H. Jahn.

Bild 26. *Buglossoporus quercinus* (Schrad.) Kotl. & Pouz. [*B. pulvinus* (Pers.) Donk]. Sababurger Urwald, Hessen, BRD. Foto H. Jahn.

Bild 27. *Aurantiporus fissilis* (BERK. & CURT.) J. JAHN. Holzhausen, Bez. Leipzig, DDR. Foto K. HERSCHEL.

Bild 28. *Leucocoprinus birnbaumii* (CORDA) SING. Kalthaus des Botanischen Gartens, Leipzig, DDR. Foto K. HERSCHEL.

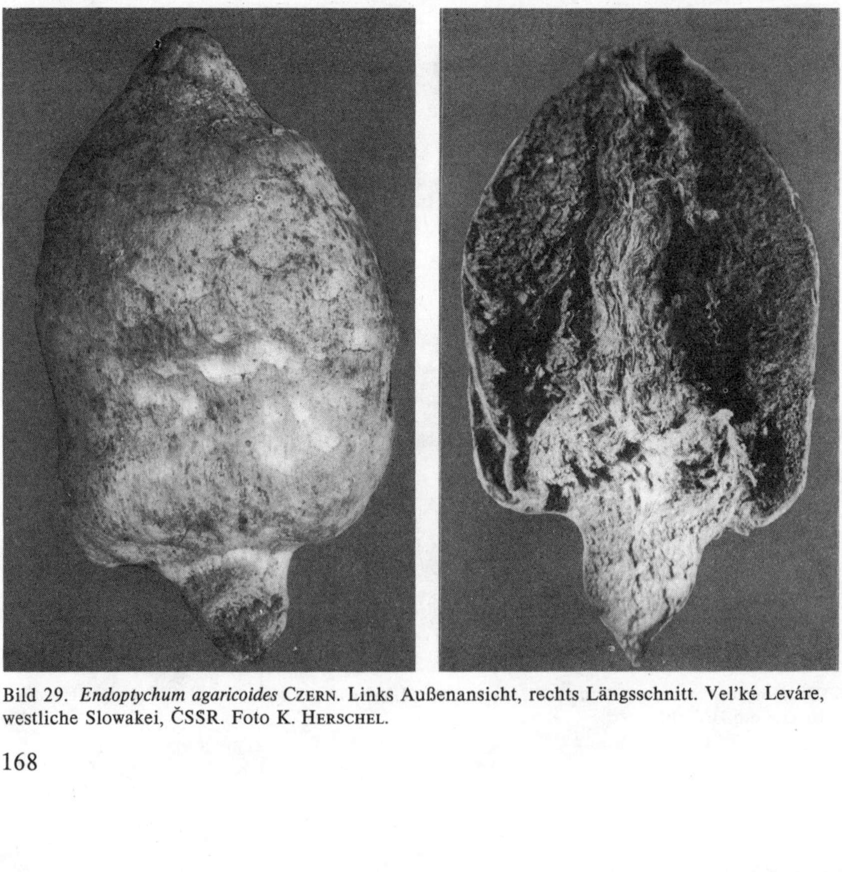

Bild 29. *Endoptychum agaricoides* CZERN. Links Außenansicht, rechts Längsschnitt. Vel'ké Leváre, westliche Slowakei, ČSSR. Foto K. HERSCHEL.

Bild 30. *Nidularia deformis* (WILLD. : PERS.) FR. & NORDH. [*N. farcta* (ROTH : PERS.) FR.]. Hövelhof (Senne), Nordrhein-Westfalen, BRD. Foto H. JAHN.

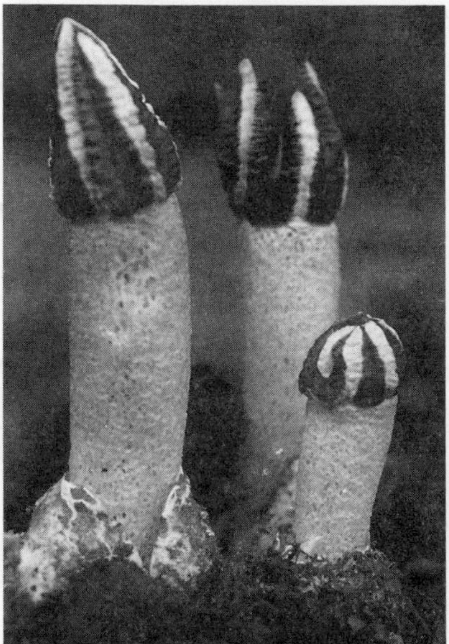

Bild 31. *Lysurus cruciatus* (LEPRIEUR & MONT.) C. G. LLOYD. Leipzig-Paunsdorf, DDR. Foto K. HERSCHEL.

Bild 32. *Paecilomyces farinosus* (HOLM : FR.) BROWN & G. SMITH [*Isaria farinosa* (HOLM) : FR.]. Koremien auf Puppe des Lindenschwärmers. Freyburg a. U., Bez. Halle, DDR. Foto K. HERSCHEL.

Bild 33. *Sparassis brevipes* Krombh. [*S. laminosa* Fr., *S. nemecii* Pil & Veselý]. Leskové, östliches Mähren, ČSSR. Foto H. Kreisel.

Alphabetisches Verzeichnis der Gattungsnamen und ihrer wichtigsten Synonyme

Dieses Verzeichnis ist eine Ergänzung zu den Bestimmungsschlüsseln und enthält:

1. (in **halbfettem Druck**) die Namen aller in den Schlüsseln berücksichtigten Gattungen der Großpilze Europas. Hierzu werden folgende Angaben gemacht:

Gattungsname, Autor, Jahr der gültigen Publikation, grammatisches Geschlecht (m, f, n), deutscher Gattungsname (falls ein solcher existiert), Typusart (T:), Familie (entsprechend der Übersicht des natürlichen Systems, S. 214ff., Anzahl der Arten in Europa (bei 1–3 Arten werden diese aufgezählt), Lebensweise, eventuelle Nebenfruchtformen (Anam.), Nr. des Schlüssels, in dem die Gattung erscheint (Ziffer in Klammern), zugehörige Tafelbilder im „Handbuch für Pilzfreunde".

2. Sonstige Gattungsnamen: Namen der mikroskopischen Nebenfruchtformen (Anamorphen); nicht verwendbare Namen (Synonyme, Homonyme), die in der neueren Literatur noch vorkommen; Namen, die infolge Gattungsteilung nur noch für außereuropäische Pilze oder nur noch für Kleinpilze gelten, sowie Namen ausgewählter Gattungen von Kleinpilzen, die mit den aufgeschlüsselten Großpilzen nahe verwandt sind. Hierzu werden folgende Angaben gemacht:

Gattungsname, Autor, Jahr der Publikation, grammatisches Geschlecht, deutscher Gattungsname (nur bei fakultativen Synonymen, und falls ein solcher existiert), Typusart, Grund der Verwerfung des Namens. Die Verwerfung kann z. B. folgende Gründe haben:

Homonym: Der gleiche Name wurde schon früher für eine andere Gattung von Pilzen, Flechten, Algen oder höheren Pflanzen vergeben.

Fakultatives Synonym (fak. Syn.): Für die gleiche Gattung existiert schon ein anderer, älterer (oder ein jüngerer, aber sanktionierter) Name, der sich indessen auf eine andere Typusart gründet. Im Falle einer Aufteilung der Gattung kann daher ein fakultatives Synonym unter Umständen wieder verwendbar werden.

Obligates Synonym (obl. Syn., Typonym): Für die gleiche Gattung existiert schon ein anderer, auf die gleiche Typusart gegründeter Name; dieser kann älter oder (wenn das obligate Synonym sanktioniert oder zugleich ein Hymonym ist) auch jünger sein. Ein obligates Synonym kann logischerweise auch im Falle einer Aufteilung der Gattung niemals verwendbar werden.

Nomen dubium: Der Name gründet sich auf eine zweifelhafte, ungenau beschriebene Art, deren systematische Stellung daher nicht festgelegt werden kann.

Nomen rejiciendum: Der Name ist durch Beschluß eines internationalen Kongresses zugunsten eines zwar jüngeren, aber allgemein gebräuchlichen Synonyms (**Nomen conservandum**) zu verwerfen. In ähnlicher Weise kann auch ein Name zugunsten eines jüngeren, allgemein gebräuchlichen Homonyms (**Nomen conservandum**) geschützt werden. Schließlich kann ein Gattungsname durch Bestimmung einer Typusart (**Typus conservandus**) in einem allgemein gebräuchlichen, aber von der ursprünglichen Bedeutung abweichenden Sinne festgelegt werden (z. B. *Boletus*).

Man vergleiche die Darstellung der Nomenklaturregeln in Band III.

Abortiporus MURR. 1904 (m), Saftwirrling. T: *Boletus distortus* SCHW. (: FR.) (= *A. biennis*). *Coriolaceae.* 1 Art: *A. biennis* (BULL.:FR.) SING., Saprophyt an Laubbaumwurzeln, Weißfäule (12, 15). – VI Bild 22.

Acanthobasidium OBERW. 1965 (n). T: *Aleurodiscus delicatus* WAKEF. *Corticiaceae* (oder *Peniophoraceae*). 1 Art: *A. delicatum* (WAKEF.) OBERW. ex JÜLICH, Saprophyt an Resten von *Cyperaceae* (6).

Acanthophysellum PARM. 1967 (n). T: *Corticium lividocoeruleum* KARST. Fak. Syn. zu *Aleurodiscus* RABENH. ex SCHROET. 1888.

Acanthophysium (PIL.) G. H.CUNN. 1963 (n). T: *Aleurodiscus apricans* BOURD. Fak. Syn. zu *Aleurodiscus* RABENH. ex SCHROET. 1888.

Acetabula FR. ex FUCK. 1869 (f). T: *Peziza acetabulum* L. : FR. Fak. Syn. zu *Helvella* L. 1753 : FR. 1822; entspricht *Helvella* sect. *Acetabulum* DISSING 1966.

Achroomyces BON. 1851 (m), Gallertkruste. T: *A. tumidus* BON. *Auriculariaceae* oder *Cystobasidiaceae.* 9 Arten, Saprophyten an Holz und Parasiten in Pilzen (5, 6).

Acia Karst. 1879 (f). T: *Hydnum fuscoatrum* Fr. : Fr. Homonym zu *Acia* Schreber 1791 (*Rosaceae*); obl. Syn. zu *Mycoacia* Donk 1931.

Acladium Link 1809 (n). T: *A. capitatum* Link. *Moniliaceae.* 7 Arten, Anam. zu *Botryobasidium* Donk 1931.

Acremonium Link 1809: Fr. 1832 (n). T: *A. alternatum* Link : Fr. *Moniliaceae.* Etwa 100 Arten, z. T. Anam. zu *Epichloë* Tul. 1865, *Hypocrea* Fr. 1849 und *Nectria* Fr. 1849.

Actinospora Ingold 1952 (f). T: *A. megalospora* Ingold. *Moniliaceae.* 1 Art: *A. megalospora* Ingold, Anam. zu *Miladina* Svr. 1972.

Adustomyces Jülich 1979 (m). T: *Stereum repandum* var. *lusitanicum* Torrend. *Corticiaceae.* 1 Art: *A. lusitanicum* (Torrend) Jülich, Saprophyt (?) an Laubholz, Portugal (6).

Aegerita Pers. 1801 : Fr. 1821 (f). T: *Ae. candida* Pers. : Fr. *Deuteromycetes.* 1 Art: *Ae. candida* Pers. : Fr., Anam. zu *Bulbillomyes farinosus* (Bres.) Jülich (23).

Aegeritina Jülich 1984 (f). T: *Aegerita tortuosa* Bourd. & Ga. *Deuteromycetes.* 1 Art: *Ae. tortuosa* (Bourd. & Ga.) Jülich, Anam. zu *Subulicystidium longisporum* (Pat.) Parm. (23).

Aeruginospora Höhn. 1908 (f). T: *Ae. singularis* Höhn. (Indonesien). Fak. Syn. zu *Camarophyllus* (Fr.) Kumm. 1871; entspricht *Camarophyllus* subg. *Aeruginospora* (Höhn.) Clém. 1979.

Agaricum Mich. ex Maratti 1822 (n). T: „Agaricus, sive Fungus Laricis" C. Bauhin = *Boletus officinalis* Vill. (:Fr.). Parhomonym zu *Agaricus* L. 1753 : Fr. 1821; obl. Syn. zu *Laricifomes* Kotl. & Pouz. 1957.

Agaricus L. 1735 ex L. 1753 : Fr. 1821 emend. Karst. 1879, (m), Egerling, Champignon. T (cons.): *A. campestris* L.: Fr. *Agaricaceae.* Etwa 65 Arten, Boden und Kompost bewohnende Saprophyten, z. T. schwach giftig (19). – I 17–28, IV 1–18b.

Agrocybe Fayod 1889 (f), Ackerling. T: *Agaricus praecox* Pers. : Fr. *Bolbitiaceae.* 18 Arten, Saprophyten im Boden (18). – IV 223–230.

Albatrellus S. F.Gray 1821 (m), Schafeuter. T: *Boletus albidus* Pers. non Schaeff. = *B. ovinus* Schaeff. (: Fr.). Fak. Syn. zu *Scutiger* Paulet 1808.

Alboleptonia Largent & Benedict 1970 (f). T: *Agaricus sericellus* Fr. : Fr. Fak. Syn. zu *Entoloma* (Fr.) Kumm. 1871, entspricht *Entoloma* subg. *Alboleptonia* (Largent & Benedict) Noord. 1979.

Aleuria Fuck. 1870 (f). Orangebecherling. T: *Peziza aurantia* Pers. : Fr. *Pyronemataceae.* 6 Arten, Saprophyten im Boden (3). – I 196.

Aleurocorticium Lemke 1964 (n). T: *Thelephora acerina* Pers. : Fr. Fak. Syn. zu *Dendrothele* Höhn. & Litsch. 1907.

Aleurocystidiellum Lemke 1964 (n). T: *Stereum subcruentatum* Berk. & Curt. *Corticiaceae.* 1 Art: *A. subcruentatum* (Berk. & Curt.) Lemke, Saprophyt an Nadelholz (6).

Aleurodiscus Rabenh. ex Schroet. 1888 (m), Mehlscheibe. T: *Peziza amorpha* Pers. (: Fr.). *Corticiaceae* (oder *Peniophoraceae*). Nomen conservandum. 10 Arten, Saprophyten an Laub- und Nadelholz (6, 8). – II 107.

Alnicola Kühner 1926 (f). Erlenschnitzling. T: *Agaricus melinoides* Bull. : Fr. *Cortinariaceae.* Etwa 20 Arten, bodenbewohnend, vermutlich Ektomykorrhiza mit Laubbäumen (18.) – IV 25.

Alpova Dodge 1931 (m), Schleimtrüffel. T: *A. cinnamomeus* Dodge [= *A. diplophloeus* Zeller & Dodge) Trappe & A. H. Smith]. *Melanogastraceae* oder *Rhizopogonaceae.* 4 Arten, Hypogäen, bes. in subalpinen Grünerlengebüschen, Ektomykorrhiza? (1).

Amanita Dill. ex Boehmer 1760 (f). T: *Agaricus campestris* L. : Fr. Homonym (nom. rejic.) zu *Amanita* Pers. 1797; obl. Syn. zu *Agaricus* L. 1735 ex L. 1753 : Fr. 1821.

Amanita Pers. 1797 (f), Wulstling, Knollenblätterpilz. T: *Agaricus muscarius* L. : Fr. *Amanitaceae.* Nomen conservandum. 36 Arten, Ektomykorrhiza mit Laub- und Nadelbäumen (18). – I 1–14, III 1–8.

Amanitopsis Roze 1876 (f), Streifling. T: *Agaricus vaginatus* Bull. : Fr. Fak. Syn. zu *Amanita* Pers. 1797; entspricht *Amanita* sect. *Vaginatae* Fr. 1854.

Amaurodon Schroet. 1888 (m), Schwarzzahn. T: *Sistotrema viride* Alb. & Schw. (: Fr.). Fak. Syn. zu *Tomentella* Pat. 1887.

Amidella Gilbert 1940 (f). T: *Amanita volvata* Peck (Nordamerika). Fak. Syn. zu *Amanita* Pers. 1797.

Amphinema Karst. 1892 (n). T: *Diplonema sordescens* Karst. 1889. *Meruliaceae.* 1 Art: *A. byssoides* (Pers. : Fr.) J. Erikss., Saprophyt an Laub- und Nadelholz und im Boden (6).

Amyloathelia Hjortst. & Ryv. 1979 (f). T: *Corticium amylaceum* Bourd. & Ga. *Corticiaceaae.* 2 Arten: *A. amylacea* (Bourd. & Ga.) Hjortst. & Ryv. und *A. crassiuscula* Hjortst. & Ryv., Saprophyten an Nadelholz (6).

Amylocorticium Pouz. 1959 (n). T: *Corticium subsulphureum* Karst. *Meruliaceae.* 6 Arten, Saprophyten an Nadelholz, selten an Laubholz (6).

Amylocystis Bond. & Sing. ex Sing. 1944 (f). T: *Polyporus lapponicus* Romell. *Coriolaceae.* 1 Art: *A. lapponica* (Rom.) Sing., Saprophyt an Nadelholz Braunfäule (14).

Amyloporia Bond. & Sing. ex Sing. 1944 (f). T: *Polyporus vulgaris* var. *calceus* Fr. (nomen dubium). Illegitimer Name, s. *Amyloporiella* David & Tortić 1984.

Amyloporiella DAVID & TORTIĆ 1984 (f). T: *Physisporus flavus* KARST. [= *Amyloporiella flava* (KARST.) DAVID & TORTIĆ]. *Coriolaceae.* 4 Arten, Saprophyten an Holz, Braunfäule (13).

Amylostereum BOIDIN 1958 (n), Schichtpilz. T: *Thelephora chailletii* PERS. : FR. *Stereaceae.* 3 Arten: *A. areolatum* (CHAILLET in FR.) BOIDIN, *A. chailletii* (PERS. : FR.) BOIDIN und *A. laevigatum* (FR.) BOIDIN, Saprophyten an Nadelholz, Weißfäule (6, 7). – VI Bild 13.

Androsaceus (PERS.) PAT. 1887 (m). T: *Agaricus rotula* SCOP. : FR. Obl. Syn. zu *Marasmius* FR. 1835.

Anellaria KARST. 1879 (f). T: *Agaricus separatus* L.[= *Panaeolus fimiputris* (BULL. : FR.) QUÉL.]. Fak. Syn. zu *Panaeolus* (FR.) QUÉL. 1872, entspricht *Panaeolus* subg. *Anellaria* (KARST.) GUZMÁN.

Anisomyces PIL. 1936 (m). T: *Boletus odoratus* WULF in JACQ. : FR. Nomen nudum; Homonym zu *Anisomyces* THEISSEN & H. SYD. 1914 (*Ascomycetes*); obl. Syn. zu *Osmoporus* SING. 1944; fak. Syn. zu *Gloeophyllum* KARST. 1882.

Anomoporia POUZ. 1966 (f), Watteporling. T: *Polyporus bombycinus* FR. 1828. *Plicaturaceae.* 3 Arten: *A. albolutescens* (ROM.) POUZ., *A. bombycina* (FR.) POUZ., *A. myceliosa* (PECK) POUZ., Saprophyten an Holz, Braunfäule oder (*A. myceliosa*) Weißfäule (13).

Anthina FR. 1819 : FR. 1832 (f). T: *A. flammea* FR. : FR. *Mycelia sterilia.* 1 Art: *A. flammea* FR. : FR., Saprophyt auf Laubstreu (23).

Anthopeziza WETTST. 1885 (f). T: *A winteri* WETTST. Fak. Syn. zu *Microstoma* BERNSTEIN 1852.

Anthracobia BOUD. 1885 (f), Wimperling. T: *Peziza melaloma* ALB. & SCHW. : FR. *Pyronemataceae.* Mindestens 6 Arten, Saprophyten an Holzkohle, auf welcher sie am frühesten von allen karbophilen Pilzen fruktifizieren (3).

Anthurus KALCHBR. & MCOWAN in KALCHBR. & CKE. 1880 (m), Tintenfischpilz. T: *Lysurus archeri* BERK. Fak. Syn. zu *Clathrus* MICH. ex PERS. 1801.

Antrodia KARST. 1879 (f), Tramete. T: *Polyporus serpens* FR. : FR. *Coriolaceae.* 10 Arten, Saprophyten an Laub- und Nadelholz, Braunfäule (14). – II 54.

Antrodiella RYV. & JOHANSEN 1980 (f). T *Polyporus semisupinus* BERK. & CURT. *Coriolaceae.* 5 Arten, Saprophyten an Holz, Weißfäule; vgl. *Flaviporus* MURR. 1905 (13, 14).

Aphanobasidium JÜLICH 1979 (n). T: *Corticium subnitens* BOURD. & GA. *Corticiaceae.* 5 Arten, Saprophyten an Holz (6).

Aphelaria CORNER 1950 (f). T: *Clavaria dendroides* JUNGH. (Indonesien). Nach Abspaltung der Gattung *Tremellodendropsis* (CORNER) D. A. CRAWFORD 1954 nicht in Europa vertreten.

Aporpium BOND. & SING. ex SING. 1944 (n). T: *Poria canescens* KARST. [= *A. caryae*]. *Tremellaceae.* 1 Art: *A. caryae* (SCHW.) Teix. & ROG., Saprophyt an Laubholz, Weißfäule (13).

Apoxona DONK 1969 (f), Wabenschwamm. T: *Hexagonia nitida* DUR & MONT. Coriolaceae. 1 Art: *A. nitida* (DUR. & MONT.) DONK, Saprophyt an Laubholz (bes. *Quercus*), Frankreich, Mittelmeergebiet (14).

Arachnion SCHW. (n). T: *A. album* SCHW. *Arachniaceae.* 3 Arten: *A. album* SCHW., *A. lazoi* DEMOULIN und *A. lloydianum* DEMOULIN, Saprophyten im Boden, Mittelmeergebiet (21).

Arcangeliella CAVARA 1900 (f), Laubtrüffel T: *A. borziana* CAVARA. *Russulaceae.* 1 Art: *A. borziana* CAVARA, hypogäisch in Nadelwäldern, Italien (1, 20).

Arcticomyces SAVILE 1959 (m). T: *Exobasidium warmingii* ROSTR. *Exobasidiaceae.* 1 Art: *A. warmingii* (ROSTR.) SAVILE, Parasit auf *Saxifragaceae,* Grönland. Kein Großpilz.

Armillaria (FR. 1819 : FR. 1821) STAUDE 1857 (f), Hallimasch. T: *Agaricus melleus* VAHL : FR. *Armillariaceae.* Mindestens 7 Arten, Saprophyten und Schwächeparasiten an Laub- und Nadelholz. Roh giftig! (17, 18). – I 97 a.b, III 192.

Armillaria (FR.) KUMM. 1871 (f). T: *Agaricus stramineus* KROMBH. Homonym zu *Armillaria* (FR. : FR.) STAUDE 1857; obl. Syn. zu *Floccularia* POUZ. 1957.

Armillariella (KARST.) KARST. 1881 (f). T: *Agaricus melleus* VAHL : FR. Obl. Syn. zu *Armillaria* (FR. : FR.) STAUDE 1857.

Arpinia BERTHET 1974 (f). T: *A. inops* BERTHET. *Pyronemateceae.* 2 Arten: *A. inops* BERTHET und *A. luteola* GEESINK, Saprophyten im Boden (3).

Arrhenia FR. 1849 (f), Adermoosling. T: *Cantharellus auriscalpium* FR. *Tricholomataceae.* 5–6 Arten, Saprophyten im Boden und an abgestorbenen Teilen von Moosen (11). – III Abb. 13.

Artomyces JÜLICH 1982 (m), Becherkoralle. T: *Clavaria pyxidata* PERS. : FR. *Hericiaceae.* 1 Art: *A. pyxidatus* (PERS. : FR.) JÜLICH, Saprophyt an Laub- und Nadelholz (9). – II 122.

Aschion WALLR. 1833 (bn). T: *A. fuscum* WALLR. [= *Tuber excavatum* VITT.]. Fak. Syn. zu *Tuber* TOURN. ex ADANS. 1763 : FR. 1823.

Ascobolus PERS. in J. F. GMELIN 1791 : FR. 1822 (m). T: *A. pezizoides* PERS. [= *A. furfuraceus* PERS. : FR.]. *Ascobolaceae.* 35 Arten, Saprophyten an Dung, auch an Pflanzenresten, Holzkohle und im Boden (3).

Ascocorticium BREF. & v. TAVEL 1891 (n). T: *A. albidum* BREF. & v. TAVEL [= *A. anomalum]. Ascocorticiaceae.* 1 Art: *A. anomalum* (ELL. & HARKNESS) EARLE, Saprophyt auf Borke von *Pinus*-Arten (3).

Ascocoryne GROVES & WILSON 1967 (f), Gallertbecher. T: *Lichen sarcoides* JACQ. (: FR.). *Helotiaceae.* 2 Arten: *A. cylichnium* (TUL.) KORF und *A. sarcoides* (JACQ. : FR.) GROVES & WILSON Saprophyten an Holz. Anam. = *Coryne* NEES 1817 : FR. 1822 (3). – II 270.

Ascocorynium S. ITO & S. IMAI 1932 (n). T: ? Syn. zu *Spragueola* MASSEE 1897.

Ascophanus BOUD. 1869 (m). T: *Peziza granuliformis* CROUAN. *Thelebolaceae.* 3 Arten, Saprophyten an Dung, keine Großpilze. – *Ascophanus* sensu auct. p. p. ist *Iodophanus* KORF 1972.

Ascotremella SEAVER 1930 (f). T: *Haematomyces fagineus* PECK. *Helotiaceae.* 1 Art: *A. faginea* (PECK) SEAVER, Saprophyt an Laubholz (3). – VI Bild 6.

Aspidella GILBERT *in* BRES. 1940 (f). T: *Agaricus vittadinii* MORETTI. Fak. Syn. zu *Amanita* PERS. 1797; obl. Syn. zu *Lepidella* GILBERT 1925.

Aspropaxillus KÜHNER & MRE. 1934 (m), Krempentrichterling. T: *Agaricus giganteus* SOW. : FR. *Tricholomataceae.* 2 Arten: *A. giganteus* (SOW. : FR.) KÜHNER & MRE. und *A. lepistoides* (MRE.) KÜHNER & MRE., Saprophyten im Boden (17). – I 84, III 197.

Asterodon PAT. 1894 (m), Sternzahn. T: *A. ferruginosus* PAT. *Hymenochaetaceae.* 1 Art: *A. ferrugionosus* PAT., Saprophyt an Nadelholz, Weißfäule, Nordeuropa (10).

Asterophora DITMAR in LINK 1809 : FR. 1829 (f), Zwitterling. T: *Agaricus lycoperdoides* BULL. (: FR.). *Deuteromycetes.* 2 Arten: *A. lycoperdoides* (BULL. : FR.) DITMAR und *A. parasitica* (BULL. : FR.) FR., Saprophyten auf Pilzfruchtkörpern, Anam. zu *Nyctalis* FR. 1825 (23). – III 236, 237.

Asterostroma MASSEE 1889 (n), Sternfilzlager. T: *Corticium apalum* BERK. & BR. *Lachnocladiaceae.* 3 Arten: *A. laxum* BRES. in BOURD. & GA., *A. medium* BRES. und *A. ochroleucum* BRES. in TORREND, Saprophyten an Nadelholz (6).

Asterostromella HÖHN. & LITSCH. 1907 (f). T: *Corticium epiphyllum* PERS. sensu RAVENEL. Fak. Syn. zu *Vararia* KARST. 1898.

Astraeus MORGAN 1889 (m), Wetterstern. T: *Geastrum hygrometricum* PERS. *Sclerodermataceae.* 1 Art: *A. hygrometricus* (PERS.) MORGAN, Ektomykorrhiza mit Gehölzen (21). – I 184.

Astrosporina SCHROET. 1889 (f). T: *Inocybe praetervisa* QUÉL. in BRES. Fak. Syn. zu *Inocybe* (FR.) FR. 1863.

Athelia PERS. 1822 (f). T: *A. epiphylla* PERS. (: FR.). *Corticiaceae.* 18 Arten, Saprophyten an Holz und Rinde (6, 11).

Athelidium OBERW. 1965 (n). T: *Xenasma aurantiacum* CHRIST. *Corticiaceae.* 1 Art: *A. aurantiacum* (CHRIST.) OBERW., Saprophyt an Holz (6).

Atheloderma PARM. 1968 (n). T: *A. mirabile* PARM. Fak. Syn. zu *Hyphoderma* WALLR. 1833.

Athelopsis OBERW. ex PARM. 1968 (f). T: *Corticium glaucinum* BOURD. & GA. 1928. Corticiaceae. 3 Arten: *A. baculifera* (BOURD. & GA.) JÜLICH, *A. glaucina* (BOURD. & GA.) OBERW. ex PARM. und *A. subinconspicua* (LITSCH.) JÜLICH, Saprophyten an Laub- und Nadelholz (6).

Atractiella SACC. 1886 (f). T: *Atractium brunaudianum* SACC. *Auriculariaceae* ? 1 Art: *A. brunaudiana* (SACC.) SACC. Nicht aufgeschlüsselt.

Aurantiporus MURR. 1905 (m), Weichporling. T: *Polyporus pilotae* SCHW. [= *Au. croceus*]. *Coriolaceae.* 3 Arten: *Au. alborubescens* (BOURD. & GA.) H. JAHN, *Au. croceus* (PERS. : FR.) KOTL. & POUZ. und *Au. fissilis* (BERK. & CURT.) H. JAHN, Wundparasiten und Saprophyten an Laubholz, streifenförmige Weißfäule (14). – VI Bild 27.

Aureoboletus PAOUZ. 1957 (m). T: *Boletus sanguineus* var. *gentilis* QUÉL. Fak. Syn. zu *Pulveroboletus* MURR. 1909.

Auricularia BULL. 1791 : FR. 1828 (f), Ohrlappenpilz. T: *Au. tremelloides* BULL. [= *Au. mesenterica*]. *Auriculariaceae.* 1 Art: *Au. mesenterica* (DICKS. : FR.) PERS., Saprophyt an Laubholz, Weißfäule (5). – II 195.

Auriculariopsis MRE. 1902 (f), Becherrindenschwamm. T: *Cyphella ampla* LÉV. Meruliaceae. 1 Art: *Au. ampla* (LÉV.) MRE., Saprophyt an Laubholz, bes. *Populus* (5, 8). – VI Bild 10.

Auriporia RYV. 1973 (f). T: *Poria aurea* PECK (Nordamerika). *Coriolaceae.* 1 Art: *Au. aurulenta* DAVID, TORTIĆ & JELIĆ, Saprophyt an Nadelholz, selten an *Populus*, Braunfäule (13).

Auriscalpium S. F. GRAY 1821 (n), Ohrlöffel. T: *Au. vulgare* S. F. GARAY [= *Hydnum auriscalpium* L. : FR.]. *Auriscalpiaceae.* 1 Art: *Au. vulgare* S. F. GRAY, Saprophyt an Koniferenzapfen (10). – II 94.

Baeospora SING. 1938 (f), Mäuseschwanz. T: *Agaricus myosurus* FR. : FR. *Tricholomataceae.* 2 Arten: *B. myosura* (FR. : FR.) SING. und *B. myriadophylla* (PECK) SING., Saprophyten an Holz und Zapfen (18). – III 149.

Balsamia VITT. 1831 (f), Balsamtrüffel. T: *B. vulgaris* VITT. *Tuberaceae.* 3 Arten: *B. fragiformis* TUL., *B. platyspora* BERK. & BR., *B. vulgaris* VITT., Hypogäen in Waldböden (1). – II 283.

Bankera COKER & BEERS ex POUZ. 1955 (f), Stacheling. T: *Hydnum fuligineoalbum* J. C. SCHMIDT : FR. *Bankeraceae.* 2 Arten: *B. fuligineoalba* (J. C. SCHMIDT : FR.) POUZ. und *B. violascens* (ALB. & SCHW. : FR.) POUZ., Saprophyten in Waldböden (10). – II 18, 81.

Barlaeina SACC. & SYD, 1899 (f). T: *Ascobolus miniatus* CROUAN. Fak. Syn. zu *Lamprospora* DE NOT. 1864. – *Barlaeine* sensu MOSER 1963 = *Marcelleina* BRUMM., KORF & RIFAI 1967.

Barssia GILKEY 1925 (f). T: *B. oregonensis* GILKEY. *Balsamiaceae.* 1 Art: *B. oregonensis* GILKEY, hypogäisch, Hohe Tatra (1).

Basidiodendron J. RICK 1938 (n). T: *B. luteogriseum* J. RICK (Brasilien). *Tremellaceae.* 6 Arten, Saprophyten an Laub- und Nadelholz, an Farnen (5, 6).

Basidioradulum NOBLES 1967 (n), Reibeisenpilz. T: *Hydnum radula* FR. : FR. Fak. Syn. zu *Hyphoderma* WALLR. 1833 emend. DONK. – *B. evolvens*, s. *Cylindrobasidium.*

Battarrea PERS. 1801 (f), Stelzenstäubling. T: *Lycoperdon phalloides* DICKS. (: PERS.). *Battarreaceae.* 2 Arten: *B. phalloides* (DICKS.): PERS. und *B. stevenii* (LIBOSCHITZ) FR., Saprophyten in trockenen Böden (21).

Biscogniauxia O. KUNTZE 1891 (f). T: *Hypoxylon nummularium* BULL. (: FR.). *Xylariaceae.* 8 Arten, Saprophyten an Laubholz (2).

Bispora CORDA 1837 (f). T: *B. molinioides* CORDA. *Dematiaceae.* 3–4 Arten, Anam. zu *Calycella* BOUD. 1885 (*Helotiaceae*).

Bjerkandera KARST. 1879 (f), Rauchporling. T: *Boletus adustus* WILLD. (: FR.). *Coriolaceae.* 2 Arten: *B. adusta* (WILLD. : FR.) KARST. und *B. fumosa* (PERS. : FR.) KARST., Saprophyten an Holz, Weißfäule (14). – II 42.

Boidinia STALPERS & HJORTST. 1982 (f). T: *Hypochnus furfuraceus* BRES. *Corticiaceae.* 2 Arten: *B. furfuracea* (BRES.) STALPERS & HJORTST. und *B. subasperispora* (LITSCH.) JÜLICH, Saprophyten an Nadelholz (6).

Bolbitius FR. 1838 (m), Mistpilz. T: *Agaricus vitellinus* PERS. : FR. *Bolbitiaceae.* 7 Arten, Saprophyten an Dung, an Holz und im Boden (19). – IV 219–222.

Boletellus MURR. 1909 (m). T: *Boletus ananas* CURT. (subtropisches Nordamerika). *Strobilomycetaceae* oder *Boletaceae.* 1 Art: *B. intermedius* A. H. SMITH & THIERS, Ektomykorrhiza (?) in xerothermen Wäldern, ČSSR (15).

Boletinus KALCHBR. 1867 (m), Röhrling. T: *Boletus cavipes* KLOTZSCH in FR. *Boletaceae.* 3 Arten: *B. asiaticus* SING., *B. cavipes* (KLOTZSCH in FR.) KALCHBR. und *B. paluster* (PECK) PECK, Ektomykorrhiza mit Koniferen, in Europa z. T. eingeschleppt (15). – II 142.

Boletopsis FAYOD 1889 (f), Rußporling. T: *Boletus leucomelas* PERS. [= *Boletopsis subsquamosa*]. *Thelephoraceae.* 1 oder 2 Arten: *B. subsquamosa* (L. : FR.) KOTL. & POUZ. und (falls verschieden) *B. grisea* (PECK) BOND. & SING., Saprophyten (?) in Waldböden (15).– II 28.

Boletus FR. 1821 (m), Röhrling. T: *B. edulis* BULL. : FR. (Typus conservandus). *Boletaceae.* Etwa 35 Arten, Ektomykorrhiza mit Laub- und Nadelbäumen; z. T. roh giftig (15). – I 153–161, II 1–7, 17, 18, 23.

Boletus DILL. 1791 ex L. 1753 (m). T: *Boletus igniarius* L. : FR. Nomen rejiciendum gegen *Boletus* FR. 1821.

Bolinia (NITSCHKE) SACC. 1882 (f). T: *Sphaeria tubulina* ALB. & SCHW. : FR. Fak. Syn. zu *Camarops* KARST. 1873; entspricht *Camarops* subg. *Bolinia* (NITSCHKE) O. & R. HILBER 1980.

Bondarzewia SING. 1940 (f), Bergporling. T: *Cerioporus montanus* QUÉL. [= *B. mesenterica.*] *Bondarzewiaceae.* 1 Art: *B. mesenterica* (SCHAEFF.) KREISEL, Saprophyt und Schwächeparasit an Nadelholz, Weißfäule (15). – II 34 (Anm.).

Boreostereum PARM. 1968 (n). T: *Stereum radiatum* PECK. *Stereaceae.* 1 Art: *B. radiatum* (PECK) PARM., Saprophyt an Nadelholz (6, 7).

Botryobasidium DONK 1931 (n). T: *Corticium subcoronatum* HÖHN. & LITSCH. *Ceratobasidiaceae.* 14 Arten, Saprophyten an Holz. Anam. = *Acladium* LINK 1809 (6).

Botryohypochnus DONK 1931 (m). T: *Hypochnus isabellinus* FR. *Ceratobasidiaceae.* 2 Arten: *B. bondarcevii* PARM. und *B. isabellinus* (FR. : FR.) J. ERIKSS., Saprophyten an Holz (6).

Botryotinia WHETZEL 1945 (f), Sklerotienbecherling. T: *Sclerotinia convoluta* DRAYTON (Nordamerika). *Sclerotiniaceae.* 13 Arten, Parasiten an krautigen Pflanzen. Anam. = *Botrytis* PERS. 1801 : FR. 1821 (3).

Botrytis MICH. ex PERS. 1801 : FR. 1821 (f). T: *B. cinerea* PERS. : FR. *Moniliaceae.* Etwa 50 Arten, darunter *B. cinerea* PERS. : FR. = Anam. zu *Botryotinia fuckeliana* (DE BARY) WHETZEL.

Boudiera CKE. 1877 (f). T: *B. areolata* CKE. & PHILL. *Ascobolaceae.* 6 Arten, Saprophyten im Boden (3).

Bourdotia (BRES.) TROTT. 125 (f). T: *Sebacina glazinii* BRES. *Tremellaceae.* 1 Art: *B. galzinii* (BRES.) TROTT., Saprophyt an Holz (5, 6). Vgl. *Basidiodendron* J. RICK.

Bovista PERS. 1796 : PERS. 1801 (f), Bovist. T: *B. plumbea* PERS. : PERS. *Lycoperdaceae.* 13 Arten, Saprophyten im Boden (21). – I 186, II 145, 147.

Bovistella MORGAN 1892 (f), Stäubling. T: *Lycoperdon radicatum* DUR. & MONT. *Lycoperdaceae.* 1 Art: *B. radicata* (DUR. & MONT.) PAT., Saprophyt im Boden (21).

Bresadolina BRINKM. 1909 (f). T: *Craterella pallida* PERS. Fak. Syn. zu *Cotylidia* KARST. 1881.

Brevicellicium K.-H. LARSSON & HJORTST. 1978 (n). T: *Corticium exile* H. S. JACKS. *Corticiaceae.* 2 Arten: *B. exile* (H. S. JACKS.) K.-H. LARSSON & HJORTST. und *B. olivascens* (BRES.) K.-H. LARSSON & HJORTST., Saprophyten an Laub- und Nadelholz (6, 10).

Bryoglossum REDHEAD 1977 (n). Mooszunge. T: *Mitrula gracilis* KARST. *Geoglossaceae.* 1 Art: *B. gracile* (KARST.) REDHEAD, an Moosen in borealen und subalpinen Wäldern (4).

Bucholtzia H. LOHWAG 1924 (f). T: *Secotium krjukowense* BUCHOLTZ. Fak. Syn. zu *Elasmomyces* CAVARA 1897.

Buchwaldoboletus PIL. 1969 (f). T: *Boletus lignicola* KALLENB. Fak. Syn. zu *Pulveroboletus* MURR. 1909; entspricht *Boletus* subg. *Buchwaldoboletus* (PIL.) WATL. 1970.

Buglossoporus KOTL. & POUZ. 1966 (m), Zungenporling. T: *Boletus quercinus* SCHRAD. 1794. *Polyporaceae.* 1 Art: *B. quercinus* (SCHRAD.) KOTL. & POUZ., Schwächeparasit und Saprophyt an Laubholz (*Quercus*) (15). – II 41 (Anm.), VI Bild 26.

Bulbillomyces JÜLICH 1974 (m). T: *Kneiffia farinosa* BRES. *Corticiaceae.* 1 Art: *B. farinosus* (BRES.) JÜLICH, Saprophyt an Holz u. a. Pflanzenresten. Anam. = *Aegerita candida* PERS. : FR. (6).

Bulgaria FR. 1822 (f), Schmutzbecherling. T: *Peziza inquinans* PERS. (: FR.). *Helotiaceae.* 1 Art: *B. inquinans* (PERS.) : FR., Saprophyt an Laubholz (3). – II 268.

Bullardia JUNGH. 1830 (f). T: *B. inquinans* JUNGH. Älteres fak. Syn. zu *Melanogaster* CORDA 1831 (nom. cons.).

Butlerelfia WERESUB & ILLMAN 1980 (f). T: *B. eustacei* WERESUB & ILLMAN, Corticiaceae. 1. Art: *B. eustacei* WERESUB & ILLMAN, Krankheit an lagernden Äpfeln, Westeuropa (6).

Byssocorticium BOND. & SING. 1944 (n). T: *Thelephora atrovirens* FR. *Corticiaceae* oder *Meruliaceae.* 4 Arten, Saprophyten an Holz u. a. Pflanzenresten (6).

Byssocristella CHRIST. & B. LARSEN 1970 (f). T: *B. pallidocitrina* CHRIST. & B. LARSEN. Fak. Syn. zu *Tomentellopsis* HJORTST. 1970.

Byssomerulius PARM. 1967 (m), Lederfältling. T: *Polyporus corium* PERS. (: FR.). *Corticiaceae* oder *Meruliaceae.* 1 Art: *B. corium* (PERS. : FR.) PARM., Saprophyt an Laubholz, Weißfäule (11). Vgl. *Ceraceomerulius, Ceraceomyces.* – VI Bild 17.

Byssonectria KARST. 1881 (f). T: *B. obducens* KARST. [= *B. fusispora*]. *Pyronemataceae.* 2 Arten: *B. fusispora* (BERK.) KORF und *B. semiimmersa* (KARST.) BENKERT, Saprophyten im Boden und an Pflanzenteilen (3). – *Byssonectria* sensu DENNIS s. *Peckiella* (SACC.) SACC.

Byssoporia M. J. LARSEN & ZAK 1978 (f). T: *Boletus terrestris* DC. (: FR.). *Corticiaceae.* 1 Art: *B. terrestris* (DC. : FR.) M. J. LARSEN & ZAK, Ektomykorrhiza mit Koniferen (13).

Calathella REID 1964 (f). T: *Cyphella eruciformis* FR. *„Cyphellaceae".* 1 Art: *C. eruciformis* (FR.) REID, Saprophyt an abgefallenen *Populus*-Zweigen. Kein Großpilz.

Caldesiella SACC. 1877 (f). T: *C. italica* SACC. Älteres fak. Syn. zu *Tomentella* PAT. 1887 (nom. cons.).

Callistosporium SING. 1944 (n). T: *Gymnopus palmarum* MURR. (Florida). *Tricholomataceae.* 3 Arten: *C. elaeodes* (ROMAGN.) BRESINSKY & SCHWÖBEL, *C. majus* SING. und *C. olivascens* (BOUD.) M. BON, Saprophyten im Boden und an Holz (18).

Calocera (FR.) FR. 1825 (f), Hörnling. T: *Clavaria viscosa* PERS. : FR. *Dacryomycetaceae.* 6 Arten, Saprophyten an Holz (5). – II 206.

Calocybe KÜHNER ex DONK 1962 (f), Schönkopf. T: *Agaricus georgii* L. [= *C. gambosa* (FR.) DONK]. *Tricholomataceae.* 12 Arten, Saprophyten im Boden (18). – I 79, III 224–228.

Calodon QUÉL. ex KARST. 1881 (m). T: *Hydnum suaveolens* SCOP. : FR. Obl. Syn. zu *Hydnellum* KARST. 1879.

Caloporus KARST. 1881 (m). T: *Poria incarnata* PERS. Fak. Syn. zu *Tyromyces* KARST. 1881.

Caloporus QUÉL. (m). T: *Boletus ovinus* SCHAEFF. : FR. Homonym zu *Caloporus* KARST. 1881; fak. Syn. zu *Scutiger* PAULET 1808; obl. Syn. zu *Albatrellus* S. F. GRAY 1821.

Caloscypha BOUD. 1885 (f), Prachtbecher. T: *Peziza fulgens* PERS. : FR. *Pyronemataceae.* 1 Art: *C. fulgens* (PERS. : FR.) BOUD., Saprophyt im Boden. (3). – II 247.

Calvatia FR. 1849 (f), Stäubling. T: *Bovista craniiformis* SCHW. (Nordamerika). Nomen conservandum! *Lycoperdaceae.* 6 Arten, Saprophyten im Boden (21). – II 144, 146.

Calycella BOND. 1885 (f). T: ? *Helotiaceae.* 4 Arten, Saprophyten an Holz, keine Großpilze. Anam. = *Bispora* CORDA 1837.

Calyptella QUÉL. 1886 (f), Schüsselschwindling. T: *Peziza capula* HOLMSK. : FR. *Tricholomataceae.* 2 Arten: *C. capula* (HOLMSK. : FR.) QUÉL. und *C. gibbosa* (LÉV.) QUÉL., Saprophyten an Kräuterstengeln (8). – II 108.

Camarophyllopsis HERINK 1959 (f). T: *Hygrophorus schulzeri* BRES. Fak. Syn. zu *Hygrotrama* SING. 1959; entspricht *Hygrocybe* sect. *Camarophyllopsis* (HERINK) ORTON & WATL. 1969.

Camarophyllus (FR.) KUMM. 1871 (m), Ellerling. T: *Agaricus pratensis* PERS. : FR. *Hygrophoraceae.* Etwa 20 Arten, Saprophyten (?) in Wiesenböden und Trockenrasen (17). – III 253, 257–260, 262, 263.

Camarops KARST. 1873 (f). T: *C. hypoxyloides* KARST. [= *Hypoxylon polyspermum* MONT]. *Boliniaceae.* 5 Arten, Saprophyten an Holz (2).

Campanella P. HENN. 1895 (f). T: *C. buettneri* P. HENN. (Tropen). *Tricholomataceae.* 2 Arten: *C. caesia* ROMAGN. und *C. conchata* (VEL.) ROMAGN., Saprophyten an Pflanzenstengeln (8, 11).

Candelabrochaete BOIDIN 1970 (f). T: *C. africana* BOIDIN. *Corticiaceae.* 2 Arten: *C. africana* BOIDIN und *C. langloisii* (PAT.) BOIDIN, Saprophyten an Nadelholz (6).

Catharellula SING. 1936 (f), Gabeling. T: *Agaricus umbonatus* J. F. GMELIN: FR. *Tricholomataceae.* 1 Art: *C. umbonata* (J. F. GMELIN : FR.) SING., Saprophyt in Moospolstern (17). – III 194.

Cantharellus ADANS. 1763 : FR. 1821 (m), Pfifferling, Gelbling. T: *Agaricus cantharellus* L. [= *C. cibarius* FR.] *Hydnaceae*. 8 Arten, Ektomykorrhiza mit Laub- und Nadelbäumen (11, 17) – I 138, III 291, 292, 295.

Carpobolus MICH. ex WILLD. 1787 (m). T: *C. albicans* WILLD. [= *Sphaerobolus stellatus* Taode : PERS.]. Obl. Syn. zu *Sphaerobolus* TODE 1797 : PERS. 1801.

Cartilosoma KOTL. & POUZ. 1958 (n). T: *Trametes subsinuosa* BRES. Fak. Syn. zu *Antrodia* KARST. 1879.

Catathelasma LOVEJOY 1910 (n), Möhrling. T: *C. evanescens* LOVEJOY (Nordamerika). *Tricholomataceae*. 1 Art: *C. imperiale* (QUÉL.) SING., vermutlich Ektomykorrhiza (17). – I 96.

Catinella BOUD. 1907 (f). T: *Peziza olivacea* BATSCH. *Dermateaceae*. 1 Art: *C. olivacea* (BATSCH) BOUD. (3).

Cejpomyces SVR. & POUZ. 1970 (m). T: *Corticium terrigenum* BRES. *Ceratobasidiaceae*. 1 Art: *C. terrigenus* (BRES.) SVR. & POUZ., Saprophyt im Boden (6).

Cellypha DONK 1959 (f). T: *Cyphella goldbachii* WEINM. *Tricholomataceae*. 1 Art: *C. goldbachii* (WEINM.) DONK, Saprophyt an Pflanzenresten (8).

Cenococcum MOUG. & FR. 1825 : FR. 1829 (n). T: *C. geophilum* FR. : FR. *Mycelia sterilia*. 1 Art: *C. geophilum* FR. : FR., Anam. zu *Elaphomyces* NEES 1820 : FR. 1829 (*Elaphomycetaceae*), Ektomykorrhiza mit Laub- und Nadelbäumen (23).

Cephaloscypha AGERER 1975 (f). T: *Flagelloscypha morlichensis* W. B. COOKE. *Tricholomataceae*. 1 Art: *C. morlichensis* (W. B. COOKE) AGERER, Saprophyt an Farnen, boreales und subalpines Europa (8).

Ceraceomerulius J. ERIKSS. & RYV. 1973 (m). T: *Merulius rubicundus* LITSCH. in PIL. *Meruliaceae*. 2 Arten: *C. albostramineus* (TORREND) GINNS und *C. serpens* (TODE : FR.) J. ERIKSS. & RYV. Saprophyten an Laub- und Nadelholz, Braunfäule (Typus!) und Weißfäule (11).

Ceraceomyces JÜLICH 1972 (m). T: *Corticium tessulatum* CKE. *Meruliaceae*, 5 Arten, Saprophyten an Holz, Braunfäule (6, 11).

Ceratella PAT. 1887 (f). T: *C. aculeata* PAT. Homonym zu *Ceratella* HOOK. f. 1845 (*Asteraceae*); obl. Syn. zu *Ceratellopsis* KONR. & MAUBL. 1937.

Ceratellopsis KONR. & MAUBL. 1937 (f). T: *Ceratella aculeata* PAT. *Clavariaceae*. 3 Arten: *C. aculeata* (PAT.) CORNER, *C. corneri* BERTHIER und *C. terrigena* BERTHIER, Saprophyten an Pflanzenresten, Rinde, im Boden (10).

Ceratobasidium ROG. 1935 (n). T: *C. calosporum* ROG. *Ceratobasidiaceae*. 2 Arten: *C. cornigerum* (BOURD.) ROG. und *C. pseudocornigerum* CHRIST., Pflanzenparasiten und Endomykorrhiza mit Erdorchideen (6). – Vgl. *Thanatephorus*.

Cerinomyces G. W. MARTIN 1949 (m). T: *C. pallidus* G. W. MARTIN (außereuropäisch). *Dacryomycetaceae*. 1 Art: *C. crustulinus* (BOURD. & GA.) G. W. MARTIN, Saprophyt an Nadelholz (6).

Ceriomyces CORDA 1837 (m). T: *C. fischeri* CORDA. Nomen dubium, Typusart nicht deutbar. *Ceriomyces* sensu auct. plur. ist *Ptychogaster* CORDA 1838.

Cerioporus QUÉL. 1886 (m). T: *Boletus squamosus* HUDS. (: FR.). Fak. Syn. zu *Polyporus* MICH. ex ADANS. 1763 : FR. 1821.

Ceriporia DONK 1933 (f), Wachsporenschwamm. T: *Polyporus viridans* BERK. & BR. *Coriolaceae*. 5 Arten, Saprophyten an Laub- und Nadelholz, Weißfäule (13).

Ceriporiopsis DOM. 1963 (f). T: *Poria gilvescens* BRES.) *Coriolaceae*. 3 Arten: *C. aneirinus* (SOMMERF. : FR.) DOM., *C. gilvescens* (BRES. DOM. und *C. resinascens* (ROM.) DOM., Saprophyten an Laubholz, Weißfäule (13).

Cerocorticium P. HENN. in WARBURG 1899 (n), Zahnling. T: *C. bogoriense* P. HENN. (pantropisch). *Corticiaceae*. 5 Arten, Saprophyten an Laub- und Nadelholz (6, 10). –

Cerrena S. F. GRAY 1821 (f), Wirrling. T: *Sistotrema cinereum* PERS. [= *Cerrena unicolor*]. *Coriolaceae* 1 Art: *C. unicolor* (BULL. : FR.) MURR., Saprophyt an Laubholz, Weißfäule (12). – II 57.

Chaetocalathus SING. 1942 (m). T: *Agaricus craterellus* DUR. & LÉV. *Tricholomataceae*. 1 Art: *Ch. craterellus* (DUR. & LÉV.) SING., Saprophyt an Zweigen und Rinde, England, Mittelmeergebiet (16).

Chaetoderma PARM. 1968 (n). T: *Peniophora luna* ROM. ex ROG. & JACKS. Homonym zu *Chaetoderma* KÜTZING 1843 (*Rhodophyceae*); obl. Syn. zu *Chaetodermella* S. RAUSCHERT (ined.).

Chaetodermella S. RAUSCHERT (ined.) (f). T: *Peniophora luna* ROM. ex ROG. & JACKS. *Corticiaceae*. 1 Art: *Ch. luna* (ROM. ex ROG. & JACKS.) S. RAUSCHERT, Saprophyt an Nadelholz, Nordeuropa (6).

Chaetoporellus BOND. & SING. ex SING. 1944 (m). T: *Poria latitans* BOURD. & GA. *Corticiaceae*. 1–3 Arten: *C. latitans* (BOURD. & GA.) SING., ? *Ch. aureus* (PECK) BOND. und ? *Ch. simanii* (PIL. ex PIL.) BOND., Saprophyten an Nadelholz, Weißfäule (13).

Chaetoporus KARST. 1890 (m). T: *Ch. tenuis* KARST. Fak. Syn. zu *Junghuhnia* CORDA 1842.

Chalciporus BAT. 1908 (m). Zwergröhrling. T: *Boletus piperatus* BULL. : FR. Fak. Syn. zu *Boletus* FR. 1821; entspricht *Boletus* subg. *Chalciporus* (BAT.) WATL. 1967.

Chamaemyces BATTARRA ex EARLE 1909 (m), Schmierschirmling. T: *Agaricus fracidus* FR. *Agaricaceae.* 2 Arten: *Ch. demisannula* („SECR.") MOS. und *Ch. fracidus* (FR.) DONK, Saprophyten im Boden (19). – III 12.

Chaeaeota (W. G. SMITH) EARLE 1909 (f). T: *Agaricus xanthogrammus* CES. *Pluteaceae.* 2 Arten: *Ch. longipes* WICHANSKÝ und *Ch. xanthogrammus* (CES.) EARLE, Saprophyten an Holz, Mittelmeergebiet, ČSSR (19).

Chamonixia ROLLAND 1899 (f). T: *Ch. caespitosa* ROLLAND. *Boletaceae.* 1 Art: *Ch. caespitosa* ROLLAND, Hypogäe in Fichtenwäldern, höhere Gebirge und Skandinavien (1, 20).

Cheilymenia BOUD. 1885 (f). T: *Peziza stercorea* PERS. : FR. *Pyronemateceae.*13 Arten, Saprophyten an Dung, Pflanzenresten und im Boden (3). – Vgl. *Kotlabaea* SVR.

Cheimonophyllum SING. 1955 (n). T: *Agaricus candidissimus* BERK. & CURT. *Tricholomataceae.* 1. Art: *Ch. candidissimum* (BERK & CURT.) SING., Saprophyt an Laubholz, England (16).

Chitonia (FR.) KARST. 1879 (f). T: *Agaricus trachodes* BERK. (Sri Lanka). Homonym zu *Chitonia* DON 1823 (*Melastomataceae*); obl. Syn. zu *Clàrkeinda* O. KUNTZE 1891.

Chlorencoelia DIXON 1975 (f). T: *Peziza versiformis* PERS. : FR. *Helotiaceae.* 1 Art: *Ch. versiformis* (PERS. : FR.) DIXON, Saprophyt an Holz (3).

Chlorociboria SEAVER ex RAMAMURTHI, KORF & BATRA 1958 (f), Grünspanbecherling. T: *Peziza aeruginosa* PERS. : FR. *Helotiaceae.* 2 – 3 Arten: *Ch. aeruginascens* (NYL.) KANOUSE ex RAMAMURTHI, KORF & BATRA, *Ch. aeruginosa* (PERS. : FR.) SEAVER ex RAMAMURTHI, Korf & BATRA und ? *Ch. aeruginella* (KARST.) DENNIS, Saprophyten an Holz (3).

Chlorosplenium FR. 1849 (n). T: *Peziza chlora* SCHW. : FR. *Helotiaceae.* Nach Ausschluß von *Chlorencoelia* DIXON und *Chlorociboria* SEAVER enthält die Gattung keine Großpilze.

Choiromyces VITT. 1831 (m), Weißtrüffel, Kaisertrüffel. T: *Ch. maeandriformis* VITT. [= *Ch. venosus*]. *Terfeziaceae.* 2 Arten: *Ch. magnusii* (MATT.) PAOLETTI und *Ch. venosus* (FR.) TH. FR., Hypogäen in Wäldern, vermutlich Ektomykorrhiza (1). – I 199.

Chondrostereum POUZ. 1959 (n), Knorpelschichtpilz. T: *Stereum purpureum* PERS. (: FR.). *Meruliaceae.* 1. Art: *Ch. purpureum* (PERS. : FR.) POUZ., Saprophyt an Holz, Weißfäule (6, 7). – II 111.

Christiansenia HAUERSLEV 1969 (f). T: *Ch. pallida* HAUERSLEV. *Corticiaceae.* 4 Arten, Parasiten in Fruchtkörpern von Hymenomyzeten. Anam. = *Syzygospora* G. W. MARTIN 1937 (6).

Chromelosporium CORDA 1833 (n). T: *Ch. ochraceum* CORDA. *Moniliaceae.* Anam. zu *Peziza* WILLD. 1787 : FR. 1822.

Chromocyphella DE TONI & LEVI 1888, Flaumschälchen. T: *Cymbella crouanii* PAT. & DOASS. [= *Chromocyphella galeata*]. *Crepidotaceae.* 1 Art: *Ch. galeata* (SCHUM. : FR.) W. B. COOKE, Saprophyt an Moos, kein Großpilz.

Chroogomphus (SING.) O. K. MILLER 1964 (m), Gelbfuß. T: *Agaricus rutilus* SCHAEFF. : FR. *Gomphidiaceae.* 3 Arten: *Ch. corallinus* O. K. MILLER & WATL., *Ch. helveticus* (SING.) MOS. und *Ch. rutilus* (SCHAEFF. : FR.) O. K. MILLER, Ektomykorrhiza mit Nadelbäumen (17). – I 137.

Chrysobostrychodes KOST 1985 (m). T: *Agaricus chrysophyllus* FR. Nomen novum für *Chrysomphalina* CLÉM. 1982, non HAAS 1962; fak. Syn. zu *Gerronema* SING. 1951.

Chrysomphalina HAAS 1962 (f). T: *Agaricus venustissimus* FR. Nomen nudum; fak. Syn. zu *Haasiella* KOTL. & POUZ. 1966.

Chrysomphalina CLÉM. 1982 (f). T: *Agaricus chrysophyllus* FR.Homonym zu *Chrysomphalina* HAAS 1962; fak. Syn. zu *Gerronema* SING. 1951;vgl. *Chrysobostrychodes* KOST 1985.

Ciboria FUCK. 1870 (f), Stromabecherling. T: *Peziza caucus* REBENTISCH : FR. *Sclerotiniaceae.* Etwa 8 Arten, Saprophyten an Früchten, Kätzchen (3). – II 253, 261.

Ciborinia WHETZEL 1945 (f), Schmarotzerbecherling. T: *Sclerotinia bifrons* WHETZEL. *Sclerotiniaceae.* Etwa 15 Arten, Parasiten an krautigen Blütenpflanzen (3).

Ciliaria QUÉL. 1885 (f). T: *Peziza scutellata* L. : FR. Homonym zu *Ciliaria* STACKHOUSE 1809 (*Rhodophyceae*); obl. Syn. zu *Scutellinia* (CKE.) LAMBOTTE 1887.

Ciliatula VEL. 1922 (f). T: *Lachnea ciliata* VEL. Fak. Syn. zu *Pezoloma* CLEM. 1909.

Cinereomyces JÜLICH 1982 (m). T: *Polyporus lindbladii* BERK. *Coriolaceae.* 1 Art: *C. lindbladii* (BERK.) JÜLICH, Saprophyt an Laub- und Nadelholz (13).

Clarkeinda O. KUNTZE 1891 (f). T: *Agaricus trachodes* BERK. (Sri Lanka). *Agaricaceae*, Saprophyten im Boden. Die europäischen, mit *C.* kombinierten Arten gehören zu *Agaricus* L. 1753 : FR. 1821.

Clathrus MICH. ex L. 1753 : PERS. 1801 (m), Gitterling. T: *C. cancellatus* L. [= *C. ruber* PERS.], *Clathraceae.* 2 Arten: *C. archeri* (BERK.) DRING und *C. ruber* PERS., Saprophyten im Boden (22). – II 140, 142.

Claudopus (W. G. SMITH) GILL. 1876 (m), Stummelfuß. T: *Agaricus byssisedus* PERS. : FR. Fak. Syn. zu *Entoloma* (FR.) KUMM. 1871; entspricht *Entoloma* subg. *Claudopus* (GILL.) NOORD. 1981.

Claussenomyces KIRSCHST. 1923 (m). T: *C. jahnianus* KIRSCHST., *Leotiaceae.* 1. Art: *C. jahnianus* KIRSCHST., Saprophyt an Holz (3).

Clavaria VAILL. ex L. 1753 (f). T: *C. pistillaris* L. : FR. Homonym zu *Clavaria* SW. 1811 : FR. 1821; obl. Syn. zu *Clavariadelphus* DONK 1933.

Clavaria Sw. 1811 : Fr. 1821 (f), Keulenpilz. T: *C. fragilis* Pers. : Fr. *Clavariaceae.* Nomen conservandum! Etwa 20 Arten, Saprophyten im Boden (9).– II 119, 120, 126.

Clavariadelphus Donk 1933 (m), Keule, Herkuleskeule. T: *Clavaria pistillaris* L. : Fr. *Clavariadelphaceae.* 8 Arten, Saprophyten im Boden (9). – II 114, 115. Vgl. *Macrotyphula.*

Claviceps L. Tul. 1853 (f), Mutterkornpilz. T: *Sphaeria purpurea* Fr. *Clavicipitaceae.* 5 Arten, Parasiten in Graminiden (*Poaceae* und *Eleocharis*). Anam. = *Sphacelia* Lév. 1827 (2).

Clavicorona Doty 1947 (f), Becherkeule. T: *Craterellus taxophilus* Thom. *Clavicoronaceae.* 3 Arten: *C. mairei* (Battetta) Corner, *C. taxophila* (Thom) Doty und *C. tuba* (Heim) Corner, Saprophyten in Boden und Waldstreu (9). Vgl. *Artomyces.*

Clavulicium Boidin 1957 (n). T: *Corticium pilatii* Boidin [= *Corticium macounii* Burt]. *Clavulinaceae.* 3 Arten: *C. delectabile* (Jacks.) Hjortst., *C. macounii* (Burt) J. Erikss. & Boidin ex Parm. und *C. spurium* (Bourd.) J. Erikss. & Hjortst., Saprophyten an Holz (6).

Clavulina Schroet. 1888 (f), Korallenpilz. T: *Ramaria cristata* Holmsk, (: Fr.). *Clavulinaceae.* 6 Arten, Saprophyten im Boden (9). – I 176, II 121, 128, 129.

Clavulinopsis van Overeem 1923 (f). T: *C. sulcata* van Overeem [= *C. miniata* (Berk.) Corner] (paläotropisch). *Clavariaceae,* Saprophyten im Boden, Tropen und Nordamerika. Von Corner zu *C.* gestellte europäische Arten gehören zu *Ramariopsis* (Donk) Corner 1950.

Climacocystis Kotl. & Pouz. 1958 (f), Schwammporling. T: *Polyporus borealis* Fr. *Coriolaceae.* 1 Art: *C. borealis* (Fr.) Kotl. & Pouz., Saprophyt an Nadel-, selten Laubholz, Weißfäule (12, 14, 15).

Climacodon Karst. 1881 (m), Stachelseitling. T: *Hydnum septentrionale* Fr. *Coriolaceae ?* 1 Art: *C. septentrionalis* (Fr.) Karst., Wundparasit an Laubholzstämmen (10).

Clitocybe (Fr.) Staude 1857 (f), Trichterling. T: *Agaricus gibbus* Pers. : Fr. *Tricholomataceae.* Etwa 90 Arten, Saprophyten im Boden, z. T. giftig (17). – I 85–87, 89–93, 95, III 168, 169, 171–178, 180–185, 187–192. Vgl. *Lepista, Ossicaulis* (Nachtrag).

Clitocybula (Sing.) Métrod 1952 (f), Holzrübling. T: *Agaricus laceratus* Scop. 3 Arten: *C. abundans* (Peck) Sing., *C. familiae* (Peck) Sing. und *C. lacerata* (Scop.) Métrod, Saprophyten an Holz (18). – III 179a.

Clitopilopsis Mre. 1936 (f). T: *C. arthrocystis* Kühner & Mre. [= *Agaricus hirneolus* Fr. : Fr.]. Fak. Syn. zu *Rhodocybe* Mre. 1924.

Clitopilus Kumm. 1871 (m), Räsling. T: *Agaricus prunulus* Scop. : Fr. *Entolomataceae.* 9 Arten, Saprophyten im Boden (16, 17), – I 59, III 69, 70.

Clypeus (Britz.) Fayod 1889 (m). T: *Agaricus trechisporus* Berk. Fak. Syn. zu *Inocybe* (Fr.) Fr. 1863.

Cochlearia (Cke.) Lambotte 1888 (f). T: *Peziza cochleata* Bull. : Fr. Homonym zu *Cochlearia* L. 1753 (*Brassicaceae*); fak. Syn. zu *Otidea* (Pers.) Bon. 1851.

Collybia (Fr.) Staude 1857 (f), Rübling. T: *Agaricus tuberosus* Bull. : Fr. *Tricholomataceae.* Etwa 35 Arten, Saprophyten im Boden und an Holz, z. T. schwach giftig (18). – I 102–104, III 151–162, 145.

Collybiopsis (Schroet.) Earle 1909 (f). T: *Agaricus calopus* Pers. : Fr. (Nomen dubium). – *Collybiopsis* sensu Earle 1909 ist fak. Syn. zu *Marasmiellus* Murr. 1915.

Colpoma Wallr. 1833 (n). T: *Hysterium quercinum* Pers. : Fr. *Hypodermataceae.* 2 Arten: *C. degenerans* (Fr.) de Not. und *C. quercinum* (Pers. : Fr.) Wallr., Saprophyten an Holz (3).

Coltricia S. F. Gray 1821 (f), Dauerporling. T: *C. connata* S. F. Gray [= *C. perennis*]. *Hymenochaetaceae.* 3 Arten: *C. cinnamomea* (Jacq.) Murr., *C. montagnei* (Fr. in Mont.) Murr. und *C. perennis* (L. : Fr.) Murr., Saprophyten im Boden (15). – II 72.

Columnocystis Pouz. 1959 (f), Schichtpilz. T: *Thelephora abietina* Pers. : Fr. *Stereaceae.* 2 Arten: *C. abietina* (Pers. : Fr.) Pouz. und *C. ambigua* (Peck) Pouz., Saprophyten an Nadelholz, Braunfäule (6, 7).

Colus Cavalier & Séchier 1835 (m). T: *C. hirudinosus* Cavalier & Séchier, *Clathraceae.* 1 Art: *C. hirudinosus* Cavalier & Séchier, Saprophyt im Boden, westl. Mittelmeergebiet bis Tessin (22).

Conferticium Hallenberg 1980 (n). T: *Gloeocystidium insidiosum* Bourd. & Ga. Fak. Syn. zu *Gloeocystidiellum* Donk 1931.

Confertobasidium Jülich 1972 (n). T: *Corticium olivaceoalbum* Bourd. & Ga. *Meruliaceae ?* 1 Art: *C. olivaceoalbum* (Bourd. & Ga.) Jülich, Saprophyt an Holz, Rinde, Farnen und im Boden (6).

Coniobotrys Pouz. 1958 (f). T: *Coniophora ochroleuca* Bres. Fak. Syn. zu *Jaapia* Bres. 1911.

Coniophora DC. 1815 (f), Warzenschwamm. T: *C. membranacea* DC. [= *C. puteana* (Schum. : Fr.) Karst.]. *Coniophoraceae.* 4 Arten, Saprophyten an Holz, Braunfäule (6).

Coniophorella Karst. 1889 (f). T: *Hypochnus olivaceus* Fr. (: Fr.). Fak. Syn. zu *Coniophora* DC. 1815.

Conocybe Fayod 1889 (f7, Samthäubchen. T: *Agaricus tener* Schaeff. : Fr. *Bolbitiaceae.* Nomen conservandum! Etwa 60 Arten, Saprophyten im Boden, einzelne an Dung (18). – IV 200–206, 214, 215, 218. Vgl. *Galerella.*

Conohypha Jülich 1975 (f). T: *Corticium albocremeum* Höhn. & Litsch. *Corticiaceae.* 1 Art: *C. albocremea* (Höhn. & Litsch.) Jülich, Saprophyt an Nadelholz (6).

Conoplea PERS. 1801 : FR. 1832 (f). T: *C. sphaerica* PERS. : FR. *Moniliaceae.* Anam. zu *Plectania* FUCK. 1870 (*Sarcoscyphaceae*).

Copelandia BRES. 1913 (f). T: *Agaricus papilionaceus* BULL. : FR. (non sensu BRESADOLA !). Obl. Syn. zu *Panaeolus* (FR.) QUÉL. 1872.

Coprinus PERS. 1797 (m), Tintling, Tintenpilz. T: *Agaricus comatus* MÜLL. : FR. *Coprinaceae.* Etwa 95 Arten, Saprophyten im Boden, an Holz und Dung, z.T. in Verbindnug mit Alkohol giftig (18, 19). – I 37–39, IV 293–313.

Coprobia BOUD. 1885 (f). T: *Peziza granulata* BULL. : FR. *Pyronemataceae.* Etwa 7 Arten, Saprophyten an Dung (bes. Kuhmist) (3).

Cordierites MONT. 1840 (m). T: *C. guyanensis* MONT. (Südamerika). *Helotiaceae.* 1 Art: *C. irregularis* (SCHW.) CKE., Saprophyt an Holz (4).

Cordyceps FR. 1818 (f), Kernkeule. T: *Clavaria militaris* L. (: FR.). *Cordycipitaceae.* 14 Arten, Parasiten an Insekten und an Pilzen (*Elaphomyces*). Anam. sind *Hirsutella* PAT. 1892, *Gibbellula* CAVARA 1894, *Hymenostilbe* PETCH 1931, *Insecticola* MAINS 1950 sowie *Verticillium* NEES 1817 (2). – II 271–274.

Coriolellus MURR. 1905 (m). T: *Trametes sepium* BERK. Fak. Syn. zu *Antrodia* KARST. 1879.

Coriolopsis MURR. 1905 (f), Borstentramete. T: *Polyporus occidentalis* KLOTZSCH [= *C. polyzona* (PERS.) RYV.] (tropisches Amerika). *Coriolaceae.* 2 Arten: *C. gallica* (FR.) RYV. und *C. trogii* (BERK. in TROG) DOM., Saprophyten und Wundparasiten an Laubholz, Weißfäule (14).

Coriolus QUÉL. 1886 (m). T: *Boletus versicolor* L. (: FR.) Fak. Syn. zu *Trametes* FR. 1835.

Coronicium J. ERIKSS. & RYV. 1975 (n). T: *Corticium gemmiferum* BOURD. & GA. *Corticiaceae.* 1 Art: *C. gemmiferum* (BOURD. & GA.) J. ERIKSS. & RYV., Saprophyt an Laubholz und krautigen Pflanzen (6).

Corticirama PIL. 1957 (f). T: *C. petrakii* PIL. *Clavariaceae ?* 1 Art: *C. petrakii* PIL., Saprophyt an Pflanzenstengeln, Jugoslawien (9).

Corticium PERS. 1794 (n), Rindenpilz. T: *Corticium roseum* PERS. (: FR.). *Corticiaceae.* 8 Arten, Saprophyten an Laub- und Nadelholz, auf Erde (6).

Cortinarius (PERS.) ROUSSEL 1806 emend. FR. 1835 (m), Schleierling. T: *Agaricus violaceus* L. : FR. *Cortinariaceae.* Über 500 Arten, Ektomykorrhiza mit Laub- und Nadelbäumen, z. T. giftig. Nomen conservandum ! (18). – I 50–53, 55, IV 98–197.

Cortinellus ROZE 1876 (m). T: *Agaricus vaccineus* PERS. : FR. Fak. Syn. zu *Tricholoma* (FR.) STAUDE 1957.

Coryne NEES 1817 : FR. 1822 (f). T: *Acrospermum dubium* PERS. [= *C. sarcoides*]. *Moniliales,* Anam. zu *Ascocoryne* GROVES & WILSON 1967 (*Helotiaceae*). 1 Art: *C. sarcoides* (FR.) BON., Saprophyt an Holz (23). – II 270.

Corynetes (HAZSLINSZKY) DURAND 1908 (m). T: *Geoglossum microsporum* CKE. & PECK. Fak. Syn. zu *Thuemenidium* O. KUNTZE 1891.

Corynites BERK. & CURT. in BERK. 1853 (m). T: *C. ravenelii* BERK. & CURT. Fak. Syn. zu *Mutinus* FR. 1849 (nomen conservandum).

Costantinella MATRUCHOT 1892 (f). T: *C. terrestris* (LINK) HUGHES. *Moniliales,* Anam. zu *Corticiaceae ?* 2 Arten, Saprophyten an Holz und in Waldböden.

Cotilydia KARST. 1881 (f): ursprüngliche Schreibweise für *Cotylidia* KARST. (so seit 1882 verwendet).

Cotylidia KARST. 1881 („*Cotilydia*") (f), Kreiselpilz. T: *Thelephora undulata* FR. *Podoscyphaceae.* 4 Arten, Saprophyten im Boden (7). – II 105.

Craterellus PERS. 1825 (m), Trompete. Nomen conservandum ! T: *Peziza cornucopioides* L. (: FR.). *Hydnaceae.* 1 Art: *C. cornucopioides* (L. : FR.) PERS., Ektomykorrhiza, bes. mit Laubbäumen (7). – I 181. Vgl. *Pseudocraterellus.*

Craterocolla BREF. 1888 (f), Kraterpilz. T: *Tremella cerasi* TUL. *Tremellaceae.* 1 Art: *C. cerasi* (TUL.) BREF., Saprophyt und Perthophyt an Laubholz. bes. *Cerasus.* Anam. = *Ditangium insigne* KARST. (5).

Cremeogaster MATT. 1934 (m). T: *C. klikae* MATT. Fak. Syn. zu *Alpova* Dodge 1931.

Creolophus KARST. 1879 (m), Stachelseitling. T: *Hydnum corrugatum* FR. : FR. [= *C. cirratus*]. *Hericiaceae.* 1 Art: *C. cirratus* (PERS. : FR.) KARST., Saprophyt an Laubholz, Weißfäule (10). – II 95.

Crepidotus (FR.) STAUDE 1857 (m), Krüppelfuß. T: *Agaricus mollis* SCHAEFF. : FR. *Crepidotaceae.* 25 Arten, Saprophyten an Holz und Pflanzenresten (16). – III 83a–86, IV 22.

Crinipellis PAT. 1889 (f), Haarschwindling, Fasermützchen. T: *Agaricus stipitarius* FR. *Tricholomataceae.* 3 Arten: *C. sardoa* CANDUSSO, *C. scabella* (ALB. & SCHW. : FR.) KUYPER [*C. stipitaria* (FR.) PAT.] und *C. tomentosa* (QUÉL.) SING., Saprophyten an Pflanzenteilen und Hölzchen, Pflanzenparasiten (18). – III 133. Vgl. *Chaetocalathus.*

Crinula FR. 1821 (f). – T: *C. caliciiformis* FR. *Dematiaceae,* Anam. zu *Holwaya* SACC. 1889 (*Helotiaceae*). 1 Art: *C. caliciiformis* FR. [= *Stilbum giganteum* PECK] (23).

Cristella PAT. 1887 (f). T: *Merisma cristatum* PERS. (: FR.). Fak. Syn. zu *Sebacina* TUL. 1871. – *Cristella* sensu PARMASTO 1968 = *Trechispora* KARST.

Cristinia PARM. 1968 (f), Körnchenpilz. T: *Hydnum helveticum* PERS. *Ceratobasidiaceae.* 3 Arten: *C. gallica* (PIL.) JÜLICH, *C. helvetica* (PERS.) PARM. und *C. sasae* Parm., Saprophyten an Holz (6, 10). – Vgl. *Dacryobasidium.*

Crucibulum TUL. 1844 (n), Teuerling. T: *C. vulgare* TUL. [= *C. laeve*]. *Nidulariaceae.* 1 Art: *C. laeve* (HUDS.) KAMBLY, Saprophyt an Holz (21). – II 178.

Crustoderma PARM. 1968 (n). T: *Corticium dryinum* BERK. & CURT. in BERK. *Meruliaceae* oder *Corticiaceae.* 1 Art: *C. dryinum* (BERK. & CURT.) PARM., Saprophyt an Nadelholz (6).

Crustomyces JÜLICH 1978 (m). T: *Odontia abrupta* BOURD. & GA. *Corticiaceae.* 1 Art: *C. subabruptus* (BOURD. & GA.) JÜLICH, Saprophyt an Laub- und Nadelholz, Weißfäule (6, 10). – Vgl. *Cystostereum.*

Cryptoderma IMAZEKI 1943 (n). T: *Boletus ribis* SCHUM. (: FR.) *Hymenochaetaceae.* Fak. Syn. zu *Phylloporia* MURR. 1904.

Cudonia FR. 1849 (f), Kreisling. T: *Leotia circinans* PERS. : FR. *Geoglossaceae.* 4 Arten, Saprophyten in Waldboden; mindestens *C. circinans* (PERS. : FR.) FR. ist giftig (4). – II 265.

Cudoniella SACC. 1889 (f). T: ? *Helotiaceae.* Mehrere Arten, Saprophyten an Holz und Pflanzenresten (3).

Cuphophyllus (DONK) M. BON 1984 (m). T: *Agaricus pratensis* PERS. : FR. Obl. Syn. zu *Camarophyllus* (FR.) KUMM. 1871 sensu auct. plur., non DONK; entspricht *Hygrocybe* subg. *Cuphophyllus* DONK 1962.

Cyathipodia BOUD. 1907 (f). T: *C. platypodia* BOUD. [= *Helvella queletii* BRES.]. Fak. Syn. zu *Helvella* L. 1753 : FR. 1822.

Cyathus HALLER 1789 ex WILLD. 1787 : PERS. 1801 (m), Teuerling. Nomen conservandum propositum. T: *Peziza olla* BATSCH : (PERS.). *Nidulariaceae.* 3 Arten: *C. olla* (BATSCH) : PERS., *C. stercoreus* (SCHW.) DE TONI und *C. striatus* (HUDS. : PERS.) WILLD.

Cycloderma KLOTZSCH 1832 (n). T: *C. indicum* KLOTZSCH (Westindien). Nomen dubium, fragliches fak. Syn. zu *Geastrum* PERS. 1794 : PERS. 1801 oder *Radiigera* ZELLER 1944.

Cylindrobasidium JÜLICH 1974 (n), Rindenpilz. T: *Thelephora evolvens* FR. : FR. *Corticiaceae.* 1 Art: *C. laeve* (PERS. : FR.) CHAMURIS [= *C. evolvens* (FR. : FR.) JÜLICH] (7). – VI Bild 15.

Cyphella FR. 1822 (f). T: Peziza digitalis ALB. & SCHW. (: FR.) *Cyphellaceae.* 1 Art: *C. digitalis* (ALB. &Schw.) : FR., Saprophyt an Borke und Holz von *Abies* (6). – Vgl. *Aleurodiscus.*

Cyphellopsis DONK 1931 (f). T: *Peziza anomala* PERS. : FR. *Tricholomataceae.* Fak. Syn. zu *Merismodes* EARLE 1909.

Cyphellostereum REID 1965 (n). T: *Stereum pusiolum* BERK. & CURT. (Tropen). *Corticiaceae.* 1 Art: *C. laeve* (FR.) REID, Parasit an Moosen, bes. *Polytrichum* (7).

Cystobasidium (LAGERH.) NEUHOFF 1924 (n). T: *Iola lasioboli* LAGERH. *Auriculariaceae.* 1 Art: *C. lasioboli* (LAGERH.) NEUHOFF, Parasit (?) auf Apothezien von *Lasiobolus equinus,* Norwegen. Kein Großpilz.

Cystoderma FAYOD 1889 (n), Körnchenschirmling. T: *Agaricus amianthinus* SCOP. *Armillariaceae.* 17 Arten, Saprophyten im Boden (18). – I 35, II 29, 30.

Cystogomphus SING. 1942 (m). T: *C. humblotii* SING. *Gomphidiaceae.* 1 Art: *C. humblotii* SING., Ektomykorrhiza (?) unter Koniferen, Frankreich, vermutlich adventiv (17).

Cystolepiota SING. 1952 (f), Mehlschirmling. T: *C. constricta* SING. (Argentinien). *Agaricaceae.* 10 Arten, Saprophyten im Boden (19). – III 27.

Cystostereum POUZ. 1959 (n). T: *Thelephora murraii* BERK. & CURT. *Steccherinaceae.* 1 Art: *C. murraii* (BERK. & CURT.) POUZ., Saprophyt an Laub- und Nadelholz, Weißfäule, Gebirge und Nordeuropa (6, 7). – VI Bild 12. Vgl. *Crustomyces.*

Cytidia QUÉL. 1888 (f), Becherrindenschwamm. T: *C. rutilans* PERS. ex QUÉL. [= *C. salicina*]. *Meruliaceae.* 1 Art: *C. salicina* (FR.) BURT, Saprophyt an Holz von *Salicaceae* (8). – Vgl. *Auriculariopsis.*

Cytidiella POUZ. 1954 (f). T: *C. melzeri* POUZ. [= *C albomellea*]. *Meruliaceae.* 1 Art: *C. albomellea* (BOND.) PARM., Saprophyt an Laub- und Nadelholz (8).

Dacrymyces FR. 1821 (m): orthographische Variante zu *Dacryomyces* NEES : FR.

Dacryobasidium JÜLICH 1982 (n). T: *Corticium coprophilum* WAKEF. *Corticiaceae.* 2 Arten: *D. coprophilum* (WAKEF.) JÜLICH und *D. lutescens* (J. ERIKSS. & RYV.) JÜLICH, Saprophyten auf faulen Blättern, Laubstreu und Dung (6).

Dacryobolus FR. 1849 (m). T: *Hydnum sudans* ALB. & SCHW. : FR. *Meruliaceae.* 2 Arten: *D. karstenii* (BRES.) OBERW. ex PARM. und *D. sudans* (ALB. & SCHW. : FR.) FR., Saprophyten an Nadelholz, Braunfäule (6, 7, 10).

Dacryomitra TUL. 1872 (f). T: *D. pusilla* TUL. Fak. Syn. zu *Calocera* (FR.) FR. 1825.

Dacryomyces NEES 1816 : FR. 1821 (m), Gallertträne, Tränenpilz. T: *D. stillatus* NEES : FR. *Dacryomycetacease.* Mindestens 15 Arten, Saprophyten an Holz (5). – II 203.

Dacryonaema NANNF. 1947 (n). T: *Sphaeronaema rufum* FR. : FR. *Dacryomycetaceae.* 1 Art: *D. rufum* (FR. : FR.) NANNF., Saprophyt an Nadelholz, Alpen und Nordeuropa (5).

Daedalea PERS. 1801 : FR. 1821 (f), Wirrling. T: *Agaricus quercinus* L. 1753 (: FR. 1821). *Coriolaceae.* 1Art:

D. quercina (L. : FR.) PERS., Saprophyt an Laubholz, Braunfäule (12). – II 58. – Vgl. *Gloeophyllum.*

Daedaleopsis SCHROET. 1888 (f), Blätterwirrling. T: *Boletus confragosus* BOLT. (: FR.) *Coriolaceae.* 3 Arten: *D. confragosa* (BOLT. : FR.) SCHROET., *D. septentrionalis* (KARST.) NIEMELÄ und *D. tricolor* (PERS. : FR.) BOND. & SING., Saprophyten an Laubholz, Weißfäule (12, 14, 16). – II 55.

Daldinia CES. & DE NOT. 1963 (f), Holzkohlenpilz. Nomen conservandum. T: *Sphaeria concentrica* BOLT. : FR. *Xylariaceae.* 4 Arten, Saprophyten an Holz (2). – II 277.

Dasyscyphus S.F.GRAY 1821 (m). T: *D. virgineus* S.F.GRAY. *Hyaloscyphaceae.* Etwa 50 Arten, Saprophyten an Holz, Pflanzenstengeln und abgefallenen Blättern (3).

Datronia DONK 1966 (f), Datronie. T: *Daedalea mollis* SOMMERF. : FR. *Coriolaceae.* 2 Arten: *D. epilobii* (KARST.) DONK und *D. mollis* (SOMMERF. : FR.) DONK, Saprophyten an Holz, Weißfäule (13, 14). – VI Bild 23.

Deconica (W. G. SMITH) KARST. 1879 (f). T: *Agaricus physaloides* BULL. Fak. Syn. zu *Psilocybe* (FR.) KUMM. 1871.

Delastria TUL. 1843 (f), Rosatrüffel. T: *D. rosea* TUL. Terfeziaceae. 1Art: *D. rosea* TUL., hypogäisch, Frankreich, Italien (1).

Delicatula FAYOD 1889 (f), Adernabeling. T: *Agaricus integrellus* PERS. : FR. *Tricholomataceae.* 2 Arten: *D. cuspidata* (QUÉL.) CEJP und *D. integrella* (PERS. : FR.) FAYOD, Saprophyten an Holz (11).

Dendrocorticium M.J.LARSEN & GILBERTSON 1974 (n). T: *Corticium polygonioides* KARST. Fak. Syn. zu *Laeticorticium* DONK 1956.

Dendrogaster BUCHHOLTZ 1901 (m). T: *D. connectens* BUCHHOLTZ (Osteuropa). Fak. Syn. zu *Gymnoglossum* MASSEE 1891.

Dendropolyporus (POUZ.) JÜLICH 1982 (m), Eichhase. T: *Boletus umbellatus* PERS. (: FR.). Fak. Syn. zu *Polyporus* MICH. ex ADANSON 1763 : FR. 1821; entspricht *Polyporus* subg. *Dendropolyporus* POUZ. 1966.

Dendrosarcus PAULET 1808 ex O.KUNTZE 1898 (m). T: *D. oleae* PAULET [= *Omphalotus olearius*]. Nomen nudum, obl. Syn. zu *Omphalotus* FAYOD 1889.

Dendrothele HÖHN. & LITSCH. 1907 (f). T: *D. papillosa* HÖHN. & LITSCH. [= *Corticium griseocanum* BRES.]. *Corticiaceae.* 5 Arten, Saprophyten an Holz und Rinde von Laubbäumen (6).

Dentinum S.F.GRAY 1821 (n). T: *Hydnum repandum* L. : FR. Obl. Syn. zu *Hydnum* L. 1753 : FR. 1821.

Dentipellis DONK 1962 (f), Zahnhaut. T: *Hydnum fragile* PERS. : FR. *Hericiaceae.* 1 Art: *D. fragilis* (PERS. : FR.) DONK, Saprophyt an Laubholz (10).– VI Bild 19.

Dentipratulum DOM. 1965 (n), Zahnrasen. T: *T. bialoviesense* DOM. *Hericiaceae.* 1 Art: *D. bialoviesense* DOM., Saprophyt an Nadelholz, Polen (10).

Derminus (FR.) STAUDE 1857 (m). T: *Agaricus squarrosus* MÜLL. : FR. Obl. Syn. zu *Pholiota* (FR.) KUMM. 1871 (nomen conservandum).

Dermocybe (FR.) WÜNSCHE 1877 emend. MOSER (f), Hautkopf. T: *Agaricus cinnamomeus* L. : FR. *Cortinariaceae.* 25 Arten, Ektomykorrhiza mit Laub- und Nadelbäumen (28). – I 54, IV 93–97.

Dermocybe (FR.) WÜNSCHE 1877 sensu DONK, HORAK (f), Rauhkopf. T: *Agaricus raphanoides* PERS. : FR. Fak. Syn. zu *Cortinarius* FR. 1836; entspricht *Cortinarius* subg. *Leprocybe* MOS. 1967.

Dermoloma (LGE.) HERINK 1959 (n), Samtritterling. T: *Agaricus cuneifolius* FR. *Tricholomataceae.* 8 Arten, Saprophyten (?) im Boden (18).

Desmazierella LIBERT 1829 (f). T: *D. acicola* LIB. *Sarcoscyphaceae.* 2 Arten: *D. acicola* LIB. und *D. piceicola* HUHTINEN & MÄKINEN, Saprophyten auf Nadelstreu. Anam. = *Verticicladium* PREUSS 1851 (3).

Diatrype FR. 1849 (f). T: *Sphaeria disciformis* HOFFM. : FR. *Diatrypaceae.* 3 Arten: *D. bullata* (HOFFM. : FR.) FR., *D. disciformis* (HOFFM. : FR.) FR. und *D. stigma* (HOFFM. : FR.) FR., Saprophyten an Holz. Anam. = *Libertella* DESM. 1830 (2). – VI Bild 1.

Diatrypella (CES. & DE NOT.) SACC. 1863 (f). T: *Sphaeria verruciformis* EHRH. : FR. *Diatrypaceae.* Mehrere Arten, Saprophyten an Holz. Anam. = *Libertella* DESM. 1830 (2).

Dicellomyces OLIVE 1945 (m). T: *D. gloeosporus* OLIVE (Nordamerika). *Dicellomycetaceae.* 1 Art: *D. scirpi* RAITVIIR in PARM., Parasit an *Poaceae* und *Cyperaceae*, Estnische SSR (6).

Dichomitus REID 1965 (m). T: *Trametes squalens* KARST. *Coriolaceae* oder *Steccherinaceae.* 2 Arten: *D. campestris* (QUÉL.) DOM. & ORLICZ und *D. squalens* (KARST.) REID, Saprophyten an Laub- und Nadelholz, Weißfäule (13, 14).

Dichostereum PIL. 1926 (n). T: *Asterostromella dura* BOURD. & GA. *Lachnocladiaceae.* 3 Arten: *D. boreale* POUZ., *D. durum* (BOURD. & GA.) PIL. und *D. effuscatum* (CKE. & ELLIS) BOIDIN & LANQUENTIN, Saprophyten an Laub- und Nadelholz (6, 10).

Dictyophora DESV. 1809 (f). T: *Phallus indusiatus* VENT. : PERS. (Tropen). Fak. Syn. zu *Phallus* L. 1753 : PERS. 1801.

Diehliomyces GILKEY 1954 (m), Misttrüffel. T: *Pseudobalsamia microspora* DIEHL & LAMBERT. *Onygenaceae.* 1 Art: *D. microsporus* (DIEHL & LAMBERT) GILKEY, schädlicher Saprophyt in Champignonkulturen (1).

Digitatispora DOGUET 1962 (f). T: *D. marina* DOGUET. *Corticiaceae.* 1 Art: *D. marina* DOGUET, Saprophyt an Holz in Meerwasser, Atlantik (6).

Diplomitoporus DOM. 1970 (m). T: *Trametes flavescens* BRES. *Coriolaceae.* 2 Arten: *D. crustulinus* (BRES.) DOM. und *D. flavescens* (BRES.) DOM., Saprophyten an Nadelholz, Weißfäule (13, 14).

Discina (FR.) FR. 1849 (f), Scheibenlorchel. T: *Peziza perlata* FR. *Helvellaceae.* Fak. Syn. zu *Gyromitra* FR. 1849, entspricht *Gyromitra* subg. *Discina* (FR.) HARMAJA 1973.

Discinella BOUD. 1885 (f). T: ? *Helotiaceae.* 1 Art: *D. boudieri* (QUÉL.) SACC., Saprophyt im Boden. (3).

Disciotis BOUD. 1885 (f), Morchelbecherling. T: *Peziza venosa* PERS. : FR. *Morchellaceae.* 1 Art: *D. venosa* (PERS. : FR.) BOUD., Saprophyt im Boden (3). – II 213.

Disciseda CZERN. 1845 (f), Scheibenbovist. T: *D. collabescens* CZERN. (species dubia). *Lycoperdaceae.* 3 Arten: *D. arida* VEL., *D. bovista* (KLOTZSCH) P. HENN. und *D. candida* (SCHW.) C. G. LLOYD, Saprophyten im Boden (1, 21). – II 156a, b.

Dissoderma (A. H. SMITH & SING.) SING. 1974 (n). T: *Cystoderma paradoxum* A. H. SMITH & SING. Fak. Syn. zu *Squamanita* IMBACH 1946.

Ditangium KARST. 1867 (n). T: *D. insigne* KARST. *Deuteromycetes,* Anam. zu *Craterocolla* BREF. 1888. 1 Art: *D. insigne* KARST., Saprophyt und Perthophyt an Holz (23).

Ditiola FR. 1822 (f), Schüsselpilz. T: *Helotium radicatum* ALB. & SCHW. (: FR.). *Dacryomycetaceae.* 1 Art: *D. radicata* (ALB. & SCHW.) : FR., Saprophyt an Nadelholz (5).

Dochmiopus PAT. 1887 (m). T: *Agaricus variabilis* PERS. : FR. Fak. Syn. zu *Crepidotus* (FR.) STAUDE 1857; entspricht *Crepidotus* subg. *Dochmiopus* (PAT.) PIL. 1948.

Donkella DOTY 1950 (f). T: *Clavaria corniculata* SCHAEFF. : FR. Fak. Syn. zu *Ramariopsis* (DONK) CORNER 1950; entspricht *Ramariopsis* subg. *Donkella* (DOTY) R. H. PETERSEN 1978.

Donkia PIL. 1936 (f). T: *Hydnum pulcherrimum* BERK. & CURT. *Poriales* incertae sedis. 1 Art: *D. pulcherrima* (BERK. & CURT.)PIL., Saprophyt an Holz, Osteuropa (10). – Vgl. *Climacodon.*

Donkioporia KOTL. & POUZ. 1973 (f). T: *Boletus expansus* DESM. *Coriolaceae.* 1 Art: *D. expansa* (DESM.) KOTL. & POUZ., Saprophyt an Laub- und Nadelholz, bes. in Gebäuden, Weißfäule (13).

Drosella MRE. 1934 (f). T: *Lepiota irrorata* QUÉL. [= *D. fracida* (FR.) SING.]. Obl. Syn. zu *Chamaemyces* BATTARRA ex EARLE 1909.

Drosophila QUÉL. 1866 (f). T: *Agaricus fibrillosus* PERS. : FR. Obl. Syn. zu *Psathyra* (FR.) KUMM. 1871; fak. Syn. zu *Psathyrella* (FR.) QUÉL. 1872.

Dryodon QUÉL. ex KARST. 1881 (m). T: *Hydnum coralloides* SCOP. : FR. Obl. Syn. zu *Hericium* PERS. 1794.

Dryophila QUÉL. 1886 (f). T: *Agaricus squarrosus* PERS. : FR. Obl. Syn. zu *Pholiota* (FR.) KUMM. 1871.

Dumontinia KOHN 1979 (f), Anemonenbecherling. T: *Peziza tuberosa* BULL. : FR. Fak. Syn. zu *Sclerotinia* FUCK. 1870.

Durandiomyces SEAVER 1928 (m). T: *Gyromitra phillipsii* MASSEE. Fak. Syn. zu *Peziza* WILLD. 1787 : FR. 1822, betr. sparassoide Form.

Eccilia (FR.) KUMM. 1871 (f). T: *Agaricus politus* PERS. : FR. Fak. Syn. zu *Entoloma* (FR.) KUMM. 1871; entspricht *Entoloma* subg. *Entoloma* sect. *Polita* (ROMAGN.) ex NOORD. 1981.

Echinotrema PARKER-RHODES 1955 (n). T: *E. clanculare* PARKER-RHODES. *Ceratobasidiaceae.* 1 Art: *E. clanculare* PARKER-RHODES, Saprophyt im Boden (in Kaninchenhöhlen), Großbritannien (10, 12).

Efibulobasidium WELLS 1975 (n). T: *Epidochium albescens* SACC. & MALBRANCHE. *Tremellaceae.* 1 Art: *E. albescens* (SACC. & MALBRANCHE) WELLS [= *Tremella fusispora* BOURD. & GA.], Saprophyt an Kräutern und Sträuchern (5).

Eichleriella BRES. 1903 (f). T: *E. incarnata* BRES. *Tremellaceae.* 4 Arten, Saprophyten an Holz (8).

Elaphomyces NEES 1820 : FR. 1829 (m), Hirschtrüffel. T: *E. officinalis* NEES [= *E. cervinus* (L.) SCHLECHT.]. *Elaphomycetaceae.* 18 Arten, Ektomykorrhiza mit Laub- und Nadelbäumen; Anam. = *Cenococcum* MOUG.& FR. 1825 : FR. 1829 (1). – II 282.

Elasmomyces CAVARA 1879 (m), Täublingstrüffel. T: *E. mattirolanus* CAVARA. *Elasmomycetaceae.* 2 Arten (vielleicht konspezifisch): *E. krjukowensis* (BUCHOLTZ) SACC. & D. SACC. und *E. mattirolanus* CAVARA, subhypogäisch in Laub- und Nadelwaldböden (1, 20).

Elfvingia KARST. 1889 (f). T: *Boletus applanatus* PERS. Fak. Syn. zu *Ganoderma* KARST. 1881.

Elliottinia KOHN 1979 (f). T: *Peziza kerneri* WETTST. *Sclerotiniaceae.* 1 Art: *E. kerneri* (WETTST.) KOHN, Parasit an männl. Blüten und grünen Zweigen von *Abies,* Österreich (3).

Elvela L. 1735 ex L. 1753 (f). T: *Elvela mitra* L. [= *Helvella crispa* SCOP. : FR.]. Ältere othogr. Variante zu *Helvella* L. : FR. 1822.

Encoelia (FR.) KARST. 1871 (f). T: *Peziza furfuracea* ROTH : FR. *Helotiaceae.* Obl. Syn. zu *Phibalis* WALLR. 1833. 5 Arten, Saprophyten und Parasiten an Holzgewächsen (3).

Endogone LINK 1809 : FR. 1823 (f). T: *E. pisiformis* LINK : FR. *Endogonaceae.* 4 Arten, VA-Mykorrhiza mit Kräutern und Holzgewächsen (1). – Vgl. *Glomus.*

Endoptychum CZERN. 1845 (m), Säulenstäubling. T: *E. agaricoides* CZERN. 1 Art: *E. agaricoides* CZERN., Saprophyt im Boden xerothermer Ruderalstandorte, Südeuropa und Schweden (20). – II, S.15; VI Bild 29.

Entoloma (FR.) KUMM. 1871 (n), Rötling. T: *Agaricus prunuloides* FR. Entolomataceae. Über 150 Arten, Saprophyten im Boden und an Holz, einige Arten an *Rosaceae* gebunden (Mykorrhiza ?) (16, 17, 18) – I 60, 61, III 48–68.

Eocronartium ATK. 1902 (n), Mooskeule. T: *E. typhuloides* ATK. [= *E. muscicola*]. *Teliomycetes.* 1 Art: *E. muscicola* (PERS. : FR.) FITZP., obligater Parasit an Laubmoosen (5).

Epichloë TUL. 1865 (f). T: *Sphaeria typhina* PERS. : FR. *Clavicipitaceae.* 1 Art: *E. typhina* (PERS. : FR.) TUL., Parasit an *Poaceae*; Anam. = *Acremonium typhinum* MORGAN-JONES & W. GAMS (2). – VI Bild 3.

Episphaeria DONK 1962 (f). T: *Cyphella fraxinicola* BERK. & BR. *Crepidotaceae.* 1 Art: *E. fraxinicola* (BERK. & BR.) DONK, Saprophyten an Baumrinde (an Pilzen?), kein Großpilz.

Epithele (PAT.) PAT. 1900 (f). T: *Thelephora typhae* PERS. : FR. *Corticiaceae.* 1 Art: *E. typhae* (PERS. : FR.) PAT., Saprophyt an *Cyperaceae, Typha* (6, 10).

Erythricium J. ERIKSS. & HJORTST. 1970 (n). T: *Hyphoderma laetum* KARST. *Corticiaceae.* 2 Arten: *E. hypnophilum* (KARST) J. ERIKSS. & HJORTST. und *E. laetum* (KARST.) J. ERIKSS. & HJORST., Saprophyten an Holz (6).

Eutypa TUL. 1863 (f). T: *Sphaeria lata* PERS. : FR. *Diatrypaceae.* 10 Arten, Saprophyten an Laubholz (2).

Eutypella (NITSCHKE) SACC. 1875 (f). T: *Sphaeria cerviculata* FR. : FR. *Diatrypaceae.* 6 Arten, Saprophyten an Laubholz (2).

Exidia FR. 1822 (f), Drüsling. T: *Tremella glandulosa* BULL. : FR. *Tremellaceae.* 15 Arten, Saprophyten an Holz (5). – II 196–199.

Exidiopsis (BREF.) A. MÖLLER 1895 (f). T: *Exidia effusa* BREF. ex SACC. *Tremellaceae.* Etwa 12 Arten, Saprophyten an Holz (5).

Exobasidiellum DONK 1931 (n). T: *Exobasidium graminicolum* BRES. in KRIEGER. *Dicellomycetaceae.* 1 Art: *E. graminicolum* (BRES.) DONK, Parasit an *Poaceae*, Sachsen (6).

Exobasidium WORONIN 1867 (n). T: *Fusidium vaccinii* FUCK. *Exobasidiaceae (Ustomycetes).* 25 Arten, Parasiten, in Europa nur an *Ericaceae*, keine Großpilze.

Faerberia POUZ. 1981 (f), Kohlenleistling. T: *Merulius carbonarius* ALB. & SCHW. *Polyporaceae.* 1 Art: *F. carbonaria* (ALB. & SCHW.) POUZ., Saprophyt an verkohlten Laubholzwurzeln (17).

Fastigiella BENEDIX 1969 (f). T: *Morchella caroliniana* BOSC : FR. (Nordamerika). Fak. Syn. zu *Gyromitra* FR. 1849.

Favolus P. BEAUV. 1805 (m). T: *Favolus hirtus* P. BEAUV. (Afrika). Homonym zu *Favolus* FR. 1828 (sanktionierter Name); fak. Syn. zu *Hexagona* FR. 1835 und *Scenidium* (KLOTZSCH) O. KUNTZE 1898. Nicht in Europa.

Favolus FR. 1828 (m). T: *Merulius daedaleus* LINK [= *F. brasiliensis* (FR.) FR.] (Neotropis). Fak. Syn. zu *Polyporus* MICH. ex ADANS. 1763 : FR. 1821.

Fayodia KÜHNER 1930 (f), Rußnabeling. T: *Agaricus striaepileus* FR. *? Tricholomataceae.* 6 Arten, Saprophyten im Boden (17, 18). – III 125.

Femsjonia FR. 1849 (f). T: *F. luteoalba* FR. *Dacryomycetaceae.* 1 Art: *F. peziziformis* (LÉV.) KARST. [= *F. luteoalba* FR.], Saprophyt an Laub- und Nadelholz (5).

Fibriciellum J. ERIKSS. & RYV. 1975 (n). T: *F. silvae-ryae* J. ERIKSS. & RYV. *Steccherinaceae ?* 1 Art: *F. silvae-ryae* J. ERIKSS. & RYV., Saprophyt an Laubholz (6).

Fibricium J. ERIKSS. 1958 (n). T: *Corticium greschikii* BRES. [= *F. rude*]. *Steccherinaceae.* 2 Arten: *F. lapponicum* J. ERIKSS. und *F. rude* (KARST.) JÜLICH, Saprophyten an Nadelholz, Nordeuropa (6).

Fibrodontia PARM. 1968 (f). T: *F. gossypina* PARM. *Steccherinaceae.* 1 Art: *F. gossypina* PARM., Saprophyt an Laubholz (10).

Fibroporia PARM. 1968 (f), Faserporenschwamm. T: *Boletus vaillantii* DC. (: FR.). *Coriolaceae.* 3–4 Arten: *F. gossypia* (SPEG.) PARM., *F. subrufa* (ELL. & DEARNESS) POUZ., *F. vaillantii* (DC. : FR.) PARM. und ? *F. destructor* (SCHRAD. : FR.) PARM., Saprophyten an Holz, Braunfäule (13, 14). – Vgl. *Ptychogaster.*

Fibulomyces JÜLICH 1972 (m). T: *Corticium mutabile* BRES. *Corticiaceae* oder *Meruliaceae.* 3 Arten: *F. fusoideus* JÜLICH, *F. mutabilis* (BRES.) JÜLICH und *F. septentrionalis* (J. ERIKSS.) JÜLICH, Saprophyten an Holz (6).

Fibuloporia BOND. & SING. ex SING. 1944 (f), Schnallenporenschwamm. T: *Boletus molluscus* PERS. (: FR.) em. BRES. *Coriolaceae.* 4 Arten, Saprophyten an Holz, Weißfäule (13). – Ausgeschlossene Arten vgl. *Anomoporia, Fibroporia* und *Gelatoporia.*

Fimaria VEL. 1934 (f), Mistbecher. T: *F. murina* VEL. [= *F. hepatica* (BATSCH) BRUMM.]. *Pyronemataceae.* 10 Arten, Saprophyten an Dung (3).

Fischerula MATT. 1928 (f). T: *F. macrospora* VITT. *Hydnotryaceae.* 1 Art: *F. macrospora* MATT., hypogäisch, Mittel- und Süditalien (1).

Fistulina BULL. 1791 : FR. 1821 (f), Leberpilz. T: *Boletus hepaticus* SCHAEFF. (: FR.). *Fistulinaceae.* 1 Art:

F. hepatica (SCHAEFF.) : FR., Schwächeparasit an Laubholz, Weißfäule und braune Verfärbung des Holzes. Dazu Anam. = *Ptychogaster hepaticus* (SACC.) C. G. LLOYD (15). – I 168.

Flabellopilus KOTL. & POUZ. 1957 (m). T: *Boletus giganteus* PERS. (: FR.). Obl. Syn. zu *Meripilus* KARST. 1882.

Flagelloscypha DONK in SING. 1951 (f). T: *Cyphella minutissima* BURT. *Tricholomataceae.* 9 Arten, Saprophyten an Holz und Pflanzenresten, keine Großpilze.

Flammula (FR.) KUMM. 1871 (f), Flämmling. T: *Agaricus flavidus* SCHAEFF.: FR. Fak. Syn. zu *Pholiota* (FR.) KUMM. 1871; entspricht *Pholiota* subg. *Flammula* (FR.) SING. 1948. Homonym zu *Flammula* (DC.) FOURR. 1868 (*Ranunculaceae*).

Flammulaster EARLE 1909 (m), Schnitzling. T: *Agaricus carpophilus* FR. *Strophariaceae.* 18 Arten, Saprophyten an abgefallenen Ästchen und holzigen Fruchtschalen (18). – Vgl. *Phaeomarasmius.*

Flammulina KARST. 1891 (f), Winterpilz, Samtfuß. T: *Agaricus velutipes* CURT. : FR. *Tricholomataceae.* 3 Arten: *F. fennae* BAS, *F. ononidis* E. ARNOLDS und *F. velutipes* (CURT. : FR.) SING., Saprophyten an Holz (18). – I 107.

Flaviporus MURR. 1905 (m). T: *Polyporus rufoflavus* BERK. & CURT. [= *F. brownii*]. *Coriolaceae.* 1 Art: *F. brownii* (HUMB.) DONK, Saprophyt an Holz in Bergwerken und Gewächshäusern (14). – Vgl. *Antrodiella.*

Flavoscypha HARMAJA 1974 (f). T: *Peziza phlebophora* BERK. & BR. *Pyronemataceae.* 2 Arten: *F. cantharella* (FR.) HARMAJA und *F. phlebophora* (BERK. & BR.) HARMAJA, Saprophyten (3).

Floccularia POUZ. 1957 (f), Schuppenritterling. T: *Agaricus stramineus* KROMBH., non SCOP. *Tricholomataceae (?).* 1 Art: *F. straminea* (KUMM.) POUZ.; hierher vermutlich auch *Armillaria rickenii* BOHUS; Saprophyten (?) im Boden (18).

Flocculina ORTON 1960 (f). T: *Naucoria granulosa* LGE. [= *Flammulaster carpophilus* (FR.) EARLE]. Obl. Syn. zu *Flammulaster* EARLE 1909.

Fomes (FR.) FR. 1849 (m), Zunderschwamm. T: *Boletus fomentarius* L. (: FR.). *Coriolaceae.* 1 Art: *F. fomentarius* (L. : FR.) FR., Schwächeparasit an Holz, Weißfäule (14). – I 171.

Fomitiporia MURR. 1907 (f). T: *F. langloisii* MURR. [= *Phellinus punctatus* (KARST.) PIL.]. Fak. Syn. zu *Phellinus* QUÉL. 1886; entspricht *Phellinus* subg. *Cyanovosporus* FIASSON 1983.

Fomitopsis KARST. 1881 (f), Baumschwamm. T: *Boletus pinicola* SW. (: FR.). *Coriolaceae.* 4 Arten, Saprophyten und Schwächeparasiten an Laub- und Nadelholz, Braunfäule (14). – II 63. – Vgl. *Poria.*

Fulvidula ROMAGN. 1936 (f). T: *Agaricus liquiritiae* PERS. Nomen nudum, obl. Syn. zu *Gymnopilus* KARST. 1879.

Fulvifomes MURR. 1914 (m). T: *Pyropolyporus robiniae* MURR. [= Phellinus robiniae (MURR.) A. AMES, extraeuroäisch]. Fak. Syn. zu *Phellinus* QUÉL. 1886.

Funalia PAT. 1900 (f). T: *Polyporus funalis* FR. [= *Funalia leonina* (KLOTZSCH) PAT., paläotropisch]. *Coriolaceae.* Nach Abtrennung von *Coriolopsis* MURR. 1905 nicht in Europa vertreten.

Fuscoboletinus POMERLEAU & A. H. SMITH 1962 (m). T: *F. sinuspaulianus* POMERLEAU & A. H. SMITH (Nordamerika). Fak. Syn. zu *Suillus* MICH. ex S. F. GRAY 1821; entspricht *Suillus* sect. *Megaporini* (SING.) WATL.

Fuscoporia MURR. 1907 (f). T: *Boletus ferruginosus* SCHRAD.(: FR.). Fak. Syn. zu *Phellinus* QUÉL. 1886.

Galactinia (CKE.) BOUD. 1885 (f). T: *Peziza succosa* BERK. Fak. Syn. zu *Peziza* WILLD. 1787 : FR. 1822.

Galerella EARLE 1909 (f), Faltenhäubling. T: *Agaricus coprinoides* PECK [= *G. plicatella*]. *Bolbitiaceae.* 2 Arten: *G. conocephala* (BULL. : FR.) MOS. und *G. plicatella* (PECK) SING., Saprophyten im Boden (18). – IV 216, 217. Vgl. *Conocybe.*

Galerina EARLE 1909 (f), Häubling. T: *Agaricus vittiformis* FR. *Cortinariaceae.* 57 Arten, Saprophyten an Holz, Moos und im Boden, z. T. stark giftig (18). – IV 207–213.

Galeropsis VEL. 1930 (f), Zipfelmützling. T: *G. desertorum* VEL. & DVOŘÁK. Bolbitiaceae. 2 Arten: *G. desertorum* VEL. & DVOŘÁK und *G. plantaginiformis* (LEBEDEVA) SING., Saprophyten in Steppenböden, Südosteuropa bis Südmähren (20).

Galzinia BOURD. 1922 (f). T: *G. pedicellata* BOURD. *Ceratobasidiaceae.* 3 Arten: *G. geminispora* OLIVE, *G. incrustans* (HÖHN. & LITSCH.) PARM. und *G. pedicellata* BOURD., Saprophyten an Rinde von Laubbäumen (6).

Galziniella PARM. 1968 (f). T: *G. pereximia* PARM. *Ceratobasidiaceae.* 2 Arten: *G. exima* (JACKS.) PARM. und *G. pereximia* PARM., Saprophyten an Holz (6).

Ganoderma KARST. 1881 (n), Lackporling. T: *Boletus lucidus* CURT. (: FR.). *Ganodermataceae.* 9 Arten, Saprophyten und Schwächeparasiten an Laub- und Nadelholz, Weißfäule (14, 15). – I 170. II 73.

Gastrosporium MATT. 1903 (n), Steppentrüffel. T: *G. simplex* MATT. *Gastrosporiaceae.* 1 Art: *G. simplex* MATT., hypogäisch in Steppenrasen (1). – II 191.

Gautieria VITT. 1831 (f), Morchling, Morcheltrüffel. T: *G. morchelliformis* VITT. *Gautieriaceae.* 7 Arten, Hypogäen. Nomen conservandum, da Homonym zu *Gautieria* RAFINESQUE 1828 (*Ericaceae*). (1). – II 186.

Geaster MICH. ex FR. 1829 (m). Orthogr. Variante zu *Geastrum* PERS. 1794 : PERS. 1801.

Geastrum PERS. 1794 : PERS. 1801 (n), Erdstern. T: *G. multifidum* PERS. [= *G. coronatum* PERS.]. *Geastraceae.* Etwa 25 Arten, Saprophyten im Boden (1, 21). – I 187, II 159–174.

Gelatoporia NIEMELÄ 1985 (f). T: *Poria subvermispora* PIL. *Coriolaceae.* 2 Arten: *G. pannocincta* (ROM.) NIEMELÄ und *G. subvermispora* (PIL.) NIEMELÄ, Saprophyten an Laub- und Nadelholz, Weißfäule.

Genabea TUL. 1844 (f). T: *G. fragilis* TUL. *Geneaceae.* 2 Arten: *G. fragilis* TUL. und *G. sphaerospora* MATT., hypogäisch, Frankreich und Italien (1).

Genea VITT. 1831 (f), Blasentrüffel. T: *G. verrucosa* VITT. *Geneaceae.* 8 Arten, Hypogäen (1).

Geniculisporium CHESTERS & GREENHALGH 1964 (n). T: *G. serpens* CHESTERS & GREENHALGH. *Dematiaceae.* Mindestens 3 Arten, Saprophyten an Holz, Anam. zu *Hypoxylon* BULL. 1791 : FR. 1832. – Vgl. *Nodulisporium.*

Geoglossum PERS. 1794 : FR. 1821 (n), Erdzunge. T: *G. glabrum* PERS. : FR. *Geoglossaceae.* 15 Arten, Saprophyten im Boden und in Moospolstern (4). – II 263, VI Bild 7.

Geopetalum PAT. 1887 (n). T: *Agaricus petaloides* BULL. : FR. Nomen superfluum für *Hohenbuehelia* SCHULZER 1866. – *Geopetalum* PAT. emend. SING. 1951 [T: *Agaricus carbonarius* ALB. & SCHW. : FR.] ist *Faerberia* POUZ. 1981.

Geophila QUÉL. 1886 (f). T: *Agaricus aeruginosus* CURT. : FR. Obl. Syn. zu *Stropharia* (FR.) QUÉL. 1872.

Geopora HARKNESS 1885] (f), Löchertrüffel. T: *G. cooperi* HARKNESS. *Helvellaceae.* 1 Art: *G. cooperi* HARKNESS [= *G. schackii* P. HENN.], hypogäisch (1). – Vgl. *Sepultaria.*

Geoporella SOEHNER 1951 (f), Labyrinthtrüffel. T: *Geopora michaelis* E. FISCHER oder *Hydnotryopsis suevica* SOEHNER. Fak. Syn. zu *Hydnotrya* BERK. & BR. 1846.

Geopyxis (PERS. : FR.) SACC. 1889 (f), Kohlenbecherling. T: *Peziza carbonaria* ALB. & SCHW. : FR. *Pyronemataceae.* Etwa 4 Arten, Saprophyten an verkohlten Koniferenwurzeln und im Boden (3). – II 247.

Geotus PIL. & SVR. 1953 (m). T: *Agaricus glaucus* BATSCH. Status fraglich. *G. glaucus* sensu PILÁT & SVRČEK 1953 ist *Arrhenia fissa* (LEYSSER) REDH.

Gerronema SING. 1951 (n), Nabeling. T: *G. melanomphax* SING. (Südamerika). *Tricholomataceae.* Etwa 10 Arten, Saprophyten an Moos, Holz, Torf, Brandstellen, einige Arten lichenisiert (17). – III 130, 131.

Gliocladium CORDA 1840 (n). T: *G. penicillioides* CORDA. *Moniliaceae.* Etwa 20 Arten, z. T. Anam. zu *Hypocrea* FR. 1825 und *Nectria* FR. 1849.

Gliophorus HERINK 1959 (m). T: *Agaricus psittacinus* SCHAEFF. : FR. Fak. Syn. zu *Hygrocybe* (FR.) KUMM. 1871.

Glischroderma FUCK. 1869 (n). T: *G. cinctum* FUCK. *Glischrodermataceae (Deuteromycetes).* 1 Art: *G. cinctum* FUCK., Saprophyt an Holzkohle, Westeuropa bis BRD (23).

Globaria QUÉL. 1873. T: *Lycoperdon furfuraceum* SCHAEFF. Fak. Syn. zu *Bovista* PERS. 1796 : PERS. 1801; entspricht *Bovista* subg. *Globaria* (QUÉL.) KREISEL 1964.

Globulicium HJORTST. 1973 (n). T: *Corticium hiemale* LAURILA. Fak. Syn. zu *Cerocorticium* P. HENN. 1899.

Gloeocystidiellum DONK 1931 (n). T: *Corticium porosum* BERK. & CURT. *Corticiaceae* (?). Nom. cons.6 Arten, Saprophyten an Laub- und Nadelholz (6).

Gloeopeniophora HÖHN. & LITSCH. 1907 (f). T: *Thelephora incarnata* PERS. : FR. Fak. Syn. zu *Peniophora* CKE. 1879.

Gloeophyllum KARST. 1882 (n), Blättling. T: *Agaricus sepiarius* WULF. (: FR.). *Coriolaceae.* Nom. cons. 5 Arten, Saprophyten an Laub- und (vorwiegend) Nadelholz, Braunfäule (14, 16). – II 59–61. Vgl. *Daedalea.*

Gloeoporus MONT. 1842 (m), Knorpelporling. T: *G. conchoides* MONT. [= *G. thelephoroides* (HOOK.) G. H. CUNN., Tropen]. *Meruliaceae.* 3 Arten: *G. dichrous* (FR. : FR.) BRES., *G. gelatinosotubulosus* (PIL.) BOND. & KARTAVENKO und *G. taxicola* (PERS. : FR.) GILBN. & RYV., Saprophyten an Holz, Weißfäule (11, 13, 14). – VI Bild 25.

Gloeotulasnella HÖHN. & LITSCH. 1908 (f). T: *G. cystidiophora* HÖHN. & LITSCH. Fak. Syn. zu *Tulasnella* SCHROET. 1888.

Gloiocephala MASSEE 1892 (f), Aderschwindling. T: *G. epiphylla* MASSEE (Tropen). Fak. Syn. zu *Marasmius* FR. 1835.

Gloiodon KARST. 1879 (m). *Hydnum strigosum* SW. : FR. *Auriscalpiaceae.* 1 Art: *G. strigosus* (SW. : FR.) KARST., Saprophyt an Laubholz, Nord- und Osteuropa bis Rumänien (10).

Glomus TUL. & L. TUL. 1846 (n). T: *G. microsporum* TUL. & L. TUL. *Endogonaceae.* 7 Arten, VA-Mykorrhiza mit Pflanzen (1).

Godfrinia MRE. 1902 (f). T: *Agaricus conicus* SCOP. : FR. Obl. Syn. zu *Hygrocybe* (FR.) KUMM. 1871.

Gomphidius FR. 1835 (n), Schmierling. T: *Agaricus glutinosus* SCHAEFF. : FR. *Gomphidiaceae.* 4 Arten, Ektomykorrhiza mit Koniferen (17). – I 136, II 287–289. Vgl. *Chroogomphus.*

Gomphus (FR.) S. F. GRAY 1821 (m), Schweinsohr. T: *Merulius clavatus* PERS. (: FR.) *Gomphaceae.* 1 Art: *G. clavatus* (PERS. : FR.) S. F. GRAY, Ektomykorrhiza mit Laub- und Nadelbäumen (11). – I 179.

Grandinia FR. 1836 (f), Zähnchenpilz. T: *Thelephora granulosa* PERS. : FR. *Corticiaceae.* 26 Arten, Saprophyten an Laub- und Nadelholz (6, 10) – Vgl. *Vararia, Rogersella, Fibrodontia.*

Grandinia FR. sensu NIKOLAEVA 1961 (f). T: *Hydnum helveticum* PERS. Obl. Syn. zu *Cristinia* PARM. 1968.

Granulobasidium JÜLICH 1979 (n). T: *Corticium vellereum* ELL. & CRAGIN. Fak. Syn. zu *Hypochnicium* PARM. 1968.

Greletia DONADINI 1979 (f). T: *Plicaria planchonis* DUNAL ex BOUD. *Pyronemataceae.* Etwa 4 Arten, Saprophyten im Boden (3).

Grifola S. F. GRAY 1821 (f), Klapperschwamm. T: *Boletus frondosus* DICKS. (: FR.). *Scutigeraceae.* 1 Art: *G. frondosa* (DICKS. : FR.) S. F. GRAY, Saprophyt und Schwächeparasit an Laubholz (15). – II 32.

Guepinia FR. 1825 : FR. 1828 (f). T: *Tremella helveloides* DC. : FR. Homonym zu *Guepinia* BAST. 1812 (*Brassicaceae*); fak. Syn. zu *Tremiscus* (PERS.) LÉV. 1846 (s. dort.) – Vgl. *Guepiniopsis.*

Guepiniopsis PAT. 1883 (f). T: *G. torta* PAT. *Dacryomycetaceae.* 4 Arten, Saprophyten an Laub- und Nadelholz (5).

Gymnoglossum MASSEE 1892 (n). T: *G. stipitatum* MASSEE (Australien). *Hymenogastraceae.* 1 Art: *G. connectens* (BUCHHOLTZ) ZELLER, hypogäisch in Osteuropa.

Gymnomyces MASSEE & RODWAY 1898 (m). T: *G. pallidus* MASSEE & RODWAY (Tasmanien). *Elasmomycetaceae.* 1 Art: *G. xanthosporus* (HAWKER) A. H. SMITH, hypogäisch (1, 20).

Gymnopilus KARST. 1879 (m), Flämmling. T: *Agaricus liquiritiae* PERS. *Cortinariaceae.* 15 Arten, Saprophyten an Laub- und Nadelholz (18). – I 46, IV 89–92.

Gymnosporangium HEDW. f. ex DC. 1805 (n). T: *G. fuscum* DC. *Pucciniaceae.* 7 Arten, obligate Parasiten an *Rosaceae* (Zwischenwirt) und *Cupressaceae* (Hauptwirt) (5).

Gyrocephalus PERS. 1824 (m). T: *G. aginnensis* PERS. Fak. Syn. (Nomen rejiciendum) zu *Gyromitra* FR. 1849.

Gyrocratera P. HENN. 1899 (f). T: *G. ploettneriana* P. HENN. *Hydnotryaceae.* 1 Art: *G. ploettneriana* P. HENN., hypogäisch unter Koniferen (1).

Gyrodon OPAT. 1836 (m), Grübling. T: *Boletus sistotremoides* OPAT. [= *G. lividus*]. *Boletaceae*, Nom. cons. 1 Art: *G. lividus* (BULL. : FR.) SACC., Ektomykorrhiza mit Laubbäumen (*Alnus, Fraxinus*) (15). – II 26.

Gyromitra FR. 1849 (f), Lorchel. Nomen conservandum. T: *Helvella esculenta* PERS. : FR. *Helvellaceae.* Etwa 16 Arten, Saprophyten im Boden, z. T. giftig (3, 4). – I 190, 191, II 214–217, VI Bild 8.

Gyrophana PAT. 1897 (f). T: *Boletus lacrymans* WULF. (: FR.). Obl. Syn. zu *Serpula* (PERS.) S. F. GRAY 1821.

Gyrophila QUÉL. 1886 (f). T: *Agaricus imbricatus* FR. : FR. Fak. Syn. zu *Tricholoma* (FR.) STAUDE 1857.

Gyrophragmium MONT. 1843 (n). T: *G. delilei* MONT. *Agaricaceae.* 2 Arten: *G. dunalii* MONT. [= *G. delilei* MONT.] und *G. italicum* PETRI, Saprophyten in Halbwüstenböden (20).

Gyroporus QUÉL. 1886 (m), Röhrling. T: *Boletus cyanescens* BULL. : FR. *Boletaceae.* 2 Arten: *G. castaneus* (BULL. : FR.) QUÉL. und *G. cyanescens* (BULL. : FR.) QUÉL., Ektomykorrhiza mit Laub- und Nadelbäumen (15). – II 24, 25.

Haasiella KOTL. & POUZ. 1966 (f), Goldnabeling. T: *H. splendidissima* KOTL. & POUZ. *Tricholomataceae.* 2 Arten: *H. splendidissima* KOTL. & POUZ. und *H. venustissima* (FR.) KOTL. & POUZ., Saprophyten an Laubstreu (17). – III 193.

Haematostereum POUZ. 1959 (n). T: *Thelephora sanguinolenta* ALB. & SCHW. : FR. Fak. Syn. zu *Stereum* PERS. 1794.

Hapalopilus KARST. 1881 (m), Weichporling. T: *Polyporus nidulans* FR. *Coriolaceae.* 2 Arten: *H. ochraceolateritius* (BOND.) BOND. & SING. und *H. rutilans* (PERS. : FR.) KARST., Saprophyten an Holz, Weißfäule. Giftig? (13, 14). – II 47. Vgl. *Aurantiporus, Sarcoporia.*

Haploporus BOND. & SING. ex SING. 1944 (m). T: *Polyporus odorus* SOMMERF. : FR. *Coriolaceae.* 1 Art: *H. odorus* (SOMMERF. : FR.) BOND. & SING., Saprophyt und Schwächeparasit an Laubholz, Weißfäule, Nordeuropa und UdSSR (14).

Haplotrichum LINK 1824 (n). T: *Acladium capitatum* LINK. Obl. Syn. zu *Acladium* LINK 1809, Anam. zu *Botryobasidium* DONK 1931.

Hebeloma (FR.) KUMM. 1871 (n), Fälbling. T: *Agaricus fastibilis* PERS. : FR. *Cortinariaceae.* Etwa 60 Arten, Ektomykorrhiza mit Laub- und Nadelbäumen, z. T. giftig (18). – I 49. IV 26–35.

Hebelomina MRE. 1935 (f). T: *H. domardiana* MRE. (Marokko). *Cortinariaceae.* 1 Art: *H. microspora* (HUIJSMAN) HUIJSMAN, Saprophyt an Kiefernholz (18).

Helicobasidium PAT. 1885 (n). T: *H. purpureum* PAT. [= *H. brebissonii*]. *Auriculariaceae.* 2–3 Arten: *H. brebissonii* (DESM.) DONK, *H. compactum* (BOEDIJN) BOEDIJN und *? H. holospirum* BOURD. (nomen dubium), Pflanzenparasiten (6).

Helicogloea PAT. in PAT. & LAGERH. 1892 (f). T: *H. lagerheimii* PAT. in PAT. & LAGERH. *Auriculariaceae.* 2 Arten: *H. graminicola* (BRES.) G. A. BAKER und *H. lagerheimii* PAT., Saprophyten an Holz und Pflanzenresten (5, 6).

Helotium TODE 1790 : FR 1832 (n). T: *H. glabrum* TODE : FR. (= Species dubia, *Agaricales*). Nomen rejiciendum.

Helotium DC. & LAM. 1805 : FR. 1821 (n). T: *Helvella acicularis* BULL. (: FR.). Jüngeres Homonym zu *Helotium* TODE 1790 : FR. 1832, fak. Syn. zu *Hymenoscyphus* S. F. GRAY 1821.

Helvella L. 1753 („*Elvela*") : FR. 1822, Lorchel. T: *Elvela mitra* L. [= *Helvella crispa* SCOP. : FR.]. *Helvellaceae.* Etwa 36 Arten, Saprophyten im Boden (3, 4). – I 189, II 219–230.

Helvellella IMAI 1932 (f). T: *Helvella sphaerospora* PECK. Obl. Syn. zu *Pseudorhizina* JACZEVSKIJ 1913.

Hemimycena SING. 1938 (f), Scheinhelmling. T: *Agaricus lacteus* PERS. : FR. *Tricholomataceae.* Fak. Syn. zu *Helotium* TODE 1790 : FR. 1832 (Nomen rejiciendum). 18 Arten, Saprophyten an Pflanzenresten (18). – III 121.

Hemipholiota (SING.) ROMAGN. 1980 (f). T: *Agaricus destruens* BRONDEAU. Nomen nudum, fak. syn. zu *Pholiota* (FR.) KUMM. 1871; entspricht *Pholiota* subg. *Hemipholiota* SING. 1951.

Henningsomyces O. KUNTZE 1898 (m), Zwergröhre. T: *Solenia candida* PERS. : FR. oder *S. fasciculata* PERS. : FR. Obl. oder fak. Syn. zu *Solenia* PERS. 1794 : FR. 1822.

Hericium PERS. 1794 (n), Bartkoralle, Stachelbart. T: *Hydnum coralloides* SCOP. : FR. (nomen dubium). *Hericiaceae.* 3 Arten: *H. clathroides* (PALLAS : FR.) PERS., *H. erinaceus* (BULL. : FR.) PERS. und *H. flagellum* (SCOP.) PERS., Saprophyten an Laub- und Nadelholz, Wundparasiten an Laubholz, Weißfäule (10). – II 96, 97. Vgl. *Martela.*

Herpobasidium LIND 1908 (n). T: *Gloeosporium filicinum* ROSTR. *Teliomycetes.* 2 Arten: *H. filicinum* (ROSTR.) LIND und *H. struthiopteridis* (ROSTR.) LIND, Parasiten an Farnen, keine Großpilze.

Heterobasidion BREF. 1888 (n), Wurzelschwamm. T: *Polyporus annosus* FR. *Coriolaceae.* 1 Art: *H. annosum* (FR.) BREF., Schwächeparasit an Laub- und Nadelholz, Weißfäule, Stockfäule. Anam. = *Spiniger meineckellus* (OLSON) STALPERS (14). – II 62.

Heterochaete PAT. 1892 (f). T: *H. andina* PAT. in PAT. & LAGERH. (Südamerika). *Tremellaceae.* 1 Art: *H. macrochaete* BRES. & TORREND, an Rinde von *Quercus suber*, Portugal (5, 10).

Heterochaetella (BOURD.) BOURD. & GA. 1928 (f). T: *Heterochaete dubia* BOURD. & GA. *Tremellaceae.* 2 Arten: *H. brachyspora* LUCK-ALLEN und *H. dubia* (BOURD. & GA.) BOURD. & GA., Saprophyten an Laub- und Nadelholz (5, 6).

Heteroporus LÁZARO 1916 (m). T: *Boletus biennis* BULL. (: FR.). Fak. Syn. zu *Abortiporus* MURR. 1904.

Heterotextus C. G. LLOYD 1922 (m). T: *Guepinia monticola* TRACEY & EARLE [= *Guepiniopsis monticola* (TRACEY & EARLE) BRASFIELD] Fak. Syn. zu *Guepiniopsis* PAT. 1883.

Hexagona FR. 1835 (f). T: *H. crinigera* FR. Homonym zu *Hexagonia* POLLINI 1816; nomen conservandum propositum; fak. Syn. zu *Scenidium* (KLOTZSCH) O. KUNTZE 1898. Nach Abtrennung von *Apoxona* DONK nicht in Europa vertreten.

Hexagonia POLLINI 1816 (f). T: *H. mori* POLLINI. Fak. Syn. zu *Polyporus* MICH. ex ADANS. 1763 : FR. 1821. Vgl. *Hexagona.*

Heydenia FRES. 1852 (f). T: *H. alpina* FRES. *Stilbellaceae.* 1 Art: *H. alpina* FRES., Saprophyt an Pflanzenresten in der alpinen Höhenstufe; Alpen, Pyrenäen. Teleom. unbekannt (23).

Heyderia (FR.) LINK 1833 (f). T: *Mitrula abietis* FR. *Geoglossaceae.* 3 Arten: *H. abietis* (FR.) LINK, *H. sclerotiorum* (ROSTR.) BENKERT und *H. sclerotipus* (BOUD.) BENKERT, Saprophyten in Nadelstreu und Parasiten an Sklerotien von Pilzen (*Sclerotinia, Typhula*) (4).

Hiatula (FR.) MONT. 1854 sensu HEIM & ROMAGN. T: ? Syn. zu *Leucocoprinus* PAT. 1888.

Hiemsia SVR. 1969 (f). T: *Lachnea pseudoampezzana* SVR. Fak. Syn. zu *Octospora* HEDW. 1789.

Himantia PERS. 1794 (f). T: *H. albida* PERS. *Mycelia sterilia.* Etwa 4 Arten, Saprophyten in Laubstreu. Teleom. unbekannt (23).

Hirneola FR. 1848 (f), Judasohr. Nomen conservandum. T: *Peziza nigra* Sw. [= *H. auricula-judae*]. *Auriculariaceae.* 1 Art: *H. auricula-judae* (BULL. : FR.) BERK., Schwächeparasit an Laubholz (5). – II 194.

Hirschioporus DONK 1933 (m). T: *Boletus abietinus* PERS. in J. F. GMELIN : FR. Fak. Syn. zu *Trichaptum* MURR. 1904.

Hodophilus HEIM 1966 (m). T: *Hygrophorus foetens* PHILL. Fak. Syn. zu *Hygrotrama* SING. 1959.

Hohenbuehelia SCHULZER 1866 (f), Muscheling. T: *Agaricus petaloides* BULL. : FR. *Tricholomataceae.* 12 Arten, Saprophyten an Holz und im Boden. Anam. = *Nematoctonus* DRECHSLER 1946 (16). – III 88–90.

Holocoryne (FR.) BON. 1851 emend. DONK (f). T: *Clavaria acuta* Sow. : FR. Fak. Syn. zu *Clavaria* FR. 1821.

Holwaya SACC. 1889 (f). T: *Bulgaria ophiobolus* ELLIS [= *H. mucida*]. *Helotiaceae.* 1 Art: *H. mucida* (SCHULZER) KORF & ABAWI, Saprophyt an Holz, Mittel- und Nordeuropa. Anam. = *Crinula* FR. 1821 (3).

Humaria FUCK. 1870 (f), Borstenbecherling. T: *Peziza hemisphaerica* WEBER in WIGGERS : FR. *Pyronemataceae.* 2 Arten: *H. hemisphaerica* (WEBER in WIGGERS : FR.) FUCK. und *H. velenovskyi* (VACEK in SVR.) KORF & SAGARA, Saprophyten im Boden (3). – II 251.

Humaria (FR.) BOUD. 1885 (f). T: *Octospora leucoloma* HEDW. (: FR.). Jüngeres Homonym zu *Humaria* FUCK. 1870; obl. Syn. zu *Octospora* HEDW. 1789.

Hyaloria A. MÖLLER 1895 (f). T: *H. pilacre* A. MÖLLER (Brasilien). *Hyaloriaceae (Tremellales).* Die einzige aus Europa beschriebene Art, *H. europaea* KILLERM., ist ein Deuteromyzet.

Hydnangium WALLR. in DIETRICH 1839 (n), Heidetrüffel. T: *H. carneum* WALLR. *Hydnangiaceae.* 1 Art: *H. carneum* WALLR., hypogäisch, vermutlich Ektomykorrhiza (1). – II 184.

Hydnellum KARST. 1879 (n), Korkstacheling. T: *Hydnum suaveolens* SCOP. : FR. *Thelephoraceae.* 16 Arten, Saprophyten im Boden (10). – II 87–93.

Hydnobolites TUL. 1843 (m), Hirntrüffel. T: *H. cerebriformis* TUL. *Terfeziaceae.* 3 Arten: *H. cerebriformis* TUL., *H. fallax* HESSE und *H. tulasnei* HESSE, hypogäisch unter *Alnus*, vermutlich Ektomykorrhiza (1).

Hydnocristella R. H. PETERSEN 1971 (f). T: *Hydnum himantia* SCHW. : FR. Fak. Syn. zu *Kavinia* PIL. 1938.

Hydnocystis TUL. 1845 (f). T: *H. arenaria* TUL. *Geneaceae.* 2 Arten: *H. arenaria* TUL. und *H. beccarii* MATT., Hypogäen, Südeuropa bis Ungarn (1).

Hydnotrya BERK. & BR. 1846 (f), Rasentrüffel. T: *H. tulasnei* BERK. & BR. 3–4 Arten: *H. carnea* (CORDA) ZOBEL, *H. michaelis* (E. FISCHER) TRAPPE und *H. tulasnei* BERK. & BR., Hypogäen (1). – II 281, 284.

Hydnum L. 1753 : FR. 1821 (n), Stoppelpilz. T: *H. repandum* L. : FR. (Typus conservandus). *Hydnaceae.* 3 Arten: *H. albidum* PECK, *H. repandum* L. : FR. und *H. rufescens* FR., Ektomykorrhiza mit Laub- und Nadelbäumen (10). – I 175, II 77.

Hydrabasidium PARKER-RHODES ex J. ERIKSS. & RYV. 1978 (n). T: *Hypochnus subviolaceus* PECK. Fak. Syn. zu *Scotomyces* JÜLICH 1978.

Hydrocybe (FR.) WÜNSCHE 1877 (f), Wasserkopf. T: *Agaricus decipiens* PERS. : FR. (nomen dubium). Fak. Syn. zu *Cortinarius* (PERS.) ROUSSEL 1806.

Hydrocybe sensu KARSTEN 1879, MURRILL 1911 ff. ist eine orthographische Variante zu *Hygrocybe* (FR.) KUMM. 1871.

Hygroaster SING. 1955 (m). T: *Hygrophorus nodulisporus* DENNIS (Westindien). *Hygrophoraceae.* 1 Art: *H. kyrtosporus* HORAK, Saprophyt im Boden, Alpen (17). – Vgl. *Omphaliaster.*

Hygrocybe (FR.) KUMM. 1871 (f), Saftling. T: *Agaricus conicus* SCOP. : FR. *Hygrophoraceae.* Etwa 60 Arten, Symbionten(?) im Boden und in Moospolstern (17, 18). – I 132, 133, III 264–286. Vgl. *Camarophyllus, Hygrotrama.*

Hygrophoropsis (SCHROET. MRE. 1929 (f), Afterleistling. T: *Agaricus aurantiacus* WULF. (: FR.), non *A. aurantiacus* FR. *Paxillaceae.* 4 Arten, Saprophyten im Boden (17). – I 139, III 294.

Hygrophorus FR. 1835 (m), Schneckling. T: *Agaricus eburneus* BULL. : FR. *Hygrophoraceae.* Etwa 50 Arten, Ektomykorrhiza mit Laub- und Nadelbäumen (17). – I 134, 135, III 238–252, 254–256.

Hygrotrama SING. 1959 (f). T: *H. dennisiana* SING. (Neotropis). *Hygrophoraceae.* 6 Arten, bodenbewohnende Saprophyten (?) (17). – III 261.

Hymenochaete LÉV. 1846 (f), Borstenstacheling. T: *Auricularia tabacina* SOW. (: FR.), oder *Helvella rubiginosa* DICKS. (: FR.) Nomen conservandum. *Hymenochaetaceae.* 8 Arten, Saprophyten an Laub- und Nadelholz, Weißfäule (6, 7). – II 109a, b.

Hymenogaster VITT. 1831 (m), Erdnuß. T: *H. citrinus* VITT. *Hymenogastraceae.* 46 Arten, hypogäisch in Wäldern (vermutlich Ektomykorrhiza) (1). – II 190.

Hymenoscyphus S. F. GRAY 1821 (m), Becherchen. T: *Peziza fructigena* BULL. : FR. *Helotiaceae.* Etwa 100 Arten, Saprophyten an Holz, Pflanzenresten, Früchten, auch an Moosen (3). – II 254, 256, 257.

Hymenostilbe PETCH 1931 (f). T: *Isaria sphecophila* DITM. : FR. *Stilbellaceae.* 1 Art: *H. specophila* (DITM. : FR.) PETCH, Parasit auf Insekten (Wespen), Anam. zu *Cordyceps sphecocephala* (KLOTZSCH) BERK. & CURT. (23).

Hyphelia FR. 1825 : FR. 1829 (f). T: *Trichoderma roseum* PERS. (: FR.). Obl. Syn. zu *Trichothecium* LINK 1809 : FR. 1832.

Hyphelia FR. 1849 (f). T: *H. terrestris* FR. Homonym zu *Hyphelia* FR. 1825 : FR. 1829; fak. Syn. zu *Chromelosporium* CORDA 1833.

Hyphoderma WALLR. 1833 emend. DONK 1957 (n). T: *H. spiculosum* WALLR. *Meruliaceae.* 27 Arten, Saprophyten an Laub- und Nadelholz (6, 7, 10).

Hyphodermella J. ERIKSS. & RYV. 1976 (f). T: *Hydnum corrugatum* FR. : FR. *Corticiaceae.* 1 Arrt: *H. corrugata* (FR. : FR.) J. ERIKSS. & RYV., Saprophyt an Laub- und Nadelholz, Weißfäule (6, 10).

Hyphodermopsis JÜLICH 1982 (f). T: *Kneiffia polonensis* BRES. *Corticiaceae.* 1 Art: *H. polonensis* (BRES.) JÜLICH, Saprophyt an Holz (6).

Hyphodontia J. ERIKSS. 1958 (f), Zähnchenpilz. T: *Gonatobotrys pallidula* BRES. Fak. Syn. zu *Grandinia* FR. 1836.

Hyphodontiella STRID 1975 (f). T: *H. multiseptata* STRID. *Corticiaceae.* 1 Art: *H. multiseptata* STRID, Saprophyt an Laubholz (6).

Hypholoma (FR.) KUMM. 1871 (n), Schwefelkopf. T: *Agaricus fascicularis* HUDS. : FR. *Strophariaceae.* 17 Arten, Saprophyten an Holz und in Torf, z. T. schwach giftig (18). – I 43–45, IV 245–249, 261.

Hypochnella SCHROET. 1888 (f). T: *Hypochnus violaceus* AUERSW. in SCHROET. *Corticiaceae.* 1 Art: *H. violacea* (AUERSW.) SCHROET., Saprophyt an Laubholz (6).

Hypochniciellum Hjortst. & Ryv. 1980 (n). T: *Leptosporomyces ovoideus* Jülich. *Coniophoraceae.* 4 Arten, Saprophyten an Holz, Blättern u. a. (6, 12).

Hypochnicium J. Erikss. 1958 (n). T: *Thelephora bombycina* Sommerf. : Fr. *Meruliaceae.* 10 Arten, Saprophyten an Holz (6, 10).

Hypochnopsis Karst. 1889 (f). T: *Hypochnus mustialaensis* Karst. *Thelephoraceae.* 1 Art: *H. mustialaensis* (Karst.) Karst., Saprophyt an Holz (6).

Hypochnus Fr. 1818 (m). T: *Tomentella ferruginea* Pers. (: Fr.). Homonym zu *Hypochnus* Fr. ex Ehrenb. 1820 (*Lichenes*); obl. Syn. zu *Tomentella* Pat. 1887 (nomen conservandum).

Hypocrea Fr. 1825 (f). T: *Sphaeria rufa* Pers. : Fr. *Hypocreaceae.* 5 Arten, Saprophyten an Holz und an Pilzen. Anam. = *Gliocladium* Corda 1840 und *Trichoderma* Pers. 1801 (2).

Hypocreopsis Karst. 1873 (f). T: *Sphaeria riccioides* Bolt. : Fr. [= *H. lichenoides*]. *Hypocreaceae.* 2 Arten: *H. lichenoides* (Tode : Fr.) Seaver und *H. rhododendri* Thaxter, Saprophyten an Holz (2). – VI Bild 2.

Hyporrhodius (Fr.) Staude 1857. T: *Agaricus pluteus* Batsch : Fr. Obl. Syn. zu *Pluteus* Fr. 1835.

Hypotarzetta Donadini 1985 (f). T: *Pustularia insignis* Berthet & Riousset. *Pyronemataceae.* 1 Art: *H. insignis* (Berthet & Riousset) Donadini, Saprophyt im Boden unter *Cedrus* (3).

Hypoxylon Bull. 1791 : Fr. 1832 (n). T: *Hypoxylon coccineum* Bull. Nomen conservandum, Parhomonym zu *Hypoxylum* Jussieu 1789 (nomen dubium). Homonym zu *Hypoxylon* Mentzel ex Adans. 1763 [= *Xylaria* Hill ex Schrank, nom. cons.]. *Xylariaceae.* Zahlreiche Arten, Saprophyten an Holz. Anam. = *Geniculisporium* Chesters. & Greenhalgh 1964 und *Nodulisporium.* Preuss 1849 (2). – II 278, 279.

Hypsizygus Sing. 1947 (m), Holzrasling. T: *Agaricus tesselatus* Bull. : Fr. [= *Lyophyllum ulmarium* (Bull. : Fr.) Kühner]. Fak. Syn. zu *Lyophyllum* Karst. 1881.

Hysterangium Vitt. 1831 (n), Schwanztrüffel. T: *H. clathroides* Vitt. *Hysterangiaceae.* 13 Arten, hypogäisch in Wäldern (1). – 187–189.

Ileodictyon Tul. in Raoul 1844 (n), Käfigpilz. T: *I. cibarium* Tul. *Clathraceae.* 1 Art: *I. cibarium* Tul., Saprophyt im Boden, adventiv in England (22).

Incrustoporia Dom. 1963 (f). T: *Poria stellae* Pil. ex Pil. Fak. Syn. zu *Skeletocutis* Kotl. & Pouz. 1958. Vgl. *Leptotrimitus.*

Inermisia Rifai 1968 (f). T: *Peziza fusispora* Berk. Fak. Syn. zu *Byssonectria* Karst.

Inocibium Earle 1909 (n). T: *Agaricus lacerus* Fr. Fak. Syn. zu *Inocybe* (Fr.) Fr. 1863.

Inocutis Fiasson & Niemelä 1984 (f). T: *Polyporus rheades* Pers. Fak. Syn. zu *Inonotus* Karst. 1879; entspricht *Inonotus* sect. *Phymatopilus* Donk 1974.

Inocybe (Fr.) Fr. 1863 (f), Rißpilz. T: *Agaricus geophyllus* Sow. : Fr. oder *A. relicinus* Fr. *Cortinariaceae.* Etwa 160 Arten, Ektomykorrhiza mit Laub- und Nadelbäumen, meist giftig (18). – I 56–58, IV 36–88.

Inocybella Zerova 1974 (f). T: *Inocybe calospora* Quél. Fak. Syn. zu *Inocybe* (Fr.) Fr. 1863.

Inoloma (Fr.) Wünsche 1877 (n). T: *Agaricus violaceus* L. : Fr. Obl. Syn. zu *Cortinarius* (Pers.) Roussel 1806.

Inonotopsis Parm. 1973 (f). T: *Polyporus subiculosus* Peck. *Hymenochaetaceae.* 1 Art: *I. subiculosa* (Peck) Parm., Saprophyt an Nadelholz, Weißfäule, Nordosteuropa (13).

Inonotus Karst. 1879 (m), Schillerporling. T: *Boletus hispidus* Bull. (: Fr.). *Hymenochaetaceae.* 14 Arten, Saprophyten und Parasiten an Laub- und Nadelholz, Weißfäule (13, 14). – II 68–71.

Insiticia Earle 1909 (f). T: *Agaricus corticola* Pes. : Fr. Fak. Syn. zu *Mycena* (Pers.) Roussel 1806.

Intextomyces J. Erikss. & Ryv. 1976 (m). T: *Corticium contiguum* Karst. *Corticiaceae.* 1 Art: *I. contiguus* (Karst.) J. Erikss. & Ryv., Saprophyt an Borke von Laub- und Nadelholz, Nordeuropa (6, 10).

Iodophanus Korf 1967 (m). T: *Ascobolus carneus* Pers. : Fr. *Ascobolaceae.* 6 Arten, Saprophyten an Dung, Pflanzenresten, Papier, Brandstellen, im Boden; keine Großpilze.

Ionomidotis Durand & Thaxter 1923 (f). T: *Peziza irregularis* Schw. Fak. Syn. zu *Cordierites* Mont. 1840.

Irpex Fr. 1828 (m), Eggenpilz. T: *Hydnum lacteum* Fr. : Fr. *Steccherinaceae.* 1 Art: *I. lacteus* (Fr. : Fr.) Fr., Saprophyt an Holz, Weißfäule (10). – II 100.

Irpiciporus Murr. 1905 (m). T: *Irpex mollis* Berk. & Curt. [= *Hydnum pachyodon* Pers.]. Fak. Syn. zu *Spongipellis* Pat. 1887.

Irpicodon Pouz. 1966 (m). T: *Sistotrema pendulum* Alb. & Schw. (: Fr.). *Plicaturaceae.* 1 Art: *I. pendulus* (Alb. & Schw. : Fr.) Pouz., Saprophyt und Wundparasit an Holz (10).

Isaria Hill ex Pers. 1794 : Fr. 1832 (f). T: *Clavaria felina* DC. : Fr. *Moniliaceae.* 1 Art: *I. felina* (DC. : Fr.) Fr., Saprophyt an Dung; Teleom. unbekannt (nicht aufgeschlüsselt). – Ausgeschlossene (Insekten parasitierende) Arten vgl. *Hymenostilbe, Paecilomyces* und (Teleom.) *Cordyceps, Laetisaria.*

Ischnoderma Karst. 1879 (n), Harzporling. T: *Boletus resinosus* Schrad. (: Fr.). *Coriolaceae.* 2 Arten: *I. benzoinum* (Wahlenb.) Karst. und *I. resinosum* (Schrad. & Fr.) Karst., Saprophyten an Laub- und Nadelholz, Weißfäule (14). – Vgl. *Podofomes.*

Ithyphallus (Fr.) E. Fischer 1886 (m). T: *Phallus impudicus* L. : Fr. Obl. Syn. zu *Phallus* L. 1753 : Pers. 1801.

Ixocomus QUÉL. 1888 (m). T: *Boletus luteus* L. : FR. Obl. Syn. zu *Suillus* S. F. GRAY 1821.

Jaapia BRES. 1911 (f). T: *J. argillacea* BRES. *Coniophoraceae.* 2 Arten: *J. argillacea* BRES. und *J. ochroleuca* (BRES.) NANNF. & J. ERIKSS., Saprophyten an Holz, Braunfäule (6).

Jaczewskia MATT. 1913 (f). T: *J. phalloides* MATT. [= *Phallus impudicus* L. : PERS.]. Obl. Syn. zu *Phallus* L. 1753 : PERS. 1801.

Jafneadelphus RIFAI 1968 (m). T: *Peziza feruginea* PHILL. in CKE. (Australien). *Pyronemataceae.* 2 Arten: *J. olivaceofuscus* SVR. & J. MORAVEC und *J. subvirescens* (VEL.) SVR., Saprophyten im Boden, an Laub und mulmigem Holz (3). – Vgl. *Smardaea.*

Jahnoporus NUSS 1980 (m). T: *Polyporus hirtus* QUÉL., non (P. BEAUV.) : FR. *Coriolaceae.* 1 Art: *J. hirtus* (CKE.) NUSS, Saprophyt an Nadelholz, Jura, Pyrenäen (15).

Junghuhnia CORDA 1842 (f). T: *Laschia crustacea* JUNGH. (Indonesien). *Steccherinaceae.* 4–5 Arten, Saprophyten an Holz (13).

Karstenella HARMAJA 1969 (f). T: *K. vernalis* HARMAJA, *Karstenellaceae* oder *Pyronemataceae.* 1 Art: *K. vernalis* HARMAJA, Saprophyt an Holz und im Boden, südliches Finnand (3).

Kavinia PIL. 1938 (f). T: *Caldesiella sajanensis* PIL. [= *K. alboviridis*]. *Gomphaceae.* 2 Arten: *K. alboviridis* (MORGAN) GILBN. & BUDINGTON und *K. himantia* (SCHW. : FR.) J. ERIKSS., Saprophyten an Laub- und Nadelholz (10).

Kneiffiella KARST. 1889 (f). T: *Hydnum barba-jovis* BULL. : FR. Fak. Syn. zu *Grandinia* FR. 1836 und *Hyphodontia* J. ERIKSS. 1958. – *Kneiffiella* sensu KARSTEN 1889 ist Syn. zu *Tomentellina* HÖHN. & LITSCH. 1906.

Kotlabaea SVR. 1969 (f). T: *Peziza deformis* KARST. *Pyronemataceae.* 2 Arten: *K. deformis* (KARST.) SVR. und *K. delectans* (STARB.) SVR., Saprophyten im Boden (3).

Kriegeria BRES. 1891 (f). T: *K. eriophori* BRES. *Auriculariaceae.* 1 Art: *K. eriophori* BRES., Pflanzenparasit, Sachsen (5).

Krombholzia KARST. 1881 (f). T: *Boletus aurantiacus* BULL. Obl. Syn. zu *Leccinum* S. F. GRAY 1821, Homonym zu *Krombholzia* RUPR. ex FOURN. 1876 (*Poaceae*).

Krombholziella MRE. 1937 (f). T: *Boletus aurantiacus* BULL. Obl. Syn. zu *Leccinum* S. F. GRAY 1821.

Kubickia SVR. 1957 (f). T: *K. tatrensis* SVR. *Helotiaceae.* 1 Art: *K. tatrensis* SVR., Saprophyt an Resten von *Eriophorum,* Karpaten (3).

Kuehneromyces SING. & A. H. SMITH 1946 (m), Stockschwämmchen. T: *Agaricus mutabilis* SCHAEFF. : FR. *Strophariaceae.* 3 Arten: *K. leucolepidotus* (ORTON) PEGLER & YOUNG, *K. mutabilis* (SCHAEFF. : FR.) SING. & A. H. SMITH und *K. myriadophyllus* (ORTON) PEGLER & YOUNG, Saprophyten an Holz, Weißfäule (18). – I 48.

Labyrinthomyces BOEDIJN 1939 (m). T: *L. steenisii* BOEDIJN (Indonesien). *Tuberaceae.* 1 Art: *L. donkii* MALENÇON, Ektomykorrhiza mit *Eucalyptus,* Sardinien (1).

Laccaria BERK. & BR. 1883 (f), Bläuling, Lacktrichterling. T: *Agaricus laccatus* SCOP. : FR. *Tricholomataceae* (?). Etwa 14 Arten, Ektomykorrhiza mit Laub- und Nadelbäumen (17, 18). – I 98–99.

Lachnea (FR.) GILL. 1879 (f). T: *Peziza scutellata* L. : FR. Homonym zu *Lachnea* L. 1753 (*Thymelaeaceae*); obl. Syn. zu *Scutellinia* (CKE.) LAMBOTTE 1887.

Lachnella FR. 1836 (f), Schüsselseitling. T: *Peziza alboviolascens* ALB. & SCHW. : FR. *Tricholomataceae.* 2 Arten: *L. alboviolascens* (ALB. & SCHW. : FR.) FR. und *L. villosa* (PERS. : FR.) GILL., Saprophyten an Holz und Pflanzenresten; keine Großpilze.

Lachnellula KARST. 1884 (f). T: *Pithya suecica* DE BARY [= *L. chrysophthalma* KARST.]. *Hyaloscyphaceae.* 19 Arten, Saprophyten und Parasiten an Nadelholz (3).

Lacrymaria PAT. 1887 (f), Saumpilz. T: *Agaricus velutinus* PERS. : FR. *Coprinaceae.* 3 Arten: *L. glareosa* (FAVRE) WATL., *L. lacrymabunda* (BULL. : FR.) PAT. und *L. pyrotricha* (HOLMSK,) KONR. & MAUBL., Saprophyten im Boden (18). – IV 288.

Lactaria PERS. 1797 (f). T: *Agaricus piperatus* L. : FR. Ursprüngliche Schreibweise für *Lactarius* PERS.; letztere vorherrschend seit S. F. GRAY 1821 und geschützt. Älteres Homonym zu *Lactaria* RAFIN. 1838 (*Apocynaceae*).

Lactariella SCHROET. 1889 (f), Korallenreizker. T: *Agaricus azonites* BULL. Fak. Syn. zu *Lactarius* PERS. 1797.

Lactarius PERS. 1797 (m), Milchling, Reizker. T: *Agaricus piperatus* L.: FR. *Russulaceae.* Nomen conservandum (vgl. *Lactaria*). Etwa 135 Arten, Ektomykorrhiza mit Laub- und Nadelbäumen (17, 18). – I 111–116, V 1–66.

Laeticorticium DONK 1956 (n). T: *Corticium roseum* PERS. (: FR.). Obl. Syn. zu *Corticium* PERS. 1794.

Laetiporus MURR. 1905 (m), Schwefelporling. T: *L. speciosus* (BATT.) ex MURR. [= *L. sulphureus*]. *Laetiporaceae.* 1 Art: *L. sulphureus* (BULL. : FR.) MURR., Schwächeparasit an Laub- und Nadelholz, Braunfäule des Kernholzes. Anam. = *Sporotrichum versisporum* (C. G. LLOYD) STALPERS [= *Ptychogaster aurantiacus* PAT.] (14). – I 167.

Laetisaria BURDSALL 1979 (f). T: *Hypochnus fuciformis* MCALP. *Corticiaceae.* 1 Art: *L. fuciformis* (MCALP.) BURDSALL, Parasit an Gräsern, Westeuropa. Anam. = „*Isaria fuciformis* BERK.“ (6).

Lagarobasidium JÜLICH 1974 (n). T: *Odontia pruinosa* BRES. in BOURD. & GA. (extraeuropäisch). *Corticiaceae.* 2 Arten: *L. cymosum* (ROG. & JACKS. in JACKS.) JÜLICH und *L. detriticum* (BOURD. & GA.) JÜLICH, Saprophyten an Holz und Pflanzenresten(6).

Lamprospora DE NOT. 1864 (f). T: *L. miniata* DE NOT. *Pyronemataceae.* Etwa 30 Arten, Parasiten an Moosen (3).

Langermannia ROSTK. 1844 (f), Riesenbovist. T: *Lycoperdon giganteum* BATSCH : PERS. *Lycoperdaceae.* 1 Art: *L. gigantea* (BATSCH : PERS.) ROSTK., Saprophyt im Boden, nitrophil (21). – II 143.

Lanzia SACC. 1884 (f). T: *Helotium flavorufum* SACC. *Sclerotiniaceae.* Etwa 7 Arten, Parasiten (?) an krautigen und holzigen Pflanzen (3).

Laricifomes KOTL. & POUZ. 1957 (m), Lärchenschwamm. T: *Boletus officinalis* VILL. (: FR.). *Coriolaceae.* 1 Art: *L. officinalis* (VILL. & FR.) KOTL. & POUZ., Altersparasit an Nadelholz, Braunfäule, Alpen, Karpaten und Osteuropa (14). – VI Farbtafel.

Laschia FR. 1830 : FR. 1831 (f). T: *L. delicata* FR. : FR. (Tropen). Fak. Syn. zu *Hirneola* FR. 1848, nomen conservandum. – Ein Homonym ist *Laschia* JUNGH. 1838 [= *Junghuhnia* CORDA 1842].

Lasiosphaera REICHHARDT 1870 (f). T: *L. fenzlii* REICHHARDT (Indonesien). Fak. Syn. zu *Langermannia* ROSTK. 1844.

Laurilia POUZ. 1959 (f). T: *Stereum sulcatum* BURT in PECK. *Corticiaceae* oder *Echinodontiaceae.* 1 Art: *L. sulcata* (BURT) POUZ., Saprophyt an Nadelholz, Weißfäule, Nordeuropa und Gebirge. Anam. = *Spiniger* STALPERS 1974 (6, 7).

Laxitextum LENTZ 1955 (n). T: *Thelephora bicolor* PERS. : FR. *Corticiaceae.* 1 Art: *L. bicolor* (PERS. : FR.) LENTZ, Saprophyt an Laubholz, Weißfäule (7). VI Bild 14.

Lazulinospora BURDSALL & M. J. LARSEN 1974 (f). T: *L. wakefieldiae* BURDS. & M. J. LARSEN (Nordamerika). *Thelephoraceae.* 1 Art: *L. cyanea* (WAKEF.) BURDS. & M .J. LARSEN, Saprophyt an Holz, Großbritannien (6).

Leccinum S. F. GRAY 1821 emend. SNELL. 1942 (n), Rauhfuß, Rotkappe. T: *Boletus aurantiacus* BULL. *Boletaceae.* 18 Arten, Ektomykorrhiza mit Laub- und Nadelbäumen (15). – I 162, 163, II 11–13.

Leiopoda VEL. 1941 (f). T: *L. moranae* VEL. Fak. Syn. zu *Mycena* (PERS.) ROUSSEL 1806.

Lentaria CORNER 1950 (f), Byssuskeule. T: *Clavaria surculus* BERK. (Tropen). *Clavariadelphaceae.* 8 Arten, Saprophyten an Holz (9). – II 118. Vgl. *Multiclavula.*

Lentinellus KARST. 1879 (m), Zähling. T: *Agaricus cochleatus* PERS. : FR. *Auriscalpiaceae.* 9 Arten, Saprophyten an Holz (16). – III 101, 102.

Lentinopanus PIL. 1941 (m). T: *Agaricus conchatus* BULL. : FR. Fak. Syn. zu *Lentinus* FR. 1825 : FR. 1828; obl. Syn. zu *Panus* FR. 1838.

Lentinula EARLE 1909 (f), Shiitakepilz. T: *Lentinus cubensis* BERK. & CURT. [= *Lentinula boryana* (BERK. & MONT.) PEGLER, Neotropis]. *Tricholomataceae.* 1 Art (nur kultiviert): *L. edodes* (BERK.) PEGLER, Saprophyt an Laubholz, Weißfäule (16, 18). – IV 199.

Lentinus FR. 1825 : FR. 1828 (m), Sägeblättling, Knäuling. T: *Agaricus crinitus* L. 1763 : FR. 1821 (Neotropis). *Polyporaceae.* 4 Arten, Saprophyten an Laub-, selten Nadelholz, Weißfäule (16). – Vgl. *Heliocybe, Lentinula, Neolentinus.* (Nachtrag).

Lentodiopsis BUBÁK 1904 (f), Rindenseitling. T: *L. albida* BUBÁK [= *Pleurotus dryinus* (PERS. : FR.) KUMM.]. Fak. Syn. zu *Pleurotus* (FR.) KUMM. 1871; entspricht *Pleurotus* subg. *Lentodiopsis* (BUBÁK) O. HILBER 1982.

Lentodium MORGAN 1895 (n). T: *L. squamulosum* MORGAN (Nordamerika). Fak. Syn. zu *Lentinus* FR. 1825 : FR. 1828.

Lenzites FR. 1835 (m), Blättling. T: *Agaricus betulinus* L. (: FR.). *Coriolaceae.* 2 Arten: *L. betulinus* (L. : FR.) FR. und *L. warnieri* DUR. & MONT., Saprophyten an Laubholz, Weißfäule (16). – II 51.

Leotia HILL ex PERS. 1797 : FR. 1822 (f), Gallertkäppchen, Kappenpilz. T: *Elvela lubrica* SCOP. (: FR.). *Helotiaceae.* Mindestens 3 Arten: *L. atrovirens* PERS. : FR., *L. lubrica* (SCOP. : FR.) PERS. und *L. odorata* VEL.

Lepidella GILBERT 1925 (f). T: *Agaricus vittadinii* MORETTI. Fak. Syn. zu *Amanita* PERS. 1797; entspricht *Amanita* subg. *Lepidella* (GILB.) VESELÝ.

Lepidomyces JÜLICH 1979 (m.) T: *Peniophora subcalcea* LITSCH. *Corticiaceae.* 1 Art: *L. subcalceus* (LITSCH.) JÜLICH, Saprophyt an Laubholz (6).

Lepiota (PERS.) S. F. GRAY 1821 (f), Schirmling. T: *Agaricus colubrinus* PERS. [= *Lepiota clypeolaria* (BULL. : FR.) KUMM.]. *Agaricaceae.* Über 50 Arten, Saprophyten im Boden, z. T. giftig (19). – I 31–34, III 17, 19–24, 26–28, Vgl. *Cystolepiota, Macrolepiota.*

Lepiotella (GILB.) KONR. 1934 (f). T: *Agaricus fracidus* FR. Obl. Syn. zu *Chamaemyces* EARLE 1909.

Lepiotula (MRE.) LOCQ. ex HORAK 1968 (f). T: *Agaricus cristatus* ALB. & SCHW. : FR. Fak. Syn. zu *Lepiota* (PERS.) S. F. GRAY 1821.

Lepista (FR.) W. G. SMITH 1870 (f), Rötelritterling, Röteltrichterling. T: *Agaricus lepista* FR. [= *Lepista densi-*

folia (FAVRE) SING. & CLÉM.]. *Tricholomataceae.* Etwa 20 Arten, Saprophyten im Boden (17, 18). – I 62, 63, 88, 94. III 74–76, 170, 219.

Leptoglossum KARST. 1879 (n), Adermoosling. T: *Agaricus muscigenus* BULL. (: FR.). Nom. cons. Fak. Syn. zu *Arrhenia* FR. 1849.

Leptonia (FR.) KUMM. 1871 (f). T: *Agaricus euchrous* PERS. : FR. Fak. Syn. zu *Entoloma* (FR.) KUMM. 1871.

Leptopodia BOUD. 1885 (f). T: *Helvella elastica* BULL. : FR. Fak. Syn. zu *Helvella* L. 1753 : FR. 1822.

Leptoporus QUÉL. 1886 (m). T: *Boletus mollis* PERS. (: FR.). *Coriolaceae.* 1 Art: *L. mollis* (PERS. : FR.) QUÉL., Saprophyt an Nadelholz, Braunfäule (14).

Leptosporomyces JÜLICH 1972 (m). T: *Corticium galzinii* BOURD. *Corticiaceae.* 6 Arten, Saprophyten an Holz, Rinde, Laub- und Nadelstreu (6).

Leptotrimitus POUZ. 1966 (m). T: *Polyporus semipileatus* PECK. Fak. Syn. zu *Skeletocutis* KOTL. & POUZ. 1958.

Leptotus KARST. 1879 (m). T: *Merulius lobatus* PERS. (: FR.). Fak. Syn. zu *Arrhenia* FR. 1849 und *Leptoglossum* KARST. 1879.

Leucoagaricus (LOCQ.) SING. 1948 (m), Schirmpilz. T: *Leucocoprinus macrorhizus* LOCQ. *Agaricaceae.* Etwa 6 Arten, Saprophyten im Boden (19). – III 18.

Leucocoprinus PAT. 1888 (m), Faltenschirmling. T: *Agaricus cepistipes* SOW. : FR. *Agaricaceae.* 15 Arten, Saprophyten im Boden (19). – III 28a, VI Bild 28.

Leucocortinarius LGE. ex SING. 1945 (m), Schleierritterling. T: *Agaricus bulbiger* ALB. & SCHW. : FR. *Cortinariaceae.* 2 Arten: *L. bulbiger* (ALB. & SCHW. : FR.) SING. und *L. castulifer* (ROMAGN.) ROMAGN., Ektomykorrhiza (?) in Laub- und Nadelwäldern (18). – IV 198.

Leucofomes KOTL. & POUZ. 1957 (m). T: *Boletus ulmarius* SOW. (: FR.). Fak. Syn. zu *Rigidoporus* MURR. 1905.

Leucogaster HESSE 1882 (m), Wabentrüffel. T: *L. liosporus* HESSE. *Leucogastraceae.* 5 Arten, Hypogäen in Wäldern (1).

Leucogomphidius KOTL. & POUZ. 1972 (m). T: *Agaricus glutinosus* SCHAEFF. : FR. Obl. Syn. zu *Gomphidius* FR. 1835.

Leucogyrophana POUZ. 1958 (f). T: *Merulius molluscus* FR. *Coniophoraceae.* 6 Arten, Saprophyten bes. an Nadelholz, Braunfäule (6, 11).

Leucopaxillus BOURSIER 1925 (m), Krempenritterling. T: *Clitocybe paradoxa* COST. & DUF. *Tricholomataceae.* 11 Arten, Saprophyten im Boden (18.) – III 198, 199, 217.

Leucophellinus BOND. & SING. ex BOND 1953 (m). T: *Trametes irpicoides* BOND. ex PIL. *Coriolaceae.* 1 Art: *L. irpicoides* (BOND. ex PIL.) BOND., Saprophyt (?) an Laubholz, Skandinavien (?) (14).

Leucophleps HARKNESS 1899 (f). T: *L. magnata* HARKNESS. *Leucogastraceae.* 1 Art: *L. magnata* HARKNESS, Hypogäe in Laubwäldern, Schweiz; wahrscheinlich Anamorphe zu *Leucogaster* HESSE 1882 (1).

Leucoporus QUÉL. 1886 (m). T: *Boletus brumalis* PERS. (: FR.). Obl. Syn. zu *Polyporellus* KARST. 1879; fak. Syn. zu *Polyporus* MICH. ex ADANS. 1763 : FR. 1821; entspricht *Polyporus* subg. *Leucoporus* (QUÉL.) MAUBL. 1928.

Leucoscypha BOUD. 1885 (f), Erdbecherling. T: *Peziza leucotricha* ALB. & SCHW. : FR. *Pyronemataceae.* 5 Arten, Saprophyten im Boden (3). Vgl. *Octospora*

Libertella DESM. 1830 (f). T: *L. betulins* DESM. oder *L. faginea* DESM. *Melanconiaceae.* Etwa 5 Arten, Anam. zu *Diatrype* FR. 1849 und *Diatrypella* (CES. & DE NOT.) SACC. 1863, Saprophyten an Holz.

Limacella EARLE 1909 (f), Schleimschirmling. T: *Agaricus delicatus* FR. *Amanitaceae.* 7 Arten, Saprophyten im Boden (19). – III 9–11.

Limacium (FR.) KUMM. 1871 (n). T: *Agaricus eburneus* BULL. : FR. Obl. Syn. zu *Hygrophorus* FR. 1835.

Limonomyces STALPERS & LOERAKKER 1982 (m). T: ? *Ceratobasidiaceae.* 2 Arten: *L. culmigena* (WEBSTER & REID) STALPERS & LOERAKKER, und *L. roseipellis* STALPERS & LOERAKKER, Parasiten an Gräsern (6).

Lindtneria PIL. 1938 (f). T: *Poria trachyspora* BOURD. & GA. Parhomonym zu *Lindneria* DURAND 1889 (*Liliaceae*); vgl. *Mycolindtneria* S. RAUSCHERT.

Litschauerella OBERW. 1965 (f). T: *Peniophora abietis* BOURD. & GA. 1928. *Xenasmataceae.* 1 Art: *L. clematidis* (BOURD. & GA.) J. ERIKSS. & RYV. [= *L. abietis* (BOURD. & GA.) OBERW.], Saprophyt an Holz (6).

Lobulicium LARSSON & HJORTST. 1982 (n). T: *L. occultum* LARSSON & HJORTST., Saprophyt an Nadelholz, Nordeuropa, Polen (6).

Lopharia KALCHBR. & MCOWAN 1881 (f). T: *L. lirellosa* KALCHBR. & MCOWAN (außereuropäisch). *Stereaceae.* 4 Arten, Saprophyten an Holz, Weißfäule (6, 7).

Loweomyces (KOTL. & POUZ.) JÜLICH 1982 (m). T: *Polyporus fractipes* BERK. & CURT. Fak. Syn. zu *Abortiporus* MURR. 1904 oder *Spongipellis* PAT. 1887; entspricht *Spongipellis* subg. *Loweomyces* KOTL. & POUZ. 1976.

Luellia LARSSON & HJORTST. 1974 (f). *Corticium reconditum* JACKS. *Corticiaceae.* 2 Arten: *L. furcata* LARSSON & HJORTST. und *L. recondita* (JACKS.) LARSSON & HJORTST., Saprophyten an Laub- und Nadelholz (6).

Lycoperdellon TORREND 1913 (n). T: *Lycogala torrendii* BRES. Fak. Syn. zu *Ostracoderma* FR. 1825.

Lycoperdon L. 1753 (n). T: *L. bovista* L. [= *Langermannia gigantea* (BATSCH : PERS.) ROSTK.]. Homonym zu *Lycoperdon* PERS. 1801; obl. Syn. zu *Langermannia* ROSTK. 1844.

Lycoperdon TOURN. ex PERS. 1801 (n), Stäubling. T: *L. perlatum* PERS. : PERS. *Lycoperdaceae.* Etwa 20 Arten, Saprophyten im Boden und an Holz (21). – I 185, II 149–153.

Lyomyces KARST. 1881 (m). T: *Thelephora sera* PERS. Fak. Syn. zu *Hyphodontia* J. ERIKSS. 1958 oder *Rogersella* LIBERTA & NAVAS 1978.

Lyophyllum KARST. 1881 (n), Rasling, Simmerling. T: *L. leucophaeatum* KARST. [= *L. gangraenosum* (FR.)]. *Tricholomataceae.* 18 Arten, Saprophyten im Boden und an Holz (18(. – I 64, 65, III 229–233, 235.

Lysurus FR. 1823 (m), Fingerpilz. T: *Phallus mokusin* CIBOT : PERS. *Clathraceae.* 2 Arten: *L. cruciatus* (LEPRIEUR & MONT.) C. G. LLOYD und *L. mokusin* (CIBOT : PERS.) FR., Saprophyten im Boden, nur adventiv (22). – II 140b, VI Bild 31.

Maccagnia MATT. 1922 (f), Gallerttrüffel. T: *M. carnica* MATT. *Basidiomycetes incertae sedis (Hydnangiaceae, Melanogastraceae ?).* 1 Art: *M. carnica* MATT., hypogäisch, nordöstl. Italien (1).

Macowanites KALCHBR. 1876 (m). T: *Macowania agaricina* KALCHBR. ex BERK. (Südafrika). Nach Ausgliederung von *M. krjukowensis* (BUCHOLTZ) SING. & A. H. SMITH nicht in Europa vertreten. – Vgl. *Elasmomyces.*

Macrocystidia JOSS., 1934 (f), Gurkenschnitzling. T: *Agaricus cucumis* PERS. : *Tricholomataceae.* 1 Art: *M. cucumis* (PERS. : FR.) JOSS., Saprophyt im Boden (18). – III 150.

Macrolepiota SING. 1946 (f), Schirmpilz, Parasolpilz. T: *Agaricus procerus* SCOP. : FR. *Agaricaceae.* 11 Arten, Saprophyten im Boden, eine Art giftig (19). – I 29, 30, III 13–16.

Macrometrula DONK & SING. 1948 (f), T: *Agaricus rubriceps* MASSEE. *Coprinaceae.* 1 Art, *M. rubriceps* (MASSEE) DONK & SING., Saprophyt im Boden, nur adventiv in Gewächshäusern (England) (19).

Macropodia FUCK. 1869 (f). T: *Peziza macropus* PERS. : FR. Homonym zu *Macropodia* R. BROWN 1812; fak. Syn. zu *Helvella* L. 1753 : FR. 1822; obl. Syn. zu *Macroscyphus* S. F. GRAY. 1821. Entspricht *Helvella* sect. *Macropodes* DISSING 1966.

Macroscyphus S. F. GRAY 1821 (m). T : *Peziza macropus* PERS. :FR. Fak. Syn. zu *Helvella* L. 1753 : FR. 1822 Entspricht *Helvella* sect. *Macropodes* DISSING 1966.

Macrotyphula R. H. PETERSEN 1972 (f), Röhrenkeule. T: *Clavaria fistulosa* HOLMSK. : FR. *Clavariaceae.* 4 Arten, Saprophyten in Laubstreu und an Ästchen im Boden (9). – II 116, 117.

Manina ADANS. 1763 (f). T: ? Nomen dubium; von SCOPOLI und BANKER im Sinne von *Hericium* PERS. gebraucht.

Marasmiellus MURR. 1915 (m), Astschwindling. T: *M. juniperinus* MURR. (Westindien). *Tricholomataceae.* 8 Arten, Saprophyten an Pflanzenresten (18). – III 139.

Marasmiopsis P. HENN. 1898 (f). T: *Marasmius subannulatus* TROG (Species dubia). Nomen dubium.

Marasmius FR. 1835 (m), Schwindling. T: *Agaricus rotula* SCOP. : FR. *Tricholomataceae.* Nomen conservandum. 34 Arten, Saprophyten im Boden und an Holz, an Pflanzenresten (11, 18), – I 100, 101, 136–138, 140–144. Vgl. *Setulipes* (Nachtrag).

Marcelleina BRUMM., KORF & RIFAI 1967 (f). T: *Ascobolus persoonii* CROUAN. *Pyronemataceae.* Etwa 6 Arten, Saprophyten im Boden (3).

Martela ADANS. 1763 (f). T: *Agaricum* ordo VI spec. no. 1 MICH. [= *Hericium hystrix* PERS. = *H. erinaceus* (BULL. : FR.) PERS.]. Homonym zu *Martella* ENDL. 1836; Synonym zu *Hericium* PERS. 1794.

Martellia MATT. 1900 (f). T: *M. mistiformis* MATT. *Elasmomycetaceae.* 2 Arten: *M. mistiformis* MATT. und *M. soehneri* (ZELLER & DODGE) SING. & A. H. SMITH, Hypogäen in Laub- und Nadelwaldböden, Italien und Bayern (1, 20).

Mattirolomyces E. FISCHER 1938 (m), Piemonttrüffel. T: *Choiromyces terfezioides* MATT. Fak. Syn. zu *Terfezia* TUL. 1851.

Maublancomyces HERTER 1950 (m). T: *Helvella gigas* KROMBH. Fak. Syn. zu *Gyromitra* FR. 1849.

Megacollybia KOTL. & POUZ. 1972 (f), Breitblatt. T: *Agaricus platyphyllus* PERS. : FR. *Tricholomataceae.* 1 Art: *M. platyphylla* (PERS. : FR.) KOTL. & POUZ., Saprophyt an Holz (18). – I 105.

Megalocystidium JÜLICH 1978 (n). T: *Corticium leucoxanthum* BRES. *Corticiaceae.* 3 Arten: *M. lactescens* (BERK.) JÜLICH, *M. leucoxanthum* (BRES.) BOIDIN und *M. luridum* (BRES.) BOIDIN, Saprophyten an Laub- und Nadelholz (6).

Melachroia BOUD. 1885 (f). T: *Peziza xanthomela* PERS. Fak. Syn. zu *Podophacidium* NIESSL 1868.

Melanogaster CORDA 1831 (m), Schleimtrüffel, Schwarzknolle. T: *M. tuberiformis* CORDA. *Melanogastraceae.* Nomen conservandum. 9–10 Arten, Hypogäen in Laubwäldern, vermutlich Ektomykorrhiza (1). – II 192, 193.

Melanoleuca PAT. 1897 (f), Weichritterling. T: *Agaricus melaleucus* PERS. : FR. *Tricholomataceae.* Nomen conservandum. Über 30 Arten, Saprophyten im Boden (18). – I 82, 83, III 201–203.

Melanomphalia CHRIST. 1936 (f). T: *M. nigrescens* CHRIST. *Crepidotaceae.* 1 Art: *M. nigrescens* CHRIST., Saprophyt im Boden, Dänemark (nur 1929–1941 beobachtet, adventiv ?) (17).

Melanophyllum VEL. 1921 (n), Zwergschirmling. T: *M. canali* VEL. [= *M. haematospermum*]. *Agaricaceae* oder *Armillariaceae.* 2 Arten: *M. eyrei* (MASSEE) SING. und *M. haematospermum* (BULL. : FR.) KREISEL, Saprophyten im Boden (19). – II 25.

Melanopus PAT. 1887 (m), Schwarzfuß(porling). T: *Polyporus melanopus* FR. Fak. Syn. zu *Polyporus* MICH. ex ADANS. 1763 : FR. 1821; entspricht *Polyporus* subg. *Melanopus* (PAT.) MAUBL. 1928.

Melanotus PAT. 1900 (m). T: *Crepidotus bambusinus* PAT. (Vietnam). *Strophariaceae.* 3 Arten: *M. caricicola* (ORTON) GUZMÁN, *M. phillipsii* (BERK. & BR.) SING. und *M. proteus* (KLACHBR.) SING., Saprophyten an Pflanzenteilen (Monokotyledonen) (16).

Melastiza BOUD. 1885 (f), Borstling. T: *Humaria miniata* FUCK. [= *M. chateri* (W. G. SMITH) BOUD.]. *Pyronemataceae.* 4 Arten, Saprophyten im Boden (8). – II 241.

Melastiziella SVR. 1948 (f). T: *Humariella pseudotrechispora* SCHROET. Fak. Syn. zu *Scutellinia* (CKE.) LAMBOTTE 1887.

Meliderma VEL. 1920 (n). T: *Agaricus mussivus* FR. (Species dubia) Nomen dubium. – *M. crassum* (FR.) VEL. sensu MELZER ist *Conocybe intrusa* (PECK) SING.

Melzericium HAUERSLEV 1974 (n). T: *Corticium udicolum* BOURD. *Corticiaceae.* 1 Art: *M. udicolum* (BOURD.) HAUERSLEV, Saprophyt an Laubholz und Kräutern (6).

Membranomyces JÜLICH 1975 (m). T: *Corticium spurium* BOURD. Fak. Syn. zu *Clavulicium* BOIDIN 1957.

Meripilus KARST. 1882 (m), Riesenporling. T: *Boletus giganteus* PERS. (: FR.) *Scutigeraceae.* 1 Art: *M. giganteus* (PERS. : FR.) KARST., Saprophyt und Schwächeparasit an Laub- und Nadelholz, Weißfäule (15). – II 34.

Merisma PERS. 1797 (n). T: *Clavaria palmata* SCOP. (: FR.). Fak. Syn. zu *Thelephora* EHRH. ex WILLD. 1787 : FR. 1821.

Merismodes EARLE 1909 (m). T: *Cantharellus fasciculatus* SCHW. *Crepidotaceae.* 2 Arten: *M. fasciculatus* (SCHW.) DONK und *M. ochraceus* (HOFFM. : FR.) REID, Saprophyten an dürren Zweigen (8). – Vgl. *Cyphellopsis.*

Merulicium J. ERIKSS. & RYV. 1976 (n). T: *Merulius fusisporus* ROM. *Corticiaceae.* 1 Art: *M. fusisporum* (ROM.) J. ERIKSS. & RYV., Saprophyt an am Boden liegenden *Picea*-Ästchen, Skandinavien, Schweiz (6).

Merulioporia BOND. & SING. 1943 (f). T: *Xylomyzon taxicola* PERS. : FR. Homonym zu *Meruliporia* MURR. 1942 (*Coniophoraceae*); obl. Syn. zu *Meruliopsis* BOND. ex PARM. 1959; fak. Syn. zu *Gloeoporus* MONT. 1842.

Meruliopsis BOND. ex PARM. 1959 (f), Lederfältling. T: *Xylomyzon taxicola* PERS. : FR. *Meruliaceae.* Fak. Syn. zu *Gloeoporus* MONT. 1842. – Vgl. *Byssomerulius, Ceriporia.*

Merulius BOERHAVE ex SCHRAD. 1794 : FR. 1821 (m), Fältling. T: *M. tremellosus* SCHRAD. : FR. *Meruliaceae.* 1 Art: *M. tremellosus* SCHRAD. : FR., Saprophyt an Laubholz, Weißfäule (6, 11). – II 76. – Vgl. *Byssomerulius, Leucogyrophana, Pseudomerulius, Serpula.*

Metulodontia PARM. 1968 (f). T: *Kneiffia nivea* KARST. *Corticiaceae.* 1 Art: *M. nivea* (KARST.) PARM., Saprophyt an Hoz (6, 10).

Microglossum GILL. 1879 (n), Erdzunge. T: *Geoglossum viride* PERS. : FR. *Geoglossaceae.* 3 Arten: *M. lutescens* BOUD., *M. olivaceum* (PERS.. : FR.) GILL. und *M. viride* (PERS. : FR.) GILL., Saprophyten im Boden (4). – II 258.

Micromphale (NEES) S. F. GRAY 1821 (n), Schwindling. T: *Agaricus venosus* PERS. [= *M. foetidum* (SOW. : FR.) SING.]. *Tricholomataceae.* 7 Arten, Saprophyten an Holz und im Boden (18). – III 135.

Microstoma BERNSTEIN 1852 (n), Kelchbecherling. T: *M. hiemale* BERNSTEIN [= *M. protractum*]. *Sarcoscyphaceae.* 1 Art: *M. protractum* (FR.) KANOUSE, Saprophyt im Boden (3).

Midotis FR. 1828 (f). T: *M. lingua* FR. (Species dubia). Nomen dubium (*Discomycetes*).

Miladina SVR. 1972 (f). T: *Peziza lechithina* CKE. *Pyronemataceae.* 1 Art: *M. lechithina* (CKE.) SVR., Saprophyt an wassergesättigtem Holz (in Bächen). Anam. = *Actinospora megalospora* INGOLD (3).

Mitrophora LÉV. 1846 (f). T: *Morchella semilibera* DC. : FR. Fak. Syn. zu *Morchella* DILL. ex PERS. 1801 : FR. 1822.

Mitrula FR. in LILJEBLAD 1816 : FR. 1821 (f), Haubenpilz. T: *M. paludosa* FR. : FR. *Geoglossaceae.* 2–3 Arten: *M. borealis* REDHEAD, *M. paludosa* FR. : FR. und ? *M. alba* W. G. SMITH, Saprophyten an Pflanzenresten an nassen Standorten (4). – II 267. Vgl. *Bryoglossum, Heyderia, Neolecta.*

Mniopetalum DONK & SING. 1962 (n). T: *M. globisporum* DONK. Fak. Syn. zu *Rimbachia* PAT. 1891.

Modicella KANOUSE 1936 (f). T: *Endogone malleola* HARKNESS. *Endogonaceae.* 1 Art: *M. malleola* (HARKNESS) GERDEM. & TRAPPE, VA-Mykorrhiza mit Moosen (1).

Monilia BON. 1851 (f). T: *M. cinerea* BON. *Moniliaceae.* Nomen conservandum. Etwa 20 Arten, Pflanzenparasiten, Anam. zu *Monilinia* HONEY 1928 (*Sclerotiniaceae*).

Monilinia HONEY 1928 (f). T: *Ciboria fructicola* WINTER. *Sclerotiniaceae.* Etwa 12 Arten, Pflanzenparasiten (an Früchten). Anam. = *Monilia* BON. 1851 (3).

Montagnea FR. 1835 (f). T: *Agaricus arenarius* DC. oder *A. radiosus* PALLAS. *Coprinaceae.* 1 Art: *M. radiosa* (PALLAS) S. RAUSCHERT, Saprophyt im Boden von Steppen- und Dünenrasen (20). – II, S. 15.

Montagnites FR. 1838 (m). T: *M. pallasii* FR [= *Montagnea radiosa* (PALLAS) S. RAUSCHERT] Obl. Syn. zu *Montagnea* FR. 1835.

Morchella DILL. ex PERS. 1801 : FR. 1822 (f), Morchel. T: *Phallus esculentus* L. (: FR.). *Morchellaceae.* Etwa 6 Arten, Saprophyten im Boden (4). – I 192, 193, II 207–211.

Morganella ZELLER 1948 (f). T: *M. mexicana* ZELLER [= *M. fuliginea* (BERK. & CURT.) KREISEL & DRING, Nordamerika]. *Lycoperdaceae.* 1 Art: *M. subincarnata* (PECK) KREISEL & DRING, Saprophyt an Torfmoosen, Österreich, Oberbayern (21).

Mucidula PAT. 1887 (f). T: *Agaricus mucidus* SCHRAD. : FR. Fak. Syn. zu *Oudemansiella* SPEG. 1881.

Mucronella FR. 1874 (f), Stachelspitzchen. T: *Hydnum calvum* ALB. & SCHW. (: FR.). *Hericiaceae.* 3 Arten: *M. aggregata* FR., *M. calva* (ALB. & SCHW. : FR.) FR. und *M. subtilis* KARST., Saprophyten an Holz (10).

Mucronoporus ELL. & EV. 1889 (m), Borstenporling. T: *Boletus gilvus* SCHW. (: FR.) *Hymenochaetaceae.* 1 Art: *M. gilvus* (SCHW. : FR.) ELL. & EV., Saprophyt an Laubholz, westl. Mittelmeergebiet (14). Vgl. *Onnia.*

Multiclavula R. H. PETERSEN 1967 (f), Flechtenkeule. T: *Clavaria corynoides* PECK. *Clavariaceae* (?). 4 Arten, Symbionten mit Grünalgen (*Chlamydomonas, Coccomyxa*) an Holz, Torf, Boden (3). – Vgl. *Stichoclavaria.*

Mutinus FR. 1849 (m), Hundsrute. T: *Phallus caninus* HUDS. ß PERS. *Phallaceae.* Nomen conservandum. 4 Arten, Saprophyten im Boden und an Holz, z. T. nur adventiv (22). – II 141 a–c.

Mycena (PERS.) ROUSSEL 1806 (f), Helmling. T: *Agaricus galericulatus* SCOP. : FR. *Tricholomataceae.* Etwa 140 Arten, Saprophyten an Holz und im Boden (17, 18). – I 108, III 103–120, 122.

Mycenastrum DESV. 1842 (n), Sternstäubling. T: *Lycoperdon corium* GUERSENT in LAM. & DC. *Mycenastraceae.* 1 Art: *M. corium* (GUERSENT in LAM. & DC.) DESV., Saprophyt im Boden (21). – II 154.

Mycenella (LGE.) SING. 1938 (f). T: *Mycena margaritispora* LGE. *Tricholomataceae.* 5 Arten, Saprophyten an Pflanzenresten (18).

Mycoacia DONK 1931 (f). T: *Hydnum fuscoatrum* FR. : FR. *Corticiaceae.* 3 Arten: *M. aurea* (FR.) J. ERIKSS. & RYV., *H. fuscoatra* (FR. : FR.) DONK und *M. uda* (FR.) DONK, Saprophyten an Holz (10).

Mycoaciella J. ERIKSS. & RYV. 1978 (f). T: *Resinicium bisporum* STALPERS. *Corticiaceae.* 1 Art: *M. bispora* (STALPERS) J. ERIKSS. & RYV., Saprophyt an Holz, Dänemark (10).

Mycocalia J. T. PALMER 1961 (f). T: *Nidularia denudata* FR. *Nidulariaceae.* 5 Arten, Saprophyten an Pflanzenresten (21).

Mycogloea L. OLIVE 1950 (f). T: *M. carnosa* L. OLIVE (Nordamerika). *Auriculariaceae.* 1 Art: *M. macrocarpa* (BERK. & BR.) MCNABB, Parasit auf Ascocarpien von *Diatrype*, kein Großpilz.

Mycolachnea MRE. 1937 (f). T: *Peziza hemisphaerica* WEBER in WIGGERS : FR. Obl. Syn. zu *Humaria* FUCK. 1870.

Mycoleptodon PAT. 1900 (m). T: *Hydnum ochraceum* PERS. : FR. Obl. Syn. zu *Steccherinum* S. F. GRAY 1821; fak. Syn. zu *Odontia* PERS. 1794.

Mycolindtneria S. RAUSCHERT ined. (f). T: *Poria trachyspora* BOURD. & GA. *Stephanosporaceae.* Nomen novum für *Lindtneria* PIL. 1938 (s. dort). 3 Arten, Saprophyten an Holz, Streu, Moosen.

Mycorrhaphium MAAS G. 1962 (n). T: *Hydnum pusillum* BROTERO : FR. *Steccherinaceae.* 1 Art: *M. pusillum* (BROTERO : FR.) MAAS G., Saprophyt an Ästchen, Westeuropa (10).

Mycostigma JÜLICH 1976 (n). T: *Corticium aegeritoides* BOURD. & GA. *Corticiaceae.* 1 Art: *M. aegeritoides* (BOURD. & GA.) JÜLICH, Saprophyt an modernden Farnstengeln, Frankreich. (6).

Myriosclerotinia BUCHWALD 1947 (f). T: *Sclerotinia scirpicola* REHM in RABENH. *Sclerotiniaceae.* 1 Arten, Pflanzenparasiten an Monokotyledonen (3).

Myriostoma DESV. 1809 (n), Siebstern. T: *Lycoperdon coliforme* WITH. (: PERS.). *Geastraceae.* 1 Art: *M. coliforme* (WITH. : PERS.) DESV., Saprophyt im Boden (21). – II 158.

Myrmecocystis HARKNESS 1899 (f). T: *M. cerebriformis* HARKNESS. *Geneaceae.* 1–2 Arten: *M. cerebriformis* HARKNESS und (?) *M. vallisumbrosae* (BUCHOLTZ) E. FISCHER, Hypogäen (1).

Myxacium (FR.) KUMM. 1871 (n). T: *Agaricus collinitus* SOW. : FR. Fak. Syn. zu *Cortinarius* FR. 1836; entspricht *Cortinarius* subg. *Myxacium* (FR.) LOUDON 1829.

Myxarium WALLR. 1833 (n). T: *M. nucleatum* WALLR. *Tremellaceae.* 8 Arten, Saprophyten an Laub- und Nadelholz (5, 6).

Myxocybe FAYOD 1889 (f), Marzipanpilz. T: *Agaricus radicosus* BULL. : FR. Fak. Syn. zu *Hebeloma* (FR.) KUMM. 1871.

Myxomphalia HORA 1960 (f), Kohlennabeling. T: *Agaricus maurus* FR. *Tricholomataceae.* 3 Arten: *M. invita* (KARST.) MOS., *M. marthae* (SING. & CLÉM.) MOS. und *M. maura* (FR.) HORA, Saprophyten auf Brandstellen und in Waldboden (17). – III 128.

Naematelia FR. in LILJEBL. 1815 : FR. 1822 (f). T: *Tremella encephala* PERS. (: FR.) Fak. Syn. zu *Tremella* PERS. 1794 : FR. 1822.

Naematoloma KARST. = spätere orthographische Variante zu *Nematoloma* KARST.

Nannfeldtiella ECKBL. 1968 (f). T: *N. aggregata* ECKBL. *Sarcoscyphaceae.* 1 Art: *N. aggregata* ECKBL., Saprophyt im Boden, Norwegen (3).

Naucoria (FR.) KUMM. 1871 (f). T: *Agaricus sideroides* FR. : FR. (Species dubia). Nomen dubium, von MOSER, REID u. a. im Sinne von *Alnicola* KÜHNER verwendet.

Nectria FR. 1849 (f), Pustelpilz. T: *Sphaeria cinnabarina* TODE : FR. *Nectriaceae.* Etwa 20 Arten, Saprophyten an Holz und Parasiten an Gehölzen. Anam. = *Tubercularia* TODE 1791 : FR. 1829, *Acremonium* LINK 1809 : FR. 1832 und *Gliocladium* CORDA 1840 (2). – II 280.

Nematoctonus DRECHSLER 1946 (m). T: *N. haptocladus* DRECHSLER. *Moniliaceae.* 8 Arten, Saprophyten an Holz und Predatoren an Nematoden, Anam. zu *Hohenbuehelia* SCHULZER 1866 (*Tricholomataceae*).

Nematoloma KARST. 1879 (n). T: *Agaricus fascicularis* HUDS. : FR. Obl. Syn. zu *Hypholoma* (FR.) KUMM. 1871

Neobulgaria PETRAK 1921 (f). T: *Peziza pura* PERS. (: FR.). *Helotiaceae.* 2 Arten: *N. premnophila* F. & H. ROLL-HANSEN und *N. pura* (PERS. : FR.) PETRAK, Saprophyten an Holz (3). – VI Bild 5.

Neogyromitra IMAI 1932 (f). T: *Morchella caroliniana* BOSC : FR. Fak. Syn. zu *Gyromitra* FR. 1849.

Neohygrocybe HERINK 1959 (f). T: *Agaricus ovinus* BULL. : FR. Fak. Syn. zu *Hygrocybe* (FR.) KUMM. 1871; entspricht *Hygrocybe* sect. *Tristes* BAT. 1910.

Neolecta SPEG. 1881 (f). T: *N. flavovirescens* SPEG. (Südamerika). *Geoglossaceae.* 1 Art: *N. vitellina* (BRES.) KORF & ROGERS, Saprophyt im Boden (4).

Neottiella (CKE.) SACC. 1889 (f). T: *Peziza albocincta* BERK. & CURT. *Pyronemataceae.* 5 Arten, Parasiten an Moosen (3). = Vgl. *Leucoscypha.*

Neurophyllum PAT. 1887 (n). T: *Merulius clavatus* PERS. (: FR.). Obl. Syn. zu *Gomphus* (FR.) S.F. GRAY 1821.

Nevrophyllum PAT. = typographische Variante zu *Neurophyllum* PAT.

Nia MOORE & MEYERS 1959 (f). T: *N. vibrissa* MOORE & MEYERS. *Nidulariaceae.* 1 Art: *N. vibrissa* MOORE & MEYERS, Saprophyt an Holz und *Spartina*-Stengeln in Meerwasser, Atlantik- und Mittelmeerküsten (21).

Nidularia FR. in FR. & NORDH. 1817 (f), Nestling. T: *N. radicata* FR. in FR. & NORDH. [= *N. deformis*]. *Nidulariaceae.* Nomen conservandum. 1 Art: *N. deformis* (WILLD. : PERS.) FR. in FR. & NORDH., Saprophyt an Pflanzenresten und nassem Holz, oft scheinbar im Boden (21). – VI Bild 30.

Nidulariopsis GREIS 1935 (f). T: *N. melanocarpa* GREIS. *Sphaerobolaceae.* 2 Arten: *N. iowensis* (WALKER) ZELLER und *N. melanocarpa* GREIS, Saprophyten an Holz, Bayern (21).

Nodulisporium PREUSS 1849 (n). T: *N. ochraceum* PREUSS. *Dematiaceae.* Etwa 20 Arten, Anam. zu *Hypoxylon* BULL. 1791 : FR. 1832.

Nolanea (FR.) KUMM. 1871 (f), Glöckling. T: *Agaricus hirtipes* SCHUM. : FR. Parhomonym zu *Nolana* L. 1761 (*Nolanaceae*); fak. Syn. zu *Entoloma* (FR.) KUMM. 1871; entspricht *Entoloma* subg. *Nolanea* (FR.) NOORD. 1980.

Nothomitra MAAS G. 1964 (f). T: *N. cinnamomea* MAAS G. *Geoglossaceae.* 1 Art: *N. cinnamomea* MAAS G., Saprophyt an *Sphagnum*, Österreich (4).

Nothopanus SING. 1944 (m). T: *Agaricus eugrammus* MONT. 1837. *Tricholomataceae.* Nach Abtrennung von *N. porrigens* (PERS. : FR.) SING. nicht in Europa vertreten. – Vgl. *Phyllotus.*

Nummularia L. & C. TUL. 1863 (f). T: *Sphaeria discreta* SCHW. Jüngeres Homonym zu *Nummularia* HILL 1756, GILIB. 1791 und TRAGUE ex S.F. GRAY 1821 (Angiospermen). Fak. Syn. zu *Biscogniauxia* O. KUNTZE 1891.

Nummulariella ECKBL. & GRANMO 1978 (f). T: *Sphaeria discreta* SCHW. Fak. Syn. zu *Biscogniauxia* O. KUNTZE 1891.

Nyctalis FR. 1825 (f), Zwitterling. T: *Agaricus parasiticus* BULL. : FR. *Tricholomataceae.* 2 Arten: *N. asterophora* FR. und *N. parasitica* (BULL. : FR.) FR., Saprophyten in Pilzfruchtkörpern. Anam. = *Asterophora* DITM. 1809 : FR. 1829 (18). – III 236, 237.

Obolarina POUZ. 1986 (f). T: *Nummularia dryophila* L. & C. TUL. *Xylariaceae.* 1 Art: *O. dryophila* (L. & C. TUL.) POUZ., Parasit an Laubbäumen *(Quercus)* (2).

Ochroporus SCHROET. 1888 (m), Feuerschwamm. T: *Boletus igniarius* L. (: FR.). Fak. Syn. zu *Phellinus* QUÉL. 1886.

Octaviania VITT. 1831 (f). T: *O. variegata* VITT. Fak. Syn. zu *Melanogaster* CORDA 1831.

Octavianina O. KUNTZE 1898 (f), Laubtrüffel. T: *O. asterosperma* VITT. *Octavianinaceae.* 5 Arten, Hypogäen, vermutlich Ektomykorrhiza mit Gehölzen (1). – II 185.

Octospora HEDW. 1789 (f), Moosbecherling. T: *O. leucoloma* HEDW. (: FR.). *Pyronemataceae.* Etwa 25 Arten, Parasiten an Protonemen und Rhizoiden von Laubmoosen, z. T. mikroskopisch kleine Gallen bildend (3). – II 242.

Odontia PERS. 1794 (f). T: *O. fimbriata* PERS. (: FR.). Fak. Syn. zu *Steccherinum* S.F. GRAY 1821; eigentlich der korrekte Name für diese Gattung.

Odontia FR. 1835 emend. J. ERIKSS. 1958 (f). T: *Hydnum bicolor* ALB. & SCHW. : FR. Homonym zu *Odontia* PERS. 1794. – Vgl. *Odonticium* und *Resinicium.*

Odontia FR. 1835 sensu auct. (f). T: *O. bugellensis* CES. in RABENH. [= *Hyphodontia pruni* (LASCH) J. ERIKSS. & HJORTST.]. Fak. Syn. zu *Hyphodontia* J. ERIKSS. 1958.

Odonticium PARM. 1968 (n). T: *Odontia romellii* LUND. in J. ERIKSS. *Corticiaceae.* 2 Arten: *O. raitviirii* PARM. und *O. romellii* (LUND.) PARM., Saprophyten an Holz (10).

Oedocephalum PREUSS 1851 (n). T: *Mucor glomerulosus* BULL. (: FR.). *Moniliaceae.* 8 Arten, Saprophyten an Holz und Holzkohle; Anam. zu *Peziza* WILLD. 1787 : FR. 1822 (*Pezizaceae*), *Iodophanus* KORF 1967 und *Pyronema* CARUS 1835 (*Pyronemataceae*).

Oidium LINK 1809 : FR. 1821 emend. LINDER (n). T: *Acrosporium aureum* PERS. 1822 : FR. 1832. Nomen rejiciendum gegen *Oidium* LINK in WILLD. 1824 (Anam. zu *Erysiphaceae*); fak. Syn. zu *Acladium* LINK 1809.

Oligoporus BREF. 1888 (n), Mehlstaubporling. T: *O. farinosus* BREF, [= *O. rennyi*]. *Coriolaceae.* 2 Arten: *O. rennyi* (BERK. & BR.) DONK und *O. sericeomollis* (ROM.) POUZ., Saprophyten an Nadelholz. Anam. zu *O. rennyi* = *Ptychogaster citrinus* ROM. (13). – VI Bild 24.

Oliveonia DONK 1958 (f). T: *Sebacina fibrillosa* BURT (Nordamerika). *Ceratobasidiaceae.* 1 Art: *O. pauxilla* (JACKS.) DONK, Saprophyt an Laub- und Nadelholz, an Kräutern, Dänemark (6).

Ombrophila FR. 1849 (f). T: *O. violacea* FR. Helotiaceae. 4 Arten, Saprophyten an Holz und Pflanzenresten (3). – Vgl. *Neobulgaria, Sarcoleotia.*

Omphalia (PERS.) S. F. GRAY 1821 (f). T: *Agaricus tardus* PERS. [= *Pseudoclitocybe cyathiformis* (BULL. : FR.) SING.]. Homonym zu *Omphalea* L. 1756 (*Euphorbiaceae*); obl. Syn. zu *Pseudoclitocybe* (SING.) SING. 1956.

Omphalia (FR.) STAUDE. 1857 (f). T: *Agaricus epichysium* PERS. : FR. Parhomonym zu *Omphalea* L. 1756 und Homonym zu *Omphalia* (PERS.) S. F. GRAY 1821 (s. oben); obl. Syn. zu *Omphalina* QUÉL. 1886.

Omphaliaster, LAMOURE 1971 (m), Sternsporling. T: *Thodocybe borealis* M. LANGE & SKIFTE. *Tricholomataceae.* 2 Arten: *O. asterosporus* (LGE.) LAMOURE und *O. borealis* (M. LANGE & SKIFTE) LAMOURE, Saprophyten im Boden (17). – Vgl. *Hygroaster, Rhodocybe.*

Omphalina QUÉL. 1886 (f), Nabeling. T: *Agaricus epichysium* PERS. : FR. *Tricholomataceae.* Etwa 30 Arten, Saprophyten im Boden und an Holz (17). – III 129, 132. Vgl. *Gerronema, Haasiella, Rickenella, Phaeotellus.*

Ompalotus FAYOD 1889 (m), Ölbaumpilz. T: *Agaricus olearius* DC. : FR. *Paxillaceae.* 1 Art: *O. olearius* (DC. : FR.) SING., Saprophyt an Holz, Süd- und Westeuropa (17). – III 200.

Onnia KARST. 1889 (f). T: *Trametes circinata* FR. [= *O. tomentosa*]. *Hymenochaetaceae.* 3 Arten: *O. leporina* (FR.) KARST., *O. tomentosa* (FR.) KARST. und *O. triquetra* (FR.) IMAZ, in S. ITO, Saprophyten an Laub- und Nadelholz und in Waldboden (14, 15).

Onygena PERS. 1799 : FR. 1829 (f). T: *Lycoperdon equinum* WILLD. : FR. *Onygenaceae.* 4 Arten, keratinophile Saprophyten (Hauptschlüssel). – VI Bild 4.

Orcheomyces BURGEFF ex WOLFF 1925 (m). T: ? *Deuteromycetes.* Mehrere Arten, Endomykorrhiza mit Orchideen; Anam. zu *Thanatephorus* DONK 1956.

Osmoporus SING. 1944 (m), Fencheltramete. T: *Boletus odoratus* WULF. in JACQ. (: FR.). Fak. Syn. zu *Gloeophyllum* KARST. 1882.

Osteina DONK 1966 (f), Knochenporling. T: *Polyporus obductus* BERK. *Polyporaceae.* 1 Art: *O. obducta* (BERK.) DONK, Saprophyt an Laub- und Nadelholz, Braunfäule (15).

Ostracoderma FR. 1825 : FR. 1829 (n). T: *O. pulvinatum* FR. : FR. *Glischrodermataceae.* 3 Arten: *O. pulvinatum* FR. : FR., *O. torrendii* (BRES.) HENNEBERT und *Lycoperdellon minutum* HEIM, Saprophyten im Boden und auf Brandstellen, vermutlich Anam. von *Pezizales* (23).

Otidea (PERS.) BON. 1851 (f), Öhrling. T: *Peziza onotica* PERS. : FR. *Pyronemataceae.* Nomen conservandum propositum. Etwa 12 Arten, Saprophyten im Boden (3). – I 195, II 237.

Oudemansiella SPEG. 1881 (f), Schleimrübling. T: *Agaricus platensis* SPEG. [= *Ou. canarii* (JUNGH.) HÖHN.], Trop. Amerika. *Tricholomataceae.* 1 Art: *Ou. mucida* (SCHRAD. : FR.) HÖHN., Schwächeparasit und Saprophyt an Laubholz (18). – III 167. Vgl. *Megacollybia, Xerula.*

Oxyporus (BOURD. & GA.) DONK 1933 (m), Steifporling. T: *Polyporus connatus* WEINM. [= *O. populinus* (SCHUM. : FR.) DONK]. *Coriolaceae.* 6 Arten, Saprophyten und Schwächeparasiten, fast nur an Laubholz, Weißfäule (13, 14). – Vgl. *Physisporinus.*

Ozonium LINK 1809 : FR. 1821 (n). T: *O. auricomum* LINK : FR. *Mycelia sterilia.* Anam. zu *Coprinus radians* DESM. (23). – Vgl. IV 309.

Pachyella BOUD. 1907 (f). T: *Peziza barlaeana* BRES. [= *Pachyella violaceonigra* (REHM) PFISTER]. *Pezizaceae.* 4 Arten, Saprophyten an Holz (3).

Pachykytospora KOTL. & POUZ. 1963 (f). T: *Boletus tuberculosus* DC. (: FR.), non PERS. *Ganodermataceae ?* 1 Art: *P. tuberculosa* (DC. : FR.) KOTL. & POUZ., Saprophyt an Eichen- und Nadelholz, Weißfäule (13).

Pachylepyrium SING. 1957 (n). T: *Phaeomarasmius fulvidula* SING. (Argentinien). *Strophariaceae.* 1 Art: *P. funariophilum* (MOS.) SING., Saprophyt an Holz und auf Brandstellen (18).

Pachyphloeus TUL. 1845 (m), Kratertrüffel. T: *Choiromyces melanoxanthus* BERK. *Tuberaceae.* Nomen conservandum propositum, Homonym zu *Pachyphloeus* GÖPPERT (fossile *Lycopsida*). Etwa 5 Arten, Hypogäen (1).

Paecilomyces BAINIER 1907 (m). T: *P. variotii* BAINIER. *Moniliaceae.* Etwa 30 Arten, Saprophyten im Boden, Schimmelpilze und Parasiten an Insekten, Anam. zu *Byssochlamys* WESTLING 1909, *Talaromyces* C. BENJ. 1955 und *Thermoascus* MIEHE 1907 (alle *Eurotiales*). Makroskopisch nur *P. farinosus* (HOLM : FR.) BROWN & G. SMITH, ohne Teleom. (23). – VI Bild 32.

Panaeolina MRE. 1933 (f). T: *Agaricus foenisecii* PERS. : FR. Fak. Syn. zu *Panaeolus* (FR.) QUÉL. 1872; entspricht *Panaeolus* subg. *Panaeolina* (MRE.) GUZMÁN.

Panaeolus (FR.) QUÉL. 1872 (m), Düngerling. T: *Agaricus papilionaceus* BULL. : FR. *Coprinaceae.* Nomen conservandum. 16 Arten, Saprophyten im Boden und an Dung, z. T. giftig (18). – IV 266–276.

Panellus KARST. 1879 (m), Zwergknäuling. T: *Agaricus stypticus* BULL. : FR. *Tricholomataceae.* 4 Arten, Saprophyten an Holz und Rinde (16). – III 97, 98. Vgl. *Sarcomyxa.*

Panus FR. 1838 (m), Knäuling. T: *Agaricus conchatus* BULL. : FR. Nomen conservandum. Fak. Syn. zu *Lentinus* FR. 1825 : FR. 1828; entspricht *Lentinus* subg. *Panus* (FR.) PEGLER 1983.

Paradiscina BENEDIX 1969 (f). T: *Discina melaleuca* BRES. Fak. Syn. zu *Gyromitra* FR. 1849.

Paradoxa MATT. 1935 (f). T: *P. monospora* MATT. *Terfeziaceae.* 1 Art: *P. monospora* MATT., Ektomykorrhiza mit Laubbäumen, Italien bis Tessin (1).

Paramitra BENEDIX 1962 (f). T: *P. ochreoides* BENEDIX [= *Peziza tectoria* CKE.]. Fak. Syn. zu *Peziza* WILLD. 1787 : FR. 1822.

Parascutellinia SVR. 1975 (f). T: *Lachnea violacea* VEL. [= *P. carneosanguinea*]. *Pyronemataceae.* 3 Arten: *P. carneosanguinea* (FUCK.) T. SCHUMACHER, *P. fuckelii* DONADINI & SVR. und *P. iuliana* (SVR.) SVR., Saprophyten in feuchtem Boden und an Holz (3).

Parmastomyces KOTL. & POUZ. 1964 (m). T: *Tyromyces kravtzevianus* BOND. & PARM. [= *P. mollissimus*]. *Coriolaceae.* 1 Art: *P. mollissimus* (MRE.) POUZ., Saprophyt an Laub- und Nadelholz, Braunfäule, Nordosteuropa (13).

Parvobasidium JÜLICH 1975 (n). T: *Gloeosystidium cretatum* BOURD. & GA. *Corticiaceae.* 1 Art: *P. cretatum* (BOURD. & GA.) JÜLICH, Saprophyt an modernden Farnstengeln, Frankreich (6).

Paullicorticium J. ERIKSS. 1958 (n). T: *Corticium pearsonii* BOURD. *Ceratobasidiaceae.* 6 Arten, Saprophyten an Holz (6).

Paurocotylis BERK. in J. D. HOOKER 1855 (f). T: *P. pila* BERK. (Neuseeland). *Tuberaceae.* 1 Art: *P. pila* BERK., bodenbewohnend, 1973 adventiv in England (1).

Paxillopsis LGE. 1940 (f). T: *Agaricus prunulus* SCOP. : FR. Obl. Syn. zu *Clitopilus* KUMM. 1871.

Paxillus FR. 1838 (m), Krempling. T: *Agaricus involutus* BATSCH : FR. *Paxillaceae.* Ektomykorrhiza mit Laub- und Nadelbäumen und Saprophyten an Holz, 4 Arten, z. T. roh giftig (17). – I 140, 141. Vgl. *Tapinella.*

Paxina O. KUNTZE 1891 (f). T: *Peziza acetabulum* L. : FR. Fak. Syn. zu *Helvella* L. 1753 : FR. 1822; obl. Syn. zu *Actebula* FR. ex FUCK. 1869.

Peckiella (SACC.) SACC. 1891 (f). T: *Sphaeria luteovirens* FR. *Hypomycetaceae.* 8 Arten, Parasiten in Fruchtkörpern von *Basidiomycetes.* Anam. = *Acremonium* LINK 1809 : FR. 1832 und *Sepedonium* LINK 1809 : FR. 1832. Keine Großpilze. – Vgl. Bd. V, S. 112–113.

Pellidiscus DONK 1959 (m), Hautscheibchen. T: *Cyphella pallida* BERK. & BR. *Crepidotaceae.* 1 Art: *P. pallidus* (BERK. & BR.) DONK, Saprophyt an Holz und Pflanzenresten; kein Großpilz.

Pelloporus QUÉL. 1896 (m). T: *Boletus perennis* L. (: FR). Obl. Syn. zu *Coltricia* S. F. GRAY 1821.

Peniophora CKE. 1879 (f), Rindenpilz, Borstenrindenpilz. T: *Thelephora quercina* PERS. : FR. *Peniophoraceae.* 32 Arten, Saprophyten an Holz, Weißfäule (6, 7, 10).

Perenniporia MURR. 1942 (f). T: *Polyporus unitus* PERS. (Species dubia). Nomen dubium. – *Perenniporia* sensu DONK, RYVARDEN ist *Poria* PERS. 1794.

Peziza DILL. ex L. 1753 (f). T: *P. lentifera* L. [= *Cyathus olla* BATSCH) PERS.]. Obl. Syn. zu *Cyathus* HALLER ex WILLD. 1787 (Nomen conservandum propositum); Homonym zu *Peziza* WILLD. 1787 : FR. 1822 (sanktionierter Name).

Peziza WILLD. 1787 : FR. 1822 (f), Becherling. T: *Peziza crenata* WILLD. *Pezizaceae.* Etwa 70 Arten, Saprophyten an Holz, Holzkohle, Dung, im Boden. Anam. = *Chromelosporium* CORDA 1833 und *Oedocephalum* PREUSS 1851 (3). – I 197, 198, II 231–233, 235, 236. Vgl. *Ostracoderma.*

Pezoloma CLEM. 1909 (n). T: ? *Helotiaceae.* Mehrere Arten, Saprophyten an *Sphagnum* (3).

Phacorhiza PERS. 1822 (f). T : *Ph. filiformis* GREV. Fak. Syn. zu *Typhula* FR. 1821; entspricht *Typhula* subg. *Phacorhizae* FR. 1821.

Phaeobulgaria SEAVER 1932 (f). T: *Peziza inquinans* PERS. (: FR.). Obl. Syn. zu *Bulgaria* FR. 1822.

Phaeocollybia HEIM 1931 (f), Wurzelschnitzling. T: *Agaricus lugubris* FR. *Cortinariaceae.* 6 Arten, Saprophyten im Boden (an Baumwurzeln ?) von Nadelwäldern (18). – IV 314–316.

Phaeocoriolellus KOTL. & POUZ. 1957 (m). T: *Agaricus trabeus* PERS. (: FR.). Fak. Syn. zu *Gloeophyllum* KARST. 1862.

Phaeogalera KÜHNER 1972 (f). T: *Agaricus stagninus* FR. *Cortinariaceae.* Etwa 9 Arten, Saprophyten in Moospolstern, in Torf und Nadelstreu (18).

Phaeohelotium KANOUSE 1935 (n). T: *Ph. flavum* KANOUSE. *Helotiaceae.* Etwa 12 Arten, Saprophyten an Pflanzenresten, Rinde, Fruchthüllen u. dgl. (3).

Phaeolepiota MRE. ex KONR. & MAUBL. 1928 (f), Glimmerschüppling. T: *Agaricus aureus* MATTUSCHKA : FR. *Armillariaceae.* 1 Art: *Ph. aurea* (MATTUSCHKA : FR.) MRE., Saprophyt im Boden, nitrophil (18). – IV 19.

Phaeolus (PAT.) PAT. 1900 (m), Braunporling. T: *Polyporus schweinizii* FR. *Coriolaceae.* 1 Art: *Ph. schweinizii* (FR.) PAT., Parasit an Nadelbaumwurzeln, Saprophyt an Nadelholz, Braunfäule (12, 14, 15). – II 40.

Phaeomarasmius SCHERFFEL 1897 (m), Schüppchenschnitzling. T: *Ph. excentricus* SCHERFFEL [= *Ph. rimulincola*]. *Strophariaceae.* 3 Arten: *Ph. erinaceus* (FR.) KÜHNER, *Ph. horizontalis* (BULL.) KÜHNER und *Ph. rimulincola* (RABENH.) ORTON, Saprophyten an Holz (18). – Vgl. *Flammulaster.*

Phaeophlebia W. B. COOKE 1956 (f). T: *Merulius strigosozonatus* SCHW. Fak. Syn. zu *Punctularia* PAT. in PAT. & LAGERH. 1895.

Phaeosolenia SPEG. 1902 (f). T: *Ph. platensis* SPEG. (Südamerika). *Crepidotaceae.* 1 Art: *Ph. endophila* (CES.) DONK, Saprophyt; kein Großpilz.

Phaeotellus KÜHNER & LAMOURE 1972 (m), Zwergmuscheling. T: *Agaricus acerosus* FR. *Tricholomataceae.* 2 Arten: *Ph. acerosus* (FR.) KÜHNER & LAMOURE und *Ph. griseopallidus* (DESM.) KÜHNER & LAMOURE, Saprophyten an Pflanzenresten und im Boden (16). – III 81. Vgl. *Arrhenia, Omphalina.*

Phallogaster MORGAN 1893 (m). T: *Ph. saccatus* MORGAN. Hysterangiaceae. 1 Art: *Ph. saccatus* MORGAN, Saprophyt in Nadelwaldboden, Alpen, Karpaten (21, 22).

Phallus L. 1753 : PERS. 1801 (m), Stinkmorchel. T: *Ph. impudicus* L. : PERS. *Phallaceae.* 3 Arten: *Ph. duplicatus* BOSC, *Ph. hadriani* VENT. : PERS. und *Ph. impudicus* L. : PERS., Saprophyten im Boden und Wurzelparasiten (22). – I 188, II 139.

Phanerochaete KARST. 1889 (f). T: *Corticium decolorans* KARST. *Corticiaceae* oder *Laetiporaceae.* Etwa 16 Arten, Saprophyten an Holz, Weißfäule; Anam. = *Sporotrichum* LINK 1809 : FR. 1821 (6, 7, 10).

Phellinidium (KOTL.) FIASSON & NIEMELÄ 1984 (n). T: *Poria ferrugineofusca* KARST. Fak. Syn. zu *Phellinus* QUÉL. 1886.

Phellinus QUÉL. 1886 (m), Feuerschwamm. T: *Polyporus rubriporus* QUÉL. [= *Phellinus torulosus* (PERS.) BOURD. & GA.]. *Hymenochaetaceae.* Nom. cons. Etwa 25 Arten, Saprophyten, Wund- und Schwächeparasiten an Laub- und Nadelholz, Weißfäule, z. T. Weißlochfäule (13). – I 172, II 64–67.

Phellodon KARST. 1881 (m), Duftstacheling. T: *Hydnum nigrum* FR. : FR. *Thelephoraceae* bzw. *Bankeraceae.* 4 Arten, Saprophyten (?) in Waldboden (10). – II 84–86.

Phellorinia BERK. 1843 (f), Korkstäubling. T: *Ph. inquinans* BERK. (Afrika). *Phelloriniaceae.* 1 Art: *Ph. herculea* (PALLAS : PERS.) KREISEL, Saprophyt in Halbwüstenböden, adventiv auf Schutt- und Müllplätzen (21). – II 155.

Phialocybe KARST. 1879 (f). T: *Agaricus epibryus* FR. *Crepidotaceae.* Fak. Syn. zu *Crepidotus* (FR.) STAUDE 1857.

Phibalis WALLR. 1833 (f). T: *Peziza furfuracea* ROTH: FR. Älteres obl. Syn. zu *Encoelia* (FR.) KARST. 1871.

Phlebia FR. 1821 (f), Kammpilz. T: *Ph. radiata* FR. [= *Ph. merismoides* (FR.) : FR.]. Meruliaceae. 33 Arten, Saprophyten an Holz, Weißfäule (6, 10, 11). – II 75. Vgl. *Phlebiopsis.*

Phlebiopsis JÜLICH 1978 (f). T: *Thelephora gigantea* FR. : FR. *Corticiaceae.* 2 Arten: *Ph. gigantea* (FR. : FR.) JÜLICH und *Ph. roumeguerii* (BRES.) JÜLICH & STALPERS, Saprophyten an Laub- und Nadelholz, Lagerfäule an Koniferenstämmen (6).

Phlebopus (HEIM) SING. 1936 (m). T: *Boletus colossus* HEIM (Madagaskar, trop. Afrika). *Boletaceae.* Die früher hierzu gestellten europäischen Arten s. *Pulveroboletus.*

Phlegmacium (FR.) WÜNSCHE 1877 (n), Schleimkopf, Klumpfuß. T: *Agaricus multiformis* FR. Fak. Syn. zu *Cortinarius* FR. 1836; entspricht *Cortinarius* subg. *Phlegmacium* (FR.) FR. 1838.

Phleogena LINK 1833 (f), Hütchenträger. T: *Onygena faginea* FR. : FR. *Ecchynaceae.* 1 Art: *Ph. faginea* (FR. : FR.) LINK, Saprophyt an Holz (21). – VI Bild 9.

Phlogiotis QUÉL. 1886 (f). T: *Tremella rufa* JACQ. Obl. Syn. zu *Tremiscus* (PERS.) LÉV. 1846.

Phlyctibasidium JÜLICH 1974 (n). T: *Corticium polyporoideum* BERK. & CURT. Fak. Syn. zu *Ramaricium* J. ERIKSS. 1954.

Phlyctospora CORDA in STURM 1841 (f). T: *Ph. fusca* CORDA in STURM. Fak. Syn. zu *Scleroderma* PERS. 1801; entspricht *Scleroderma* subg. *Phlyctospora* (CORDA) E. FISCHER 1933.

Pholiota (FR.) KUMM. 1871 (f), Schüppling. T: *Agaricus squarrosus* MÜLL. : FR. *Strophariaceae.* Nomen conservandum. Über 40 Arten, Saprophyten und Wundparasiten an Laub- und Nadelholz (18). – IV 232–244.

Pholiotina FAYOD 1889 (f), Glockenschüppling. T: *Agaricus blattarius* FR. *Bolbitiaceae.* Fak. Syn. zu *Conocybe* FAYOD 1889 (Nomen conservandum); entspricht *Conocybe* subg. *Pholiotina* (FAYOD) KÜHNER 1935.

Phylacteria PAT. 1887 (f). T: *Elvela caryophyllea* SCHAEFF. (: FR.). Fak. Syn. zu *Thelephora* EHRH. ex WILLD. 1787 : FR. 1821.

Phylloporia MURR. 1904 (f), Strauchporling. T: *Ph. parasitica* MURR. (Tropen). *Hymenochaetaceae.* 1 Art: *Ph. ribis* (SCHUM. : FR.) RYV., Parasit an Sträuchern (14). – II 66.

Phylloporus QUÉL. 1888 (m), Goldblatt. T: *Agaricus pelletieri* LÉV. *Boletaceae.* 1 Art: *Ph. pelletieri* (LÉV.) QUÉL., Ektomykorrhiza mit Laub- und Nadelbäumen (17). – II 27.

Phyllotopsis (GILB. & DONK) SING. 1936 (f), Orangeseitling. T: *Agaricus nidulans* PERS. : FR. *Polyporaceae.* 1 Art: *Ph. nidulans* (PERS. : FR.) SING., Saprophyt an Holz (16). – III 79.

Phyllotus KARST. 1879 (m), Seitling. T: *Agaricus porrigens* PERS. : FR. *Tricholomataceae.* 1 Art: *Ph. porrigens* (PERS. : FR.) KARST., Saprophyt an Nadelholz (16). – III 80. Vgl. *Cheimonophyllum, Nothopanus.*

Phymatotrichopsis HENNEBERT 1973 (f). T: *Ozonium omnivorum* SHEAR. *Moniliaceae.* 1 Art: *Ph. omnivora* (SHEAR) HENNEBERT, Wurzelparasit an dikotyledonen Pflanzen; Anam. zu *Sistotrema brinkmannii* (BRES.) J. ERIKSS. (*Ceratobasidiaceae*).

Phymatotrichum BON. 1851 (n). T: *Ph. gemellum* BON. [= *Botrytis cinerea* PERS. : FR.]. Obl. Syn. zu *Botrytis* MICH. ex PERS. 1801 : FR. 1832. – Vgl. *Oedocephalum* PREUSS 1851 (Anam. zu *Pezizales*) und *Phymatotrichopsis* HENNEBERT 1973 (Anam. zu *Sistotrema, Poriales*).

Physisporinus KARST. 1889 (m), Porenschwamm. T: *Poria vitrea* PERS. (: FR.). *Coriolaceae.* 3 Arten: *Ph. rivulosus* (BERK. & CURT.) RYV., *Ph. sanguinolentus* (ALB. & SCHW. : FR.) PIL. und *Ph. vitreus* (PERS. : FR.) KARST., Saprophyten an Laub- und Nadelholz, Weißfäule (13).

Physodontia RYV. & SOLHEIM 1977 (f). T: *Ph. lundellii* RYV. & SOLHEIM. *Corticiaceae.* 1 Art: *Ph. lundellii* RYV. & SOLHEIM, Saprophyt an Nadelholz, Nordeuropa (10).

Physomitra BOUD. 1885 (f). T: *Helvella esculenta* PERS. : FR. Obl. Syn. zu *Gyromitra* FR. 1849.

Piceomphale SVR. 1957 (n). T: *Peziza bulgarioides* RABENH. Fak. Syn. zu *Rutstroemia* KARST. 1871.

Picoa VITT. 1831 (f). T: *P. juniperi* VITT. *Terfeziaceae.* 2–3 Arten: *P. carthusiana* TUL., *P. juniperi* VITT. und ? *P. ophthalmospora* (QUÉL.) E. FISCHER, Hypogäen (1).

Pilacrella SCHROET. 1887 (f), Stielköpfchen. T: *P. solani* COHN & SCHROET. *Ecchynaceae.* 1 Art: *P. solani* COHN & SCHROET., Saprophyt an faulenden Kartoffeln, Südpolen (9).

Piloderma JÜLICH 1969 (n). T: *Corticium bicolor* PECK [= *P. byssinum* (KARST.) JÜLICH]. *Corticiaceae* oder *Meruliaceae.* 6 Arten, Saprophyten an Laub- und Nadelholz, Ektomykorrhiza mit Koniferen (6).

Piloporia NIEMELÄ 1982 (f). T: *Antrodia sajanensis* PARM. *Coriolaceae.* 1 Art: *P. sajanensis* (PARM.) NIEMELÄ, Saprophyt an Nadelholz, Nordeuropa (13, 14).

Piptoporus KARST. 1881 (m), Zungenporling. T: *Boletus betulinus* BULL. (: FR.). *Polyporaceae.* 2 Arten: *P. betulinus* (BULL. : FR.) KARST. und *P. pseudobetulinus* (MURASHK.) PIL., Schwächeparasiten an Laubbäumen, Braunfäule (15). – II 41.

Pisolithus ALB. & SCHW. 1805 (m), Erbsenstreuling. T: *P. arenarius* ALB. & SCHW. [= *P. arhizos*]. *Sclerodermataceae.* 1 Art: *P. arhizos* (SCOP. : PERS.) S. RAUSCHERT, Ektomykorrhiza mit Laub- und Nadelbäumen (21). – II 180.

Pistillaria FR. 1821 (f), Mörserkeule. T: *P. quisquiliaris* FR. Fak. Syn. zu Typhula FR. 1821; entspricht *Typhula* subg. *Pistillaria* (FR.) BERTHIER 1976.

Pistillina QUÉL. 1880 (f). T: *P. hyalina* QUÉL. Fak. Syn. zu *Typhula* FR. 1821; entspricht *Typhula* subg. *Pistillina* (QUÉL.) BERTHIER 1976.

Pithya FUCK. 1870 (f). T: *Peziza cupressina* BATSCH : FR. *Sarcoscyphaceae.* 2 Arten: *P. cupressina* (BATSCH : FR.) FUCK. und *P. vulgaris* FUCK., Saprophyten (?) an Koniferenzweigen (3).

Placoderma (RICKEN) ULBRICH 1928 (n). T: *Boletus betulinus* BULL. (: FR.). Obl. Syn. zu *Piptoporus* KARST. 1881.

Placodes QUÉL. 1886 (f). T: *Boletus fomentarius* L. (: FR.). Obl. Syn. zu *Fomes* (FR.) FR. 1849.

Platygloea SCHROET. 1887 (f). T: *P. nigricans* SCHROET. [= *Achroomyces disciformis* (FR.) DONK]. Obl. Syn. zu *Achroomyces* BON. 1851.

Plectania FUCK. 1870 (f). T: *Peziza melastoma* SOW. : FR. *Sarcoscyphaceae.* 2 Arten: *P. melastoma* (SOW. : FR.) FUCK. und *P. rhytidia* (BERK.) NANNF. & KORF, Saprophyten an Holz; Anam. = *Conoplea* PERS. 1801 : FR. 1832 (3).

Pleurocybella SING. 1947 (f). T: *Agaricus porrigens* PERS. : FR. Obl. Syn. zu *Phyllotus* KARST. 1879.

Pleurodon KARST. 1881 (m). T: *Hydnum auriscalpium* L. : FR. Obl. Syn. zu *Auriscalpium* S. F. GRAY 1821.

Pleuroflammula SING. 1946 (f). T: *Crepidotus dussii* PAT. (trop. Amerika). *Strophariaceae.* 1 Art: *P. ragazziana* (BRES.) HORAK [= *P. hiberniana* (PERSON & DENNIS) SING.], Saprophyt an Holz, Irland und Portugal (16).

Pleurotellus FAYOD 1889 (m), Zwergseitling. T: *P. graminicola* FAYOD [= *P. hypnophilus*]. *Crepidotaceae.* 2 Arten: *P. chioneus* (GILL.) KONR. & MAUBL. und *P. hypnophilus* (BERK.) SACC., Saprophyten an Pflanzenresten und Moosen (16). – III 82.

Pleurotus (FR.) KUMM. 1871 (m), Seitling. T: *Agaricus ostreatus* JACQ. : FR. *Polyporaceae.* Nomen conservandum. 8 Arten, Saprophyten an Laub- und Nadelholz, Weißfäule (16). – I 110, III 91, 92.

Plicaria FUCK. 1870 (f). T: *Peziza trachycarpa* CURREY. *Pezizaceae.* Etwa 6 Arten, Saprophyten, fast nur an Holzkohle (3).

Plicatura PECK 1872 (f), Aderzähling. T: *P. alni* PECK [= *P. nivea*]. *Plicaturaceae.* 2 Arten: *P. crispa* (PERS. : FR.) REA und *P. nivea* (FR.) KARST., Saprophyten an Laubholz (11). II 74.

Plicaturopsis REID 1964 (f). T: *Merulius crispus* PERS. (: FR.) Fak. Syn. zu *Plicatura* PECK 1872.

Pluteolus (FR.) GILL. 1867 (m). T: *Agaricus reticulatus* PERS. : FR. Fak. Syn. zu *Bolbitius* FR. 1838.

Pluteus FR. 1835 (m), Dachpilz. T: *Agaricus pluteus* BATSCH : FR. [= *P. atricapillus* (BATSCH) FAYOD]. *Pluteaceae.* Etwa 40 Arten, Saprophyten an Holz und im Boden (19). – I 16, III 39–47.

Poculum VEL. 1934 (n). T: *P. rubum* VEL. *Sclerotiniaceae.* Mindestens 4 Arten, Parasiten (?) an krautigen und holzigen Pflanzen (3).

Podofomes POUZ. 1966 (m). T: *Polyporus corrugis* FR. [= *P. trogii*]. *Coriolaceae.* 1 Art: *P. trogii* (FR.) POUZ., Saprophyt an Nadelholz, Alpen, Karpaten und Vorland (15).

Podophacidium NIESSL 1868 (n). T: *P. terrestre* NIESSL. *Dermateaceae.* 1 Art: *P. xanthomelum* (PERS.) KAVINA [= *P. terrestre*], Saprophyt auf Erde und Pflanzenresten (3).

Podoporia KARST. 1892. T: *P. confluens* KARST. [= *Physisporinus sanguinolentus* (ALB. & SCHW. : FR.) PIL.]. Fak. Syn. zu *Physisporinus* KARST. 1889.

Podoscypha PAT. 1900 (f). t: *Stereum surinamense* LÉV. [= *P. nitidula* (BERK.) PAT., Tropen]. *Podoscyphaceae.* 1 Art: *P. multizonata* (BERK. & BR.) PAT., Saprophyt im Boden (7).

Podostroma KARST. 1892 (n). T: *P. leucopus* KARST. [= *P. alutaceum*]. *Hypocreaceae.* 2 Arten: *P. alutaceum* (PERS. : FR.) ATK. und *P. brevipes* (MONT.) SEAVER, Saprophyten an Holz oder Boden (2).

Poloniodiscus SVR. & KUBIČKA 1967 (m). T: *P. fischeri* SVR. & KUBIČKA [= *Cordierites irregularis* (SCHW.) CKE.]. Fak. Syn. zu *Cordierites* MONT. 1840.

Polyporellus KARST. 1879 (m). T: *Boletus brumalis* PERS. (: FR.). Fak. Syn. zu *Polyporus* MICH. ex ADANS. 1763 : FR. 1821.

Polyporus MICH. ex ADANS. 1763 : FR. 1821 (m), Porling. T: *Polyporus esculentus* MICH. ex FR. [= *P. tuberaster* (JACQ.) : FR.]. *Polyporaceae.* 13 Arten, Saprophyten und Schwächeparasiten an Laubholz und Steppengräsern (15). – I 169, II 31, 35–39.

Polystictus FR. 1851 (m). T: *Boletus perennis* L. (: FR.). Obl. Syn. zu *Coltricia* S. F. GRAY 1821.

Poria PERS. 1794 (f), Porenschwamm. T: *Boletus medulla-panis* JACQ. *Coriolaceae.* Etwa 6 Arten, Saprophyten an Laub- und Nadelholz, Weißfäule (13, 14). Homonym zu *Poria* HILL ex ADANS. 1763. – Vgl. *Perenniporia.*

Porodaedalea MURR. 1905 (f). T: *Boletus pini* BROTERO (: FR.). Fak. Syn. zu *Phellinus* QUÉL. 1886.

Poromycena OVEREEM 1926 (f). T: *P. decipiens* OVEREEM (Indonesien). Fak. Syn. zu *Mycena* (PERS.) ROUSSEL 1806.

Poronia WILLD. 1787 (f), Porenscheibe. T: *P. gleditschii* WILLD. [= *P. punctata*]. *Xylariaceae.* 2 Arten: *P. oedipus* (MONT.) MONT. und *P. punctata* (L. : FR.) FR., Saprophyten an Dung (2).

Porotheleum FR. 1818 : FR. 1828 (n). T: *Boletus fimbriatus* PERS. (: FR.). *Stromatoscyphaceae.* 1 Art: *P. fimbriatum* (PERS. : FR.) FR., Saprophyt an Holz (13). – Ein jüngeres Homonym ist *Porothelium* ESCHW. 1824 (Lichenes).

Porphyrellus GILB. 1931 (m), Porphyrröhrling. T: *Boletus porphyrosporus* FR. *Boletaceae.* 1 Art: *P. porphyrosporus* (FR.) GILB., Ektomykorrhiza mit Laub- und Nadelbäumen (15). – II 8.

Porpoloma SING. 1952 (n), Wiesenritterling. T: *P. sejunctum* SING. (Feuerland). *Tricholomataceae.* 5 Arten, Saprophyten in Wiesen und Weiden (18).

Postia FR. ex KARST. 1881 (f), Saftporling. T: *Polyporus lacteus* FR. Homonym zu *Postia* BOISS. & BLANCH. 1875 (*Asteraceae*). – Fak. Syn. zu *Spongiporus* MURR. 1905.

Pouzarella MAZZER 1976 (f). T: *Nolanea nodospora* ATK. (Nordamerika). Fak. Syn. zu *Entoloma* (FR.) KUMM. 1871; entspricht *Entoloma* subg. *Inopilus* (ROMAGN.) MOS. 1978.

Pouzaromyces PIL. 1953 (m). T: *Agaricus fumosellus* WINTER (Species dubia). Nomen dubium. – *Pouzaromyces* sensu PILÁT ist *Pouzarella* MAZZER 1976.

Partella (PERS.) S. F. GRAY 1821 (f). T: *Agaricus campestris* L. : FR. Obl. Syn. zu *Agaricus* L. 1753 : FR. 1821.

Protodontia HÖHN. 1907 (f), Gallertzahn. T: *P. uda* HÖHN. *Tremellaceae.* Etwa 4 Arten, Saprophyten an Holz (5, 10).

Psalliota (FR.) KUMM, 1871 (f). T: *Agaricus campestris* L. : FR. Obl. Syn. zu *Agaricus* L. 1753 : FR. 1821.

Psammomyces LEBEDEVA 1932 (m). T: *Ps. plantaginiformis* LEBEDEVA. Fak. Syn. zu *Galeropsis* VEL. 1930.

Psathyra (FR.) KUMM. 1871 (f). T: *Agaricus fibrillosus* PERS. : FR. Fak. Syn. zu *Psathyrella* (FR.) QUÉL. 1872; Homonym zu *Psathyra* SPRENG. 1818 (*Rubiaceae*).

Psathyrella (FR.) QUÉL. 1872 (f), Mürbling, Faserling. T: *Agaricus gracilis* FR. *Coprinaceae.* Etwa 100 Arten, Saprophyten im Boden und an Holz (18). – I 40, 41, IV 262, 275, 277–282, 284–292. Vgl. *Lacrymaria.*

Pseudobaeospora SING. 1942 (f). T: *Baeospora oligophylla* SING. *Agaricaceae.* 2 Arten: *Ps. oligophylla* (SING.) SING. und *Ps. pillodii* (QUÉL.) HORAK, Saprophyten im Boden, Alpen (18, 19).

Pseudoclitocybe (SNG.) SING. 1956 (f), Scheintrichterling. T: *Agaricus cyathiformis* BULL. : FR. *Tricholomataceae.* 4 Arten, Saprophyten im Boden und an Holz (17). – III 186, 195, 196.

Pseudocolus C.G. LLOYD 1907 (m). T: *Ps. rothae* C.G. LLOYD [= *Ps. fusiformis*]. *Clathraceae*. 1 Art: *Ps. fusiformis* (E. FISCHER) C.G. LLOYD, Saprophyt im Boden, in Europa nur adventiv in Gewächshäusern (22).

Pseudocoprinus KÜHNER 1928 (m). T: *Agaricus disseminatus* PERS. : FR. Fak. Syn. zu *Coprinus* PERS. 1797.

Pseudocraterellus CORNER 1957 (m), Leistling. T: *Catharellus sinuosus* FR. *Hydnaceae*. 2 Arten: *Ps. cinereus* (PERS. : FR.) KALAMEES und *Ps. sinuosus* (FR.) CORNER, Ektomykorrhiza (11, 17). – III 293.

Pseudodiscinella DENNIS 1956 (f). T: *Peziza ciliifera* KARST. Syn. zu *Pezoloma* CLEM. 1909; obl. Syn. zu *Sphagnicola* VEL. 1934.

Pseudohiatula SING. ex SING. 1938 (f). T: *Mycena cyatheae* SING. (Tropen). *Tricholomataceae*. Nach Abtrennung der Gattung *Strobilurus* SING. 1962 nicht in Europa vertreten.

Pseudohydnum KARST. 1868 (n), Zitterzahn. T: *Hydnum gelatinosum* SCOP. : FR. *Tremellaceae*. 1 Art: *Ps. gelatinosum* (SCOP. : FR.) KARST., Saprophyt an Laub- und Nadelholz (5). – II 205.

Pseudolyophyllum (SING.) RAITH. 1977 (n). T: *Agaricus metachrous* FR. Fak. Syn. zu *Clitocybe* (FR.) STAUDE 1857; entspricht *Clitocybe* subg. *Pseudolyophyllum* SING. 1943.

Pseudombrophila BOUD. 1885 (f). T: *Helotium pedrottii* BRES. [= *Ps. deerrata* (KARST.) SEAVER]. *Pyronemataceae*. 4 Arten, Saprophyten an Pflanzenresten (3).

Pseudomerulius JÜLICH 1979 (m). T: *Merulius aureus* FR. *Coniophoraceae*. 1 Art: *Ps. aureus* (FR.) JÜLICH, Saprophyt an Laub- und (selten) Nadelholz, Braunfäule (11).

Pseudoomphalina (SING.) SING. 1956 (f). T: *Omphalia kalchbrenneri* BRES. *Tricholomataceae*. 2 Arten: *Ps. compressipes* (PECK) SING. und *Ps. kalchbrenneri* (BRES.) SING., Saprophyten im Boden (17).

Pseudopithyella SEAVER 1928 (f). T: *Sarcoscypha minuscula* BOUD. & TORREND. *Sarcoscyphaceae*. 1 Art: *Ps. minuscula* (BOUD. & TORREND) SEAVER, Saprophyt an Ästchen, Portugal. Kein Großpilz.

Pseudoplectania FUCK. 1870 (f), Schwarzborstling. T: *Peziza nigrella* PERS. : FR. *Sarcoscyphaceae*. 3 Arten: *Ps. nigrella* (PERS. : FR.) FUCK., *Ps. sphagnicola* (PERS.) KREISEL und *Ps. vogesiaca* (PERS.) SEAVER, Saprophyten an Holz, Streu und Torfmoos (3). – II 243.

Pseudorhizina JACZ. 1913 (f). T: *Ps. korshinskii* JACZ. [= *Ps. sphaerospora*]. *Helvellaceae*. 1 Art: *Ps. sphaerospora* (PECK) POUZ., Saprophyt (4).

Pseudotis (BOUD.) BOUD. 1907 (f). T: *Peziza abietina* PERS. : FR. *Pyronemataceae*. Fak. Syn. zu *Otidea* (PERS.) BON. 1851.

Pseudotomentella SVR. 1958 (f). T: *Hypochnus mucidulus* KARST. *Thelephoraceae*. 6 Arten, Saprophyten an Holz (6).

Pseudotrametes BOND. & SING. 1944 (f). Buckeltramete. T: *Merulius gibbosus* PERS. (: FR.). Fak. Syn. zu *Trametes* FR. 1836.

Pseudoxenasma LARSSON & HJORTST. 1976 (n). T: *Ps. verrucisporum* LARSSON & HJORTST. *Corticiaceae*. 1 Art: *Ps. verrucisporum* LARSSON & HJORTST., Saprophyt an Nadelholz an schattigen Standorten, Skandinavien (6).

Psilocybe (FR.) KUMM. 1871 (f), Kahlkopf. T: *Agaricus semilanceatus* FR. *Strophariaceae*. 17 Arten, Saprophyten im Boden und an Dung, z. T. giftig (halluzinogen) (18). – IV 263–265, 283.

Psilopezia BERK. 1847 (f). T: *Ps. nummularia* BERK. Pezizaceae. 2 Arten: *Ps. nummularia* BERK. und *Ps. nummularialis* PFISTER & CANDOUSSAU, Saprophyten an Holz (3). – Vgl. *Miladina*.

Pteridomyces JÜLICH 1979 (m). T: *Epithele galzinii* BRES. in BOURD. & GA. *Corticiaceae*. 1 Art: *P. galzinii* (BRES.) JÜLICH, Saprophyt an faulenden Farnwedeln, Frankreich (6, 10).

Pterula FR. 1829 (f), Borstenkoralle. T: *P. subulata* FR. *Pterulaceae*. 7 Arten, Saprophyten an Holz und im Boden (9). – II 135.

Ptychogaster CORDA 1838 (m), Polsterpilz. T: *P. albus* CORDA [= *P. fuliginoides* (PERS.) DONK]. *Deuteromycetes*. Etwa 7 Arten, Anam. zu *Coriolaceae* und *Fistulina*, Saprophyten und Parasiten an Holz (23). – II 44. Vgl. *Sporotrichum*.

Ptychoverpa BOUD. 1907 (f). – T: *Morchella bohemica* KROMBH. Fak. Syn. zu *Verpa* SW. 1815 : FR. 1822.

Pulcherricium PARM. 1960 (n). T: *Thelephora coerulea* LAM. : FR. Obl. Syn. zu *Terana* ADANS. 1763.

Pulparia KARST. 1866 (f). T: *P. arctica* KARST. (Species dubia). Nomen dubium. – *Pulparia* sensu KORF 1971 ist *Marcelleina* BRUMM., KORF & RIFAI 1967.

Pulveroboletus MURR. 1909 (m), Staubröhrling. T: *Boletus ravenelii* BERK. & CURT. (Nordamerika). *Boletaceae*. 3 Arten: *P. gentilis* (QUÉL.) SING., *P. hemichrysus* (BERK. & CURT.) SING. und *P. lignicola* (KALLENBACH) SNELL & DICK, Saprophyten an Holz und Ektomykorrhiza (15). – II 9, 10, 14.

Pulvinula BOUD. 1885 (f). T: *Peziza convexella* KARST. *Pyronemataceae*. Etwa 9 Arten, Saprophyten an Holzkohle und im Boden (3).

Punctularia PAT. in PAT. & LAGERH. 1895 (f). T: *Corticium tuberculosum* PAT. in PAT. & LAGERH. (extraeuropäisch). *Corticiaceae* (oder *Punctulariaceae*). 1 Art: *P. strigosozonata* (SCHW.) TALBOT, Saprophyt an Laubholz (6, 11).

Pustularia FUCK. 1870 (f). T: *Peziza cupularis* L. : FR. Homonym zu *Pustularia* BON. 1851 (*Ascomycetes*); fak. Syn. zu *Tarzetta (*CKE.) LAMBOTTE 1887.

Pustulina ECKBL. 1968 (f). T: *Peziza cupularis* L. : FR. Fak. Syn. zu *Tarzetta* (CKE.) LAMBOTTE 1887.

Pycnoporellus MURR. 1905 (m). T: *Polyporus fibrillosus* KARST. [= *P. fulgens*]. *Laetiporaceae.* 3 Arten: *P. alboluteus* (ELL. & EV.) KOTL. & POUZ., *P. fulgens* (FR.) DONK und *P. metamorphosus* (FUCK.) STALPERS, Saprophyten an Holz, Braunfäule. Anam. zu *P. metamorphosus* = *Sporotrichum aurantiacum* (BULL. : FR.) FR. (13, 14).

Pycnoporus KARST. 1881 (m), Zinnoberschwamm. T: *Boletus cinnabarinus* JACQ. (: FR.) *Coriolaceae.* Nom. cons. 1 Art: *P. cinnabarinus* (JACQ. : FR.) KARST., Saprophyt an Holz an sonnigen Standorten, Weißfäule (14). – II 56.

Pyrenogaster MALENÇON & RIOUSSET 1977 (m). T: *P. pityophilus* MALENÇON & RIOUSSET. *Geastraceae* (oder *Pyrenogastraceae*). 1 Art: *P. pityophius* MALENÇON & RIOUSSET, Saprophyt im Boden, Südfrankreich (1).

Pyrofomes KOTL. & POUZ. 1964 (m). T: *Polyporus demidoffii* LÉV. *Coriolaceae* oder *Hymenochaetaceae.* 1 Art: *P. demidoffii* (LÉV.) KOTL. & POUZ., Saprophyt an Nadelholz, Weißfäule, Balkanländer und Krim (14).

Pyronema CARUS 1835 (n). T: *P. marianum* CARUS [= *P. omphalodes*]. *Pyronemataceae.* 2 Arten: *P. domesticum* (SOW. : FR.) SACC. und *P. omphalodes* (BULL. : FR.) FUCK., Saprophyten auf Brandstellen. Anam. = *Oedocephalum* PREUSS 1851 (3).

Queletia FR. 1871 (f), Lohestäubling. T: *Qu. mirabilis* FR. *Tulostomataceae.* 1 Art: *Qu. mirabilis* FR., Saprophyt auf gehäufter Rinde (Lohe), England, Frankreich, Italien (21).

Radiigera ZELLER 1944 (f). T: *R. fuscogleba* ZELLER, (Nordamerika). *Geastraceae.* 1 Art: *R. atrogleba* ZELLER, Saprophyt im Boden, Mittelschweden (1).

Radulodon RYV. 1972 (m). T: *R. americanus* RYV. (Nordamerika). *Meruliaceae.* 1 Art: *R. erikssonii* RYV., Saprophyt an Laubholz (Populus), Nordeuropa, UdSSR (10).

Radulomyces CHRIST. 1960 (m), Zahnling. T: *Thelephora confluens* FR. Fak. Syn. zu *Cerocorticium* P. HENN. 1899.

Radulum FR. 1825 (n). T: *R. aterrimum* FR. *Diatrypaceae.* Keine Großpilze. – Zu *Radulum* gestellte *Basidiomycetes* s. *Cerocorticium* und *Hyphoderma.*

Ramaria HOLMSK. 1790 (f). T: *Clavaria pratensis* PERS. : FR. Homonym zu *Ramaria* (FR.) BON. 1851 (Nomen conservandum).

Ramaria (FR.) BON. 1851 (f). Koralle. T: *Clavaria botrytis* PERS. : FR. *Gomphaceae* (oder *Ramariaceae*). Nomen conservandum. Etwa 45 Arten, Saprophyten im Boden und an Holz, z.T. schwach giftig (9). – I 177, 178, 180, II 130–134.

Ramaricium J. ERIKSS. 1954 (n). T: *R. occultum* J. ERIKSS. [= *R. alboochraceum*]. *Gomphaceae* (oder *Ramariaceae*). 1 Art: *R. alboochraceum* (BRES.) JÜLICH, Saprophyt an Holz (6).

Ramariopsis (DONK) CORNER 1950 (f), Wiesenkeule, Wiesenkoralle. T: *Clavaria kunzei* FR. *Clavariadelphaceae.* 13 Arten, Saprophyten in Boden und Torf (9). – II 123–125, 127.

Ramsbottomia BUCKLEY 1923 (f). T: *R. lamprosporioides* BUCKLEY [= *R. asperior*]. *Pyronemataceae.* 3 Arten: *R. asperior* (NYL.) BENKERT & T. SCHUM., *R. crec'hqueraultii* (CROUAN) BENKERT & T. SCHUM. und *R. macracantha* (BOUD.) BENKERT & T. SCHUM., Saprophyten im Boden (3).

Rectipilus AGERER 1973 (m). T: *Solenia fasciculata* PERS. *Tricholomataceae.* 2 Arten: *R. bavaricus* AGERER und *R. fasciculatus* (PERS.) AGERER, Saprophyten an Holz (8).

Repetobasidiellum J. ERIKSS. & HJORTST. 1981 (n). T: *R. fusisporum* J. ERIKSS. & HJORTST. *Ceratobasidiaceae.* 1 Art: *R. fusisporum* J. ERIKSS. & HJORTST., an Blattachsen von Farnen, Schweden (6).

Repetobasidium J. ERIKSS. 1958 (n). T: *Peniophora vilis* BOURD. & GA. *Ceratobasidiaceae.* 6 Arten, Saprophyten an Nadelholz (6).

Resinicium PARM. 1968 (n), Harzzahn. T: *Hydnum bicolor* ALB. & SCHW. : FR. *Meruliaceae.* 3 Arten: *R. bicolor* (ALB. & SCHW. : FR.) PARM., *R. furfuraceum* (BRES.) PARM. und *R. pinicola* (J. ERIKSS.) J. ERIKSS. & HJORTST., Saprophyten an Holz und Baumrinde, Weißfäule (6, 10).

Resupinatus NEES 1817 (m), Zwergseitling. T: *Agaricus applicatus* BATSCH : FR. *Tricholomataceae.* 8 Arten, Saprophyten an Holz (16).

Rhacophyllus BERK. & BR. 1871 (m). T: *Rh. lilacinus* BERK. & BR. (Asien, Afrika). *Coprinaceae*; bulbillöses Stadium (Anam.?) zu *Coprinus* PERS. 1797. 2 Arten, Saprophyten an Holz und im Boden, Jugoslawien, Ukrainische SSR (23).

Rhizina FR. 1815 : FR. 1822 (f), Wurzellorchel. T: *Rh. undulata* FR. : FR. *Helvellaceae* (oder *Rhizinaceae*). 1 Art: *Rh. undulata* FR. : FR., Saprophyt an verkohlten Koniferenwurzeln (3). – II 218.

Rhizoctonia DC. 1816 : FR. 1821 (f), Wurzeltöter. T: *Sclerotium crocorum* PERS. : FR. *Mycelia sterilia.* Mehrere Arten, Anam. zu *Helicobasidium* PAT. 1885 (Typusart), *Botryobasidium* DONK 1931, *Ceratobasidium* ROG. 1935 und *Thanatephorus* DONK 1956; vgl. *Orcheomyces.*

Rhizopogon FR. in FR. & NORDHOLM 1817 (m), Wurzeltrüffel. T: *Rh. luteolus* FR. in FR. & NORDHOLM

[= *Rh. obtextus* (SPRENGEL) R. RAUSCHERT]. *Rhizopogonaceae.* 8 Arten, Ektomykorrhiza mit Nadelbäumen (1). – II 181–183.

Rhizopogoniella SOEHNER 1953 (f). T: *Rh. haasii* SOEHNER [= *Hymenogaster aromaticus* VEL.]. Fak. Syn. zu *Hymenogaster* VITT. 1831.

Rhodocollybia SING. 1939 (f). T: *Agaricus maculatus* ALB. & SCHW. : FR. Fak. Syn. zu *Collybia* (FR.) STAUDE 1857.

Rhodocybe MRE. 1924 (f), Bitterling, Tellerling. T: *Agaricus caelatus* FR. *Entolomataceae.* 11 Arten, Saprophyten im Boden (17, 18). – III 17–73, 77.

Rhodopaxillus MRE. 1913 (m). T: *Agaricus panaeolus* FR. Fak. Syn. zu *Lepista* (FR.) W. G. SMITH 1870.

Rhodophyllus QUÉL. 1886 (m). T: *Agaricus prunuloides* FR. Obl. Syn. zu *Entoloma* (FR.) KUMM. 1871.

Rhodoscypha DISSING & SIVERTSEN 1983 (f). T: *Peziza ovilla* PECK. *Pyronemataceae.* 1 Art: *Rh. ovilla* (PECK) DISSING & SIVERTSEN, Saprophyt im Boden und an Pflanzenresten, Nordeuropa (3).

Rhodotarzetta DISSING & SIVERTSEN 1983 (f). T: *Pustularia rosea* REA. *Pyronemataceae.* 1 Art: *Rh. rosea* (REA) DISSING & SIVERTSEN, Saprophyt auf Brandstellen, Nordwesteuropa bis DDR. (3).

Rhodotus MRE. 1924 (m), Adernseitling. T: *Agaricus palmatus* BULL. : FR. *Amanitaceae.* 1 Art: *Rh. palmatus* (BULL. : FR.) MRE., Saprophyt an Holz (16). – III 78.

Richoniella COST & DUF. 1891 (f), Rötlingstrüffel. T: *Hymenogaster leptoniisporus* RICHON. *Entolomataceae.* 1 Art: *R. leptoniispora* (RICHON) COST. & DUF., Hypogäe in Grasland, Frankreich (1).

Ripartites KARST. 1879 (m), Filzkrempling. T: *Agaricus tricholoma* ALB. & SCHW. : FR. *Tricholomataceae.* 6 Arten, Saprophyten im Boden (17). – IV 20, 21.

Rogersella LIBERTA & NAVAS 1978 (f). T: *R. asperula* LIBERTA & NAVAS (Kanar. Inseln). *Corticiaceae.* 1 Art: *R. sambuci* (PERS.) LIBERTA & NAVAS, Saprophyt an Holz (besonders *Sambucus*) (6). – Vgl. *Lyomyces* KARST. 1881 (älteres fak. Syn. !).

Rozites KARST. 1879 (m), Reifpilz, Zigeuner. T: *Agaricus caperatus* PERS. : FR. *Cortinariaceae.* 1 Art: *R. caperatus* (PERS. : FR.) KARST., Ektomykorrhiza mit Laub- und Nadelbäumen (18). – I 47.

Rubinoboletus DERMEK & PIL. 1967 (m). T: *Boletus rubinus* W. G. SMITH. Fak. Syn. zu *Boletus* FR. 1821; entspricht *Boletus* subg. *Rubinoboletus* (DERMEK & PIL.) WATL. 1970.

Ruhlandiella P. HENN. 1903 (f). T: *R. berolinensis* P. HENN. *Pezizaceae.* 1 Art: *R. berolinensis* P. HENN., Saprophyt im Boden (1, 3).

Russula PERS. 1796 (f), Täubling. T: *Agaricus emeticus* SCHAEFF. : FR. *Russulaceae.* Etwa 170 Arten, Ektomykorrhiza mit Laub- und Nadelbäumen, z. T. schwach giftig (17, 18). – I 117–132, V 67–164.

Russuliopsis SCHROET. 1889 (f). T: *Agaricus laccatus* SCOP. : FR. Obl. Syn. zu *Laccaria* BERK. & BR. 1883.

Rutstroemia KARST. 1871 (f), Stromabecherling, Zapfenbecherling. T: *Peziza firma* PERS. : FR. *Solerotiniaceae.* Nomen conservandum. Etwa 10 Arten, Saprophyten an Holz, Zapfenschuppen, Pflanzenresten (3). – Vgl. *Ciboria.*

Saccoblastia A. MÖLLER 1895 (f). T: *S. ovispora* A. MÖLLER (Brasilien). *Auriculariaceae.* 1 Art: *S. farinacea* (HÖHN.) DONK, Saprophyt an Holz (6).

Saccobolus BOUD. 1869 (m). T: *Ascobolus kervernii* CROUAN. *Ascobolaceae.* 11 Arten, Saprophyten an Dung; keine Großpilze.

Sarcodon KARST. 1881 (m), Habichtspilz, Stacheling. T: *Hydnum imbricatum* L. : FR. *Thelephoraceae.* 17 Arten, Saprophyten im Boden (18). – I 174, II 78–80, 82

Sarcodontia SCHULZER 1866 (f), Stachelschwamm. T.: *S. mali* SCHULZER [= *S. crocea*]. *Corticiaceae.* 1 Art: *S. crocea* (FR.) KOTL., Wundparasit an Laubbäumen (besonders *Malus*), Weißfäule (10). – VI Bild 21.

Sarcoleotia ITO & IMAI 1934 (f). T: *S. nigra* ITO & IMAI (Japan). *Helotiaceae.* 3 Arten: *S. globosa* (SOMMERF.) IMAI, *S. platypus* (DC. : FR.) MAAS G. und *S. turficola* (BOUD.) DENNIS, Saprophyten in Boden und Torf (3, 4).

Sarcomyxa KARST. 1891 (f), Muschelseitling. T: *Agaricus serotinus* SCHRAD. : FR. *Tricholomataceae.* 1 Art: *S. serotina* (SCHRAD. : FR.) KARST., Saprophyt an Laubholz (16). – III 87.

Sarcoporia KARST. 1894 (f). T: *S. polyspora* KARST. [? = *S. salmonicolor*]. *Coriolaceae.* 1 Art: *S. salmonicolor* (BERK. & CURT.) DOM., Saprophyt an Nadelholz, Braunfäule (13).

Sarcoscypha (FR.) BOUD. 1885 (f), Kelchbecherling. T: *Elvela coccinea* SCOP. : FR. *Sarcoscyphaceae.* 3–4 Arten, Saprophyten an Laubholz-Ästchen (3). – II 248.

Sarcosoma CASPARY in RHEM 1891 (n), Gallertbecherling. T: *Bulgaria globosa* FR. Sarcoscyphaceae. 1 Art: *S. globosum* (FR.) CASPARY, Saprophyt in Waldboden (3). – II 269.

Sarcosphaera AUERSW. 1869 (f), Kronenbecherling. T: *Peziza macrocalyx* REISS. *Pezizaceae.* 1–2 Arten: *S. coronaria* (JACQ.) SCHROET. und ? *S. ammophila* (DUR. & MONT.) MOESZ, Saprophyten im Boden, z. T. schwach giftig (1, 3). – I 194.

Scabropezia DISSING & PFISTER 1981 (f). T: *Peziza scabrosa* CKE. (Nordamerika). *Pezizaceae.* 1 Art: *S. flavovirens* (FUCK.) DISSING & PFISTER, Saprophyt im Boden und an Holz (3).

Scenidium (Klotzsch) O. Kuntze, 1898 (n). T: *Polyporus wightii* Klotzsch [= *S. apiarium* (Pers.) O. Kuntze, trop. Asien, Ozeanien, Australien]. *Coriolaceae.* Nach Ausschluß von *S. nitidum* (Dur. & Mont.) Dom. nicht in Europa vertreten. – Vgl. *Apoxona, Hexagona.*.

Schizophyllum Fr. 1815 : Fr. 1821 (n), Spaltblättling. T: *Sch. commune* Fr. : Fr. *Schizophyllaceae.* 1 Art: *Sch. commune* Fr. : Fr., Saprophyt an Holz (16). – III 96.

Schizopora Vel. 1922 (f), Spaltporling. T: *Polyporus laciniatus* Vel. [= *Sch. paradoxa* (Schrad. : Fr.) Donk]. *Corticiaceae* oder *Steccherinaceae.* 4 Arten, Saprophyten und Schwächeparasiten an Holz, Weißfäule (10, 12, 13). – II 98.

Scleroderma Pers. 1801 (n), Hartbovist. T: *S. citrinum* Pers. *Sclerodermataceae.* 8 Arten, Ektomykorrhiza mit Laub- und ? Nadelbäumen (1, 21). – I 183, II 177.

Sclerodon Karst. 1889 (m). T: *Hydnum strigosum* Sw. : Fr. Obl. Syn. zu *Gloiodon* Karst. 1879.

Sclerogaster Hesse 1891 (m), Harttrüffel. T: *S. lanatus* Hesse. *Octavianinaceae.* Etwa 5 Arten, Hypogäen in Laub- und Nadelwäldern (1).

Sclerotinia Fuck. 1870 emend. Whetzel 1945 (f), Sklerotienbecherling. T: *S. libertiana* Fuck. [= *S. sclerotiorum*]. *Sclerotiniaceae.* 3 Arten: *S. sclerotiorum* (Lib.) de Bary, *S. trifoliorum* Erikss. und *S. tuberosa* (Hedw. : Fr.) Fuck., Parasiten an krautigen Pflanzen (3). – II 252.

Sclerotinia Fuck. emend. Korf & Dumont 1972 (f). T: *Peziza candolleana* Lév. Fak. Syn. zu *Ciborinia* Whetzel 1945.

Sclerotium Tode 1790 : Fr. 1822 (n). T: *S. complanatum* Tode : Fr. *Mycelia sterilia.* Zahlreiche Arten; Typusart = Anam. zu *Typhula gyrans* (Batsch) : Fr. Saprophyten und Pflanzenparasiten (23). – Vgl. II 138.

Scodellina S. F. Gray 1821 (f). T: *Peziza vesiculosa* Bull. : Fr. Fak. Syn. zu *Peziza* Willd. 1787 : Fr. 1822.

Scopuloides (Massee) Höhn & Litsch. 1908 (f). T: *Peniophora hydnoides* Cke. & Massee in Cke. [= *S. rimosa*]. *Corticiaceae.* 2 Arten: *S. rimosa* (Cke.) Jülich und *S. septocystidiata* (Burt) Jülich, Saprophyten an Laubholz (6, 10).

Scorteus Earle 1909 (m). T: *Agaricus oreades* Bolt. : Fr. Fak. Syn. zu *Marasmius* Fr. 1835.

Scotomyces Jülich 1978 (m). T: *Corticium fallax* G. H. Cunn. *Ceratobasidiaceae.* 1 Art: *S. subviolaceus* (Peck) Jülich, Saprophyt an Holz und Pflanzenresten, Nordeuropa (6).

Scutellinia (Cke.) Lambotte 1887 (f), Borstling. T: *Peziza scutellata* L. : Fr. *Pyronemataceae.* Nom. cons. Über 20 Arten, Saprophyten an Holz und im Boden (3).

Scutiger Paulet 1808 (m), Schafeuter, Ziegenfuß. T: *S. tuberosus* Paulet [= *S. pes-caprae* (Pers. : Fr.) Bond. & Sing.]. *Scutigeraceae.* 6 Arten, Saprophyten im Boden (15). – I 165, 166, II 29, 30.

Scytinostroma Donk 1956 (n). T : *Corticium portentosum* Berk. & Curt. in Berk. 1873. *Lachnocladiaceae.* 6 Arten, Saprophyten an Holz und Wurzelparasiten an Gehölzen, Weißfäule (6).

Scytinostromella Parm. 1968 (f). T: *Peniophora heterogena* Bourd. & Ga. *Corticiaceae.* 2 Arten: *S. heterogenea* (Bourd. & Ga.) Parm. und *S. nannfeldtii* (J. Erikss.) Freeman & Petersen. Saprophyten an Holz (6).

Scytinotus Karst. 1879 (m), Glockenknäuling. T: *Lentinus ringens* Fr. Fak. Syn. zu *Panellus* Karst. 1879.

Sebacina Tul. 1871 (f), Wachskruste. T: *Corticium incrustans* Pers. (: Fr.). *Tremellaceae.* 10 Arten, Saprophyten an Holz und Pflanzenresten (5). – Vgl. *Exidiopsis.*

Secotium G. Kunze 1840 (n). T: *S. gueinzii* G. Kunze (Südafrika). *Secotiaceae.* Nach Abtrennung von *Endoptychum* Czern. 1845 nicht in Europa vertreten.

Selenaspora Heim & le Gal 1936 (f). T: *S. batava* Heim & le Gal. *Pyronemataceae.* 1 Art: *S. batava* Heim & le Gal, Saprophyt in Dung (3).

Selinia Karst. 1876 (f). T: *Hypocreopsis pulchra* Winter. *Hypocreaceae.* 1 Art: *S. pulchra* (Winter) Sacc., Saprophyt in Dung (2).

Sepedonium Link 1809 : Fr. 1832, Goldschimmel. T: *Mucor chrysospermus* Bull. (: Fr.). *Moniliaceae.* Etwa 10 Arten, Parasiten in Fruchtkörpern von *Basidiomycetes*; Anam. zu *Apiocrea* Syd. 1921 und *Peckiella* (Sacc.) Sacc. 1891 (*Hypomycetaceae*).

Septobasidium Pat. 1892 (n). T: *S. velutinum* Pat. *Septobasidiaceae.* Nomen conservandum. 8 Arten, Symbionten von Schildläusen an Rinde von Laubgehölzen, vorwiegend Südeuropa (6).

Sepultaria (Cke.) Boud. 1885(f), Sandborstling. T: *Peziza sepulta* Berk. *Helvellaceae.* 6 Arten, Saprophyten im Boden von Trockenrasen und Dünen (1, 3). – II 245, 246. Vgl. *Geopora.*

Sericeomyces Heinem. 1978 (m). T: *Agaricus serenus* Fr. emend. Kühner. *Agaricaceae.* 5 Arten, Saprophyten im Boden (19).

Serpula (Pers.) S. F. Gray 1821 (f), Hausschwamm. T: *Merulius destruens* Pers. [= *S. lacrymans*]. *Coniophoraceae.* 2 Arten: *S. himantioides* (Fr. : Fr.) Bond. und *S. lacrymans* (Wulf. : Fr.) Schroet., Saprophyten an Holz, Braun- und Trockenfäule (11). – I 173, Vgl. *Leucogyrophana.*

Simocybe Karst. 1879 (f), Schnitzling. T: *Agaricus centunculus* Fr. *Crepidotaceae.* 5–6 Arten, Saprophyten an Holz (16, 18). – *Simocybe* sensu Horak 1968 ist *Phaeocollybia.*

Singerella Harmaja 1974 (f). T : *Agaricus hydrogrammus* Bull. : Fr. (Species dubia). Nomen dubium; sensu

HARMAJA 1974 fak. Syn. zu *Clitocybe* (FR.) STAUDE 1857. Parhomonym zu *Singeriella* PETRAK 1959 (*Microthyriales*).

Sirobasidium LAGERH. & PAT. 1892 (n). T: *S. sanguineum* LAGERH. & PAT. (extraeuropäisch). *Sirobasidiaceae.* 1 Art: *S. brefeldianum* A. MÖLLER, Saprophyt an Laubholz, Frankreich (5).

Sistotrema PERS. 1797 : FR. 1821 (n), Zahnling, Schütterzahn. T: *S. confluens* PERS. : FR. *Ceratobasidiaceae.* 19 Arten, Saprophyten an Holz und im Boden, Parasiten in Pflanzenwurzeln. Anam. = *Phymatotrichopsis* HENNEBERT 1973 (6, 10).

Sistotremastrum J. ERIKSS. 1958 (n). T: *Corticium suecicum* LITSCH. ex J. ERIKSS. *Ceratobasidiaceae.* 1 Art: *S. suecium* (LITSCH.) ex J. ERIKSS., Saprophyt an Nadelholz (6). – Vgl. *Paullicorticium.*

Sistotremella HJORTST. 1984 (f). T: *S. perpusilla* HJORTST. *Ceratobasidiaceae.* 2 Arten: *S. hauerslevii* HJORTST. und *S. perpusilla* HJORTST., Saprophyten an Laub- und Nadelholz (6).

Skeletocutis KOTL. & POUZ. 1958 emend. A. DAVID 1982 (f), Knorpelporling. T: *Polyporus amorphus* FR. : FR. *Coriolaceae.* 14 Arten, Saprophyten an Laub- und Nadelholz, Weißfäule (13, 14). – II 43.

Skepperia BERK. 1857 (f). T: *S. convoluta* BERK. (Südamerika). *Stereaceae.* Nach Ausschluß von *S. carpatica* PIL. (s. *Cotylidia*) nicht in Europa vertreten.

Smardaea SVR. 1969 (f). T: *Ascobolus amethystinus* PHILL. *Pyronemataceae.* 3 Arten: *S. amethystina* (PHILL.) SVR., *S. protea* ZHUANG & KORF und *S. purpurea* DISSING, Saprophyten im Boden (3).

Solenia PERS. 1794 : FR. 1822 (f), Zwergröhre. T: *S. candida* PERS. : FR. *Tricholomataceae.* 4 Arten, Saprophyten an Holz (8). – Ein fak. Syn. ist *Henningsomyces* O. KUNTZE 1898; Parhomonyme sind *Solena* LOUR. 1790 (*Cucurbitaceae*) und *Solena* WILLD. 1797 (*Rubiaceae*). – VI Bild 16.

Sowerbyella NANNF. 1938 (f), Wurzelbecherling. T: *Peziza radiculata* SOW. : FR. *Pyronemataceae.* 9 Arten, Saprophyten im Boden (3). –II 238.

Sparassis FR. 1821 (f), Glucke. T: *Clavaria crispa* WULF. in JACQ. (: FR.). *Sparassidaceae.* 3 Arten: *S. brevipes* KROMBH., *S. crispa* (WULF.) : FR. und *S. simplex* REID, Saprophyten an Holz und Wurzelparasiten an Gehölzen, Braunfäule (7, 9). – I 182. VI Bild 33.

Spathularia PERS. 1797 : FR. 1821 (f), Spateling. T: *S. flavida* PERS. : FR. *Geoglossaceae.* 3–4 Arten, Saprophyten im Boden (4). – II 264.

Sphacelia LÉV. 1827 (f). T: *S. segetum* LÉV. *Tuberculariaceae.* 5 Arten, Parasiten an monokotyledonen Pflanzen; Anam. zu *Claviceps* L. TUL. 1853.

Sphaerobasidium OBERW. 1965 (n), Kugelbasidie. T: *Xenasma minutum* J. ERIKSS. *Ceratobasidiaceae.* 2 Arten: *S. minutum* (J. ERIKSS.) OBERW. ex JÜLICH und *S. subinvisibile* LIBERTA, Saprophyten an Holz (6).

Sphaerobolus TODE 1790 : PERS. 1801 (m), Kugelschneller. T: *S. stellatus* TODE : PERS. *Sphaerobolaceae.* 1 Art: *S. stellatus* TODE : PERS. und mehrere ungeklärte Arten, Saprophyten an Holz (21). – II 157.

Sphaerosoma KLOTZSCH in A. DIETRICH 1839 (n). T: *S. fuscescens* KLOTZSCH in A. DIETRICH. *Pyronemataceae.* 1 Art: *S. fuscescens* KLOTZSCH, Saprophyt im Boden (1, 3). – Vgl. *Svrcekia.*

Sphaerospora (VIDO) SACC. 1889 (f). T: *Peziza trechispora* BERK. & BR. Homonym zu *Sphaerospora* KLATT 1863 (*Iridaceae*); fak. Syn. zu *Scutellinia* (CKE.) LAMBOTTE 1887.

Sphaerosporella (SVR.) SVR. & KUBIČKA 1961 (f). T: *Peziza brunnea* ALB. & SCHW. : FR. *Pyronemataceae.* 2 Arten: *S. brunnea* (ALB. & SCHW. : FR.) SVR. & KUBIČKA und *S. hinnulea* (BERK. & BR.) RIFAI, Saprophyten im Boden und auf Brandstellen (3). – Vgl. *Humaria, Trichophaea.*

Sphaerozone ZOBEL in CORDA 1854 (n). T: *S. tulasnei* ZOBEL in CORDA [= *S. ostiolatum*]. *Pezizaceae.* 1 Art: *S. ostiolatum* (L. TUL. & C. TUL.) SETCHELL, Saprophyt im Boden (1).

Sphagnicola VEL. 1934 (f). T: *Peziza ciliifera* KARST. Obl. Syn. zu *Ciliatula* VEL. 1922; Syn. zu *Pezoloma* CLEM. 1909.

Spiniger STALPERS 1974 (m). T: *S. meineckellus* (OLSON) STALPERS. *Moniliaceae.* Mehrere Arten, Anam. zu *Heterobasidion* BREF. 1888 und *Laurilia* POUZ. 1959.

Spongipellis PAT. 1887 (f), Schwammporling. T: *Boletus spumeus* SOW. (: FR.). *Coriolaceae.* 5–6 Arten, Saprophyten und Schwächeparasiten an Laubholz, Weißfäule (10, 12, 14). – VI Bild 20.

Spongiporus MURR. 1905 (m), Saftporling. T: *Polyporus leucospongia* CKE. & HARKNESS (westliches Nordamerika). *Coriolaceae.* 14 Arten, Saprophyten an Holz und Wundparasiten, Braunfäule (13, 14). – II 45, 46.

Sporotrichum LINK 1809 : FR. 1832 (n). T: *S. aureum* LINK [= *S. aurantiacum*]. *Moniliaceae.* 3 Arten, Anam. zu *Laetiporaceae: S. aurantiacum* (BULL. : FR.) FR. zu *Pycnoporellus*; *S. pruinosum* GILMAN & ABOTT zu *Phanerochaete*; *S. versisporum* (C. G. LLOYD) STALPERS zu *Laetiporus.* Saprophyten und Parasiten an Laubholz, Braunfäule (23). – Vgl. I 167.

Sprагueola MASSEE 1896 (f). T: *S. americana* MASSEE [= *S. irregularis* (PECK) NANNF., Nordamerika]. Fak. Syn. zu *Neolecta* SPEG. 1881.

Squamanita IMBACH 1946 (f), Schuppenwulstling. T: *S. schreieri* IMBACH. *Armillariaceae.* 6 Arten, Saprophyten im Boden und an Holz, Westeuropa bis DDR und Schweden (18). – III 223.

Steccherinum S. F. GRAY 1821 (n), Stachelseitling. T: *Hydnum ochraceum* PERS. in J. F. GMEL. : FR. *Steccherinaceae.* 5 Arten, Saprophyten an Holz (10). – VI Bild 18. Vgl. *Odontia.*

Stephanospora PAT. 1914 (f). T: *Hydnangium caroticolor* BERK. *Stephanosporaceae.* 1 Art: *S. caroticolor* (BERK.) PAT., hypogäisch in Wäldern (1).

Stephensia TUL. 1845 (f). T: *Genea bombycina* VITT. *Tuberaceae.* 3 Arten: *S. bombycina* (VITT.) TUL., *S. crocea* QUÉL. und *S. peyronelii* MATT., Hypogäen (1).

Sterellum KARST. 1889 (n). T: *Thelephora pini* SCHLEICH. : FR. Fak. Syn. zu *Peniophora* CKE. 1879; entspricht *Peniophora* sect. *Sterellum* (KARST.) PARM. 1968.

Stereopsis REID 1965 (f). T: *Stereum radicans* BERK. (Tropen). *Podoscyphaceae.* 1 Art: *S. vitellina* (PLOWR.) REID, Saprophyt im Boden (7, 11).

Stereum PERS. 1794 (n), Schichtpilz, Lederschwamm. T: *Thelephora hirsuta* WILLD. : FR. *Stereaceae.* 9 Arten, Saprophyten an Holz, Weißfäule (6, 7). – II 110, 112, 113.

Stichoclavaria ULBRICH 1928 (f). T: *Clavaria falcata* PERS. : FR. [= *C. acuta* SOW. : FR.]. Fak. Syn. zu *Clavaria* SW. 1811: FR. 1821 (Nomen conservandum). – *Stichoclavaria* sensu ULBRICH, JUEL ist *Multiclavula* R. H. PETERSEN 1967.

Stichoramaria ULBRICH 1928 (f). T: *Ramaria cristata* HOLMSK. (: FR.). Obl. Syn. zu *Clavulina* SCHROET. 1888.

Stigmatolemma KALCHBR. 1882 (n). T: *S. incanum* KALCHBR. (Südafrika). *Tricholomataceae.* 5 Arten, Saprophyten an Holz. keine Großpilze.

Stilbum TODE 1790 : FR. 1832 (n), Stielkügelchen. T: *S. vulgare* TODE : FR. *Ecchynaceae.* 1 Art: *S. vulgare* TODE : FR., Saprophyt an Holz (9).

Strangulidium POUZ. 1967 (n). T: *Polyporus sericeomollis* ROMELL. Fak. Syn. zu *Oligoporus* BREF. 1888.

Strobilomyces BERK. 1851 (m), Strubbelkopf. T: *Boletus strobilaceus* SCOP. : FR. *Strobilomycetacea.* 1 Art: *S. strobilaceus* (SCOP. : FR.) BERK., Ektomykorrhiza mit Laubbäumen (15). – I 164.

Strobilurus SING. 1962 (m), Nagelschwamm. T: *Agaricus conigenoides* ELL. (Nordamerika). *Tricholomataceae.* 3 Arten: *S. eculentus* (WULF. : FR.) SING., *S. stephanocystis* (HORA) SING. und *S. tenacellus* (PERS. : FR.) SING., Saprophyten an Koniferenzapfen (18). – III 146–148.

Stromatinia (BOUD.) BOUD. 1907 (f). T: *Peziza rapulum* BULL. : FR. *Sclerotiniaceae.* 4 Arten, Parasiten an Rhizomen, Knollen und Zwiebeln von *Liliaceae* und *Iridaceae.* Anam. = *Sclerotium* TODE 1790 : FR. 1822 (ohne Typusart) (3).

Stromatoscypha DONK 1951 (f), Porenbecherpilz. T: *Boletus fimbriatus* PERS. (: FR.). Obl. Syn. zu *Porotheleum* FR. 1818 : FR. 1828.

Stropharia (FR.) QUÉL. 1872 (f), Träuschling. T: *Agaricus aeruginosus* CURT. : FR. *Strophariaceae.* 18 Arten, Saprophyten im Boden, an Holz, Dung, faulem Stroh (18). – I 42, IV 231, 250–260.

Stypella A. MÖLLER 1895 (f). t: *S. papillata* A. MÖLLER. *Tremellaceae.* 1 Art: *S. vermiformis* (BERK.) REID, Saprophyt an Nadelholz (5).

Subulicium HJORTST. & RYV. 1979 (n). T: *Peniophora lauta* JACKS. *Corticiaceae.* 2 Arten: *S. lautum* (JACKS.) HJORTST. & RYV. und *S. rallum* (JACKS.) JÜLICH & STALPERS, Saprophyten an Laub- und Nadelhoz (6).

Subulicystidium PARM. 1968 (n). T: *Hypochnus longisporus* PAT. *Xenasmataceae ?* 1 Art: *S. longisporum* (PAT.) PARM., Saprophyt an Laubholz. Anam. = *Aegeritina* JÜLICH 1984 (6).

Suillosporium POUZ. 1958 (n). t: *Pellicularia cystidiata* ROG. *Coniophoraceae.* 1 Art: *S. cystidiatum* (ROG.) POUZ., Saprophyt an Nadelholz (6).

Suillus MICH. ex S. F. GRAY 1821 (m), (Schleim)Röhrling, Butterpilz, Schmerling. T: *Boletus luteus* L. : FR. *Boletaceae.* 18 Arten, Ektomykorrhiza mit Nadelbäumen (15). – I 143–148, II 19–22.

Svrcekia KUBIČKA 1960 (f). T: *Barlaea macrospora* VEL. [= *Boudiera areolata* CKE. & PHILL.]. Fak. Syn. zu *Boudiera* CKE. 1877.

Svrcekomyces J. MORAVEC 1976 (m). T: *Pseudombrophila guldeniae* SVR. [= *Nannfeldtiella aggregata* ECKBL.]. Obl. Syn. zu *Nannfeldtiella* Eckbl. 1968.

Syzygospora G. W. MARTIN 1937 (f). T: *S. alba* G. W. MARTIN (Panamá). *Moniliaceae ?* Anam. zu *Christiansenia* G. W. MARTIN 1937 (*Corticiaceae*). – Nach GINNS 1986 jedoch eine Teleomorphe !

Tapinella GILB. 1931 (f), Muschelkrempling. T: *Paxillus panuoides* FR. : FR. *Paxillaceae.* 1 Art: *T. panuoides* (FR. : FR.) GILB., Saprophyt an Nadelholz, Braunfäule (16) – III 290.

Tapinia (FR.) KARST. 1879 (f). T: *Paxillus panuoides* FR. : FR. Homonym zu *Tapinia* STEUD. 1841 (*Anacardiaceae*); obl. Syn. zu *Tapinella* GILB. 1931.

Tarzetta (CKE.) LAMBOTTE 1887 (f), Napfbecherling. T: *Peziza tarzetta* CKE. [= *T. catinus* (HOLMSK. : FR.) KORF & ROG.] *Pyronemataceae.* 6 Arten, Saprophyten im Boden (3). – II 240.

Tectella EARLE 1909 (f), Schleierseitling. T: *Panus operculatus* BERK. & CURT. [= *T. patellaris*]. *Tricholomataceae.* 1 Art: *T. patellaris* (FR.) MURR., Saprophyt an Holz (16).

Telamonia (FR.) WÜNSCHE 1877 (f), Gürtelfuß. T: *Agaricus torvus* FR. : FR. *Cortinariaceae.* Fak. Syn. zu *Cortinarius* (PERS.) ROUSSEL 1806; entspricht *Cortinarius* subg. *Telamonia* (FR.) LOUDON 1829.

Tephrocybe DONK 1962 (f), Graublatt. T: *Agaricus rancidus* FR. *Tricholomataceae.* 24 Arten, Saprophyten im Boden (18). – III 163–166.

Terana ADANS. 1763 (f). T: *Thelephora coerulea* LAM. : FR. *Corticiaceae* (oder *Peniophoraceae*). 1 Art: *T. coerulea* (LAM. : FR.) O. KUNTZE, Saprophyt an Laub- und (selten) Nadelholz (6, 7).

Terfezia TUL. 1851 (f), Wüstentrüffel. T: *T. leonis* TUL. *Terfeziaceae.* Etwa 10 Arten, Hypogäen in Halbwüsten und Macchien, Mittelmeergebiet, Ungarn (1).

Tetragoniomyces OBERW. & BANDONI 1981 (m). T: *Tremella uliginosa* KARST. *Tremellaceae.* 1 Art: *T. uliginosus* (KARST.) OBERW. & BANDONI, Saprophyt an faulendem Laub und an Sklerotien von *Rhizoctonia* (5).

Thanatephorus DONK 1956 (m), Wurzeltöter. T: *Hypochnus solani* PRILL. & DELACROIX. *Ceratobasidiaceae.* 5 Arten, Pflanzenparasiten, Endomykorrhiza mt Orchideen. Anam. = *Rhizoctonia* DC. 1816 : FR. 1821 und *Orcheomyces* BURGEFF ex WOLFF 1925.

Thecotheus BOUD. 1869 (m). T: *Ascobolus pelletieri* CROUAN. *Ascobolaceae.* Etwa 4 Arten, Saprophyten an Dung und an Holz (3).

Thelephora EHRH. ex WILLD. 1787 : FR. 1821 (f), Warzenpilz, Wärzling. T: *Th. terrestris* EHRH. : FR. *Thelephoraceae.* 14 Arten, Ektomykorrhiza (6, 7, 9). – II 103, 104, 106.

Tomentella PERS. 1799 (f). T: *T. chalybaea* PERS. (Species dubia). Nomen dubium, Homonym zu *Tomentella* PAT. 1887 (Nomen conservandum).

Tomentella PAT. 1887 (f), Filzpilz. T: *Corticium ferrugineum* PERS. emend. PAT. *Thelephoraceae.* Nomen conservandum; Homonym zu *Tomentella* PERS. 1799. Etwa 40 Arten, Saprophyten an Holz (6, 10).

Tomentellastrum SVR. 1958 (n). T: *Thelephora fuscocinerea* PERS. : FR. *Thelephoraceae.* 7 Arten, Saprophyten an Holz und in Humus (6).

Tomentellina HÖHN. & LITSCH. 1906 (f). T: *T. ferruginosa* HÖHN. & LITSCH. [= *T. fibrosa*]. *Thelephoraceae.* 1 Art: *T. fibrosa* (BERK. & CURT.) LARSEN, Saprophyt bes. an Nadelholz (6).

Tomentellopsis HJORTST. 1970 (f). T: *Corticium echinosporum* ELL. *Thelephoraceae.* 5 Arten, Saprophyten an Laub- und Nadelholz (6).

Torrendia BRES. 1902 (f). T: *T. pulchella* BRES. *Torrendiaceae.* 1 Art: *T. pulchella* BRES., bodenbewohnend im westl. Mittelmeergebiet (21).

Trametella PINTO-LOPES 1952 (f). T: *Trametes hirsuta* BAGL. [= *T. extenuata* (DUR. & MONT.) DOM.]. Fak. Syn. zu *Coriolopsis* MURR. 1905.

Trametes FR. 1836 (f), Tramete, Lederporling. T: *Polyporus suaveolens* FR., non L. *Coriolaceae.* Saprophyten und Wundparasiten an Laub-, selten Nadelholz, Weißfäule, 9 Arten (12, 14). – II 48, 49, 52, 53. Vgl. *Antrodiella, Diplomitoporus, Trichaptum.*

Trechispora KARST. 1890 emend. LIBERTA 1973 (f). T: *T. onusta* KARST. *Corticiaceae* oder *Ceratobasidiaceae.* 13 Arten, Saprophyten an Holz (6, 10, 13).

Tremella L. 1753 (f). T: ? Die Gattung enthält bei LINNAEUS Algen, Cyanobakterien und Pilze, jedoch keine Gallertpilze. Homonym zu *Tremella* PERS. 1794 : FR. 1822.

Tremella PERS. 1794 : FR. 1822 (f), Zitterling.T: *T. mesenterica* RETZ. : FR. *Tremellaceae.* Nomen conservandum, Homonym zu *Tremella* L. 1753. 25 Arten, Saprophyten an Holz und Parasiten an Pilzfruchtkörpern (5). – II 200–202.

Tremellodendropsis (CORNER) D. A. CRAWFORD 1954 (f). T: *Merisma tuberosum* GREV. *Tremellaceae.* 1 Art: *T. tuberosa* (GREV.) D. A. CRAWFORD, Saprophyt im Boden (9).

Tremellodon (PERS.) FR. 1874 (m). T: *Hydnum gelatinosum* SCOP. : FR. Obl. Syn. zu *Pseudohydnum* KARST. 1868.

Tremiscus (PERS.) LÉV 1846 (m), Gallerttrichter. T: *Tremella rufa* JACQ. 1778 [= *T. helveloides*]. *Tremellaceae.* 1 Art: *T. helveloides* (DC. : FR.) DONK, Saprophyt an Holz (?) in Streu über Kalkböden (5). – II 204.

Trichaptum MURR. 1904 (n), Violettporling. T: *Polyporus trichomallus* BERK. & MONT. (Trop. Amerika). *Coriolaceae.* 4 Arten, Saprophyten an Laub- und bes. Nadelholz, Weißfäule (10, 14, 16). – II 50.

Tricharina ECKBL. 1968 (f). T: *Peziza gilva* BOUD. & CKE. *Pyronemataceae.* Etwa 7 Arten, Saprophyten an Boden und Holzkohle.

Trichaster CZERN. 1845 (m), Haarstern. T: *T. melanocephalus* CZERN. Fak. Syn. zu *Geastrum* PERS. 1794 : PERS. 1801; entspricht *Geastrum* subg. *Trichaster* (CZERN.) P. PONCE 1968.

Trichoderma PERS. 1801 : FR. 1829 (n). T: *T. viride* PERS. : FR. *Moniliaceae.* Etwa 20 Arten, Anam. zu *Hypocrea* FR. 1825 (*Hypocreaceae*), Saprophyten.

Trichoglossum BOUD. 1885, (n), Haarzunge. T: *Geoglossum hirsutum* PERS. : FR. *Geoglossaceae.* 5 Arten, Saprophyten im Boden und Torfmoospolstern (4). – II 262.

Tricholoma (FR.) STAUDE 1857 (n), Ritterling. T: *Agaricus flavovirens* PERS. : FR. *Tricholomataceae.* Nomen conservandum, Homonym zu *Tricholoma* BENTHAM in DC. 1846 (*Scrophulariaceae*). Etwa 66 Arten, Ektomykorrhiza mit Laub- und Nadelbäumen, z. T. giftig (18). – I 66–78, 80, III 204–216, 218, 220–222.

Tricholomopsis SING. 1939 (f), Holzritterling. T: *Agaricus rutilans* SCHAEFF. : FR. 4 Arten, Saprophyten an Nadelholz (18). – I 81. Vgl. *Megacollybia.*

Tricholosporum GUZMÁN 1975 (n). T: *Tricholoma goniospermum* BRES. Fak. Syn. zu *Tricholoma* (FR.) STAUDE 1857.

Trichophaea BOUD. 1885 (f). T: *Peziza woolhopeia* CKE. & PHILL. *Pyronemataceae.* 11 Arten, Saprophyten im Boden und auf Brandstellen (3).

Trichophaeopsis KORF & ERB 1972 (f). T: *Ciliaria bicuspis* BOUD. *Pyronemataceae.* 3 Arten: *T. bicuspis* (BOUD.) KORF & ERB, *T. latispora* J. MORAVEC und *T. tetraspora* DISSING & PAULSEN, Saprophyten im Boden, an Blättern, Holz und Dung (3).

Trichoscyphella NANNF. 1932 (f). T: *Dasyscypha willkommii* (HARTIG) REHM. Fak. Syn. zu *Lachnellula* KARST. 1884.

Trichothecium LINK 1809 : FR. 1832 (n). T: *T. roseum* PERS. (: FR.). *Moniliaceae.* 5 Arten, Saprophyten an Laubholz; *T. roseum* (PERS. : FR.) LINK = Anam. zu *Corticium* PERS. 1794 (*Corticiaceae*).

Trogia FR. 1836 (f). T: *T. montagnei* FR. (Indien). *Tricholomataceae.* Nach Ausschluß der von CORNER (1966) und DÖRFELT (1976) hierher gestellten europäischen Arten nicht im Gebiet vertreten; vgl. *Mycena* (PERS.) ROUSSEL 1806 und *Hemimycena* SING. 1938.

Truncospora PIL. ex PIL. 1953 (f). T: *Polyporus ochroleucus* BERK. *Coriolaceae.* 1 Art: *T. ochroleuca* (BERK.) PIL., Saprophyt an Laub- und Nadelholz, Weißfäule, Mittelmeergebiet (14). – Vgl. *Poria.*

Tubaria (W. G. SMITH) GILL. 1878 (f), Wurzelschnitzling. T: *Agaricus furfuraceus* PERS. : FR. *Stropharaiceae.* 11 Arten, Saprophyten an Holz und im Boden (17, 18). – IV 23, 24.

Tuber TOURN. ex ADANS. 1763 : FR. 1823 (n), Trüffel. T: *T. cibarium* FR. *Tuberaceae.* Etwa 30 Arten, Ektomykorrhiza (1). – I 200, II 285–289.

Tubercularia TODE 1790 : FR. 1821 (f). T: *T. vulgaris* TODE : FR. *Tuberculariaceae.* Nomen conservandum, Homonym zu *Tubercularia* WEBER in WIGGERS 1780 (*Lichenes*) und *Tubercularia* STACKHOUSE 1816 (*Algae*). Mehrere Arten, darunter *T. vulgaris* TODE : FR. und *T. aurantiaca* (BABINGTON) SEIFERT, Anam. zu *Nectria* FR. 1849 (*Nectriaceae*) (23). – II 280.

Tubulicium OBERW. 1965 (n). T: *Peniophora vermifera* BOURD. *Corticiaceae.* 1 Art: *T. vermiferum* (BOURD.) Oberw. ex JÜLICH, Saprophyt an Holz (6).

Tubulicrinis DONK 1956 (f). T: *Corticium glebulosum* BRES. *Xenasmataceae ?* Etwa 20 Arten, Saprophyten an Holz (6).

Tubulixenasma PARM. 1965 (n). T: *Peniophora vermifera* BOURD. Obl. Syn. zu **Tubulicium** OBEW. 1965.

Tulasnella SCHROET. 1888 (f). T: *T. lilacina* SCHROET. [= *T. violea* (PERS.) BOURD. & GA.]. *Tulasnellaceae.* Etwa 30 Arten, Saprophyten an Holz (5, 6).

Tulostoma PERS. 1794 : PERS. 1801 (n), Stielbovist. T: *T. brumale* PERS. : PERS. *Tulostomataceae.* Etwa 15 Arten, Saprophyten im Boden xerothermer Standorte (21). – II 175, 176.

Tylopilus KARST. 1881 (m), Gallenröhrling. T: *Boletus felleus* BULL. : FR. *Boletaceae.* 1 Art: *T. felleus* (BULL. : FR.) KARST. Ektomykorrhiza mit Laub- und Nadelbäumen (15). – I 152. Vgl. *Porphyrellus.*

Tylospora DONK 1960 (f). T: *Hypochnus asterophora* BON. *Corticiaceae.* 2 Arten: *T. asterophora* (BON.) DONK und *T. fibrillosa* (BURT) DONK, Saprophyten an Holz und im Boden (6).

Tylostoma SPRENGEL 1825/28 (n). Orthogr. Variante zu *Tulostoma* PERS. 1794 : PERS. 1801.

Typhula FR. 1821 (f), Fadenkeulchen. T: *Clavaria phacorrhiza* REICHARD (: FR.). *Clavariaceae.* Etwa 60 Arten, Saprophyten im Boden, an Pflanzenresten und fakultat. Pflanzenparasiten. Anam. = *Sclerotium* TODE 1790 : FR. 1822 (9). – II 136–138.

Tyrodon KARST. 1881 (m). T: *Hydnum repandum* L. : FR. Obl. Syn. zu *Hydnum* L. 1753 : FR. 1821.

Tyromyces KARST. 1881 (m), Weißporling. T: *Polyporus chioneus* FR. : FR. *Coriolaceae.* 4 Arten, Saprophyten an Holz, Weißfäule (14). – Vgl. *Aurantiporus, Bjerkandera, Skeletocutis* und *Spongiporus.*

Ulocolla BREF. 1888 (f). T: *Tremella spiculosa* var. *saccharina* ALB. & SCHW. Fak. Syn. zu *Exidia* FR. 1822.

Uloporus QUÉL. 1886 (m). T: *Boletus lividus* BULL. : FR. Obl. Syn. zu *Gyrodon* OPATOWSKI 1836.

Uncobasidium HJORTST. & RYV. 1978 (n). T: *U. luteolum* HJORTST. & RYV. Fak. Syn. zu *Cerocorticium* P. HENN. 1899.

Ungulina PAT. 1900 (f). T: *Boletus fomentarius* L. (: FR.). Obl. Syn. zu *Fomes* (FR.) FR. 1849.

Urnobasidium PARM. 1968 (n). T: *Corticium sernanderi* LITSCH. *Ceratobasidiaceae.* 1 Art: *U. sernanderi* (LITSCH.) PARM., Saprophyt an Holz (6).

Urnula FR. 1849 (f), Kelchpilz. T: *Peziza craterium* SCHW. *Sarcoscyphaceae.* Etwa 4 Arten, Saprophyten an Holz (3). = II 234.

Urosporellina HORAK 1968 (f), Klebknäuling. T: *Agaricus striatulus* PERS. : FR. (Species dubia). Nomen dubium. – *Urosporellina* sensu HORAK = fak. Syn. zu *Panellus* KARST. 1879.

Ustulina TUL. 1863 (f), Brandfladen. T: *U. vulgaris* TUL. [= *Hypoxylon deustum* (FR.) GREV.]. Fak. Syn. zu *Hypoxylon* BULL. 1791 : FR. 1832.

Uthatobasidium DONK 1956 (n). T: *Hypochnus fusisporus* SCHROET. *Ceratobasidiaceae.* 3 Arten: *U. citriforme* CHRIST., *U. fusisporum* (SCHROET.) DONK und *U. ochraceum* (MASSEE) DONK, Saprophyten an Holz und Pflanzenresten (6). – Vgl. *Thanatephorus.*

Vararia KARST. 1898 (f), Gabelfilzlager. T: *Radulum investiens* SCHW. *Lachnocladiaceae.* 5 Arten, Saprophyten an Holz (6, 10).

Vascellum F. ŠMARDA 1958 (n), Staubbecher. T: *Lycoperdon depressum* BON. [= *V. pratense*]. *Lycoperdaceae.* 1 Art: *V. pratense* (PERS. : PERS.) KREISEL, Saprophyt im Boden (21). – II 148.

Velomycena PIL. 1953 (f). T: *V. pallida* PIL. Fak. Syn. zu *Galerina* EARLE 1909.

Verpa SW. 1815 : FR. 1822 (f), Verpel. T: *Phallus conicus* TIMM (: FR.) *Morchellaceae.* 2 (und einige ungeklärte) Arten: *V. bohemica* (KROMBH.) SCHROET. und *V. conica* (TIMM : FR.) SW., Saprophyten im Boden (4). – II 211, 212.

Verpatinia WHETZEL & DRAYTON 1945 (f). T: *V. calthicola* WHETZEL. *Sclerotiniaceae* oder *Geoglossaceae.* 2 Arten: *V. calthicola* WHETZEL und *V. spiraeicola* DENNIS, Saprophyten in Pflanzenresten (4).

Versipellis QUÉL. 1886 (f). T: *Boletus subtomentosus* L. : FR. Obl. Syn. zu *Xerocomus* QUÉL. 1887 (Nomen conservandum).

Verticicladium PREUSS 1851 (n). T: *V. trifidum* PREUSS. *Dematiaceae.* 1 Art: *V. trifidum* PREUSS, Saprophyt in Nadelstreu; Anam. zu *Desmazierella* LIB. 1829.

Verticillium NEES 1817 (n). T: *V. tenerum* NEES (: FR.) [= *V. lateritium* (EHRENB. : FR.) RABENH.]. *Moniliaceae.* Etwa 40 Arten, Saprophyten im Boden, Parasiten an Pflanzen und Insekten; z. T. Anam. zu *Nectria* FR. 1849 und *Cordyceps* (FR.) LINK 1833.

Vesiculomyces HAGSTRÖM 1977 (m). T: *Thelephora citrina* PERS. [= *V. radiosus*]. *Corticiaceae.* 1 Art: *V. radiosus* (FR. : FR.) ined., Saprophyt an Laub- und Nadelholz (6).

Vibrissea FR. 1822 (f), Fadenscheibchen. T: *Leotia truncorum* ALB. & SCHW. (: FR.). *Ostropaceae* oder *Helotiaceae.* 1 Art: *V. truncorum* (ALB. & SCHW.) : FR., Saprophyt an Holz im Süßwasser (3, 4). – II 266.

Volvaria (FR.) KUMM. 1871 (f). T: *Agaricus volvaceus* BULL. : FR. Homonym zu *Volvaria* DC. 1805 (*Lichenes*); fak. Syn. zu *Volvariella* SPEG. 1899.

Volvariella SPEG. 1899 (f), Scheidling. T: *V. argentina* SPEG. (Südamerika). *Pluteaceae.* Nom. cons. 14 Arten, Saprophyten an Holz, im Boden und in Fruchtkörpern von Basidiomyzeten (19). – I 15, III 31–38.

Vuilleminia MRE. 1902 (f), Rindenfresser, Rindensprenger. T: *Thelephora comedens* NEES 1817 : FR. 1821. *Corticiaceae* (oder *Peniophoraceae*). 2 Arten: *V. comedens* (NEES : FR.) MRE. und *V. megalospora* BRES., Saprophyten an Laubholz (6).

Wakefieldia CORNER & HAWKER 1953 (f). T: *Sclerogaster macrosporus* HAWKER. *Octavianinaceae.* 1 Art: *W. macrospora* (HAWKER) HAWKER, Hypogäe in Laubwäldern, Westeuropa (1).

Whetzelinia KORF & DUMONT 1972 (f). T: *Peziza sclerotiorum* LIB. Obl. Syn. zu *Sclerotinia* FUCK. 1870 emend. WHETZEL.

Wilcoxina YANG & KORF 1985 (f). T: *Tricharina mikolae* YANG & KORF. *Pyronemataceae.* 2 Arten: *W. mikolae* (YANG & KORF) YANG & KORF und *W. rehmii* YANG & KORF, Saprophyten im Boden (3).

Woldmaria W. B. COOKE 1962 (f). T: *Solenia crocea* KARST. „*Cyphellaceae*". 1 Art: *W. crocea* (KARST.) W. B. COOKE, Saprophyt an toten Stengeln und Blattbasen von Farnen (*Matteuccia*); kein Großpilz.

Wynnella BOUD. 1885 (f), Ohrlorchel. T: *Peziza auricula* BRES. [= *W. silvicola*]. *Helvellaceae.* 1 Art: *W. silvicola* (BECK) NANNF., Saprophyt in Waldboden (3).

Xanthochrous PAT. 1897 (m). T: *Boletus perennis* L. (: FR.). Obl. Syn. zu *Coltricia* S. F. GRAY 1821.

Xanthoporia MURR. 1916 (f). T: *Mucronoporus andersonii* ELL. & EV. *Hymenochaetaceae.* 1 Art: *X. andersonii* (ELL. & EV.) MURR., Parasit an Laubbäumen, Weißfäule, Osteuropa (13). – Vgl. *Inonotus.*

Xenasma DONK 1957 (n). T: *Corticium rimicolum* KARST. *Xenasmataceae.* 4 Arten, Saprophyten an Holz (6).

Xenasmatella OBERW. 1965 (f). T: *Corticium subflavidogriseum* LITSCH. *Xenasmataceae.* 4 Arten, Saprophyten an Holz und Pflanzenresten (6).

Xenogloea H. & P. SYD. 1919 (f). T: *Kriegeria eriophori* BRES. Obl. Syn. zu *Kriegeria* BRES. 1891.

Xenolachne ROG. 1947 (f). T: ? *Tremellaceae.* 1 Art: *X. longicornis* HAUERSLEV, Parasit in Apothezien von *Ascomycetes,* Dänemark (5).

Xenosperma OBERW. 1965 (n). T: *Xenasma ludibundum* ROG. & LIBERTA. *Xenasmataceae.* 1 Art: *X. ludibundum* (ROG. & LIBERTA) OBERW. ex JÜLICH, Saprophyt an Holz (6).

Xerocomus QUÉL. 1887 (m), Filzröhrling, Ziegenlippe. T: *Boletus subtomentosus* L. : FR. Nomen conservandum. 10 Arten, Ektomykorrhiza mit Laub- und Nadelbäumen, auch Parasiten an Gasteromyzeten (*Scleroderma*) (15). – I 149–151, II 15, 16.

Xeromphalia KÜHNER & MRE. 1934 (f), Glöckchennabeling. T: *Agaricus campanella* BATSCH : FR. *Tricholomataceae.* 4 Arten, Saprophyten an Holz und im Boden (17). – I 109, III 127.

Xeromphalina KÜHNER & MRE. 1934 (f). Später publizierte orthogr. Variante zu *Xeromphalia* KÜHNER & MRE.

Xeromycena KÜHNER 1938 (f). T: *Agaricus myosurus* FR. : FR. Nomen nudum; obl. Syn. zu *Baeospora* SING. 1938.

Xerula MRE. 1933 (f), Wurzelrübling. T: *Agaricus longipes* BULL., non SCOP. [= *X. pudens* (PERS.) SING.]. *Tri-*

cholomataceae. 5 Arten, Saprophyten an toten Wurzeln von Laub- und Nadelbäumen (18). – I 106.

Xylaria HILL ex SCHRANK 1789 (f), Holzkeule. T: *Sphaeria digitata* WEBER [= *X. hypoxylon* (L. : FR.) GREV.]. *Xylariaceae.* Nomen conservandum. 7 Arten, Saprophyten an Holz und Fruchthüllen, außerdem einige tropische Arten in Gewächshäuser eingeschleppt. Anam. = *Xylocoremium* J. D. ROGERS 1984 (2). – II 178, 179.

Xylaria S. F. GRAY 1821 (f). T: *Clavaria militaris* L. : FR. Homonym zu *Xylaria* HILL ex SCHRANK 1789 (Nomen conservandum); obl. Syn. zu *Cordyceps* (FR.) LINK 1833 (Nomen conservandum).

Xylobolus KARST. 1881 (m), Mosaikschichtpilz. T: *Thelephora frustulata* PERS. : FR. *Stereaceae.* 2 Arten: *X. frustulatus* (PERS. : FR.) KARST. und *X. subpileatus* (BERK. & CURT.) BOID., Saprophyten an Holz, Weißlochfäule (6, 7). – VI Bild 12.

Xylocoremium J. D. ROGERS 1984 (n). T: *Sphaeria flabelliformis* SCHW. : FR. (Nord- und Mittelamerika). *Deuteromycetes.* Saprophyten an Holz, Anam. zu *Xylaria* HILL ex SCHRANK 1789; europäische Arten noch nicht beschrieben (23). – Vgl. II 275, 276.

Xylodon KARST. 1881 (m). T: *Hydnum paradoxum* SCHRAD. : FR. Homonym zu *Xylodon* (PERS.) S. F. GRAY 1821 (nomen dubium); obl. Syn. zu *Schizopora* VEL. 1922.

Xylomyzon PERS. 1825 (n). T: *Merulius destruens* PERS. [= *Serpula lacrymans* (WULF. : FR.) SCHROET.]. Obl. Syn. zu *Serpula* (PERS.) S. F. GRAY 1821.

Xylosphaera DUM. 1822 (f). T: *Sphaeria polymorpha* PERS. : FR. Fak. Syn. zu *Xylaria* HILL ex SCHRANK 1789 (Nomen conservandum).

Zelleromyces SING. & A. H. SMITH 1960 (m), Milchtrüffel. T: *Z. cinnabarinus* SING. & A. H. SMITH (Nordamerika). *Elasmomycetaceae.* 1 Art: *Z. stephensii* (BERK.) A. H. SMITH, Hypogäe, vermutlich Ektomykorrhiza (1, 20).

Zerovaemyces GOROVOY 1977 (m). T: *Z. copriniformis* GOROVOY. Fak. Syn. zu *Rhacophyllus* BERK. & BR. 1871.

Nachtrag

Athelicium K.-H. LARSSON & Hjortst. 1986 (n). T: *A. stridii* K.-H. LARSSON & HJORTST. *Ceratobasidiaceae.* 1 Art: *A. stridii* K.-H. LARSSON & HJORTST., Saprophyt an Holz (nicht aufgeschlüsselt).

Daleomyces SETCHELL 1924 (m). T: *Aleuria proteana* BOUD. Fak. Syn. zu *Peziza* WILLD. 1787 : FR. 1822; entspricht *Peziza* sect. *Daleomyces* (SETCHELL) G. HIRSCH ined.

Galera (FR.) KUMM. 1871 (f). T: *Agaricus hypnorum* SCHRANK : FR. Homonym zu *Galera* BLUME 1825 (*Orchidaceae*); fak. Syn. zu *Galerina* EARLE 1909. – Vgl. auch *Conocybe.*

Gastrocybe WATL. 1968 (f). T: *G. lateritia* WATL. *Bolbitiaceae.* 1 Art: *G. lateritia* WATL., Saprophyt in Grünlandböden, Mittelmeergebiet und Ungarn (20).

Granulocystis HJORTST. 1986 (f). T: *Phanerochaete flabelliradiata* J. ERIKSS. & HJORTST. *Corticiaceae.* 1 Art: *G. flabelliradiata* (J. ERIKSS. & HJORTST., Saprophyt an Laubholz (6).

Heliocybe REDHEAD & GINNS 1985 (f). T: *Lentinus sulcatus* BERK. *Polyporaceae.* 1 Art: *H. sulcata* (BERK.) REDHEAD & GINNS [= *Lentinus fulvidus* (BRES.) PIL.], Saprophyt an Laubholz, Braunfäule. Italien (16).

Lepidotia BOUD. 1885 (f). T: *Peziza hispida* QUÉL. in CKE. Fak. Syn. zu *Peziza* WILLD. 1787 : FR. 1822; entspricht *Peziza* sect. *Peziza* subsect. *Lepidotia* (BOUD.) G. HIRSCH ined.

Mariaella ŠUTARA 1987 (f), Kuhpilz. T: *Boletus bovinus* L. : FR. Fak. Syn. zu *Suillus* MICH. ex S. F. GRAY 1821.

Neolentinus REDHEAD & GINNS 1985 (m), Sägeblättling. T: *Lentinus kauffmanii* A. H. SMITH (Kanada). *Polyporaceae.* 3 Arten: *N. adhaerens* (ALB. & SCHW. : FR.) REDHEAD & GINNS, *N. lepideus* (FR. : FR.) REDHEAD & GINNS und *N. schaefferi* (WEINM.) REDHEAD & GINNS [= *Lentinus cyathiformis* (SCHAEFF.) BRES.], Saprophyten an Laub- und Nadelholz, Braunfäule (16). – III 99, 100.

Ossicaulis REDHEAD & GINNS 1985 (f), Holztrichterling. T: *Agaricus lignatilis* PERS. : FR. *Tricholomataceae.* 1 Art: *O. lignatilis* (PERS. : FR.) REDHEAD & GINNS, Saprophyt an Laubholz, Braunfäule (16, 18).

Pinuzza S. F. GRAY 1821 (f). T: *Boletus flavus* WITH. Fak. Syn. zu *Suillus* MICH. ex S. F. GRAY 1821.

Poria HILL ex ADANS. 1763 (f). T: MICHELI 1729, pl. 61, fig. 2 (nicht deutbare Art). Nomen dubium; älteres Homonym zu *Poria* PERS. 1794 [= *Perenniporia* MURR. sensu DONK, RYVARDEN].

Setulipes ANTONÍN 1987 (m), Schwindling. T: *Agaricus androsaceus* L. : FR. *Tricholomataceae.* 3 Arten: *S. androsaceus* (L. : FR.) ANTONÍN, *S. quercophilus* (POUZ.) ANTONÍN und *Marasmius splachnoides* FR. s.auct., Saprophyten an Pflanzenstreu, Holz und Zapfen (18). – III 134.

Tricharia BOUD. 1885 (f). T: *Peziza gilva* BOUD. & CKE. Homonym zu *Tricharia* FÉE 1825 (Flechte, Graphidales); obl. Syn. zu *Tricharina* ECKBL. 1968.

Übersicht des natürlichen Systems der Pilze

Diese Übersicht soll den Leser in die Lage versetzen, die in den Bestimmungsschlüsseln und im alphabetischen Gattungsverzeichnis anerkannten Gattungen der europäischen Großpilze systematisch einzuordnen. Im Gattungsverzeichnis ist angegeben, welcher Familie die jeweilige Gattung zuzuordnen ist. Hier nun erfolgt die Einordnung der Familien in die übergeordneten Einheiten Ordnung, Unterklasse, Klasse und Phylum (= Abteilung).

Hiermit soll jedoch nicht der Eindruck erweckt werden, es gäbe heute schon ein feststehendes natürliches System der Pilze. Die Mykologie befindet sich seit Jahren in einer Phase des Umbruchs von dem alten, künstlichen („klassischen") Pilzsystem, welches mehr den Zwecken einer bequemen Bestimmung diente und daher ziemlich schematisch war, zu einem ganz andersartigen System, welches die natürlichen (d. h. die durch die Natur selbst, durch die Abstammungsgeschichte vorgezeichneten) Verwandtschaftsverhältnisse zum Ausdruck bringen soll und dadurch wesentlich aussagekräftiger, aber auch komplizierter und für den Laien schwieriger verständlich sein wird. Es beruht nicht nur auf makroskopischen Merkmalen, sondern stützt sich auf das gesamte Arsenal der heute bekannten morphologisch-anatomischen, zytologischen, biochemischen, genetischen und anderen Merkmale.

Ein derartiges „natürliches" System der Pilze ist vorerst mehr eine Zielvorstellung als eine Realität, wenngleich sich viele Konturen heute schon deutlich abzeichnen. Fast jährlich werden noch neue, oft recht unterschiedliche Systemvorschläge und Diskussionsbeiträge veröffentlicht. Die nachfolgende Systemdarstellung versucht also lediglich, ein Fazit aus dem gegenwärtigen Stand der Diskussion zu ziehen und stellt z. T. eine Weiterentwicklung des vom Verf. in seinem Buch „Grundzüge eine natürlichen Systems der Pilze" (Jena 1969) vorgeschlagenen Systems dar, und zwar einen die europäischen Großpilze betreffenden Auszug. Die Darstellung der Askomyzeten folgt weitgehend dem „Dictionary of the Fungi" (7. ed., Kew 1983). Die Basidiomyzeten werden von einzelnen Autoren wie Jülich und Pouzar in neueren Publikationen in eine wesentlich größere Anzahl von Ordnungen und Familien aufgespalten, als es hier im „Handbuch für Pilzfreunde" praktiziert wird.

Es werden also, dem Anliegen des Handbuches entsprechend und mit den neueren Auflagen der Bände I und V übereinstimmend, nur diejenigen Familien und übergeordneten Einheiten genannt, die in Europa vorkommen und Großpilze (in dem in der Einleitung dieses Bandes dargelegten Sinne) enthalten.

Phylum: *Eumycota* v. ARX. 1967 – Echte Pilze, Chitinpilze
Klasse: *Zygomycetes* SACHS ex WINTER 1879 – Jochpilze
Ordnung: *Endogonales* KREISEL 1969
Familie: *Enogonaceae* LINK 1809
Klasse: *Ascomycetes* SACHS ex WINTER 1879 – Schlauchpilze
Ordnung: *Gymnoascales* CLEM. 1909 [*Eurotiales* DODGE 1945, *Onygenales* CIF. 1957]
Familie: *Onygenaceae* FR. 1849
Ordnung: *Pezizales* BESSEY 1907
Familie: *Ascobolaceae* SACC. 1884
Helvellaceae FR. 1822 [incl. *Rhizinaceae* BON. 1851]
Hydnotryaceae M. LANGE 1956
Karstenellaceae HARMAJA 1974
Morchellaceae (SACC.) ECKBLAD 1968
Pezizaceae FR. 1822
Pyronemataceae SCHROET. 1894 em. ECKBLAD 1968 [*Humariaceae* VEL. 1934]
Sarcoscyphaceae LE GAL ex ECKBLAD 1968
Sarcosomataceae KORF 1970
Thelebolaceae J.C. COOKE & BARR ex ECKBLAD 1968
Ordnung: *Helotiales* ? NANNF. 1932
Familie: *Ascocorticiaceae* GÄUM. 1964
Geoglossaceae DURAND 1908
Helotiaceae GÄUM. 1926 [incl. *Bulgariaceae* GÄUM. 1926, *Leotiaceae* CORDA 1842]
Hyaloscyphaceae NANNF. 1932
Sclerotiniaceae WHETZEL 1945
Dermateaceae GÄUM. 1926
Ordnung: *Tuberales* BESSEY 1907
Familie: *Geneaceae* E. FISCHER 1938
Tuberaceae DUM. 1829
Ordnung: *Elaphomycetales* TRAPPE 1979
Familie: *Elaphomycetaceae* BATAILLE 1922
Ordnung: *Sphaeriales* LINDAU 1897 em. NANNF. 1932 [incl. *Xylariales* LUTTRELL 1951]
Familie: *Boliniaceae* J. RICK 1931
Xylariaceae WINTER 1887
Ordnung: *Diatrypales* LANIER & al. 1978
Familie: *Diatrypaceae* WINTER 1887
Ordnung: *Hypocreales* ENGLER 1897
Familie: *Hypocreaceae* LINDAU 1897
Hypomycetaceae LINDAU 1897
Nectriaceae v. ARX & MÜLLER 1954
Ordnung: *Clavicipitales* NANNF. 1932
Familie: *Clavicipitaceae* NANNF. 1932
Ordnung: *Ostropales* NANNF. 1932
Familie: *Ostropaceae* REHM in RABENH. 1888
Ordnung: *Rhytismatales* O. ERIKSSON 1982 [*Phacidiales* auct.]
Familie: *Hypodermataceae* TERRIER 1942
Klasse: *Teliomycetes* AINSWORTH, SPARROW & SUSSMAN 1973 em. KREISEL 1983 – Rostpilze
Ordnung: *Pucciniales* CLEM. & SHEAR 1931 [*Uredinales* ARTHUR 1907, nom. anam.]
Familie: *Pucciniaceae* CHEV. 1826 *Eocronartiaceae*
Ordnung: *Septobasidiales* COUCH ex DONK 1964
Familie: *Septobasidiaceae* RACIB. 1909
Klasse: *Basidiomycetes* DE BARY ex SACHS 1874 – Ständerpilze
Unterklasse: *Heterobasidiomycetidae* G.W. MARTIN 1961 em. RAITVIIR 1961 – Gallertpilze
Ordnung: *Tremellales* DUM. 1829
Familie: *Sirobasidiaceae* A. MÖLLER 1895
Tremellaceae FR. 1821
Ordnung: *Auriculariales* SCHROET. 1885
Familie: *Auriculariaceae* FR. 1838
Cystobasidiaceae GÄUM. 1926
Phleogenaceae WEESE 1920 [*Ecchynaceae* MRE. 1902, nomen nudum]

Ordnung:	*Dacryomycetales* Lindau 1897
Familie:	*Dacryomycetaceae* Bref. 1888
Ordnung:	*Tulasnellales* (Herter) Rea 1922
Familie:	*Ceratobasidiaceae* G.W. Martin 1948
	Tulasnellaceae Juel 1897
Unterklasse:	*Hymenomycetidae* (Fr.) Kreisel 1969 – Hutpilze
Ordnung:	*Brachybasidiales* Gäum. ex Donk 1964
Familie:	*Dicellomycetaceae* Parm. 1968
Ordnung:	*Poriales* Locquin 1957 [*Aphyllophorales* Rea 1922 z.T., nomen illeg.)
Familie:	*Asterostromataceae* (Donk) Pouz. 1983
	Coniophoraceae E. Ulbrich 1928
	Coriolaceae Sing. 1961 [incl. *Poriaceae* Locquin 1957, nomen nudum]
	Corticiaceae Herter 1910, nom. cons.
	Echinodontiaceae Donk 1961
	Ganodermataceae (Donk) Donk 1948
	Hymenochaetaceae Donk 1948
	Lachnocladiaceae D. Reid 1965
	Laetiporaceae Jülich 1982
	Meruliaceae Rea 1922
	Peniophoraceae Lotsy 1907
	Plicaturaceae Jülich 1982
	Podoscyphaceae DE. Reid 1965
	Punctulariaceae Donk 1964
	Steccherinaceae Parm. 1968
	Stephanosporaceae Oberw. ex Jülich 1979
	Stereaceae Pil. 1930
	Thelephoraceae Chev. 1826, nom. cons. [incl. *Bankeraceae* Donk 1961]
	Xenasmataceae Oberw. 1965
Ordnung:	*Cantharellales* Gäum. 1926
Familie:	*Auriscalpiaceae* Maas G. 1963
	Clavariaceae Chev. 1826
	Clavariadelphaceae Corner 1970
	Clavicoronaceae Corner 1970
	Clavulinaceae Donk 1961
	Fistulinaceae Lotsy 1907
	Gomphaceae Donk 1961 [incl. *Ramariaceae* Corner 1970]
	Hericiaceae Donk 1964
	Hydnaceae Chev. 1826 [incl. *Cantharellaceae* Schroet. 1888]
	Pterulaceae (Donk) Corner 1970
	Sparassidaceae Herter 1910
Ordnung:	*Polyporales* (Herter) Gäum. 1926 em. Kreisel 1969
Familie:	*Polyporaceae* Corda 1839 [incl. *Pleurotaceae* Kühner 1980, *Faerberiaceae* Pouz. 1983]
	Scutigeraceae Bond. & Sing. ex Sing. 1969
	? Schizophyllaceae Roze ex Quél. 1888
Ordnung:	*Agaricales* Clem. 1909
Familie:	*Agaricaceae* Chev. 1826 [incl. *Lepiotaceae* Overeem in Heyne 1927, nomen nudum]
	Amanitaceae Heim in Pouz. 1983
	Armillariaceae Roze ex Jülich 1982
	Bolbitiaceae Sing. 1948 [incl. *Galeropsidaceae* Sing. 1962]
	Coprinaceae Roze ex Gäum. 1926
	Cortinariaceae Heim ex Pouz. 1983, nom. cons.
	Crepidotaceae (Imai) Sing. 1951
	Entolomataceae Kotl. & Pouz. 1972 [*Rhodophyllaceae* Sing. 1951]
	Hygrophoraceae Roze ex Lotsy 1907
	Pluteaceae Kotl. & Pouz. 1972
	Secotiaceae Tul. 1854
	Strophariaceae Overeem ex Sing. & A.H. Smith 1946
	Tricholomataceae Heim ex Pouz. 1983, nom. cons.
Ordnung:	*Boletales* Gilbert 1931

Familie:	*Boletaceae* CHEV. 1828
	Gomphidiaceae SING. 1951
	Paxillaceae LOTSY 1907
	Strobilomycetaceae GILB. 1931
Ordnung:	*Russulales* KREISEL 1969
Familie:	*Elasmomycetaceae* LOCQUIN ex PEGLER & YOUNG 1979
	Russulaceae ROZE ex LOTSY 1907
Unterklasse:	*Gasteromycetidae* (FR.) KREISEL 1969 – Bauchpilze
Ordnung:	*Sclerodermatales* G.H.CUNN. 1944
Familie:	*Astraeaceae* ZELLER ex JÜLICH 1982
	Sclerodermataceae CORDA 1842
Ordnung:	*Tulostomatales* DEMOULIN 1968
Familie:	*Phelloriniaceae* LÉV. 1846
	Tulostomataceae E.FISCHER 1900
Ordnung:	*Melanogastrales* SVR. in PIL. 1958
Familie:	*Melanogastraceae* TUL. 1846
	Torrendiaceae MALENÇON 1955
Ordnung:	*Rhizopogonales* KREISEL 1969
Familie:	*Rhizopogonaceae* GÄUMANN & DODGE 1928
Ordnung:	*Nidulariales* G.H.CUNN. 1944
Familie:	*Niaceae* JÜLICH 1982
	Nidulariaceae FR. 1923
	Sphaerobolaceae SCHROET. 1889
Ordnung:	*Lycoperdales* CLEM. 1909
Familie:	*Arachniaceae* COKER & COUCH 1928
	Lycoperdaceae BROGN. 1824
	Mycenastraceae ZELLER 1948
	? Battarreaceae CORDA 1842
Ordnung:	*Geastrales* KREISEL 1969
Familie:	*Geastraceae* CORDA 1842
	Pyrenogastraceae JÜLICH 1982
Ordnung:	*Hymenogastrales* G.H.CUNN. 1944
Familie:	*Hydnangiaceae* GÄUMANN & DODGE 1928 *Hymenogastraceae* VITT. 1831
Ordnung:	*Gastrosporiales* PIL. 1934
Familie:	*Gastrosporiaceae* PIL. 1934
Ordnung:	*Gautieriales* ZELLER 1948
Familie:	*Gautieriaceae* ZELLER 1948
Ordnung:	*Phallales* BESSEY 1907
Familie:	*Clathraceae* CHEV. 1826
	Hysterangiaceae E.FISCHER 1894
	Phallaceae CORDA 1842
Formklasse:	*Deuteromycetes [Fungi imperfecti]*
Formordnung:	*Moniliales* CLEM. 1909
Formfamilie:	*Moniliaceae* CLEM. 1909*)
	Dematiaceae SACC. 1889*)
	Stilbellaceae BESSEY 1950
	Tuberculariaceae SACC. 1889
Formordnung:	*Glischrodermatales* MALENÇON 1964
Formfamilie:	*Glischrodermataceae* REA 1922 em. MALENÇON 1964
	Ostracodermataceae MALENÇON 1964
Phylum:	*Myxomycota* v. ARX 1967 – Plasmodienpilze, Schleimpilze**)
Klasse:	*Myxomycetes* (LINK) HAECKEL 1866 – Echte Schleimpilze**)

*) Die Familien enthalten keine Großpilze, jedoch Anamorphen von Großpilzen.

**) Die Schleimpilze werden in neueren Auflagen des Handbuchs für Pilzfreunde nicht mehr behandelt, da es sich nicht um Pilze im taxonomischen Sinn handelt.

Verzeichnis der Abkürzungen von Autornamen

Hinter den wissenschaftlichen Bezeichnungen der Pilze findet man gewöhnlich die Namen ihrer Autoren, und zwar oft in abgekürzter Form. Das Abkürzen hat den Zweck, bei häufig gebrauchten Namen Druckraum zu sparen, und ist daher nur sinnvoll, 1. wenn es sich um Namen von Autoren handelt, die viele wissenschaftliche Namen und Kombinationen veröffentlich haben, 2. wenn sich durch das Abkürzen des Namens eine Ersparnis an Druckraum ergibt (also, wenn mindestens 2 Buchstaben wegfallen), und 3. wenn die Abkürzung eindeutig und einheitlich angewandt wird. Dabei ist der gesamte Bereich der botanischen Nomenklatur (vgl. Bd. III) zu berücksichtigen, also neben der Mykologie auch die Verwendung abgekürzter Namen in der Lichenologie, Algologie und in der Systematik höherer Pflanzen. So spielt M. ADANSON in der Mykologie fast nur als Autor des Gattungsnamens *Cantharellus* für den Pfifferling eine Rolle, er hat aber zahlreiche höhere Pflanzen benannt.

Das Abkürzen von Autornamen lohnt hingegen nicht, wenn es sich um Autoren handelt, die in ihrem Leben vielleicht nur ein oder zwei Dutzend Namen bzw. Kombinationen – mitunter einen einzigen – publiziert haben. In derartigen Fällen geben die Abkürzungen dem Leser oft Rätsel auf, was sich z. B. in der *Russula*-Literatur der letzten Jahrzehnte recht unangenehm bemerkbar macht.

Das Abkürzen eines Autornamens ist also eine praktische Maßnahme und nicht, wie manchmal angenommen wird, ein Beweis dafür, daß ein Autor bereits „klassisch" geworden ist. Die Verdienste eines Mykologen lassen sich ja nicht allein daran messen, wie viele neue Arten er beschrieben und wie viele Arten er in andere Gattungen versetzt hat – das Beschreiben und Umkombinieren vieler Arten kann sogar ein Ausdruck undisziplinierter Arbeitsweise sein, nämlich wenn die Diagnose oberflächlich und nichtssagend, die Neukombinationen schlecht begründet sind. Andererseits haben sich viele Autoren große Verdienste um die Morphologie, Zytologie, Soziologie, Ökologie, Genetik oder Physiologie der Pilze erworben, ohne jemals eine neue Art beschrieben zu haben!

Das nachfolgende Verzeichnis enthält alle im „Handbuch für Pilzfreunde" und in anderen zeitgenössischen Werken über Großpilze sowie in der phytopathologischen Literatur verwendeten Abkürzungen von Autornamen. Aus den oben genannten Gründen werden jedoch nur die durch halbfetten Druck hervorgehobenen Abkürzungen zur Verwendung empfohlen.

Hinsichtlich der in der Flechtenkunde (Lichenologie) gebräuchlichen Autornamen sei auf die sehr vollständige Zusammenstellung von V. GRUMMANN in „Catalogus Lichenum Germaniae", Stuttgart 1963, S. 59–74, und auf die kritischen Bemerkungen im gleichen Buch auf S. 79 aufmerksam gemacht. Namen und Lebensdaten von Autoren höherer Pflanzen, die z. T. auch für die Mykologie Bedeutung haben, sind in der „Exkursionsflora für die Gebiete der DDR und der BRD, 2. Gefäßpflanzen" von W. ROTHMALER (weitergeführt von H. MEUSEL und R. SCHUBERT), 12. Aufl., Berlin 1984, auf S. 604–612 verzeichnet.

In diesem Verzeichnis nicht enthaltene Abkürzungen können durch Druckfehler bedingt sein.

A. & G. = L. Arnoult & A. Goris
S. & S. = J. von Albertini & L. von Schweiniz
Ach. = E. Acharius
Adans. = M. Adanson
Aderh. = R. Aderhold
Afz. = A. Afzelius
Alb. = J. von Albertini
Allesch. = A. Allescher
Arn. = L. Arnoult (nicht G. R. W. Arnold, E. Arnolds)
Arrh. = J. P. Arrhenius
Arth. = J. Ch. Arthur
Atk. = G. F. Atkinson
auct. = auctorum (d. h. der späteren Autoren, im Gegensatz zum Autor des Namens)
auct. plur. = der meisten Autoren
Auersw. = B. Auerswald
B. & Br. = M. J. Berkeley & Ch. E. Broome
B. & C. = M. J. Berkeley & M. A. Curtis
Bagl. = F. Baglietto
Bain. = G. Bainier
Barb. = H. Barbier
Bat. = F. Bataille (auch für A. Chaves Batista)
Batt. = G. A. Battarra
Berk. = M. J. Berkeley
Berl. = A. N. Berlese
Bernst. = H. A. Bernstein
Big. = H. E. Bigelow
Bk. = M. J. Berkeley (= **Berk.**)
Blox. = A. Bloxam
Bo. = H. Bourdot (= **Bourd.**)
Boid. = J. Boidin
Bolt. = J. Bolton
Bon., Bonord. = J. Bonorden (nicht M. Bon)
Bond. = A. S. Bondarcev (vgl. M. A. Bond.)
Boršč., Borsz. = E. G. Borszczow
Boud. = E. Boudier
Bourd. = H. Bourdot
Bours. = J. Boursier
Br. = Ch. E. Broome
Breb. = P. Brebinaud
Bréb. = L. A. de Brébisson
Bref. = O. Brefeld
Bres., Bresad. = G. (J.) Bresadola
Brig. = V. Briganti
Brinkm. = W. Brinkmann
Britz. = M. Britzelmayer
Brond. = P. L. de Brondeau
Brot. = F. de Brotero
Brsky. = A. Bresinsky
Brumm. = J. van Brummelen
Buchw. = F. Buchwald
Bull. = P. (J. B. F.) Bulliard
Burds. = H. H. Burdsall
Burl. = G. Burlingham
Bx. = E. H. Benedix
C. (in B. & C.) = M. A. Curtis (= **Curt.**)
C. Tul. = Ch. Tulasne
Casp. = R. Caspary
Cav. = F. Cavara (Mykologie) oder A. J. Cavanilles (Botanik)
Cda. = A. C. Corda
Čerň. = V. M. Czerniajew (= **Czern.**)
Ces. = V. Cesati
Chaill. = J. F. de Chaillet
Chat. = A. Chatin
Chev., Chevall. = F. F. Chévallier
Chod. = R. Chodat
Christ. = M. P. Christiansen (Mykologie) oder M. S. Christiansen (Lichenologie)
Cif. = R. Ciferri
Cke. = M. C. Cooke (Nicht W. B. Cooke)
Clem. = F. E. Clements
Clém., Clç. = H. Clémençon
Clus. = C. Clusius (= Ch. d' Écluse)
Cost. = J. Costantin
Cost.-Duf. = J. Costantin & J. Dufour
Cott. = A. Cotton
Crawsh. = R. Crawshay
Crossl. = Ch. Crossland
Cub. = Cuboni
Cumm. = G. B. Cummins
Cunn., Cunningh. = G. H. Cunningham (= **G. H. Cunn.**)
Curt. = M. A. Curtis
Czern. = V. M. Czerniajew
D. (in P. & D.) = R. W. G. Dennis
D. Hawks. = D. L. Hawksworth
D. P. Rog. = D. Ph. Rogers (= **Rog.**)
DC., D. C. = A. P. de Candolle
de Not. = G. de Notaris
de Wild. = E. de Wildeman
Delacr. = G. Delacroix
Desm., Desmaz. = J. B. H. J. Desmazières
Desv. = A. N. Desvaux
Dicks. = J. Dickson
Dill. = J. J. Dillenius
Diss. = H. Dissing
Ditm. = L. Ditmar
Doass. = E. Doassans
Dom., Domań. = S. Domański
Drayt. = F. L. Drayton
Duf. = L. Dufour
Dum. = B. C. J. Dumortier
Dur. = M. Ch. Durieu de Maisonneuve
E.-M.-Sch. = G. Ebbesen, F. H. Møller & J. Schäffer
Ebb. = G. Ebbesen
Eckbl. = F.-E. Eckblad
Egel. = J. Egeland
Ehrenb., Ehrenbg. = Ch. G. Ehrenberg
Ehrh. = J. E. Ehrhard
Eichh. = O. Eichhorn
Ell. = J. B. Ellis (nicht M. B. Ellis)
Ell. & Ev. = J. B. Ellis & B. M. Everhart
Erikss. = J. Eriksson senior (vgl. J. Erikss.)
Ev. = B. M. Everhart
F. Ludw. = F. Ludwig
F. & W. = C. Ferdinandsen & Ø. Winge

Fautr. = F. Fautrey
Fav. = J. Favre
Fay. = F. Fayod
Fckl. = K. W. G. L. Fuckel (= **Fuck.**)
Ferd. = C. Ferdinandsen
Fitzp. = H. M. Fitzpatrick
Fl. D., **Fl. Dan.** = Flora Danica
Fr. = E. M. Fries (vgl. R. E. Fr., Th. Fr., Th. Fr. jr.)
Fres. = J. B. G. W. Fresenius
Fuck. = K. W. G. L. Fuckel
G. (in A. & G.) = A. Goris
Ga., Galz. = A. Galzin
Gäum. = E. Gäumann
Gilb. = E. J. Gilbert
Gilbn. = R. L. Gilbertson
Gill. = C. G. Gillet
G. H. Cunn. = G. H. Cunningham
Gmel. = J. F. Gmelin (= **J. F. Gmel.**)
Golov. = P. N. Golovin
Gor. = A. Goris
Greg. = P. H. Gregory
Grev. = R. K. Greville
Griff. = E. Griffon
Guers. = L. B. Guersent
H. Syd. = H. Sydow
Hadr. Jun. = Hadrianus Junius
Hansf. = C. G. Hansford
Har. = P. Hariot
Harr. = K. A. Harrison (nicht F. C. Harrison)
Harkn. = H. W. Harkness
Hazsl. = P. A. von Hazslinszky
Hedw. = J. Hedwig
Hedw.f. = R. A. Hedwig
Hein.-Gir. = R. Girard & P. Heinemann
Heinem. = P. Heinemann
Henn. = P. Hennings (= **P. Henn.**), nicht B. Hennig
Herrf. = D. Herrfurth
Heufl. = L. J. Heufler zu Rasen und Perdonegg (= von Hohenbühel)
Hjortst. = K. Hjortstam
Hoehn. = F. X. R. von Höhnel (= **Höhn.**)
Hoffm. = G. F. Hoffmann
Höhn. = F. X. R. von Höhnel
Holl. = L. Hollós
Holmsk., Holmskj. = Th. Holmskjold
Hook. = W. J. Hooker
Hook.f., Hooker fil. = J. D. Hooker
Horn., **Hornem.** = J. W. Hornemann
Hry. = R. Henry
Huds. = W. Hudson
Huijsm. = H. S. C. Huijsman
J. Erikss. = J. Eriksson junior (vgl. Erikss.)
J. F. Gmel. = J. F. Gmelin
J. Lge. = J. E. Lange (= **Lge.**)
J. Mor. = J. Moravec
J. Murr. = J. Murray (vgl. Murr.)
J. Schäff., **J. Schff.** = Julius Schäffer (vgl. Schff.)
J. Schroet. = J. Schroeter (= **Schroet.**)
Jacks. = H. S. Jackson
Jacq. = N. J. von Jacquin
Jacz. = A. de Jaczewski (Jačevskij)
Johans. = C. J. Johanson
Joss. = M. Josserand
Jül. = W. Jülich (nicht H. O. Juel)
Jungh. = F. W. Junghuhn
K. M., K. & M. = P. Konrad & A. Maublanc (= **Konr. & Maubl.**)
K. & R. = R. Kühner & H. Romagnesi (= **Kühner & Romagn.**)
Kalchb., **Kalchbr.** = K. Kalchbrenner
Kall., Kallenb. = F. Kallenbach
Karst. = P. A. Karsten (Mykologie) oder G. K. W. H. Karsten (Botanik)
Kauff., **Kauffm.** = C. H. Kauffman
Kbch. = F. Kallenbach
Keissl. = K. von Keissler
Killerm. = S. Killermann
Kirschst. = W. Kirschstein
Kleb. = H. Klebahn
Kohlm. = J. Kohlmeyer
Kon., **Konr.** = P. Konrad
Körn. = F. A. Koernicke
Kotl. = F. Kotlaba
Krbh. = J. V. Krombholz (=**Krombh.**)
Kreis. = H. Kreisel
Krombh. = J. V. Krombholz
Kub. = J. Kubička
Kudr. = K. Kudrna
Kühn. = R. Kühner (nicht J. G. Kühn)
Kühn.-Rom. = R. Kühner & H. Romagnesi
Kumm. = P. Kummer (nicht F. Kummer)
Kuyp. = Th. W. Kuyper
L. = C. Linnaeus (= C. von Linné)
L. (in Höhn. & L.) = V. Litschauer (= **Litsch.**)
L. Tul. = L. R. E. Tulasne (= Tul.)
L. Vass. = L. Vassilieva (Vasil'eva)
Lag. = G. von Lagerheim (Mykologie) oder M. Lagasca y Segura (Botanik)
Lagerh. = G. von Lagerheim
Lam. = J. B. de Lamarck (nicht D. Lamoure)
Lamb. = E. Lambotte (Mykologie, Lichenologie) oder A. B. Lambert (Botanik); nicht J. M. Lamb (Lichenologie)
Lamk. = J. B. de Lamarck (= **Lam.**)
Lars. = M. J. Larsen (nicht P. Larsen)
Larss. = K.-H. Larsson
Laz. = B. Lázaro e Ibiza
Lecl. = A. Leclair
Lesp. = A. Lespiault
Let., Letell. = J. B. Letellier
Lév. = J. H. Léveillé
Leys., Leyss. = F. W. von Leys(s)er
Lge. = J. E. Lange (vgl. M. Lge.)
Lib. = M. A. Libert (nicht A. L. Liberta)
Lindbl. = M. Lindblad
Lindr. = J. I. Lindroth (=J. I. Liro)
Linn. = C. Linnaeus (= C. von Linné, = L.)

Litsch. = V. Litschauer
Lk. = H. F. Link
Locq. = M. Locquin
Ludw. = F. Ludwig (nicht Ch. G. Ludwig, Botanik)
Lund. = S. Lundell (nicht N. Lund)
M. (in K. & M.) = A. Maublanc (= **Maubl.**)
M. A. Bond. = M. A. Bondarceva
M. J. Lars. = M. J. Larsen
M. Lge. = M. Lange
M. P. Christ. = M. P. Christiansen (= **Christ.**)
M. & Sch. = F. H. Møller & J. Schäffer
M. & Zv. = V. Melzer & J. Zvára
Maas G. = R. A. Maas Geesteranus
Macbr. = Th. H. Macbride
McAlp., McAl. = D. McAlpine
Magn. = P. Magnus
Mal., Malenç = G. Malençon
Mart. = C. F. Ph. von Martius; auch für G. W. Martin und (in Chod. & Mart.) für E. Ch. Martin verwendet
Mass. = G. Massee
Massal. = C. Massalongo
Matt. = O. Mattirolo (nicht H. G. von Mattuschka)
Maubl. = A. Maublanc
Melz. = V. Melzer
Mér. = F. V. Mérat
Métr. = G. Métrod
Mich. = P. A. Micheli(us)
Mig. = W. Migula
Moell., Möll. = F. H. Møller (nicht A. Möller)
Mont. = J. P. F. C. Montagne
Mor. = G. Moretti (vgl. J. Mor., Z. Morav.)
Morg. = A. P. Morgan
Mos. = M. Moser
Moug. = J. B. Mougeot
Mre. = R. Maire
Müll. = O. F. Müller (nicht E. Müller)
Murashk. = K. E. Murashkinskij
Murr. = W. A. Murrill (vgl. J. Murr.)
Nannf. = J. A. Nannfeld
Naw. = S. Nawaschin
Nees = Ch. G. D. Nees von Esenbeck (nicht Th. F. L. Nees von Esenbeck)
Neuh. = W. Neuhoff
Nikol. = T. L. Nikolajewa (Nikolaeva)
Nke. = Th. Nitschke
Noord. = M. E. Noordeloos
Nordh. = Nordholm (Mykologie) oder R. Nordhagen (Botanik)
Noull.-Dass. = J. D. Noulet & A. Dassier
Nyl. = W. Nylander
O. F. Müll. = O. F. Müller (= **Müll.**)
O. K., O. Ktze. = C. E. O. Kuntze
Oberw. = F. Oberwinkler
Oed. = G. Ch. Oeder
Opat. = W. Opatowski
Osb. = P. Osbeck
Oud., Oudem. = C. Oudemans
Overh. = L. O. Overholts
P. B., **P. Beauv.** = A. M. F. J. Palisot de Beauvois
P. & D. = A. A. Pearson & R. W. G. Dennis
P. Henn. = P. Hennings
P. Karst. = P. A. Karsten (= **Karst.**)
Pall. = P. S. Pallas
Parm. = E. Parmasto
Pass. = C. Passerini
Pat. = N. Patouillard
Paul. = J. J. Paulet
Pears. = A. A. Pearson
Pelt. = E. Peltereau
Pelt.-Bat. = E. Peltereau & F. Bataille
Pers. = Ch. H. Persoon
Petr. = F. Petrak (nicht L. Petri)
Phil., **Phill.** = W. Phillips
Pil. = A. Philát
Pk. = Ch. H. Peck
Plött. = T. Ploettner
Plowr. = Ch. B. Plowright
Pouz. = Z. Pouzar
Prill. = E. Prillieux
Qu., **Quél.** = L. Quélet
R. (in K. & R.) = H. Romagnesi (= **Romagn.**)
R. E. Fr. = K. R. E. Fries
R. Hry. = R. Henry
R. Mre. = R. Maire (= Mre.)
Rab., **Rabenh.**, Rabh., Rbh. = L. Rabenhorst
Rac., **Racib.** = M. Raciborski
Racov. = A. Racovitza
Raitv. = A. Raitviir
Rebent. = J. F. Rebentisch
Relh. = R. Relhan
Retz. = A. J. Retzius
Ri. = A. Ricken
Rich. = Ch. Richon
Rick. = A. Ricken (nicht J. S. J. Rick)
Rob. = M. R. Roberge
Rocq. = J. Roques (= **Roqu.**)
Rog. = D. Ph. Rogers (nicht J. D. Rogers, C. T. Rogerson)
Roll. = L. L. Rolland
Rom. = L. Romell
Romag., **Romagn.** = H. Romagnesi
Roqu. = J. Roques
Rost., Rostaf. = J. Th. Rostafiński
Rostk., Rostkov. = F. W. Th. Rostkovius
Rostr. = F. E. G. Rostrup
Roum., **Roumeg.** = C. Roumeguère
Roz. = E. Roze
Rsi. = H. Romagnesi (= **Romagn.**)
Ruhl. = W. Ruhland
Ryv. = L. Ryvarden
Rz. = E. Roze
S. (in A. & S.) = L. D. von Schweiniz (= **Schw.**)
Sacc. = P. A. Saccardo
Sart. = A. Sartory
Sch. = L. D. von Schweini(t)z (= **Schw.**)
Schaeff. = Jakob Christan Schaeffer (vgl. J. Schff.)
Schäff. = Julius Schäffer (= **J. Schff.**)
Schell., Schellenb. = H. G. Schellenberg

Schff. = Jakob Christian Schaeffer (nicht Julius Schäffer)
Schlecht. = D. F. L. von Schlechtendal
Schm. = J. K. (J. C.) Schmidt (nicht I. Schmidt)
Schmid. = C. Schmidel
Schn. = J. N. Schnabl
Schrad. = H. A. Schrader
Schroet., Schröt. = J. Schroeter
Schulz. = St. Schulzer von Müggenburg (= **Schulzer**)
Schum. = H. Ch. F. Schumacher (vgl. T. Schum.)
Schw. = L. D. von Schweini(t)z
Scop. = J. A. Scopoli
Seav. = F. J. Seaver
Séch. = Séchier
Secr. = L. Secretan
Setch. = W. A. Setchell
Sev. Pet. = S. Petersen
Seyn. = J. de Seynes
Sibth. = J. Sibthorp
Sing. = R. Singer
Siv. = S. Sivertsen
Sm. = A. H. Smith (Mykologie) oder J. B. Smith (Botanik, Lichenologie); vgl. W. G. Sm.
Smotl. = F. Smotlacha
Soehn. = F. Soehner
Sommerf. = S. Ch. Sommerfelt
Sorok. = N. V. Sorokin
Sow. = J. Sowerby
Speg. = C. L. Spegazzini
Spes. = C. Spessa
St.-Am., St. Am., St. Amans = J. F. B. de Saint-Amans
Steud. = E. G. Steudel
Stev. = F. L. Stevens
Subram. = C. V. Subramanian
Svr. = M. Svrček
Sw. = O. P. Swartz
Syd. = P. Sydow (vgl. H. Syd.)
T. Schum. = T. Schumacher
Teix. A. R. Teixeira
Th. Fr. = Th. M. Fries
Th. Fr. jr. = Th. C. E. Fries
Thaxt. = R. Thaxter
Theiss. = O. P. F. Theissen
Torr. = C. Torrend
Tourn. = J. P. de Tournefort
Tranz. = W. K. Tranzschel (V. A. Tranšel)
Trav. = G. B. Traverso
Trev., **Trevis.** = V. Trevisan
Trott. = A. Trotter
Tul. = Ch. Tulasne oder L. R. E. Tulasne & Ch. Tulasne (vgl. L. Tul.)
Ulbr. = E. Ulbrich
Underw. = L. M. Underwood
v. H., v. Hoehn. = F. X. R. von Höhnel (= **Höhn.**)
Vaill. = S. Vaillant
Vassilk. = B. P. Vassilkov (Vasil'kov); vgl. L. Vass.
Vel., Velen. = J. Velenovský
Vent. = E. P. Ventenat (nicht A. Venturi)
Ves. = R. Veselý (nicht J. Veselský)
Vienn.-Bourg. = E. Viennot-Bourgin
Vill. = D. Villars
Vitt. = C. Vittadini
Viv. = D. Viviani
Vogl. = P. Voglino
Vuill. = J. P. Vuillemin
W. (in F. & F.) = Ø. Winge
W. G. Sm. = W. G. Smith
Wahlenb. = G. Wahlenberg
Wakef. = E. M. Wakefield
Wakk. = J. H. Wakker
Wallr. = C. F. W. Wallroth
Watl. = R. Watling
Web. = G. H. Weber
Wehm. = L. E. Wehmeyer
Weinm. = G. A. Weinmann
Westd., Westend. = G. D. Westendorp
Wettst. = R. von Wettstein
Whetz. = H. H. Whetzel
Wigg. = F. H. Wiggers
Willd. = K. L. Willdenow
Wint. = G. H. Winter
With. = W. Withering
Wollenw. = H. W. Wollenweber
Woodw. = T. Woodward
Wor., Woron. = M. St. Woronin (Voronin)
Wulf. = F. X. von Wulfen
Z. Morav. = Z. Moravec (vgl. J. Mor., Mor.)
Zanted. = F. Zantedeschi
Zell. = S. M. Zeller
Zimm. = A. Zimmermann
Zoll. = H. Zollinger
Zv. = J. Zvára

IV. Gesamtregister der Bände I bis V

Von Karl BERGER, Stolpen

Stichwortregister

Vorbemerkung

Das Register enthält Hinweise auf Fachwörter und Sachgebiete aus den Allgemeinen Teilen der Bände I–V. Berücksichtigt wurden die neuesten Auflagen der Bände, und zwar: Bd. I, 5. Aufl. 1983; Bd. II, 3. Aufl. 1986; Bd. III, 4. Aufl. 1987; Bd. IV, 3. Aufl. 1985; Bd. V, 2. Aufl. 1983.

Die römische Zahl ist die Bandnummer, *kursiv* gedruckte arabische Zahlen sind Seitenzahlen.

Man vergleiche auch die Worterklärungen in diesem Band. S. 147-154.

Register der wissenschaftlichen Namen

Vorbemerkung

Das Register enthält alle Namen, die in den Allgemeinen, Systematischen und Speziellen Teilen der Bände I–V vorkommen. Namen von Gattungen und Untergattungen sind durch halbfetten Druck hervorgehoben.

Die römische Zahl ist die Bandnummer. Berücksichtigt wurden die neuesten Auflagen der Bände, und zwar: Bd. I, 5. Aufl. 1983; Bd. II, 3. Aufl. 1986; Bd. III, 4. Aufl. 1987; Bd. IV, 3. Aufl. 1985; Bd. V, 2. Aufl. 1983.

Halbfett gedruckte römische und arabische Zahlen sind Band- und Bildnummern, unter denen der Pilz im Speziellen Teil farbig abgebildet und ausführlich beschrieben ist.

Gewöhnlich gedruckte arabische Zahlen weisen auf die Nummern im Speziellen Teil hin, wo der Pilz nur erwähnt oder kurz beschrieben ist oder in der Synonymik aufgeführt wird.

Kursiv gedruckte arabische Zahlen sind Seitenzahlen der Allgemeinen und Systematischen Teile, wo der Pilz erwähnt oder kurz beschrieben wird.

Beim Aufsuchen der farbigen Abbildungen und ausführlichen Beschreibung eines Pilzes sind also die durch halbfetten Druck von Band- und Bildnummer hervorgehobenen Zahlen maßgebend.

Druckfehler sowie orthographische Varianten (im Sinne des Internationalen Code der Botanischen Literatur) sind hier richtiggestellt.

Bei den Gattungsnamen wurden im Register folgende Abkürzungen verwendet:

Acet. = Acetabula.
Ag. = Agaricus
Am. = Amanita
Armill. = Armillaria
Bjerk. = Bjerkandera
Bol. = Boletus
Calv. = Calvatia
Camar. = Camarophyllus
Canth. = Cantharellus
Chondrost. = Chondrostereum
Clav. = Clavaria
Clit. = Clitocybe
Coll. = Collybia
Cop. = Coprinus
Cort. = Cortinarius
Crepid. = Crepidotus
Cystod. = Cystoderma
Dacryom. = Dacryomyces
Daed. = Daedalea
Derm. = Dermocybe
Ent. = Entoloma
Ganod. = Ganoderma
Hebel. = Hebeloma
Helv. = Helvella
Hirschiop. = Hirschioporus
Hohenb. = Hohenbuehelia
Hygroph. = Hygrophorus
Hyphol. = Hypholoma
In. = Inocybe
Inol. = Inoloma
Lac. = Lactarius
Leucoag. = Leucoagaricus
Leucocop. = Leucocoprinus
Leucocort. = Leucocortinarius
Leucopax. = Leucopaxillus
Lycop. = Lycoperdon
Lyoph. = Lyophyllum
Mar. = Marasmius
Morch. = Morchella
Myc. = Mycena
Nemat. = Nematoloma
Pax. = Paxillus
Pez. = Peziza
Phaeocoll. = Phaeocollybia
Phleg. = Phlegmacium
Phol. = Pholiota
Pol. = Polyporus
Psall. = Psalliota
Psath. = Psathyrella
Pseudocop. = Pseudocoprinus
Psil. = Psilocybe
Ram. = Ramaria
Rhodoc. = Rhodocybe
Rhodopax. = Rhodopaxillus
Rhodoph. = Rhodophyllus
Russ. = Russula
Schizoph. = Schizophyllum
Sclerod. = Scleroderma
Stroph. = Stropharia
Tr. = Tricholoma
Tram. = Trametes
Telam. = Telamonia
Tyrom. = Tyromyces
Xeroc. = Xerocomus

Register der deutschen Namen

Vorbemerkung

Das Register enthält alle deutschen Namen, die in den Systematischen und Speziellen Teilen der Bände I–V vorkommen. Deutsche Namen aus den Allgemeinen Teilen sind nicht aufgenommen.

Die römische Zahl ist die Bandnummer. Berücksichtigt wurden nur die neuesten Auflagen der Bände, und zwar: Bd. I, 5. Aufl. 1983; Bd. II, 3. Aufl. 1986; Bd. III, 4. Aufl. 1987; Bd. IV, 3. Aufl. 1985; Bd. V, 2. Aufl. 1983.

Halbfett gedruckte römische und arabische Zahlen sind Band- und Bildnummern, unter denen der Pilz im Speziellen Teil farbig abgebildet und ausführlich beschrieben ist.

Gewöhnlich gedruckte Zahlen weisen auf Nummern im Speziellen Teil hin, wo er Name erwähnt oder der Pilz kurz beschrieben, aber nicht abgebildet ist.

Kursiv gedruckte arabische Zahlen sind Seitenzahlen, wo der Pilz im Systematischen Teil erwähnt oder kurz beschrieben ist.

Beim Aufsuchen der farbigen Abbildungen und ausführlichen Beschreibung eines Pilzes sind also die durch halbfetten Druck von Band- und Bildnummer hervorgehobenen Zahlen maßgebend.

Druckfehler und Änderungen in den Bänden I bis V

Band I, 5. Auflage 1983

S. 12	Z. 23	statt	Chlorologie	lies	Chorologie
S. 26	Z. 21 v. u.	statt	*appendiculata*	lies	*piluliformis*
S. 29	Z. 20	statt	*flavus*	lies	*grevillei*
	Z. 22	statt	*psammopum*	lies	*psammopun*
S. 30	Z. 12 v. u.	statt	*mammiferme*	lies	*mammiforme*
	Z. 11 v. u.	statt	*aurata*	lies	*aurea*
	Z. 7 v. u.	statt	*pardolatum*	lies	*pardalotum*

S. 45 nach Z. 21 ergänze:

+ *Clitocybe agrestis* HARMAJA Wiesen-Trichterling

	Z. 2 v. u.	statt	*limonea*	lies	*limonia*
S. 50	Z. 13	statt	*queletti*	lies	*queletii*
S. 51	Z. 1	statt	*pardolatum*	lies	*pardolatum*
S. 70	Z. 3 v. u.	statt	*Incybe*	lies	*Inocybe*
S. 78	Z. 21	statt	*pardolatum*	lies	*pardalotum*
S. 109	Z. 3	statt	*Lentinus edodes*	lies	*Lentinula edodes*
S. 113	Z. 7 v. u.	statt	Frühe Ackerling	lies	Frühlings-Ackerling
S. 115	Z. 1	statt	Frühen Ackerlings	lies	Frühlings-Ackerlings
S. 116	Z. 9	statt	*rhacodes*	lies	*rachodes*
S. 119	Z. 22	statt	*Lentinus edodes*	lies	*Lentinula edodes*
	Z. 14 v. u.	statt	Früher Ackerling	lies	Frühlings-Ackerling
S. 132	Z. 3	statt	Cabridge	lies	Cambridge

S. 130–132 zu **G** ergänzen:

Agarica. Frederikstad (Norwegen) 1980 ff.
Blekksoppen. Oslo 1972 ff.
Korean Journal of Mycology. Seoul.
Mycologia Helvetica. Bern 1983 ff.
Revista Ibérica de Micología. Barcelona 1984 ff.
Windahlia. Göteborgs Svampklubbs Årsskrift. Göteborg 1983 ff. (erscheint ab Bd. 12/13 unter diesem Titel)
Zeitschrift für Pilzfreunde. Dresden und Bodenbach 1883–1886 (2 Bände).
Zeitschrift für Pilzfreunde. München 1985 ff.

S. 132 zu **H** ergänzen:

Grzyby. Bydgoszcz.

S. 150	Z. 9	statt	kurzgereift	lies	kurzgerieft
S. 154	Z. 23	statt	PIL 1952	lies	LGE. 1938
S. 160	Z. 3	statt	SING.	lies	FAYOD 1889
	Z. 5 v. u.	statt	PERS. 1801	lies	PERS. 1798
S. 168	Z. 22	statt	radikalen	lies	radialen
S. 170	Z. 10 v. u.	statt	S. 103	lies	S. 112
S. 172	Z. 8 v. u.	statt	deutlich knollig	lies	keulenförmig

S. 176 Z. 1 v. u. entfällt; stattdessen einsetzen:

Synonyme: *Lepióta procéra* (SCOP. : FR.) S. F. GRAY 1821, *Leucocóprinus procérus* (SCOP. : FR.) PAT. 1900.

S. 178	Z. 3	statt	*rhacódes*	lies	*rachódes*
S. 198	Z. 15 v. u.	statt	rauchgrünen	lies	rauchgrauen
S. 200	Z. 3	lies:	*Hypholóma fasciculáre* (HUDS. 1778 : FR. 1821) KUMM. 1871.		
	Z. 22	statt	*Naematolóma*	lies	*Nematolóma*
	Z. 3 v. u.	statt	*Naematolóma*	lies	*Nematolóma*

S. 206	Z. 2 v. u.	statt	Gallen-Schleimfuß	lies	Gallige Schleimfuß
S. 226	Z. 6 v. u.	statt	kugelig bis ellipsoid, 5–6 × 4 µm	lies	kugelig, glatt, 5,5–7,0 µm Durchmesser.
S. 234	Z. 4 v. u.	statt	*Trocholóma*	lies	*Tricholóma*
S. 244	Z. 16	statt	(Favr)	lies	(Favre)
S. 258	Z. 4	statt	firnartiger	lies	firnisartiger
S. 258	Z. 3 v. u.	streichen; stattdessen einsetzen			
		Synonyme: *Lepísta phyllóphila* (Fr.) Harmaja 1976, ? *Clitócybe pithyóphila* ("Secr. 1833") Gill. 1874. **Pseudonym:** *Clitócybe cerussáta* (Fr. 1821) Kumm. 1871 sensu Lge. et auct. plur., non Ricken 1915 (= *Lepísta nebuláris* var. *álba,* s. S. 262), nec Bresadola (= *C. tornáta,* s. Bd. III/189).			
S. 264	Z. 15	statt	Kolisel	lies	Kreisels
S. 266	Z. 15 v. u.	statt	Herink)	lies	Kile & Watl.)
S. 272	Z. 20	statt	*aguósa*	lies	*aquósa*
S. 280	Z. 11 ff.	lies			
		Blätter: anfangs weiß, dann gelblichweiß, etwas entfernt, am Stiel angewachsen. **Stiel:** dunkelbraun, braunschwarz, oben oft gelblich, dicht samthaarig überzogen …			
S. 284	Z. 19 v. u.	statt	S. F. Gray 1821	lies	Pers. 1797
S. 304	Z. 14 v. u.	statt	häufig	lies	häutig
S. 342	Z. 3	statt	*secábrum*	lies	*scábrum*
	Z. 11 v. u.	statt	(Nr. 163)	lies	(Nr. 162 a)
	Z. 10 v. u.	statt	*hólopum*	lies	*hólopun*
	Z. 8 v. u.	statt	*Táchypus*	lies	*Tráchypus*
S. 344	Z. 3 v. u.	statt	*sábrum*	lies	*scábrum*
S. 346	Z. 3	statt	Kreisel (ined.)	lies	Kreisel 1984
S. 348	Z. 1	statt	Stubbelkopf	lies	Strubbelkopf
	Z. 3	statt	*flócopus*	lies	*flóccopus*
S. 354	Z. 3 v. u.	statt	*leurophaéum*	lies	*leucophǣum*
S. 358	Z. 3	statt	*lácrimans*	lies	*lácrymans*
	Z. 10 v. u.	statt	*lácrimans*	lies	*lácrymans*
S. 362	Z. 17	statt	*sanguńea*	lies	*sanguínea*
S. 376	Z. 3 v. u.	statt	Bd. II/214	lies	Bd. II/219
S. 381	Z. 4	statt	*exculénta*	lies	*esculénta*
S. 391	Z. 21	statt	*Naematolóma*	lies	*Nematolóma*
S. 393 ergänze zu Nr. 110:					
		Synonyme: *Pleurótus sápidus* Kalchbr. 1873, non auct. americ., *P. columbínus* Quél. in Bres 1881, ? *P. salígnus* (Pers. 1801 : Fr. 1821) Kumm. 1871.			
S. 395	Z. 12 v. u.	statt	*buglossides*	lies	*buglossoídes*

Korrekte Namen und Autorzitate in Band I:

Nr. 30 *Macrolepióta rachódes* (Vitt. 1835) Sing. 1948
Nr. 37 *Cóprinus comátus* (Müll. 1780 : Fr. 1821) Pers. 1897
Nr. 40 *Psathyrélla pilulifórmis* (Bull. 1793 : Fr. 1832) Orton 1969
Nr. 66 *Tricholóma equéstre* (L. 1773 : Fr. 1828) Kumm. 1871
Nr. 70 *Tricholóma frácticum* (Britz. 1893) Kreisel 1984
Nr. 74 *Tricholóma pardalótum* Herink & Kotl. 1967
Nr. 76 *Tricholóma térreum* (Schaeff. 1774 : Fr. 1832) Kumm. 1871
Nr. 97b *Armillária ostóyae* (Romagn. 1970) Herink 1973
Nr. 99 *Laccária amethýstea* (Bull. 1792) Murr. 1914
Nr. 111 *Lactárius deliciósus* (L. 1753 : Fr. 1821) S. F. Gray 1821
Nr. 112 *Lactárius torminósus* (Schaeff. 1774 : Fr. 1821) Pers. 1797
Nr. 127 *Rússula ǣurea* Pers. 1794
Nr. 128 *Rússula krombhólzii* Shaffer 1970
Nr. 144 *Suíllus grevíllei* (Klotzsch 1830 : Fr. 1832) Sing. 1945
Nr. 164 *Strobilómyces strobiláceus* (Scop. 1770 : Fr. 1828) Berk. 1851
Nr. 165 *Scútiger ovínus* (Schaeff. 1774 : Fr. 1821) Murr. 1920
Nr. 166 *Scútiger cónfluens* (Alb. & Schw. 1805 : Fr. 1821) Bond. & Sing. 1941

Nr. 171 *Fómes fomentárius* (L. 1753 : Fr. 1821) Fr. 1849
Nr. 172 *Phéllinus igniárius* (L. 1753 : Fr. 1821) Quél. 1886
Nr. 174 *Sarcodon imbricátus* (L. 1753 : Fr. 1821) Karst. 1881
Nr. 175 *Hýdnum repándum* L. 1753 : Fr. 1821
Nr. 181 *Craterélius cornucopioídes* (L. 1753 : Fr. 1821) Pers. 1825
Nr. 188 *Phállus impudícus* L. 1753 : Pers. 1801
Nr. 192 *Morchélla esculénta* (L. 1753 : Fr. 1822) Pers. 1801

Band II, 3. Auflage

S. 13	Z. 19	statt	S. §§	lies	S. 17
S. 35	Z. 19	statt	*crustalinus*	lies	*crustulinus*
S. 40	Z. 12 v. u.	statt	Bd. II/236, 237	lies	Bd. III/236, 237
	Z. 9 v. u.	statt	*fuliginodes*	lies	*fuliginoides*
S. 41	Z. 19	statt	*odornata*	lies	*odorata*
S. 47	Z. 8	statt	Schwarzlaufen	lies	Schwarzanlaufen
S. 60	Z. 15	statt	S. §§	lies	S. 37
	Z. 12 v. u.	statt	*arhizus*	lies	*arhizos*
S. 61	Z. 6	statt	*Mycenastraeae*	lies	*Mycenastraceae*
S. 70	Z. 3	statt	s. S. §§	lies	s. S. 49
S. 71	Z. 6 (Leg.)	statt	*Sarcroscypha*	lies	*Sarcoscypha*
	Z. 6 v. u.	statt	Abb. 22 k	lies	Abb. 22 n
S. 73	Z. 21	statt	S. §§	lies	S. 51
S. 79	Z. 13	statt	*Hyalocsyphaceae*	lies	*Hyaloscyphaceae*
S. 83	Z. 8 v. u.	statt	*Mycene*	lies	*Mycena*
S. 90	Z. 5	statt	Clmençon	lies	Clémençon
S. 95	Z. 19	statt	Bd. II/7 a	lies	Bd. II/7
S. 98	Z. 10 v. u.	statt	Bd. I/145	lies	Bd. I/146
	Z. 3 v. u.	statt	*S. flávus* (With.) Sing.	lies	*S. grevíllei* (Klotzsch : Fr.) Sing.
S. 103	Z. 13	statt	Bd. II/38 a	lies	Bd. II/38
S. 105	Z. 5	Gattung **Albatréllus:** korrekter Name ist **Scútiger** Paulet 1808. Korrekte Artnamen: *S. pés-cáprae* (Pers. : Fr.) Bond. & Sing. *S. cristátus* (Schaeff. : Fr.) Bond. & Sing. *S. cónfluens* (Alb & Schw. : Fr.) Bond. & Sing. *S. ovínus* (Schaeff. : Fr.) Murr. *S. subrubéscens* Murr.			
S. 111	Z. 17 v. u.	statt	*cinnábarinus*	lies	*cinnabárinus*
S. 119	Z. 2	ergänzen: Hutfleisch bräunlich, deutlich gezont.			
S. 124	Z. 23 v. u.	statt	Bd. II/165	lies	Bd. II/105
S. 125	Z. 18 v. u.	statt	*Gloeozystidiéllum*	lies	*Gloeocystidiéllum*
S. 133	Z. 4	statt	Bd. I/171	lies	Bd. I/182
S. 136	Z. 14 v. u.	statt	*helvelloídes*	lies	*helveloídes*
S. 136	Z. 5 v. u.	statt	Pers. 1801	lies	Pers. 1794
S. 142	Z. 19 v. u.	statt	G. H. Cunn.	lies	C. G. Lloyd
S. 149	Z. 15	statt	1818	lies	1817
S. 151	Z. 13 v. u.	statt	Rußige	lies	Rissige
S. 159	Z. 13 v. u.	statt	Bd. II/212	lies	Bd. II/232
S. 160	Z. 9 v. u.	statt	Bd. I/96	lies	Bd. I/196
S. 161	Z. 18	s. S. §§§	entfällt		
S. 165	Z. 6 v. u.	statt	Bd. III/276	lies	Bd. II/276
S. 168	Z. 9	statt	didymosporem	lies	didymosporen
S. 190	Z. 3	statt	*hólopus*	lies	*hólopun*
S. 191	Legende	statt	*hólopus*	lies	*hólopun*
S. 192	Z. 24	den Namen *Buchwaldoboletus gentílis* (Quél.) Sing. 1947 aus der Synonymik streichen			
S. 226	Z. 1 v. u.	statt	(Schrad. : Fr.)	lies	(Schrad.)
S. 234	Z. 20 v. u.	statt	1789	lies	1798
S. 242	Z. 7 v. u.	statt	*cinnábarina*	lies	*cinnabárina*
S. 292	Z. 14	statt	Pers. 1794	lies	Pers. 1800

S. 320	Z. 3	statt	Huds. 1849	lies	Huds. 1778
S. 334	Z. 17	statt	Vokommen	lies	Vorkommen
	Z. 21	statt	S. §§§	lies	S. 141
S. 340	Z. 13	statt	S. §§§	lies	S. 52
S. 346	Z. 2	statt	Sytematischer	lies	Systematischer
	Z. 3ff.	Die Hinweise Fig. 1 bis Fig. 15 streichen			
S. 350	Z. 15	statt	Willd. 1787	lies	Batsch 1783
S. 368	Z. 3 u. 22	statt	*helvelloídes*	lies	*helveloídes*
S. 376	Z. 22	statt	*ancilís*	lies	*ancílis*
S. 400	Z. 12	statt	*viříde*	lies	*víride*
S. 423	Z. 16 v. u.	statt	G. H. Cunningham 1927	lies	C. G. Lloyd 1902

Korrekte Namen und Autorzitate in Band II:

Nr. 29 *Scútiger pés-cáprae* (Pers. 1818 : Fr. 1821) Bond. & Sing 1941
Nr. 30 *Scútiger cristátus* (Schaeff. 1774 : Fr. 1821) Bond. & Sing. 1941
Nr. 72 *Coltrícia perénnis* (L. 1753 : Fr. 1821) Murr. 1903
Nr. 86 *Phéllodon tomentósus* (L. 1753 : Fr. 1821) Banker 1906
Nr. 114 *Clavariadélphus pistilláris* (L. 1753 : Fr. 1821) Donk 1933
Nr. 207, 209 *Morchélla esculénta* (L. 1753 : Fr. 1821) Pers. 1801
Nr. 210 *Morchélla gígas* (Batsch 1783 : Fr. 1822) Pers. 1801
Nr. 211 *Vérpa cónica* (Timm 1788 : Fr. 1822) Sw. 1815
Nr. 227 *Helvélla acetábulum* (L. 1753 : Fr. 1822) Quél. 1886
Nr. 238 *Sowerbyélla rhenána* (Fuck. 1870) J. Moravec 1986
Nr. 249 *Scutellínia scutelláta* (L. 1753 : Fr. 1822) Lambotte 1887
Nr. 275 *Xylária hypóxylon* (L. 1753 : Fr. 1823) Grev. 1823
Nr. 156b *Discíseda cándida* (Schw. 1822) C. G. Lloyd 1902

Band III, 4. Auflage 1987

S. 14	Z. 18	statt	S. §§	lies	S. 19
S. 14	Z. 26	wie folgt ergänzen:			
		… sind gegenüber älteren, auf Pilze und Flechten bezogenen Homonymen und …			
S. 88	Z. 2 v. u.	statt	*pardolátum*	lies	*pardalótum*
S. 116	Z. 5	statt	*X. nígra* (Dörfelt) Dörfelt	lies	*X. cāussei* Mre.
S. 122	Z. 7 v. u.	statt	*amethýstina* (Huds.) Cke.	lies	*amethýstea* (Bull.) Murr.
S. 208	Z. 9	statt	*partícius*	lies	*patrícius*
S. 234	Z. 3 v. u.	statt	*Clitócybe glaucocánus*	lies	*Clitócybe glaucocána*
S. 301		Bildnummern 143 und 144 sind in der Farbtafel vertauscht, in der Legende richtig.			

Korrekte Namen und Autorzitate in Band III:

Nr. 77 *Rhodócybe gémina* (Fr. 1838) Kuyper & Noord. 1987
Nr. 93 *Lentínus conchátus* (Bull. 1787 : Fr. 1821) Schroet. 1889
Nr. 94 *Lentínus strigósus* (Schw. 1822 : Fr. 1828) Fr. 1825
Nr. 99 *Neolentínus lepídeus* (Fr. 1815 : Fr. 1821) Redhead & Ginns 1985
Nr. 100 *Neolentínus adhǣrens* (Alb. & Schw. 1805 : Fr. 1821) Redhead & Ginns 1985
Nr. 134 *Setúlipes androsáceus* (L. 1753 : Fr. 1821) Antonín 1987
Nr. 192 *Armillária lútea* Gill. 1874

Band IV, 3. Auflage 1985

S. 4	Z. 3	statt	Ernst-Moritz-Universität	lies	Ernst-Moritz-Arndt-Universität
S. 25	Z. 23	statt	Schmetterlingsgruppen	lies	Schmetterlingspuppen
S. 38	Z. 3 v. u.	statt	*Asomycetes*	lies	*Ascomycetes*
S. 40	Z. 12	statt	*Caesalpinaceae*	lies	*Caesalpiniaceae*
S. 45	Z. 10 v. u.	lies: Solche Erscheinungen sind offensichtlich.			
S. 47	Z. 6 v. u.	statt	*Lepisa*	lies	*Lepista*
S. 51	Z. 11	statt	Qullet	lies	Quélet
S. 67	Z. 6 v. u.	statt	Pilsoziologen	lies	Pilzsoziologen

S. 80	Z. 7	statt	einnabarinus-Ass.	lies	cinnabarinus-Ass.
	Z. 24	statt	carboniariae	lies	carbonariae
S. 81	Z. 25	statt	*camphortatus*	lies	*camphoratus*
S. 85	Z. 18 v. u.	statt	*Chodrostereum*	lies	*Chondrostereum*
S. 86	Z. 1	statt	*stipitarius*	lies	*stipitaria*
	Z. 6 v. u.	statt	*Geronema*	lies	*Gerronema*
S. 92	Z. 1	statt	*fracticium*	lies	*fracticum*
	Z. 9	statt	*Naucoria escharoides*	lies	*Alnicola melinoides*
S. 94	Z. 10	statt	*stipitarius*	lies	*stipitaria*
	Z. 24	statt	entwickelt.	lies	entwickelt haben.
S. 110 vor *A. maléolens* einfügen:					
		A. subperonátus (Lge.) Sing., Gegürtelter Egerling, Hut rötlichbraun, dunkel geschuppt. Fleisch rosa anlaufend, fruchtartig bis süßlich riechend. Sporen 5–7 µm lang. Wegränder, Weiden, Gärten, Wälder. Bd. IV/6.			
S. 112	Legende	statt	Bd. IV/S. 103	lies	Bd. IV/S. 112
S. 114	Z. 17 v. u.	statt	*squarrósa*	lies	*squamósa*
S. 121	Z. 1	statt	Blaufärbender	lies	Blaufleckender
S. 123	Z. 10 v. u.	statt	108 und 110	lies	110 und 113
S. 125	Z. 17	statt	s. S. 118	lies	s. S. 127
S. 126	Z. 3 v. u.	statt	wirken	lies	wirkend
S. 129	Z. 3 v. u.	statt	schwärzliche	lies	schwärzlichen
S. 132	Z. 8	statt	Pegler	lies	Orton
S. 134	Z. 3	statt	federig-rissig	lies	felderig-rissig
S. 135	Z. 11	statt	*macrorrhizus*	lies	*macrorhizus*
S. 136	Z. 10 v. u.	statt	Bd. VI/307	lies	Bd. IV/307
S. 137	Z. 10 v. u.	statt	Desm.	lies	(Desm. : Fr.) Fr.
S. 138	Z. 3	statt	S. F. Gray	lies	Pers.
	Z. 15 v. u.	statt	S. F. Gray	lies	Pers.
S. 142	Z. 4 v. u.	statt	*Asterospórina*	lies	*Astrospórina*
S. 143	Z. 16	statt	Stielpilze	lies	Stielspitze
	Z. 16 v. u.	statt	grandet-knollig	lies	gerandet-knollig
S. 152	Z. 20	nach Moser ergänze: [*Cortinárius* subg. *Dermócybe* (Fr.) Loudon 1829],			
S. 155	Z. 15	statt	*crystállinus*	lies	*cristállinus*
S. 157	Z. 18	statt	*calóchrous*	lies	*callóchrous*
S. 160	Z. 10 v. u.	statt	*perénnis*	lies	*pércomis*
S. 166	Z. 19	statt	(Scop.) Fr.	lies	(Fr.) Fr.
S. 180	Z. 6 v. u.	statt	Bd. III/e	lies	Bd. III/4
S. 206	Z. 12	statt	leicht angewachsen	lies	angeheftet
S. 208	Z. 14	statt	*Paxillópsis helomórphus*	lies	*Paxillópsis helomórpha*
S. 210	Z. 4 v. u.	statt	*escharoídes*	lies	*escharioídes*
S. 240	Z. 18 v. u.	statt	*obscúra* (Pers.) Gill	lies	*obscúra* Gill.
S. 290	Z. 17	statt	*paragāu*	lies	*paragāudis*
S. 316	Z. 22	statt	*uráceues*	lies	*uráceus*
S. 322	Z. 2 v. u.	statt	*Myxócium*	lies	*Myxácium*
S. 330	Z. 25	statt	*glāucopus*	lies	*glāucopun*
S. 330	Z. 2 v. u.	statt	*Phlegmácium subglāucopus*	lies	*Phlegmácium subglāucopun*
S. 336	Z. 20	statt	*Plegmácium*	lies	*Phlegmácium*
S. 338	Z. 2 v. u.	statt	*Phlemgmácium*	lies	*Phlegmácium*
	Z. 1 v. u.	statt	*Phlegácium*	lies	*Phlegmácium*
S. 340	Z. 3 v. u.	statt	anziehbar	lies	abziehbar
S. 372	Z. 16 v. u.	statt	*Cortiárius*	lies	*Cortinárius*
S. 376	Z. 18	statt	abwärts	lies	aufwärts
S. 416	Z. 14	statt	*Naematolóma*	lies	*Nematolóma*
	Z. 21 v. u., 2 v. u. und 1 v. u. ebenso				
S. 424	Z. 7	Nr. 259 wird von Anbauern auch **Braunkappe genannt**			
S. 438	Z. 3 v. u.	statt	Juni	lies	Mai
S. 442	Z. 14	statt	*Psthyrélla arbitárum*	lies	*Psathyrélla orbitárum*
S. 444	Z. 3	statt	1874	lies	1878
	Z. 22	statt	1874	lies	1878

	Z. 24	statt	(Schaeff.) Quél.	lies	(Kumm. 1871) Sing. 1936
S. 446	Z. 4 v. u.	statt	*lacrymabúnda*	lies	*lacrymabúndum*
	Z. 3 v. u.	statt	*Psytharélla*	lies	*Psathyrélla*
S. 456	Z. 16	statt	(Pers. 1801 : Fr. 1821)	lies	(Pers. 1801, non 1794)
S. 462	nach Z. 8	einfügen: **Fleisch:** Beim Zerdrücken ekelhaft stinkend.			
	Z. 9	soll lauten: **Sporen:** Schwärzlichbraun, ellipsoid, glatt, 12–13,5 × 6,5 µm, …			
S. 465	Z. 2 v. u. und Z. 1 v. u.				
		statt	Wurzelschnittling	lies	Wurzelschnitzling
S. 469	Z. 8 v. u.	statt	*T. sulfúreum*	lies	*Tricholóma sulphureum*
S. 472	Z. 5	statt	*Decónia*	lies	*Decónica*
S. 474	Z. 15	statt	Wurzelschmitzling	lies	Wurzelschnitzling

Korrekte Namen und Autorzitate in Band IV:

Nr. 36	*Inócybe dulcamára* Kumm. 1871
Nr. 39	*Inócybe hirsúta* (Lasch 1828 : Fr. 1832) Quél. 1879
Nr. 47	*Inócybe brunneovillósa* (Jungh. 1828 : Fr. 1832) Dörfelt & Zschieschang 1986
– –	*Cortinárius violáceus* (L. 1753 : Fr. 1821) S. F. Gray 1821
Nr. 128	*Cortinárius rubricósus* (Fr. 1818) Fr. 1838
Nr. 130	*Cortinárius tórvus* (Fr. 1818 : Fr. 1821) Fr. 1838
Nr. 134	*Cortinárius rígidus* Fr. 1838 sensu Lge.
Nr. 140	*Cortinárius cristállinus* Fr. 1838 sensu Lge.
Nr. 169	*Cortinárius callóchrous* (Pers. 1801 : Fr. 1821) Fr. 1838
Nr. 172	*Cortinárius pánsa* (Fr. 1818 : Fr. 1832) Fr. 1838
Nr. 199	*Lentínula edódes* (Berk. 1878) Pegler 1975 vgl. Band III (4. Aufl.) S. 94f.
Nr. 248	*Hypholóma marginátum* (Pers. 1796) Schroet. 1889
Nr. 204	*Conócybe ántipus* (Lasch 1828 : Fr. 1832) Fayod 1889

Band V, 2. Auflage 1983

S. 13	Z. 20 v. u.	statt	*Hyphochytrdiomycetes*	lies	*Hyphochytridiomycetes*
S. 52	Z. 14 v. u.	statt	*G. campestre*	lies	*G. pedicellatum*
S. 58	Z. 18	statt	Tafel 14	lies	Tafel 13
S. 77	Z. 14	statt	*lignyótus*	lies	*ligniótus*
	Z. 14 v. u.	statt	*violáscens*	lies	*violéscens*
S. 78	Z. 20	statt	Lge.	lies	Lge. ex Hora
	Z. 27	statt	*thejógalus*	lies	*theiógalus*
	Z. 14 v. u.	statt	*chrysórrheus*	lies	*chrysórheus*
S. 79	Z. 19	ergänze: Milchsaft mit KOH unveränderlich.			
	Z. 12 v. u.	statt	Laubwand	lies	Laubwald
	Z. 7 v. u.	statt	Z. Schaeffer	lies	Z. Schaefer
S. 80	Z. 9 v. u.	statt	*bresadolánus*	lies	*bresadoliánus*
S. 82	Z. 1	statt	(Pers. : Fr.) Fr.	lies	(Pers. : Fr.) S. F. Gray
S. 83	Z. 14 v. u.	statt	(Bull. : Fr.) Fr.	lies	Fr.
S. 84	Z. 18	statt	(Lasch) Fr.	lies	(Lasch : Fr.) Fr.
S. 87	Z. 2	statt	S. 127	lies	S. 390
S. 93	Z. 18	statt	*R. púmila* Rouzeau & Massart	lies	*R. alnetórum* Romagn.
		Mitte *R. carmínea* (J. Schff.) Kuhner & Romagn. (sensu J. Schäffer, non Romagnesi) ist Synonym zu *R. aquósa* Leclair, einer Art montaner Fichtenwälder. Funde aus Laubwald gehören nicht hierher.			
S. 95	Z. 4	statt	R. *rosácea* (Pers.) S. F. Gray	lies	R. *rósea* Pers.
S. 96	Z. 15	statt	eUtrem	lies	extrem
S. 98	Z. 3 v. u.	statt	*R. sanguínea* (Bull.) Fr.	lies	*R. sanguinária* (Schum.) S. Rauschert
S. 100	Z. 16	statt	*R. auráta* (With.) Fr.	lies	*R. ấurea* Pers.
S. 102	Z. 8	statt	159.	lies	159, 160.
S. 106	Z. 5	statt	umgestielt	lies	ungestielt
	Z. 20	statt	*xánthopus*	lies	*xánthósporus*
S. 111/114		Die Bilder S. 111 unten und S. 114 unten sind vertauscht			

S. 126	Z. 9 v. u.	statt	S. F. GRAY 1821	lies	PERS. 1797
S. 128	Z. 6 v. u.	statt	*Lactrius*	lies	*Lactárius*
	Z. 5 v. u.	statt	S. F. GRAY	lies	PERS.
S. 130	Z. 1 v. u.	entfällt			
S. 132	Z. 3	statt	1799	lies	1797
S. 134	Z. 3	statt	S. F. GRAY 1821	lies	PERS. 1797
	Z. 1 v. u.	statt	(SCHRAD.) FR.	lies	FR.
S. 146	Z. 3	statt	*chrysórrheus*	lies	*chrysórheus*
S. 148	Z. 4 v. u.	statt	FRIES 1836	lies	FRIES 1821, non 1836
S. 158	Z. 1 v. u.	statt	*L. insúslsus*	lies	*L. insúlsus*
		statt	*L. bresadoliánus*	lies	*L. bresadolánus*
S. 160	Z. 2 v. u.	statt	*bresadoliánus*	lies	*bresadolánus*
S. 196	Z. 11 v. u.	statt	TOUMIKOSKI	lies	TUOMIKOSKI
S. 208	Z. 11 v. u.	statt	Nr. 66	lies	Nr. 66 b
S. 228	Z. 15 v. u.	statt	Nr. 55	lies	Nr. 56
S. 276	Z. 3	ergänze *violéipes* QUÉL. 1897			
S. 332	Z. 14	statt	bis frei	lies	bis kurz herablaufend
S. 340	Z. 4	statt	weiße	lies	gelbliche
	Z. 4 v. u.	statt	Nr. 103	lies	Nr. 109
S. 348	Z. 12	lies: **Blätter:** weiß, bei var. *mairei* immer deutlich bläulich, doch ...			
S. 358	Z. 1 v. u.	statt	s. S. 339 und Bild S. 351	lies	s. S. 400 und Bild S. 353
S. 380	Z. 10 v. u.	statt	*bresadoliána*	lies	*bresadolána*
	Z. 2 v. u.	statt	*bresadoliána*	lies	*bresadolána*
	Z. 1 v. u.	statt	1938	lies	1838
S. 394	Z. 23	statt	*bresadoliána*	lies	*bresadolána*
S. 396	Z. 5	statt	(LASCH) FR.	lies	(LASCH : FR.) FR.
		statt	*thejógalus*	lies	*theiógalus*

Korrekte Namen und Autorzitate in Band V:

Nr. 5 *Lactárius torminósus* (SCHAEFF. 1774 : FR. 1821) PERS. 1797
Nr. 7 *Lactárius pubéscens* FR. 1838
Nr. 12 *Lactárius chrysórheus* FR. 1838
Nr. 15 *Lactárius violéscens* (J. OTTO 1816 : FR. 1821) FR. 1838
Nr. 26 *Lactárius pállidus* PERS. 1797 (: FR. 1821)
Nr. 36 *Lactárius flexuósus* (PERS. 1801 : FR. 1821) S. F. GRAY 1821
Nr. 43 *Lactárius camphorátus* FR. 1838
Nr. 44 *Lactárius lilacínus* (LASCH 1828 : FR. 1832) FR. 1838
Nr. 52 *Lactárius theiógalus* (BULL. 1791 : FR. 1821) S. F. GRAY 1821
Nr. 62 *Lactárius ligniótus* FR. in LINDBLAD 1855
Nr. 65 *Lactárius obscurátus* (LASCH 1828 : FR. 1832) FR. 1838
Nr. 101 *Rússula rósea* PERS. 1800
Nr. 117 *Rússula ǟurea* PERS. 1794
Nr. 133 *Rússula krombhólzii* SHAFFER 1970
Nr. 142 b *Rússula aquósa* LECLAIR 1932
Nr. 149 *Rússula sanguinária* (SCHUM. 1803) S. RAUSCHERT 1986
Nr. 163 *Rússula alnetórum* ROMAGN. 1965

Druckfehler in den **Registern** der Bände I–V sind im Registerteil des vorliegendes Bandes VI richtiggestell.